高职高专“十一五”规划教材★食品类系列

食品机械与设备

魏庆葆　主编

化学工业出版社

·北京·

内容提要

本书以食品加工流程为主线，以常规设备为基础，以重点岗位、关键设备为重点，以先进技术、先进设备为导向，全面介绍设备的原理、结构、分类及选型、操作维护和故障分析等内容，并将不同类型的食品工艺内容融入其中，图文并茂。意在培养学生掌握食品生产中常用设备的使用和操作、故障排除、安装与维护的一般技能，并根据产品品种和生产工艺要求，对设备进行配套选型、组成生产线的实际应用能力。本书针对就业岗位突出实用性，针对教学体现条理性和方便性。

本书可供高职高专食品类专业师生使用，也可供相关专业的师生、企业行业技术和管理人员参考使用。

图书在版编目（CIP）数据

食品机械与设备/魏庆葆主编．—北京：化学工业出版社，2008.8（2023.2 重印）
高职高专“十一五”规划教材★食品类系列
ISBN 978-7-122-03449-6

Ⅰ．食…　Ⅱ．魏…　Ⅲ．食品加工设备-高等学校：技术学院-教材　Ⅳ．TS203

中国版本图书馆 CIP 数据核字（2008）第 116406 号

责任编辑：梁静丽　李植峰　郎红旗　　文字编辑：张春娥
责任校对：陶燕华　　装帧设计：尹琳琳

出版发行：化学工业出版社（北京市东城区青年湖南街 13 号　邮政编码 100011）
印　　装：北京虎彩文化传播有限公司
787mm×1092mm　1/16　印张 18　字数 474 千字　2023 年 2 月北京第 1 版第11次印刷

购书咨询：010-64518888　　售后服务：010-64518899
网　　址：http://www.cip.com.cn
凡购买本书，如有缺损质量问题，本社销售中心负责调换。

定　价：45.00 元

高职高专食品类“十一五”规划教材
建设委员会成员名单

高职高专食品类“十一五”规划教材
编审委员会成员名单

高职高专食品类“十一五”规划教材建设单位

（按汉语拼音排列）

宝鸡职业技术学院
北京电子科技职业学院
北京农业职业学院
滨州市技术学院
滨州职业学院
长春职业技术学院
常熟理工学院
重庆工贸职业技术学院
重庆三峡职业学院
东营职业学院
福建华南女子职业学院
广东农工商职业技术学院
广东轻工职业技术学院
广西农业职业技术学院
广西职业技术学院
广州城市职业学院
海南职业技术学院
河北交通职业技术学院
河南工业贸易职业学院
河南农业职业学院
河南三鹿花花牛乳业有限公司
河南商业高等专科学校
河南质量工程职业学院
河南众品食业股份有限公司
黑龙江农业职业技术学院
黑龙江畜牧兽医职业学院
呼和浩特职业学院
湖北大学知行学院
湖北轻工职业技术学院
湖州职业技术学院
黄河水利职业技术学院
济宁职业技术学院
嘉兴职业技术学院
江苏财经职业技术学院
江苏农林职业技术学院
江苏食品职业技术学院
江苏畜牧兽医职业技术学院
江西工业贸易职业技术学院
焦作大学
荆楚理工学院
景德镇高等专科学校
开封大学
漯河医学高等专科学校
漯河职业技术学院
南阳理工学院
内江职业技术学院
内蒙古大学
内蒙古化工职业学院
内蒙古农业大学职业技术学院
内蒙古商贸职业学院
宁德职业技术学院
平顶山工业职业技术学院
濮阳职业技术学院
日照职业技术学院
山东商务职业学院
商丘职业技术学院
深圳职业技术学院
沈阳师范大学
双汇实业集团有限责任公司
苏州农业职业技术学院
天津职业大学
武汉生物工程学院
襄樊职业技术学院
信阳农业高等专科学校
杨凌职业技术学院
永城职业学院
漳州职业技术学院
浙江经贸职业技术学院
郑州牧业工程高等专科学校
郑州轻工职业学院
中国神马集团
中州大学

《食品机械与设备》编写人员名单

主　　编　魏庆葆

副 主 编　娄金华　袁玉超　胡晓波

编写人员名单　（按姓名汉语拼音排列）

丁明洁　漯河职业技术学院

付　鸿　中州大学

胡晓波　郑州牧业工程高等专科学校

焦　镭　河南农业职业学院

李　辉　河南三鹿花花牛乳业有限公司

娄金华　东营职业技术学院

任　艺　商丘职业技术学院

王传红　河南众品食业股份有限公司

魏庆葆　郑州牧业工程高等专科学校

吴季勤　武汉生物工程学院

杨起恒　河南三鹿花花牛乳业有限公司

袁玉超　郑州牧业工程高等专科学校

张　雪　郑州牧业工程高等专科学校

张玉雷　河南众品食业股份有限公司

赵　亮　信阳农业高等专科学校

序

作为高等教育发展中的一个类型，近年来我国的高职高专教育蓬勃发展，“十五”期间是其跨越式发展阶段，高职高专教育的规模空前壮大，专业建设、改革和发展思路进一步明晰，教育研究和教学实践都取得了丰硕成果。各级教育主管部门、高职高专院校以及各类出版社对高职高专教材建设给予了较大的支持和投入，出版了一些特色教材，但由于整个高职高专教育改革尚处于探索阶段，故而“十五”期间出版的一些教材难免存在一定程度的不足。课程改革和教材建设的相对滞后也导致目前的人才培养效果与市场需求之间还存在着一定的偏差。为适应高职高专教学的发展，在总结“十五”期间高职高专教学改革成果的基础上，组织编写一批突出高职高专教育特色，以培养适应行业需要的高级技能型人才为目标的高质量的教材不仅十分必要，而且十分迫切。

教育部《关于全面提高高等职业教育教学质量的若干意见》（教高［2006］16号）中提出将重点建设好3000种左右国家规划教材，号召教师与行业企业共同开发紧密结合生产实际的实训教材。“十一五”期间，教育部将深化教学内容和课程体系改革、全面提高高等职业教育教学质量作为工作重点，从培养目标、专业改革与建设、人才培养模式、实训基地建设、教学团队建设、教学质量保障体系、领导管理规范化等多方面对高等职业教育提出新的要求。这对于教材建设既是机遇，又是挑战，每一个与高职高专教育相关的部门和个人都有责任、有义务为高职高专教材建设作出贡献。

化学工业出版社为中央级综合科技出版社，是国家规划教材的重要出版基地，为我国高等教育的发展做出了积极贡献，被新闻出版总署领导评价为“导向正确、管理规范、特色鲜明、效益良好的模范出版社”，最近荣获中国出版政府奖——先进出版单位奖。依照教育部的部署和要求，2006年化学工业出版社在“教育部高等学校高职高专食品类专业教学指导委员会”的指导下，邀请开设食品类专业的60余家高职高专骨干院校和食品相关行业企业作为教材建设单位，共同研讨开发食品类高职高专“十一五”规划教材，成立了“高职高专食品类‘十一五’规划教材建设委员会”和“高职高专食品类‘十一五’规划教材编审委员会”，拟在“十一五”期间组织相关院校的一线教师和相关企业的技术人员，在深入调研、整体规划的基础上，编写出版一套食品类相关专业基础课、专业课及专业相关外延课程教材——“高职高专‘十一五’规划教材★食品类系列”。该批教材将涵盖各类高职高专院校的食品加工、食品营养与检测和食品生物技术等专业开设的课程，从而形成优化配套的高职高专教材体系。目前，该套教材的首批编写计划已顺利实施，首批60余本教材将于2008年陆续出版。

该套教材的建设贯彻了以应用性职业岗位需求为中心，以素质教育、创新教育为基础，以学生能力培养为本位的教育理念；教材编写中突出了理论知识“必需”、“够用”、“管用”的原则；体现了以职业需求为导向的原则；坚持了以职业能力培养为主线的原则；体现了以常规技术为基础、关键技术为重点、先进技术为导向的与时俱进的原则。整套教材具有较好的系统性和规划性。此套教材汇集众多食品类高职高专院校教师的教学经验和教改成果，又得到了相关行业企业专家的指导和积极参与，相信它的出版不仅能较好地满足高职高专食品类专业的教学需求，而且对促进高职高专课程建设与改革、提高教学质量也将起到积极的推动作用。

希望每一位与高职高专食品类专业教育相关的教师和行业技术人员，都能关注、参与此套教材的建设，并提出宝贵的意见和建议。毕竟，为高职高专食品类专业教育服务，共同开发、建设出一套优质教材是我们应尽的责任和义务。

贡汉坤

前 言

《食品机械与设备》课程是食品加工技术专业的核心专业课程之一。通过课程的学习使学生掌握食品工厂常用食品加工设备的工作原理、结构以及特点，熟练掌握设备的运行与维护，为工艺课程的学习和应用起到必备的支撑作用，也为今后较好地适应工作岗位的要求打下良好的基础。

该教材以“教高［2006］16号”文件精神为指导，以工作过程为依据，在校、企调研的基础上，邀请了河南三鹿花花牛乳业有限公司、河南众品食业股份有限公司、郑州思念食品有限公司和郑州亨利制冷设备有限公司等企业的高级工程师，根据食品行业企业岗位（群）对人才素质及能力的要求共同制定了编写大纲，共由9所高职高专院校食品类专业的十余位骨干教师和食品企业一线高级工程师参与编写。

该教材在内容上以乳品、肉品、果蔬饮料及方便食品等加工机械与设备为主，共分四篇十三章。结构上以食品生产流程为主线，以常规设备为基础，以重点岗位、关键设备为重点，以先进技术、先进设备为导向。总体上突出设备的原理、结构、分类、操作维护和故障分析等应用性强的内容，力争体现针对性、关键性、适用性。本书可供高职高专食品类专业教学使用，也可供广大食品行业、企业的工程技术人员参考，对本科院校及中职院校食品类相关专业师生也有参考作用。

本书编写分工如下：第一章第一～五节和第二章由杨起恒和李辉编写，第一章第六～八节由付鸿编写，第三章由张玉雷和王传红编写，第四章第一～六节由袁玉超编写，第四章第七～九节由赵亮和袁玉超编写，第五章和第七章第六、七节由任艺编写，第六章和第十三章由魏庆葆编写，第七章第一～五节由娄金华编写，第八章由丁明洁编写，第九章由胡晓波编写，第十章由焦镭编写，第十一章和第十二章第一、二节由吴季勤编写，第十二章第三、四节由张雪编写。

本教材在编写过程中收集和参阅了部分企业的设备说明书及相关的文献资料，在此谨向有关企业和编著者表示真诚的感谢！

由于编者水平有限，书中的不足之处在所难免，恳请广大读者批评指正。

编者

2008年7月

目　录

第一篇　乳品生产机械与设备

第二篇　肉品生产机械与设备

第三篇　果蔬及饮料加工机械与设备

第四篇　方便食品加工机械与设备

第一篇　乳品生产机械与设备

第一章　乳品加工机械与设备

学习目标

1. 了解各种液体奶的生产工艺流程以及牛奶分离净化机、高压均质机、板式换热器、真空浓缩设备、喷雾干燥设备的用途与特点；

2. 掌握牛奶分离净化机、高压均质机、板式换热器、真空浓缩设备、喷雾干燥设备和冰淇淋凝冻机的工作原理和结构组成；

3. 熟练掌握牛奶分离净化机、高压均质机、冰淇淋凝冻机的操作与故障处理。

第一节　概　　述

一、乳品加工概述

随着经济的发展和人民生活水平的提高，近年来我国乳品消费量每年均以22%以上的增速快速发展，2006年我国牛奶产量为3193.4万吨，人均消费量为25.4kg，乳制品加工量为1459.6万吨，其中液态奶加工量为1244万吨，但仍低于世界平均水平。目前，世界排名前25位的外国乳品公司中，已有13位进入中国，同时也带来了先进的设备和工艺。而我国有实力的公司如内蒙古的伊利、蒙牛，河北的三鹿，上海的光明也成套引进先进国家的设备和工艺，使我国的乳品市场和乳品加工企业发生了巨大的变化。现有的乳品加工产品主要有巴氏杀菌乳、超高温灭菌乳（UHT）、酸牛奶、乳饮料、奶粉、冷冻乳制品等。

二、典型乳品加工工艺流程

1. 巴氏杀菌乳

巴氏杀菌乳（Pasteurised milk）又称市乳（market milk）。因脂肪含量不同，可分为全脂乳、高脂乳、低脂乳、脱脂乳和稀奶油；就风味而言，有巧克力、草莓、橙子、苹果、果汁和调酸等风味产品。

最简单的全脂巴氏杀菌乳生产线应配备巴氏杀菌机、缓冲罐和包装机等主要设备，而复杂的生产线可同时生产全脂乳、脱脂乳、部分脱脂乳。如图1-1所示为巴氏杀菌乳生产工艺流程图。原料奶先通过平衡槽1，然后经泵2送至板式巴氏杀菌机（板式换热器，4）。预热后，通过流量控制器3至分离机5，从而生产脱脂乳和稀奶油。其中稀奶油的脂肪含量可通过流量传感器7、密度传感器8和调节阀9来确定并保持稳定。从图1-1可看出稀奶油一是通过阀10、11与均质机12相连，而生产脂肪含量不同的巴氏杀菌乳，二是多余的稀奶油进入稀奶油生产线。随后均质的稀奶油与脱脂乳混合，并送至巴氏杀菌机4和保温管14进行杀菌。当杀菌温度低于设定值时，回流阀（转向阀，15）使物料回到平衡槽。巴氏杀菌后，杀菌乳通过杀菌机热交换段与平衡槽流入的乳进行热交换，使其本身被降温，然后继续到冷

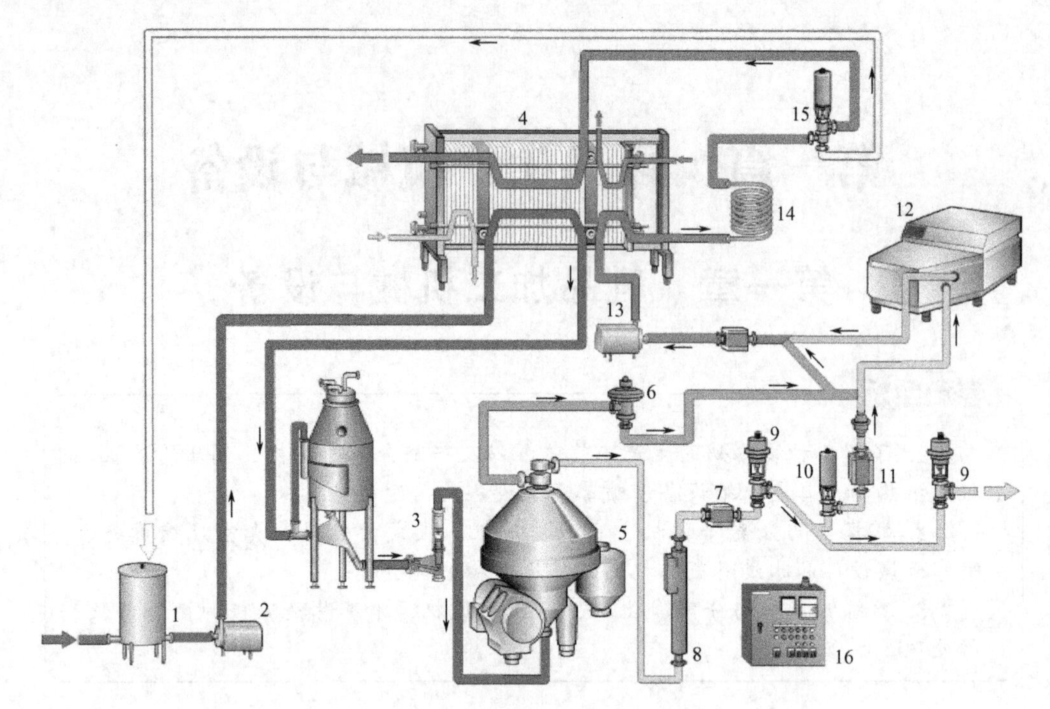

图 1-1 巴氏杀菌乳生产工艺流程

1—平衡槽；2—进料泵；3—流量控制器；4—板式换热器；5—分离机；6—稳压阀；
7—流量传感器；8—密度传感器；9—调节阀；10—截止阀；11—检查阀；
12—均质机；13—增压泵；14—保温管；15—转向阀；16—控制盘

却段，用冰水冷却，冷却后的乳进入缓冲罐，待灌装。

2. 超高温灭菌乳

一般来说，灭菌乳可分为两大类，即保持灭菌乳和超高温灭菌乳（UHT 乳）。保持灭菌乳是采用传统的灭菌方式，其加工条件通常为 105～120℃、10～70min。随着加工技术的发展，通过升高灭菌温度和缩短保持时间也能达到相同的灭菌效果，这种灭菌方式称为超高温灭菌（ultra high temperature，UHT）。UHT 乳是指物料在连续流动的状态下通过热交换器加热到 135～150℃，保温时间为 2～8s，以达到商业无菌要求，然后在无菌状态下，灌装到无菌包装容器中的产品。超高温灭菌方式的出现大大改善了灭菌乳的特性，不仅从颜色和风味上得到了改善，而且还提高了产品的营养价值。

如图 1-2 所示为典型的 UHT 乳工艺流程，原料奶需经验收、预处理、标准化、巴氏杀菌等过程。UHT 乳的加工工艺通常包含巴氏杀菌过程，通过巴氏杀菌及时杀灭嗜冷菌，避免其繁殖代谢产生的酶类影响产品的保质期。巴氏灭菌后的乳（一般为 4℃）由平衡槽 1 经离心泵（供料泵，2）进入预热段，在这里牛乳被加热到 75℃左右后进入均质机。均质通常采用二级均质压力，第一级均质压力为 14～18MPa，第二级均质压力为 4～5MPa，二级均质合成的压力为 18～22MPa，均质后的乳进入加热段，在这里牛乳被加热至灭菌温度（通常为 137～142℃），在保温管中保持 3～5s，然后进入热回收段，在这里牛乳被水冷却至灌装温度。冷却后的牛乳直接进入灌装机或无菌罐储存。若牛乳的灭菌温度低于设定值，则牛乳返回平衡槽，再次进行超高温灭菌。

3. 酸牛奶

酸牛奶又名酸乳或酸奶，其作为当今众多发酵乳产品中最广为流行的乳制品，已成为我国发展最快的乳制品之一。酸牛奶通常按状态分为凝固型酸牛奶和搅拌型酸牛奶，下面以搅

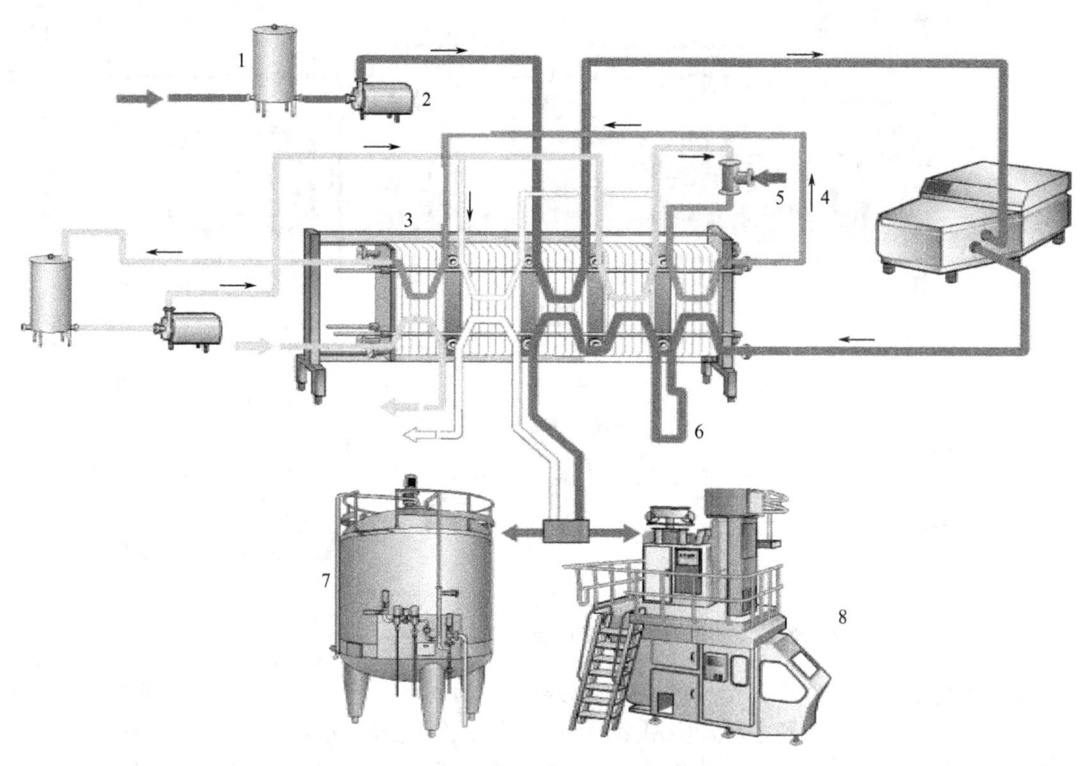

图 1-2 板式热交换器间接加热 UHT 乳工艺流程

1—平衡槽；2—供料泵；3—板式热交换器；4—非无菌均质机；5—蒸汽喷射头；6—保持管；7—无菌缸；8—无菌灌装机

拌型酸牛奶为例介绍酸牛奶加工工艺。如图 1-3 所示为典型的搅拌型酸牛奶工艺流程，原料奶先经过预处理后，通过平衡槽，经泵送至板式换热器预热，部分经真空浓缩，然后混合均质后，进入杀菌保温段，待达到杀菌保温要求后，进入冷却段降温至菌种发酵最适温度，分流进入生产发酵剂罐和发酵罐，然后把适量发酵剂接入生产发酵剂罐中，启动搅拌器数分

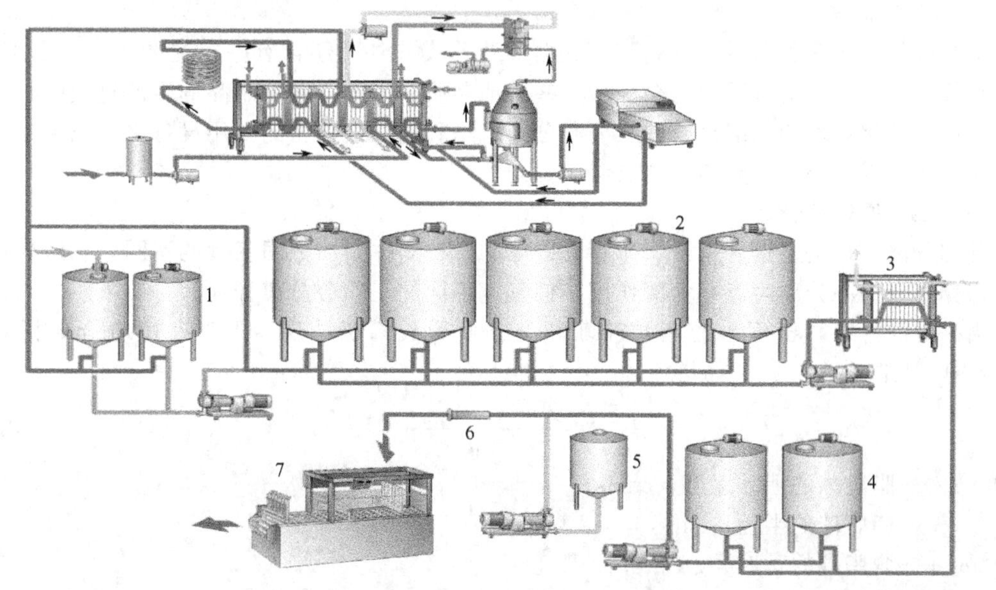

图 1-3 搅拌型酸牛奶生产工艺流程

1—生产发酵罐；2—发酵罐；3—板式热交换器；4—缓冲罐；5—果料/香料罐；6—混合器；7—包装

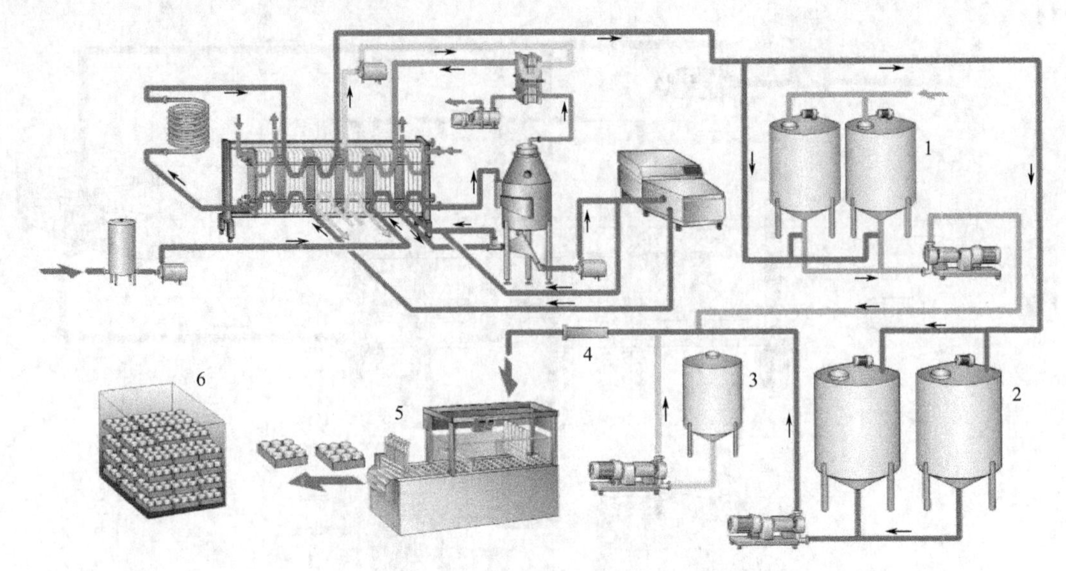

图 1-4 凝固型酸奶生产工艺流程

1—生产发酵罐；2—缓冲罐；3—香料罐；4—混合器；5—包装；6—培养发酵

钟，保证发酵剂均匀分散，典型的搅拌型酸奶培养时间为 2.5～3h，待发酵至要求酸度时，进入特殊板片的板式热交换器中冷却降温至 18～22℃进入缓冲罐，如欲生产果料酸奶可通过混合器进行果料和搅拌酸奶混合后再灌装和包装。如图 1-4 所示为凝固型酸奶工艺流程图。

三、机械与设备

根据各类乳品生产工艺，乳品生产与加工设备主要包括分离机、均质机、板式换热器、超高温杀菌设备、真空蒸发设备、喷雾干燥设备、凝冻机以及包装设备等。包装设备有液体自动灌装、无菌灌装设备等。下面各节将分别讲述。

第二节 分 离 机

牛乳中除了含有蛋白质、乳脂肪、乳糖等营养成分外，还含有一定的杂质、上皮细胞、白细胞等，而且在采集过程中也会混杂一些其他杂质，因此，在乳制品的生产过程中必须对原料乳进行净化处理和标准化处理。离心分离机是乳品厂最精密的专用设备之一，主要用于牛乳的净化，以及奶油的分离与均质等。

一、工作原理与特点

乳的分离原理是根据乳脂肪、非脂乳固体和各种固体杂质之间密度的不同，利用静置时的重力作用或离心分离时离心力的作用，使密度不同的三部分分离开来。

当牛乳静置时，密度小的脂肪球渐渐上浮而形成稀奶油层，上浮速度符合斯托克斯(Stokes) 定律：

$$v=\frac{2gr^2(\rho_a-\rho_b)}{9\eta} \tag{1-1}$$

式中 v——脂肪球的上浮速度，cm/s；

r——脂肪球的半径，cm；

ρ_a——脱脂乳的密度，g/cm³；

ρ_b——脂肪球的密度，g/cm³；

g——重力加速度，cm/s²；

η——脱脂乳黏度，Pa·s。

离心分离机工作时是将牛乳通入一组高速旋转的分离钵中。牛乳在分离过程中将受到离心机产生的离心力作用，而不是重力作用。

$$v=\frac{2ar^2(\rho_a-\rho_b)}{9\eta} \tag{1-2}$$

式中　a——离心加速度，cm/s²，$a=\omega^2 r_1=(2\pi n)^2 r_1$；　(1-3)

ω——角速度，rad/s；

n——转鼓转速，r/s；

r_1——旋转半径，cm。

将 $a=\omega^2 r_1=(2\pi n)^2 r_1$ 代入式(1-2)，则有

$$v=8r_1\pi^2 n^2 r^2\ \frac{\rho_a-\rho_b}{9\eta}\approx 8.76 r_1 n^2 r^2\ \frac{\rho_a-\rho_b}{\eta} \tag{1-4}$$

牛乳在10～70℃时，

$$\frac{\rho_a-\rho_b}{\eta}=2.9t \tag{1-5}$$

式中　t——牛奶温度,℃。

将式(1-5) 代入式(1-4) 得：

$$v=25.4r_1 n^2 r^2 t \tag{1-6}$$

为了提高牛乳的分离速度 (v)，最好选择 $\rho_a-\rho_b$ 大而 η 小的温度。在生产上分离牛乳常采用35℃左右的温度，即是根据这一原理。

离心加速度与重力加速度相比之值，称分离因数 (K_C)，这也是离心机重要特性之一。

$$K_C=\frac{a}{g}=\frac{\omega^2 R}{g}=\frac{0.01\times(2\pi n)^2 R}{g}\approx 0.04n^2 R \tag{1-7}$$

式中　K_C——分离因数；

a——离心加速度，cm/s²；

g——重力加速度，9.8m/s²；

ω——角速度，rad/s；

R——转鼓半径，cm；

n——转鼓转速，r/s。

分离因数越大，离心力越大，凡分离因数大于3000的离心分离机都称为高速离心机。用于牛奶分离及净化的离心机都是高速离心机。

如图1-5和图1-6所示为乳脂肪球在离心分离机的钵片中从牛乳中分离出来的相关图解。

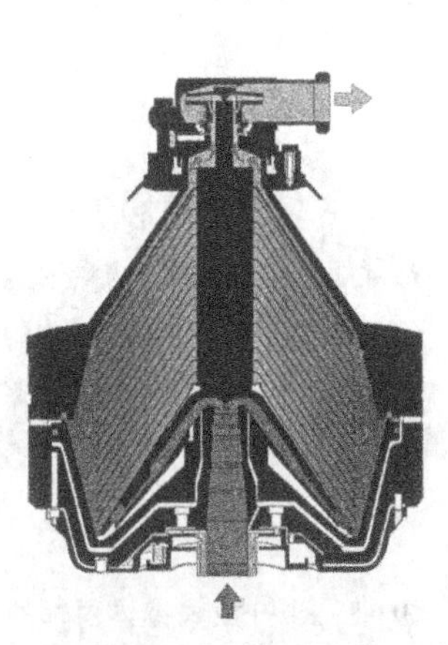

图1-5　离心分离机截面

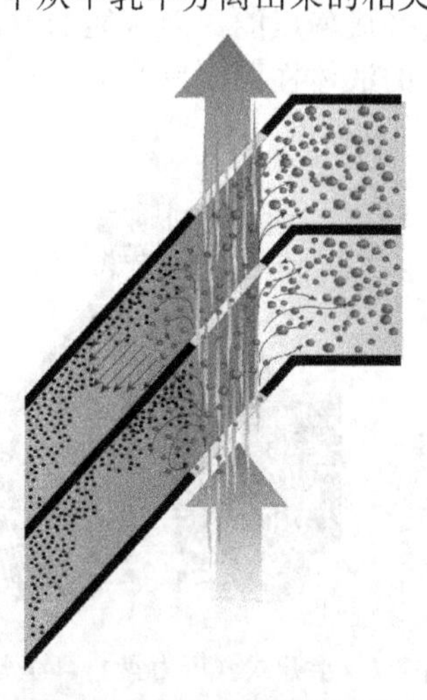

图1-6　牛乳分离过程示意

牛乳进入距碟片边缘一定距离的垂直排列的分配器中，在离心力的作用下，牛乳中的颗粒和脂肪球根据它们相对于连续介质（即脱脂乳）的密度不同而开始在分离通道中径向朝里或朝外运动，而在净乳机中，牛乳中高密度的固体杂质迅速沉降于分离机的四周，并汇集于沉渣空间。由于此时通道中的脱脂乳向碟片边缘流动，这有助于固体杂质的沉淀。

稀奶油比脱脂乳的密度小，因此在通道内朝着转动轴的方向运动，稀奶油通过上端轴口连续排出。

脱脂乳也向外运动到碟片组的空间，进而通过最上部的碟片与分离钵锥罩之间的通道从脱脂乳出口排出。

从牛乳中可分离出的脂肪量取决于分离机的种类、牛乳在分离机中的流量和脂肪球颗粒的大小。通常直径小于1μm的脂肪球不能被分离出来，脱脂乳中脂肪残留量介于0.04%～0.07%之间，这一数值也称为该分离机的脱脂效率。牛乳通过分离机的流速越小，则脂肪球有越多的时间上浮，排出的稀奶油也就越多。所以，分离机的脱脂效率随着牛乳流量的减少而略有增加，反之亦然。离心分离会造成个别脂肪球破裂，而且半开放式比密闭式分离机破坏作用大得多。

二、分离机的分类与结构组成

1. 分类

牛奶分离机根据结构形式可以分为开放式分离机、半封闭式分离机和封闭式分离机。根据不同用途可以分为牛奶分离机、净化机、净化均质离心机和一机多用的离心机。这里重点介绍半封闭式分离机和封闭式分离机。

（1）半封闭式分离机　这类分离机也叫半开放式分离机。在半开放式分离机中，牛乳通过顶部的进口管进入分离钵。如图1-7所示，牛乳进入碟式分配器1后，被加速到与分离钵的旋转速度相同，然后上行进入碟片组2间的分离通道，由于离心力的作用牛乳向外甩出形成环状的圆柱形内表面。开始时表面上牛乳的压力与大气压力相似，但压力随距旋转轴距离的增加而逐渐增大，到钵的边缘时达到最大值。这时较重的固体颗粒被分离出来，并沉积在沉降空间。稀奶油向转轴方向移动，并通过稀奶油压力室3排出，而脱脂乳则从碟片组的外边缘离开，穿过顶钵片与分离钵顶罩之间的通道，进入脱脂乳压力盘4排出。

在半开放式的分离机中，稀奶油和脱脂乳的出口处都有一个特殊的出口装置——压力盘，如图1-8所示。由于这种出口设计，半开放式分离机通常被称为压力盘式分离机。静置的压力盘边缘浸入到液体的转动柱内，从中连续地排出一定量的液体。旋转液体的动能在压力盘中转换成静压能，静压能的数值总是与在下游中的压力降相等。在下游中的压力增加意味着钵上的液体柱面向里移动，这样在出口处的节流作用就会自动减少，为了阻止产品中混

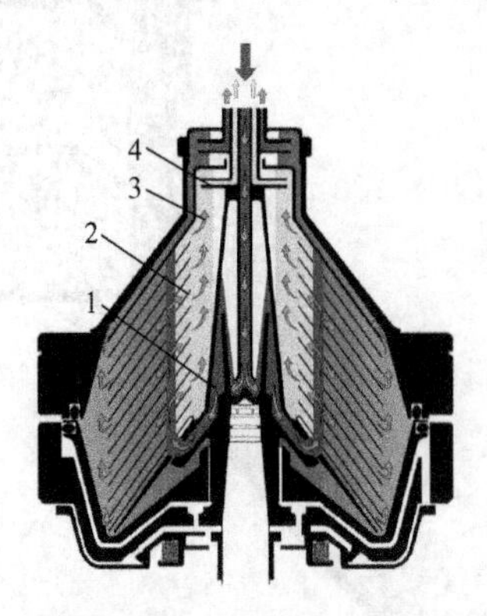

图1-7　半开式（压力盘）自净分离机示意

1—分配器；2—碟片组；3—稀奶油压力室；4—脱脂乳压力盘

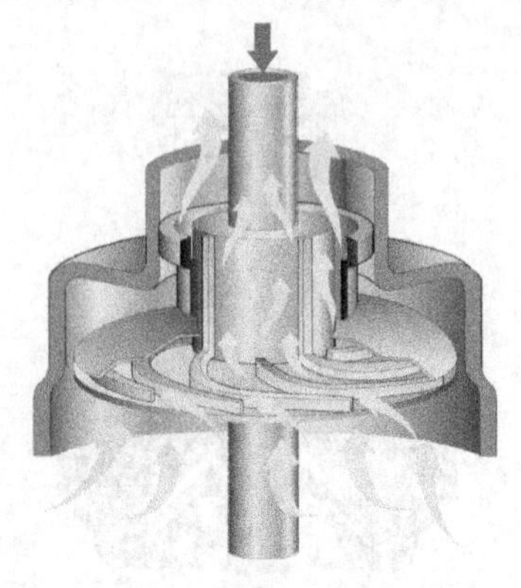

图1-8　半开放式钵体顶部的压力盘出口示意

入空气，最重要的是使压力盘上始终覆盖充足的液体。

(2) 封闭式分离机　在封闭式的分离机中，牛乳通过钵孔进入钵体，并很快加速到钵体的转速，然后通过分配器进入到碟片组，经分离后因牛乳的高速运转，并有压力盘的作用，提高了脱脂乳及稀奶油的排出压力。封闭式分离机主体部件是由机架、传动系统、电动机、转筒、入口和出口组装件组成。如图 1-9 所示为封闭式分离机的断面图，而图 1-10 所示为封闭式分离机剖面结构图。

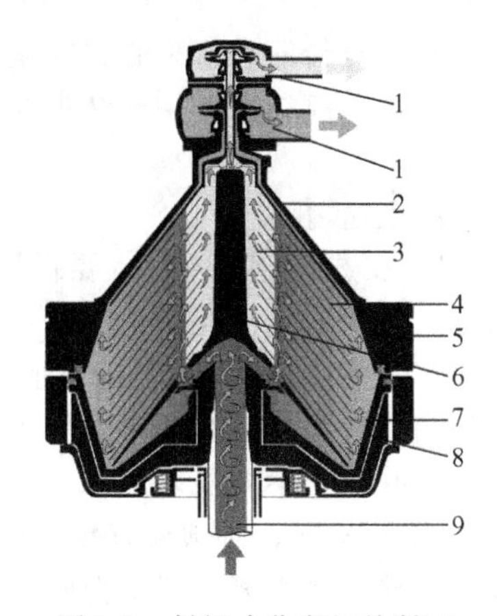

图 1-9　封闭式分离机的断面

1—出口泵；2—钵罩；3—分配孔；4—碟片组；5—锁紧环；6—分配器；7—滑动钵底部；8—钵体；9—空心钵轴

2. 碟片结构

分离机碟片的顶角一般为 60°～80°，两碟片间的距离为 0.4～0.8mm，因此在每个碟片上均固定有一定厚度的凸缘（将 0.5mm 厚的不锈钢板剪成小圆片，拼焊于碟片外壁），碟片本身采用 0.8mm 不锈钢板或铝板冲压或压制而成，成型后的厚度一般在 0.5mm 左右。

三、分离机操作及注意事项

1. 分离机操作

(1) 操作前准备

① 检查分离机进料阀、出料阀是否正常。

② 检查分离机皮带转盘、皮带附属部件及其电源、运行情况是否正常。

(2) 分离过程　生产时首先启动分离机，待分离机转速达到设计转速后打开其进料阀和

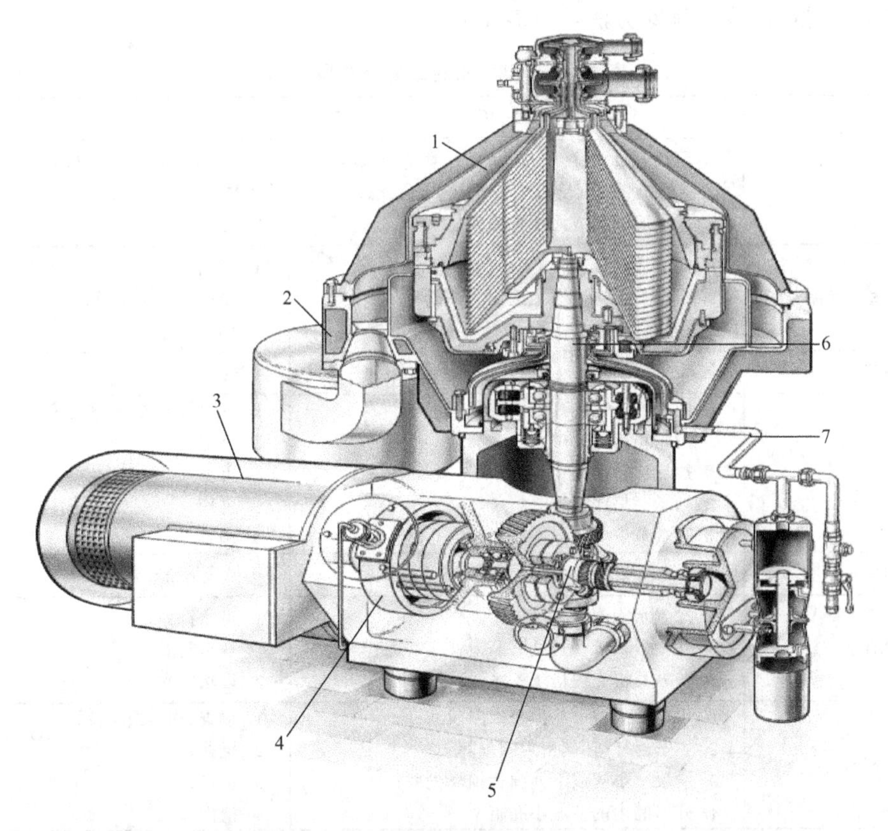

图 1-10　封闭式分离机剖面结构图

1—机盖；2—沉渣器；3—电动机；4—制动；5—齿轮；6—空心钵轴；7—操作水系统

出料阀，对料液进行离心并收集离心后的料液。

（3）分离结束 生产结束时先关闭分离机，再关闭进料阀，待分离机完全停止后，关闭出料阀。

2. 注意事项

① 在选择分离机时，要根据实际生产情况进行选择。生产能力要适当，以提高设备利用率，减少动能消耗。

② 分离机工作时因是高速运转，地基要坚实，转动主轴要垂直于水平面，各部件应精确安装，必要时，在地脚处配置橡皮垫起缓冲作用。同时，对转动部分定期清除污油，更换新油，并防止杂质混入。

③ 开机前，必须检查传动机构及紧固体，不允许倒转，以防止机件损坏。检查电动机和水平轴的离心离合器是否同心、灵活，必要时进行空车试转，听其是否有不正常的杂音。

④ 封闭压送式分离机启动和停车时，均要用水代替牛乳，在启动后 2～3min 取样鉴定分离情况。

⑤ 连续运转时间视物料的物理性质及杂质含量而定，一般 2～4h 需停车清洗。如发现分离后物料不符合规定要求，经调节机件后仍不见效，则应立即停车检查。

⑥ 对封闭压送式分离机，因需承受一定的压力，故均使用一种定容积型旋转泵或特殊的离心泵，并尽量防止泵的脉动。

⑦ 关注并时常检查泵与吸料管间的垫圈以及泵的轴封等处是否严密，防止空气混入。

⑧ 操作结束后，立即清洗干净，备下次再用。

3. 常见故障及分析

分离机常见故障及其排除方法，见表 1-1。

表 1-1 分离机常见故障及排除方法

现 象	原 因	排 除 方 法
机器振动	1. 清洗不良，装配不对，锁环拧紧不当或零件与另台机器串联引起转鼓失去原有平衡状态； 2. 减振圈磨损或缓冲弹簧失效	1. 立刻停机，确定原因，清洗、重装配、检查更换或重新平衡； 2. 更换
启动时间太长或转速太低	1. 制动器未松开； 2. 离合器摩擦片磨损或混入油脂； 3. 传动件有差错	1. 放松； 2. 更换或清洗干净； 3. 调整
有异常气味	轴承过热	更换
有异常噪声	1. 向心泵或主轴高度安装不准确； 2. 齿轮箱油量不够； 3. 螺旋齿轮磨损； 4. 轴承磨损或损坏； 5. 联轴节滚筒与弹性块间隙不合适	1. 待机调整，清除碰擦； 2. 添加； 3. 更换； 4. 更换； 5. 调整
减速时间太长	制动器摩擦磨损或混入油脂	更换或清洗干净
齿轮箱内有水	1. 冷凝水积聚； 2. 立轴上轴承密封处有漏泄； 3. 转鼓外机壳内排水不畅	1. 将水排掉； 2. 换密封圈； 3. 设法排水
转鼓不能密封	1. 水箱无水或过滤器及水路阻塞； 2. 主密封环、环阀密封圈损坏； 3. 滑块上小阀或下面弹簧损坏失效； 4. 开启腔内的节流小孔阻塞	1. 检查、加水或清洗； 2. 更换； 3. 更换； 4. 清洗疏通
转鼓不能开启	1. 平衡腔作用水节流小孔阻塞； 2. 作用滑块密封圈损坏	1. 清洗疏通； 2. 更换

续表

现 象	原 因	排 除 方 法
分离效果不佳	1. 通过量太大； 2. 轻液出口背压太高； 3. 分离温度不够； 4. 转鼓速度不对； 5. 转鼓内容渣腔塞满； 6. 转鼓碟片间阻塞	1. 调整； 2. 调整； 3. 调整； 4. 放松刹车，检查其他原因； 5. 清洗； 6. 清洗
料液或水从排渣口流出	1. 转鼓盖主密封环损坏； 2. 操作水箱放置太高； 3. 操作水配水盘有泄漏； 4. 作用滑块上泄水孔小阀损坏； 5. 环阀密封圈有毛病； 6. 向心泵或重力环密封圈损坏	1. 更换； 2. 调整； 3. 更换； 4. 更换； 5. 更换； 6. 更换
分离中转鼓自动开启或料液泄漏	1. 操作水箱放置太高； 2. 作用滑块上泄水孔小阀损坏； 3. 环阀密封圈有毛病	1. 调整； 2. 更换； 3. 更换
排渣时转鼓不开启或排渣不畅	1. 转鼓内容渣腔塞满； 2. 操作水箱放置太低； 3. 操作水配水盘有泄漏	1. 清洗； 2. 调整； 3. 更换

第三节 均 质 机

食品均质机是食品的精加工机械，它常与物料混合、搅拌及乳化机械配套使用。目前，国内外食品均质机械品种很多，并不断地发展。食品均质机按构造可分为高压均质机、离心均质机、超声波均质机和胶体磨均质机等。下面就对乳品加工常用的高压均质机和胶体磨均质机分别予以介绍。

一、高压均质机

高压均质机是一种特殊的高压泵，其通过高压的作用，在机械力的作用下使乳中脂肪球破碎至直径小于 2μm。牛乳经过均质后可减少脂肪上浮现象，并能促进人体对脂肪的消化。在果汁生产中通过均质后能使料液中残存的果渣小微粒破碎，制成液相均匀的混合物，减少成品沉淀的产生。在冰淇淋生产中，则能使料液中的牛乳降低表面张力，增加黏度，得到均匀一致的胶黏混合物，提高产品质量。

一般牛乳的脂肪球直径为 2.5～5μm，约占 75%，其他的直径为 0.1～2.2μm，平均为 3μm，通过均质后，脂肪球直径小于 2μm。如图 1-11 所示为牛乳脂肪球均质前后大小的变化。

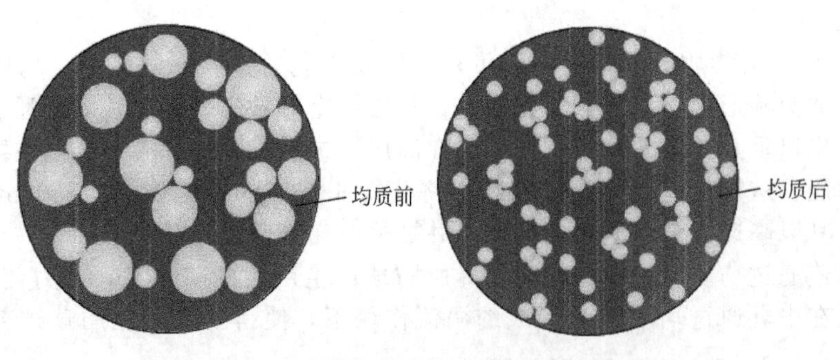

图 1-11 牛乳脂肪球均质前后大小的变化

1. 高压均质机

如图 1-12 所示，柱塞泵靠电机驱动，通过曲轴和连杆机构将电机的旋转运动转换成柱塞的往复运动。柱塞在高压泵体的圆柱腔中运动。机器装有两个柱塞密封，水进入两个密封之间冷却柱塞。

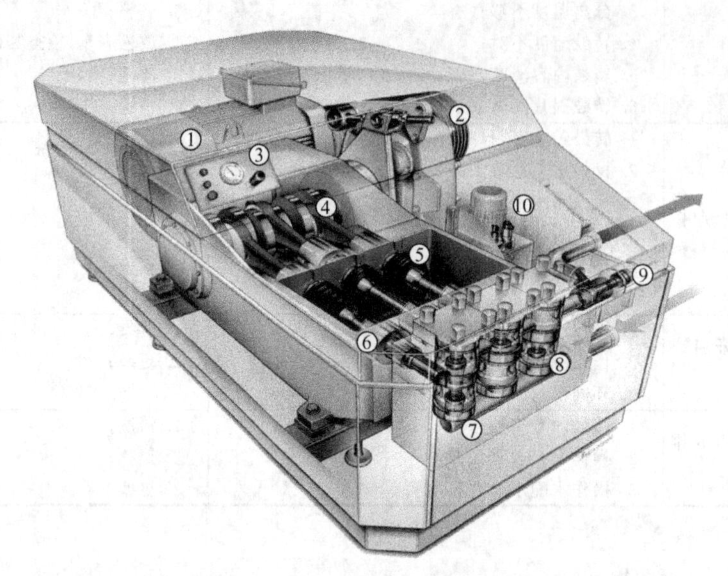

图 1-12 高压均质机结构图

1—主驱动轴；2—V 形传动带；3—压力显示；4—曲轴箱；5—柱塞；6—柱塞密封座；7—固体不锈钢泵体；8—阀；9—均质装置；10—液压设置系统

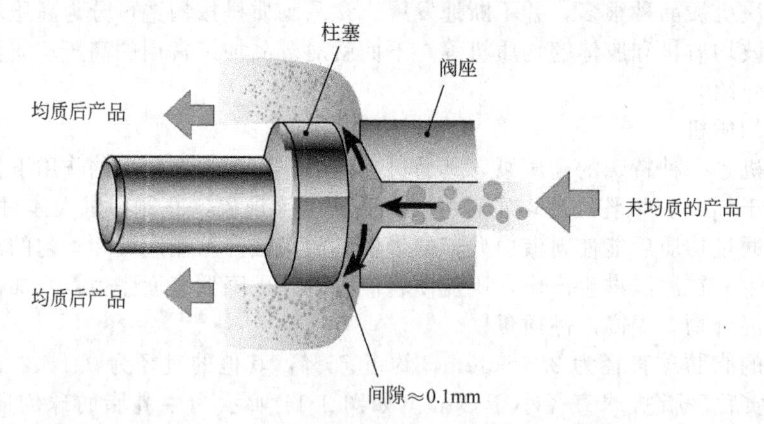

图 1-13 均质阀结构及牛乳通过状态示意

2. 均质原理

如图 1-13 所示为均质阀（又称均质头）结构及牛乳通过状态示意图。均质阀是一外环包着 4 片叶片的圆柱形芯子。它们相互配合，只留一个非常窄的间隙让牛乳通过。均质环内表面与间隙的出口垂直并附在外环上。牛乳在高压下被送入外环和芯子之间空隙，由于高静压能转化成动能，这样牛乳在细缝的间隙中将获得非常高的转速（200～300m/s），当牛乳离开间隙时，其以高速冲击均质环的内侧，并被迫改变方向。

牛乳以高速通过均质阀中的窄缝时，对脂肪球产生巨大的剪切力，此力使脂肪球变形、伸长，同时又在牛乳通过均质阀时形成的涡流作用下，使得伸长的脂肪球被剪切成细小的微粒。

牛乳在间隙中加速的同时，也使得脂肪球和均质阀发生高速撞击，因而使脂肪球破裂，同时牛乳的静压能下降，当能降至脂肪的蒸汽压以下时，在瞬间会产生空穴现象，从而蒸汽爆裂产生冲击波，使得脂肪球破裂。当脂肪球以高速冲击均质环时又产生进一步的剪切力。可采用前后排列的两个均质阀，图 1-14 为一级均质阀结构，图 1-15 为两级均质阀结构，图 1-16为一、二级均质后脂肪球的分散情况。

3. 影响均质的因素

在相同的均质压力下，不同类型的均质阀会带来不同的均质效果。另外，牛乳均质效果的好坏与均质操作中采用的压力和温度有关。均质压力越大，脂肪球直径越小。从实践中总

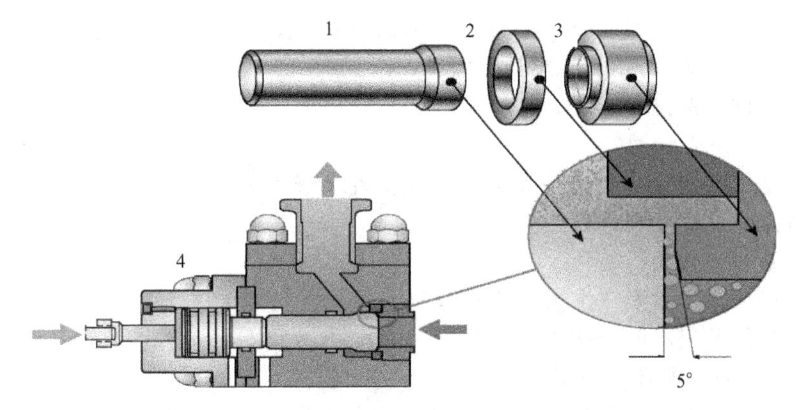

图 1-14 一级均质阀结构图

1—均质头；2—均质环；3—阀座；4—液压传动装置

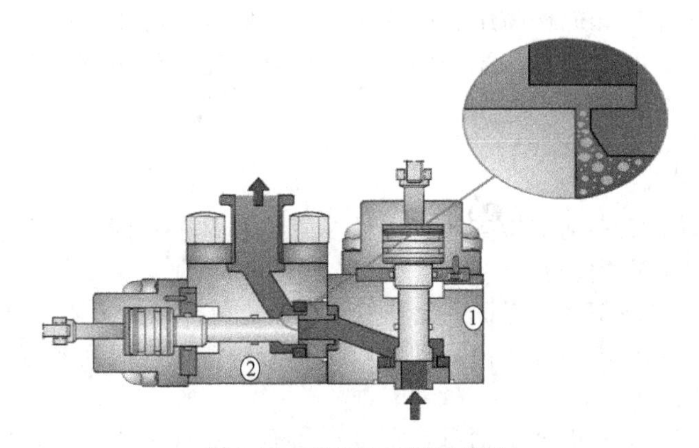

图 1-15 两级均质阀结构图

1—第一级；2—第二级

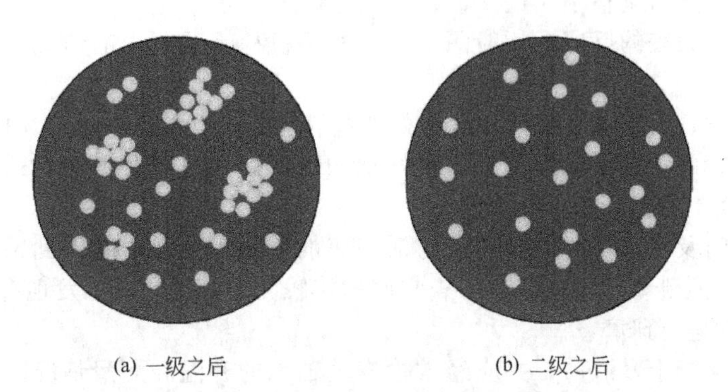

图 1-16 一、二级均质后脂肪球的分散情况

结出公式 $d=12/\sqrt{\Delta p}$,其中，d 是脂肪球直径，Δp 是施加的压力，12 是系数。压力过低，效果不好；压力过高，又会降低牛乳中酪蛋白的热稳定性，对高压灭菌乳不利。理论上，较高的温度下均质效果较好，但温度过高会引起乳脂肪和乳蛋白的热变性。均质温度过低，效果不理想，而且有时会使脂肪球形成奶油粒，不易在均质时被打碎。一般牛乳采用的均质压力为 18～22MPa，温度为 55～75℃。

4. 均质机操作及注意事项

(1) 均质机操作

① 开机前的准备

a. 检查润滑油的油位和油质，油位应在油眼线以上，油质不能出现乳白色（正常新设备使用 750h 后换油，然后每年换油 1 次）。

b. 检查各部件连接是否紧密。

c. 检查冷却管是否畅通。

d. 检查电动机转向（电动机接线点或电气设备维修后）。

e. 放松高低压手轮 1～2 圈。

② 开机、运行、停机

a. 开启冷却水阀门，喷口水量以积水量低于骨架密封圈为准。

b. 开启进料阀及出料阀，按下启动按钮，在无压力状态下运转 3min，让设备各部件都进入润滑状态，同时使泵体充分进料以将泵体内空气排尽。

c. 加压：先将高压手轮顺时针方向旋转至压力表指针点动，然后按先低压后高压的顺序调整至所需的工作压力（根据工艺要求自定）。

d. 关机：按开机逆向先放松高压、后放松低压，然后将清洗液或水通入泵体在无压力状态下运转 10min 左右，达到泵内清洗的目的，注意手轮反转不宜太多，一圈为宜，否则会损坏手轮内顶杆的轴密封圈。

e. 按下停止按钮，切断电源。

(2) 注意事项

① 设备不得空转，启动前应检查各紧固件及管路等是否紧固，以及泵体部分的柱塞与机体部件连接轴的连接是否完好。

② 启动前应先接通冷却水，保证柱塞往复运动时充分冷却。

③ 启动后应调整到要求压力，由启动阶段出来的料液应返回到前道工序，待压力稳定后才能让料液流入下道工序。

④ 设备停止使用时应立即清洗消毒，不准存留有污垢和杂质。禁止用器械刮污垢，保证设备的精密度。

⑤ 柱塞外围的垫料调整不应过紧，以不流出料液即可。

⑥ 经常注意压力表的反应，一般隔 7 天左右停机检查油泵内的情况，加足油以保证压力表正常使用。

⑦ 泵在工作时，需定期在机体连接轴处加些润滑油，以免缺油，损坏机器。

⑧ 机器内部的曲轴连杆连接轴都需很好地润滑，故其内部必须储有适量的润滑油，在使用过程中，油面不得低于最低油位线。

⑨ 泵体的活门及专用阀门的阀芯如与活门座的接触不良，不能得到预期压力值，或使压力表指针发生剧烈跳动，故应经常检查它们的接触面是否良好，如发现有毛口、磨纹应采用最细号的金刚砂进行研磨。

⑩ 电动机应保持干燥清洁，并应经常检查其轴承的升温和润滑情况。另外，不能用高浓度、高黏度的料液来均质。

5. 常见故障及分析

见表1-2。

表1-2　高压均质机常见故障及分析

故障现象	原因分析	排除方法
不能启动	控制箱部分接点、开关、继电器熔断丝及线路上某一部分接错	逐步检查排除
压力表指针摆幅大，同时电流表指针摆幅大，流量不足	1. 料液内混入异物，卡在单向阀接合面上，阀关不严； 2. 锥阀结合面磨损，阀关不严； 3. 锥阀安装不紧，边缘泄漏； 4. 长期停用，进料单向阀粘住未打开； 5. 其他：机器安放不平（电流表稳定），进料温度大于90℃，且含气泡多；进料管道不流畅，进料颗粒太粗等	1. 拆下泵体下面的螺塞和阀体，用水自下而上冲刷，检查排除或拆去锥阀检查冲洗； 2. 拆下锥阀检查、更换、修磨； 3. 拆下锥阀重装； 4. 拆下泵体螺塞，用起子向上捅开； 5. 针对性排除
压力上不去，电流也上不去	1. 高（低）压阀芯和座接合面磨损； 2. 高（低）压轴封套变形或过紧； 3. 外泄漏，如柱塞、密封漏料	1. 拆下阀体，取下高压阀，更换、修磨或将阀芯倒一个方向装上再用； 2. 拆下高压轴封套，修去变形部分或更换新的轴封套； 3. 调紧或更换柱塞密封
压力指针突然上窜，达到满刻度，有时伴有高压密封结合处吹料液	1. 手轮上盖形螺帽加压前未顺时针松开，高压弹簧没有成自然张开； 2. 轴封套因退压时手轮反时针转圈数太多，日久变形，或者长期过热老化造成内径变小，顶杆行进不灵活	1. 关机后，顺时针松开盖形螺帽； 2. 更换或修正轴封套
压力表指针上不去或摆幅特别大，但电流表指示正常	1. 压力表总成渗油； 2. 压力表超压冲坏； 3. 压力表阻尼超压后击穿	1. 拆去压力表，加注有机硅油； 2. 更换压力表或压力表总成
粉碎效果逐渐变差	1. 碰撞环起环沟； 2. 高低压差太小	1. 将碰撞环倒向安装或更换； 2. 磨低阀座的凸出部分为0.2～0.5mm，改变撞击位置； 3. 降低二级阀压力
外泄漏	1. 栓塞部位漏料——V形或方形圈； 2. 泵体与传动箱结合处漏料——泵体密封垫； 3. 泵体与阀体结合处漏料——高压密封垫； 4. 压盖漏料——压盖密封组件； 5. 手轮漏料——轴封套	1. 停机，收紧柱塞密封，即拧紧定螺钉60°，直至更换柱塞密封套； 2. 收紧8个泵体螺帽或拆下泵体，更换泵体密封垫； 3. 收紧阀体螺帽（注意缝隙平行）或更换高压密封垫片； 4. 更换压盖密封组件； 5. 更换轴封套
传动箱内发出异常声音	1. 查看油标，机油乳化或油位过低，润滑不好； 2. 紧固件松动； 3. 曲轴左右窜动	1. 更换机油，或加油； 2. 打开上盖，紧固零部件； 3. 拆下曲轴端压盖，加垫调正
润滑油易乳化或油耗大	1. 冷却水流速太大，出水口堵塞，水槽积水，渗油到油箱； 2. 若活塞上沾油，表明骨架密封弹簧损坏或本身已坏； 3. 高速轴骨架密封损坏	1. 疏通出水道，冷却水适度； 2. 收紧橡胶骨架密封圈弹簧或全部更换； 3. 更换高速轴骨架密封
栓塞速度下降或皮带打滑发热	传动皮带盘太松	收紧传动皮带

二、胶体磨均质机

胶体磨是一种磨制胶体或近似胶体物料的超微粒粉碎、均质机械。其工作原理是：胶体磨由一固定的表面（定盘）和一旋转的表面（动盘）所组成。两表面间有可调节的微小间隙，物料在此间隙中通过。物料通过间隙时，由于转动件高速旋转，附于旋转面上的物料速度最大，而附于固定面上的物料速度为零，其间产生急剧的速度梯度，从而物料受到强烈的剪切摩擦和湍动搅拌，使物料乳化、均质。

胶体磨有卧式和立式两种形式。卧式的结构特点是转动件的轴水平安置，固定件与转动件之间的间隙为50～150μm，可通过移动转动件的水平方向距离来调整间隙，转动件的转速极高，在3000～15000r/min之间，它适用于均质低黏度的物料。对于黏度较高的物料，均质加工可采用立式胶体磨，其转速为3000～10000r/min之间，立式结构的优点是卸料与清洗都比较方便。卧式胶体磨结构如图1-17所示，立式胶体磨结构如图1-18所示。

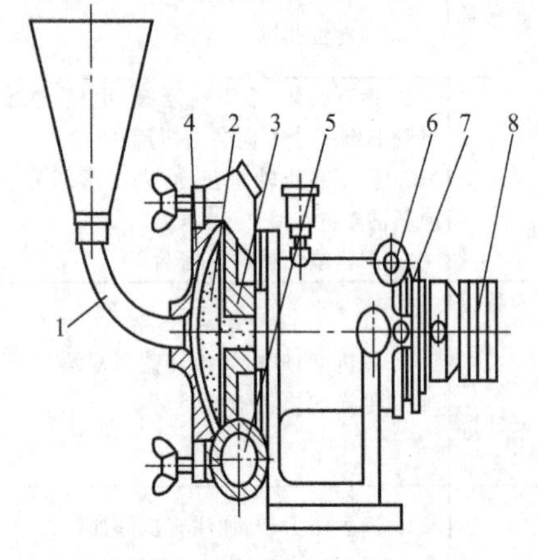

图1-17 卧式胶体磨结构示意

1—进料口；2—转动件；3—固定环；4—工作面；5—卸料口；6—锁紧装置；7—调整环；8—皮带轮

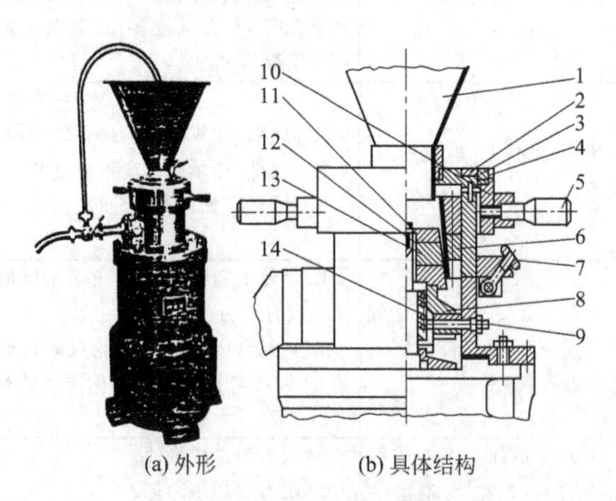

图1-18 立式胶体磨结构示意

1—料斗；2—刻度环；3—固定环；4—紧定螺钉；5—调节手柄；6—定盘；7—压紧螺帽；8—离心盘；9—溢水嘴；10—调节环；11—中心螺钉；12—对称键；13—动盘；14—机械密封

第四节 板式换热器

乳品加工中的预热、杀菌、冷却、浓缩等操作，其目的各不相同，但其实质都是将温度高的物体的热量传递给温度低的物体，这个过程称为热交换过程或传热过程。传热的设备称为热交换器或换热器，如用于杀菌则称为杀菌器。参与传热过程的两种流体称为介质（或载体），放出热量的流体称为热介质，而温度较低接受热量的流体称为冷介质。牛乳在杀菌时，蒸汽或热水是热介质，牛乳是冷介质。

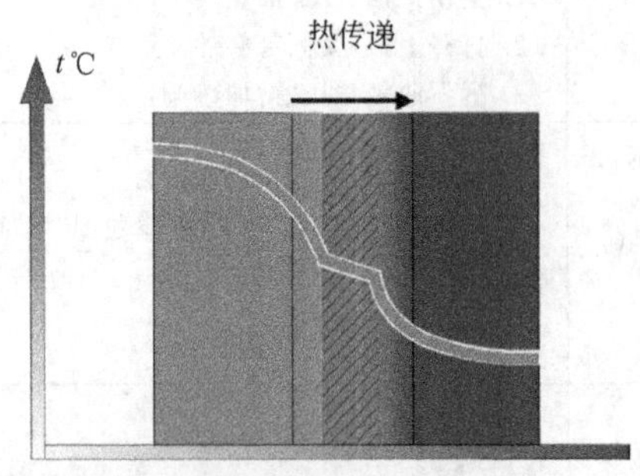

图1-19 热量由间壁传递

现在使用的换热器是通过间接加热的方法来传递热量的，即热介质通过传热壁将热量传递给冷介质。如图1-19所示表示热量从热介质传递给设备间壁，再由间壁传给另一侧的冷介质。在板式换热器中，板片就充当了间壁物的作用。

一、工作原理与特点

1. 工作原理

板式换热器是由许多具有波纹状的热交换片依次

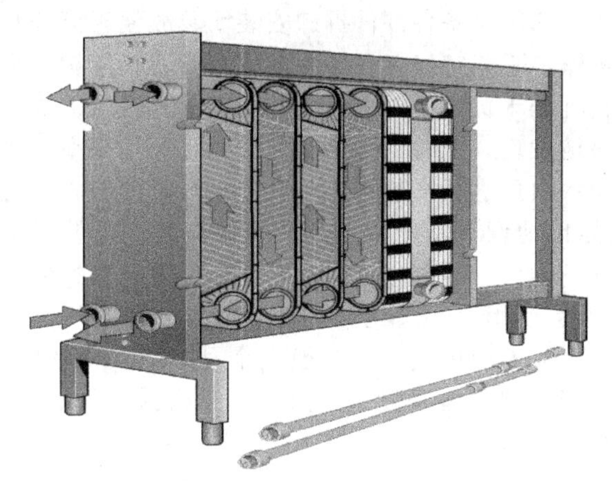

图 1-20 板式换热器中流体流动和热传递原理示意

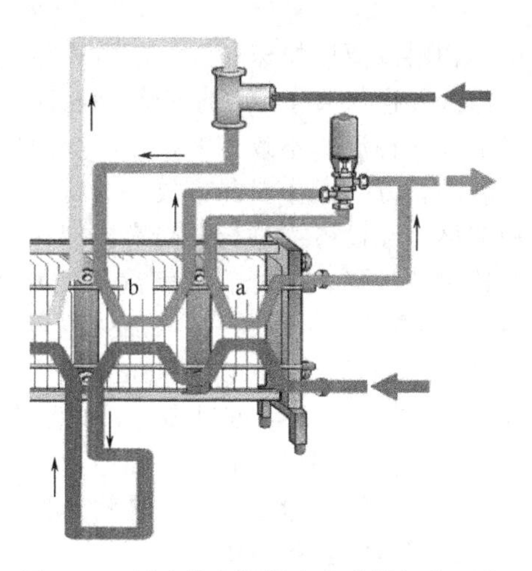

图 1-21 板式热交换器中的分散加热系统

a—第一加热段；b—最终加热段

重叠在框架上压紧而成，该框架可以包括几个独立的板组，即不同的处理阶段，如预热、杀菌、冷却等均可在此进行。加热（或冷却）介质与料液在相邻两片间流动，通过金属片进行热交换，金属片面积大，流动的流层就薄，热交换效果也就好。板式换热器中流体流动和热传递原理及结构如图 1-20 和图 1-21 所示。

换热片是由 1mm 厚的不锈钢板用水压机冲压成型，并悬挂于导杆上，压紧螺杆可使压紧板与各热交换片叠合在一起，片与片之间在片的四周用板框橡胶垫圈密封，并使两片间有一定间隙，改变垫圈的厚度可调整两片之间流体通道的大小。每片的四角各有 1 个孔，依靠垫圈密封作用，4 孔中只有 2 个孔可与金属片一侧的流道相通，另 2 个孔则与金属片另一侧的流道相通。冷热两流体在薄片的两边交替流动而进行热交换。拆卸时，只需转动压紧螺杆，使压紧板和换热片沿着导杆滑动松开即可。对其进行清洗、拆装均很方便。

为了实现有效的热传递，板片之间的间距应尽可能小，但大量的流体流过这些窄通道时，流速和压力差将会很大，为了防止设备损坏及消除上述情况，流体通过换热器时可分成若干支平行的支流。如图 1-22 所示，冷介质被分成两支平行液流，在这一阶段中，改变了 4 次方向。热介质的通道被分成 4 支平行液流，它改变了 2 次方向。

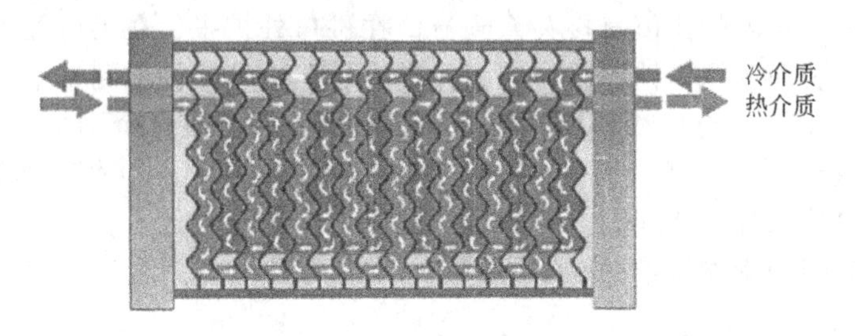

图 1-22 冷热介质平行流动示意

2. 特点

板式换热器的特点是：①有较高的传热效率。由于两片之间空隙小，使冷热两流体都有很高的流速，在传热片面上，又因冲压成凹凸沟纹使速度方向和大小不断改变，当流体通过时形成湍流状态，有效地破坏边界层，减小边界层的热阻，提高了传热系数 K 值。②结构紧凑，占地面积小。在较小的工作范围内，可容纳较多的传热面积，这是板式换热器最突出的优点之一。③有较大的适应性。当生产上要求改变工艺条件或生产能力时，只需增减传热片的片数，改变片的组合，即能满足生产要求。④适宜于处理热敏感物件。由于两片间空隙小，物料以薄层快速通过，不致产生过热现象。⑤因设备各部件拆卸安装简单故便于清洗和维修。⑥操作安全。由于物料在密闭条件下操作，不与空气接触，可防止污染，在结构上也保证了两种流体不致相混，在热交换段，原料乳处于负压下，可保证它不会混入正压下的杀菌乳内，万一发生泄漏事故，结构上也保证易被发现，及时得到调整。⑦热量利用率高。数种流体可在设备内进行热交换，即在同一套设备内可进行加热和冷却，便于热量的回收，既节约设备投资，又可节约蒸汽与冷却水。⑧能自动调节，连续生产。但缺点是：①易脱垫(垫圈从波纹片上脱落)。当加热温度在60℃以上时，较容易发生垫圈伸长变形。当脱垫后再黏结上去时，会有20～30mm伸长变形，无法使用。②老化。一般使用的垫圈耐热温度在120℃左右，若温度过高时，则易老化。在正常生产情况下，一般三个月更换一次垫圈。③在接头处泄漏。这有多方面原因，如安装不当或垫圈本身发生变形等。④密封垫圈断裂。这是因为垫圈质量差或超过其耐热温度而引起。

二、换热片的结构

换热片是热交换器设备的主要部件，其间壁通常是波纹状，以实现更剧烈的紊流，紊流有助于提高传热效果。如图1-23所示是三种不同类型波纹的换热片，间壁的厚度也影响传热效果，间壁越薄传热效果越好。但厚度的掌握要保证有足够的强度以承受液体压力。

图1-23 不同波纹状的换热片

现以平直波纹片为例介绍换热片的结构。它是用水压机将1mm厚的不锈钢表面冲压出与流体流向呈垂直的波纹，使液体在水平方向成条状薄膜，在垂直方向呈波纹流动。当液体通过换热片时，液流的流向和速度会经过多次变化，并使它逐步扩大到整个液流中去，从而破坏了紧靠金属表面的滞流层，进而提高了金属片与液流间的传热系数。同时在金属片的两边，液流压力通常是不同的，为了防止薄片变形，在金属片的表面纵向装置了间隔突缘，它们形成了片与片间的多支点支承，增加了金属片刚度；并保证了两金属片间所需的距离（一般为3～6mm）。

波纹片的宽度与长度的比值直接关系到流体在进口处扩张、在出口处收缩的情况，以及流体通过整个传热表面的均匀性。为了使流体进入后能够迅速扩展到整个金属片宽面上，并能防止产生死角，片长L与片宽B之比$L/B=(3\sim4):1$为宜，个别情况下也可增加到L/B为6∶1。为了便于拆卸、清洗操作，一般片高1000～1200mm、片宽约300～400mm。

波纹片的传热效果好、强度高，有较广泛应用。

三、板式换热器的操作与维护

1. 操作

① 开启仪表箱内电源总开关，然后再启动其他设备。

② 打开热水装置上的进水阀，注水入热水器，直至有水从溢流管中流出为止。

③ 打开总蒸汽阀门，调节减压阀，使蒸汽通过减压阀后的压力降低到规定的压力。

④ 打开调节阀两端的截止阀，关闭旁通管路的截流阀。

⑤ 注水入平衡槽，对设备消毒。

⑥ 然后注入物料进行杀菌。开始操作时，由于物料温度低于给定杀菌温度，处于回流状态，直至达到设定温度才可以进入下道工序。

⑦ 设备在操作过程中，操作人员应该经常注意蒸汽压力是否稳定、热水器是否缺水，

平衡槽内不应断料，以及仪表仪器、回流阀是否发生故障，如有故障应及时排除。

⑧ 设备停车时，首先关闭蒸汽总阀及热水泵，再关闭物料泵，最后关闭电源总开关。

2. 维护

① 仪表仪器应有专人负责，并严格按操作规程操作和维护。

② 换热器压紧螺帽和上下导杆应经常加润滑油进行润滑。

③ 定期检查各传热片是否清洁，是否有沉积物、结焦水锈层等结垢附着，并及时清洗。同时检查各传热片与橡胶垫圈的粘合是否紧密、橡胶圈本身是否完好，以免橡胶垫圈脱胶与损坏而引起漏泄。

④ 当需要更换橡胶垫圈或修补脱胶部分时，将传热片取下，把旧垫圈拆下，或在脱胶处将传热片凹槽的胶水遗迹用细砂纸擦尽，再用四氯化碳或三氯乙烯等溶剂把凹槽内的油迹擦尽，再把新橡胶垫圈的背部用细砂纸擦毛，同样用上述两种溶剂把油迹擦尽。然后在凹槽和橡胶垫圈背面均薄薄敷上一层胶水，稍干一下，不黏手指为度，将橡胶垫圈嵌入槽内，四周压平后再敷上一层滑石粉，然后将传热片装上设备机架轻轻夹紧。依据胶水要求待粘牢固即可投入使用。

⑤ 更换传热片橡胶垫圈时，需将该段全部更新，以免各片间隙不均，影响传热效果。

⑥ 每次将传热片压紧时，需注意上次压紧时的刻度位置，切勿使橡胶垫圈压紧过度，以致降低垫圈的使用寿命。

⑦ 操作开始用清水循环时，可能有轻微泄漏，当温度升到杀菌温度时，泄漏将自行消失。若泄漏仍不停止，需将传热片再压紧一些。如果还不见效，则需停机并打开检查橡胶垫圈情况，也有可能是未按传热片上号码顺序排列，纠正过来即可。

第五节　超高温瞬时杀菌设备

习惯上把加热温度为135～150℃、加热时间为2～8s，加热后产品达到商业无菌的过程称为超高温（UHT）瞬时杀菌。

一、板式热交换系统

超高温板式加热系统是对板式巴氏杀菌系统的发展，区别在于超高温板式加热系统能承受较高的内压。为承受高温和高压，超高温系统中的垫圈必须能耐高温和高压，其造价远比低温板式换热器系统昂贵。垫圈材料的选择要使其与不锈钢板的黏合性越小越好，这样可防止垫圈与板片之间发生黏合，便于拆卸和更换。

热交换器系统内的高压可导致不锈钢板片的变形和弯曲，为此，不同的厂家设计出了不同的板片及波纹形状，以加强料液流动的湍动性。在实际制造过程中，每片传热面上被加上多个突起的接触点，起到板片间的相互机械支撑作用，同时形成流体的流道，并增强流体的湍动性和整个片组的强度。

如图1-24所示为超高温板式热交换系统平面示意图。料液由液位控制平衡槽1经离心泵（供料泵，2）进入板式热交换器的第一部分——热回收段3，在这里未经灭菌的料液与灭菌后的料液进行热交换而达到适宜的均质温度65～80℃，然后料液进入均质机4。均质机是往复式泵，它提高了料液在热交换器内流动所需的压力。经均质后的料液进入最终加热段5，由加压的热水加热至所需的灭菌温度，然后经过保温管进入水冷却段6，最终经过热回收段3冷却至储存的灌装温度。料液在离开板式热交换器时，温度略高于进料的温度。这种系统热回收率为60%～65%，相对较低，也就是说加热至灭菌温度所需热量的60%得到回收，而其余40%的热量则必须由蒸汽来补充。料液在离开热交换器后，经过背压阀7，以保持系统内的压力，避免料液沸腾和气体逸出而产生一些不利影响。

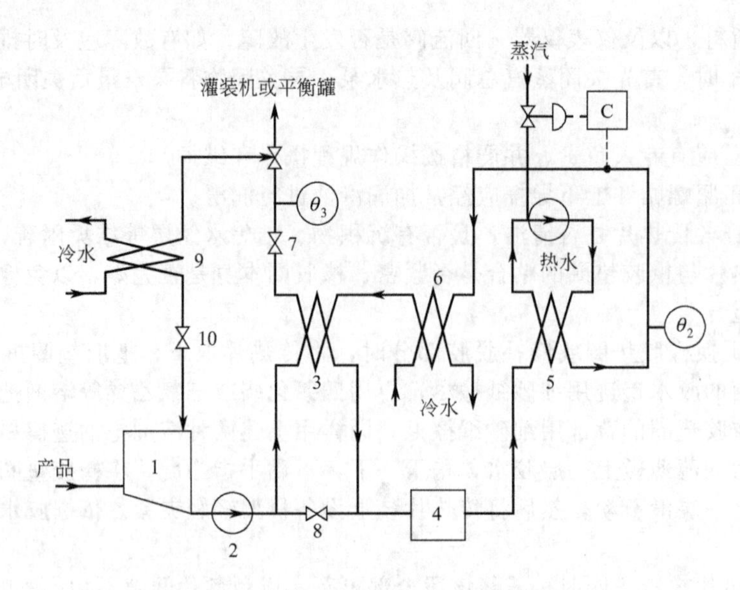

图 1-24 超高温板式热交换系统平面示意

1—平衡槽；2—供料泵；3—板式热交换器（预热段）；4—均质机；5—板式热交换器（加热段）；6，9—板式热交换器（冷却段）；7，10—背压阀；8—阀门

二、管式超高温灭菌系统

超高温系统的管式热交换器包括两种类型，即中心套管式热交换器和壳管式热交换器。这里着重介绍中心套管式热交换器。

中心套管式热交换器是由 2 个或 3 个不锈钢管以同心的形式套在一起，管壁之间留有一定的空隙。通常情况下，套管以螺旋形式绕起来安装于圆柱形的套筒内，这样有利于保持卫生和形成机械保护。如图 1-25 所示，双管式系统是用来进行加热和冷却。生产时，料液在中心管内流动，而加热或冷却介质在管壁间流动。在热量回收时，料液也在管壁间流动。三管式系统是用来将料液加热至灭菌温度。这时料液在内环内流动，加热介质在中心管和外环间流动，这样可使传热面积增大 2 倍，同时也提高了传热效率。三管式系统也可用于最终冷却段，特别是对于黏性高的料液灭菌，黏度会降低传热效果，此系统可弥补这一不足。

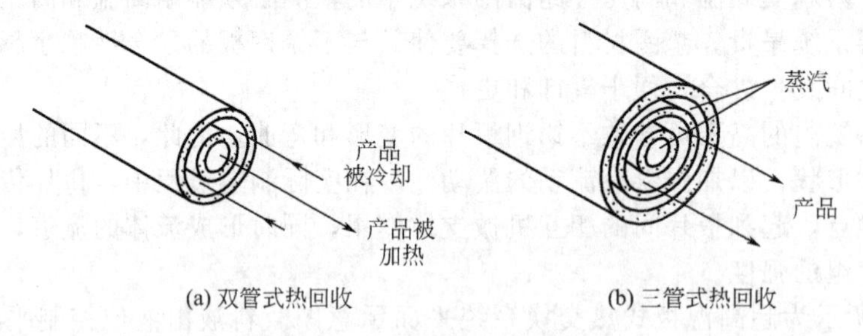

图 1-25 中心套管式超高温组件

如图 1-26 所示为典型的中心套管式间接超高温加热系统流程图。料液由平衡槽 1 泵入第一预热段 3a 加热，若第一预热段加热达不到均质温度，可连接第二预热段 3b 加热至均质温度，然后料液进入灭菌段（加热段，3c）进行 137～144℃超高温灭菌并在保温管（保温管，5）中保温数秒。图中 3d 和 3e 分别为热回收冷却段和最终水冷却段（启动冷却段）。热回收是通过水循环在 3a、3b、3d 处将料液预热和灭菌后的料液冷却来实现的。

三、直接加热超高温灭菌系统

直接加热系统是指料液在最后的灭菌阶段与蒸汽在一定的压力下混合。在混合过程中，

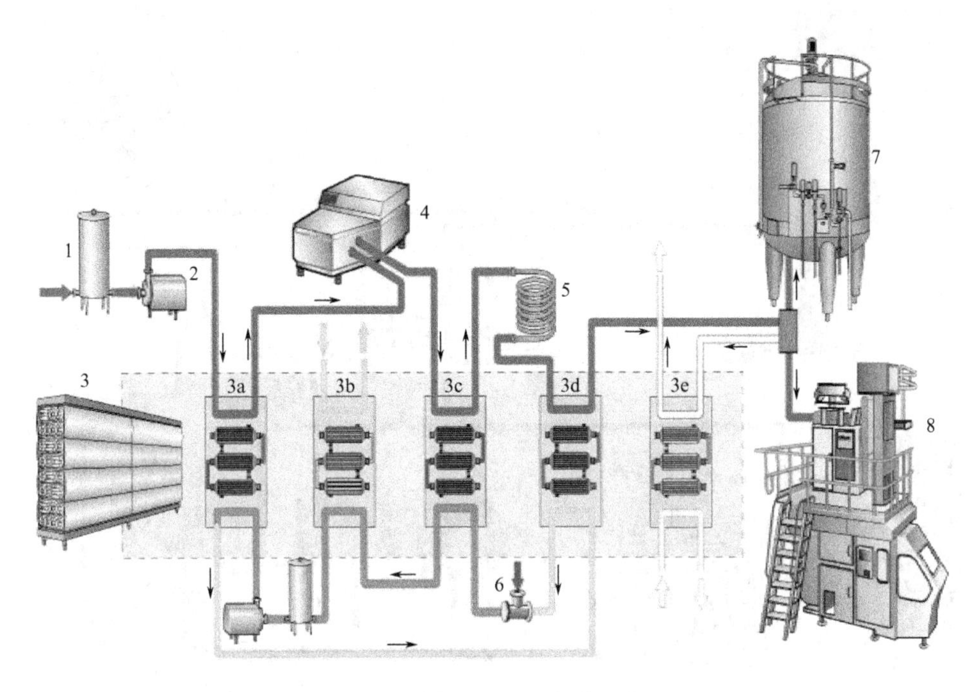

图 1-26　管式间接超高温加热系统流程

1—平衡槽；2—进料泵；3—管式换热器；3a—预热段；3b—第二预热段；3c—加热段；3d—热回收冷却段；3e—启动冷却段；4—非无菌均质机；5—保持管；6—蒸汽喷射器；7—无菌缸；8—无菌灌装

蒸汽释放出潜热将料液快速加热至灭菌温度。直接加热系统加热料液的速度比其他任何间接加热系统都要快。

为了达到与加热速度相同的冷却速度，灭菌后，料液经膨胀蒸发冷凝器去除水分，水分蒸发时吸收相同的潜热使料液瞬间被冷却。

如图 1-27 所示是板式热交换器直接加热系统。大约 4℃的料液由平衡槽 1a 通过离心泵（进料泵，2）进入板式换热器 3 的预热段，在预热至 80℃左右时，料液经泵 4 加压至约 0.4MPa（目的是预防料液在灭菌段沸腾），然后流动至环形喷嘴蒸汽喷射器 5，蒸汽注入料液中，并迅速将料液温度提升至 135～150℃。料液在此高温下在保温管（保持管，6）中保持几秒钟，随后在装有冷凝器的蒸发室 7 中闪蒸冷却。真空泵 8 控制真空度，以保持闪蒸出的蒸汽量等于蒸汽最早注入料液的量。再由泵 9 把灭菌后的料液送入无菌均质机 10 中均质，然后再进入板式换热器冷却段将料液冷却至约 20℃，并直接连续送入无菌灌装机灌装或无菌罐进行中间储存待包装。冷凝所需冷水循环由平衡槽 1b 提供，并在离开蒸发室 7 后经蒸汽加热器加热作料液预热介质。在预热段水温降至约 11℃，这样，此水可另用作冷却介质，冷却从均质机流回的料液。

依据料液与蒸汽的混合方式可将直接超高温加热系统分为以下两种类型。

① 高于料液压力的蒸汽通过喷嘴喷入到料液中，冷凝放热，将料液加热到所需温度，这种系统称为“喷射式”或“蒸汽喷入料液”类型，如图 1-28(a) 所示。

② 加压容器充满达到灭菌温度的蒸汽，料液从顶部喷入，蒸汽随之冷凝，到底部时料液达到灭菌温度，这种系统称之为“混注式”或“料液喷入蒸汽”类型，如图 1-28(b) 所示。

蒸汽喷射器是蒸汽喷射式系统的核心器件，蒸汽喷射器需满足以下三点要求。

① 能使蒸汽快速冷凝，并防止不冷凝蒸汽气泡进入保温管，导致传热效率降低。

② 应尽量降低料液与蒸汽间的压力差。

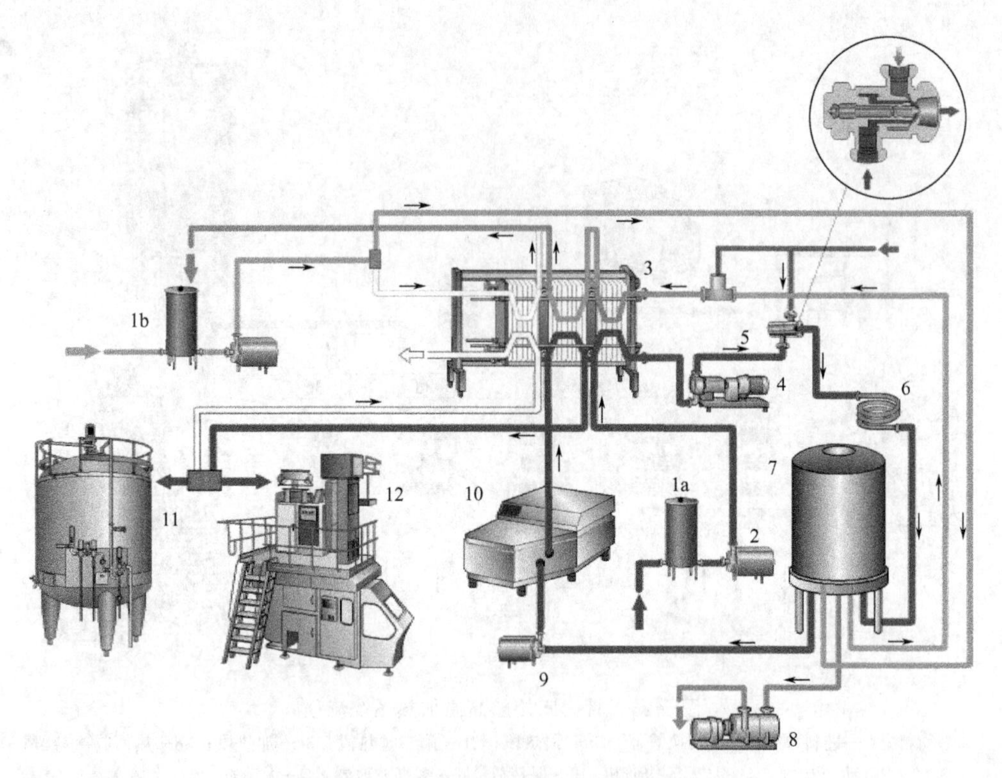

图 1-27 板式热交换器直接加热系统

1a—牛奶平衡槽；1b—水平衡槽；2—进料泵；3—板式换热器；4—正位移泵；5—蒸汽喷射器；6—保持管；7—蒸发室；8—真空泵；9—离心泵；10—无菌均质机；11—无菌缸；12—无菌灌装机

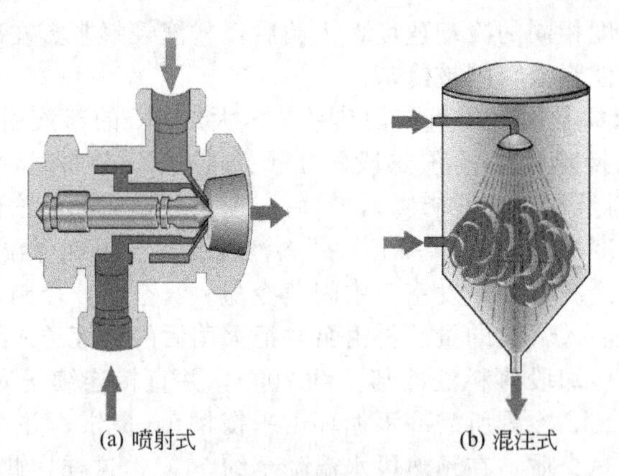

(a) 喷射式　　(b) 混注式

图 1-28 喷射式和混注式加热系统

③ 蒸汽喷射器的设计必须尽量减少料液与蒸汽间的间接传热。

如图 1-29 所示为典型的直接蒸汽喷射式超高温灭菌器。生产时，料液由平衡槽 1 泵入预热段 2 被灭菌后料液已预热，然后进入加热段 3 被真空下蒸汽或热水加热至 75～85℃。料液的温度通过蒸汽的供给量或热水的温度来控制。然后料液由高压泵送入蒸汽喷射器 4 和保温管。料液的压力必须能防止料液沸腾和溶解空气的分离，并且使蒸汽在喷射器内快速冷凝。压力若过低则很难保证灭菌温度和保温时间。因此，系统内的背压必须准确地保持在 0.1MPa，典型的灭菌条件为 144℃、5s。料液进入保持一定真空度的膨胀式冷却器 5 后体积膨胀、沸腾，产生的水蒸气通过表面式冷凝器或间接式水冷凝器 6 冷凝。冷却器内的真空度所对应的沸点比预热器（即加热段 3）料液出口的温度高 1～2℃，这一温差保证了将加入

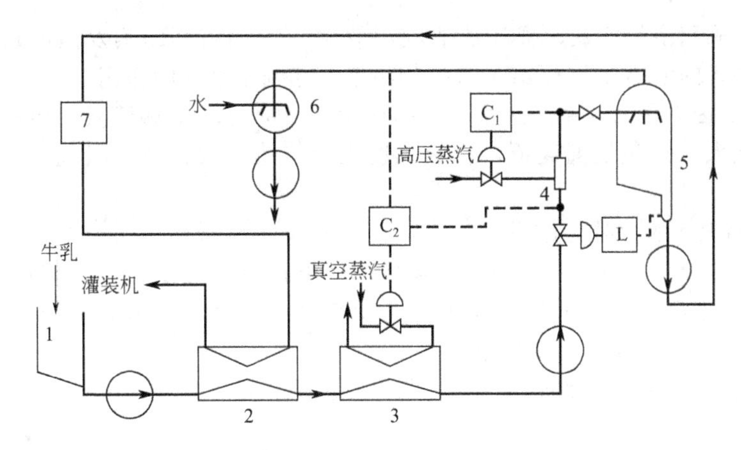

图 1-29　典型的直接喷射式 UHT 灭菌系统

1—平衡槽；2—预热段；3—加热段；4—蒸汽喷射器；5—膨胀式冷却器；6—间接式水冷凝器；7—均质机；C_1,C_2—温控系统；L—液位探测器

到料液中的等量的蒸汽去除。保温管末端安装的限压阀使喷射器和保温管内保持高压以防止料液沸腾。料液通过限压阀进入低压膨胀器并迅速冷却，冷却后的料液汇集于膨胀器底部经无菌泵进入均质机 7。

直接式 UHT 系统一般都使用两套独立的温控系统。一种系统是用普通温控器 C_1（图 1-29）来控制料液灭菌温度，它通过测定保温管内料液的温度来控制喷射器高压蒸汽的喷射量。另一种温控系统 C_2 是测定料液与蒸汽混合前以及蒸汽离开膨胀器时的温度。料液与蒸汽混合前的温度与膨胀冷却的温差保持了蒸汽的加入量与水分的去除量平衡。任何一种直接加热系统都设定这一温差以保持料液在加工前后水分含量不变。膨胀器内的真空度通过阀门保持恒定，因此其对应的温度也是不变的。这样 C_2 只是通过控制加热段 3 蒸汽的供给量来控制这一温差。

第六节　真空浓缩设备

一、真空浓缩设备的工作原理与分类

所谓浓缩，就是从溶液中除去部分溶剂的单元操作。食品生产中所需原料及半成品一般含有大量水分，约占原料的 65%～95%，而营养成分及风味物质只占 5%～10%，而且均属于热敏性强的物质。如何在维持食品原有的色、香、味的同时提高产品浓度是一个复杂的过程。全面利用现代生产技术，以达到低温、快速、连续、高效、节能是食品浓缩设备的发展方向。

食品浓缩的目的为：

① 除去食品中大量水分，减少包装、储藏和运输费用。

② 通过提高食品浓度，达到增加食品保藏性的目的。

③ 满足后续加工工艺过程的要求。经常作为干燥或完全脱水的预处理，特别适合原液含大量水分的物料。用浓缩的方法排除大部分水分比干燥更节能。

1. 真空浓缩的原理及优缺点

（1）真空浓缩的原理　溶液加热时，溶剂分子获得动能，当部分溶剂分子获得的能量足以克服分子间的吸引力时，溶剂分子会离开液面成为蒸汽分子。若热能不间断供给，溶剂蒸气不断排除，则溶剂的汽化过程会持续进行。这种将溶液加热至沸腾，使溶液中部分溶剂汽化并不断排除的过程就是蒸发。食品工业中广泛应用真空蒸发进行浓缩操作。

（2）真空浓缩的优缺点

① 优点。a. 增大了加热蒸汽与沸腾液之间的温度差（ΔT）；b. 可利用压强较低的蒸汽

作为加热蒸汽，采用多效蒸发，提高热能利用效率；c. 因溶剂的蒸发温度较低，适用于热敏性及易氧化物料的浓缩；d. 可减少微生物污染，起到预杀菌的作用。

② 缺点。a. 因采用真空系统，增加了附属设备及动力；b. 因蒸发潜热随沸点的降低而增大，热量消耗大；c. 蒸发温度低，料液黏度大，传热系数较小。因系统内为负压，完成液需用泵排出。

2. 真空浓缩设备的分类与选择

(1) 真空浓缩设备的分类　真空浓缩设备的种类和型式很多，一般可按下列方式分类。

① 根据二次蒸汽被利用的次数。可分为单效浓缩装置、多效浓缩装置（多为二、三效）、带有热泵的浓缩装置、闪蒸浓缩装置。

② 根据料液在设备中的流程。可分为单程式浓缩装置、循环式（自然循环与强制循环）浓缩装置。

③ 根据加热器结构。可分为非膜式（盘管式、中央循环管式）浓缩装置、薄膜式（升膜式、降膜式、板式、刮板式、离心式等）浓缩装置。

④ 闪蒸浓缩装置。闪蒸是一种特殊的减压蒸发。它是将热溶液压力降至低于溶液温度下的饱和压力，原料中部分水分在压力降低的瞬间沸腾汽化，就是闪蒸，也称为急剧蒸发。水在闪蒸汽化时带走的热量等于溶液从原始压力下温度降到降压后饱和温度所放出的显热。常见闪蒸的生产方法是直接把溶液分散喷入真空环境，使闪蒸瞬间完成。闪蒸的优点是对食品的色、香、味和营养成分影响很小，避免了浓缩设备换热面结垢，同时具有去除食品原料中的空气、膻气和腥味等作用。该装置主要用于乳制品、果汁、蔬菜汁等食品的浓缩生产。

(2) 真空浓缩设备的选择　由于食品性质的不同，所以选择设备应根据物料在蒸发过程中的如下几种特性按需要进行选型。

①物料的热敏性；②物料在设备内传热面上的结垢性；③物料在沸腾时的发泡性；④物料因浓度增加的结晶性；⑤物料因浓度增加而产生的黏滞性；⑥物料对设备的腐蚀性；⑦物料中易挥发成分的回收。

因此，应根据食品物料的自身特性选择蒸发温度低、浓缩速度快、传热系数高、热利用率高、维修方便、耐腐蚀的强制循环设备。

二、真空浓缩设备操作流程

1. 单效真空浓缩设备操作流程

单效真空浓缩设备由一台浓缩锅和抽真空装置及冷凝器组成。料液进入浓缩锅后，加热蒸汽对料液进行加热浓缩，二次蒸汽进入冷凝器冷凝，不凝性气体由抽真空装置抽出，以保证整个浓缩系统处于一定的真空状态。料液可根据生产工艺需要间歇或连续排出。如图 1-30 所示。

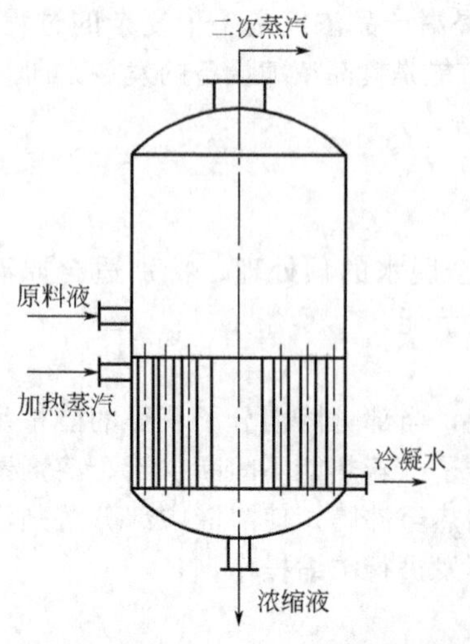

图 1-30　单效浓缩设备流程

2. 多效真空浓缩设备操作流程

多效真空浓缩就是把前一浓缩装置产生的二次蒸汽作为下一个浓缩装置操作的加热蒸汽来使用。前提是只要后一蒸发器的压力和溶液的沸点均较前一蒸发器的低。后一蒸发器可以看作是前一蒸发器的冷凝器，将多个蒸发器连接共同操作，就组成了一个多效蒸发器。每一蒸发器成为一效。

多效浓缩设备操作根据溶液与蒸汽流动方向的不同，可分为并流法、平流法、逆流法及根据生产工艺需要采取一些其他操作流程。

(1) 并流法　料液与加热蒸汽流动方向相同，均由一效顺序流至末效，如图1-31所示。因后效蒸发室压力较前效的低，所以各效间的料液流动不需要泵的输送，同时因前效的沸点较后效的高，料液经前效进入后效时会发生闪蒸。不适合成品黏度高的物料。

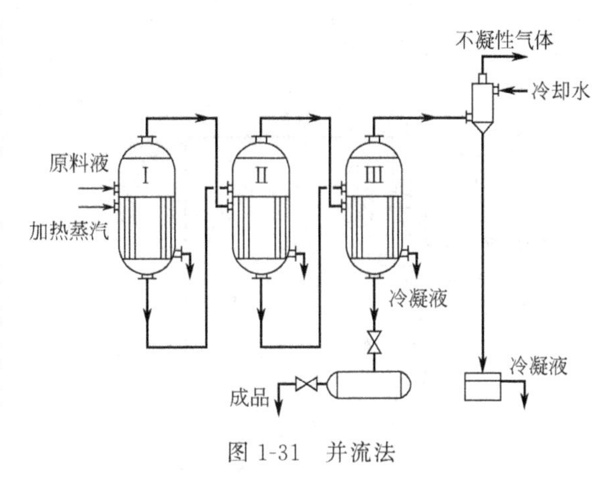

图1-31　并流法

(2) 逆流法　料液与蒸汽进入浓缩装置的流动方向相反。即原料液由末效进入，依次由泵输送进入前效，最终成品由第一效排出，如图1-32所示。逆流法与并流法相反，当原料液到达第一效时，尽管浓度较高，但蒸发温度也高，所以比较适合成品黏度高的物料。

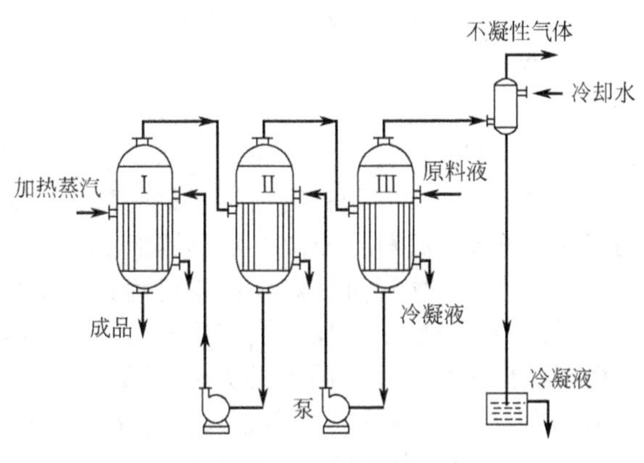

图1-32　逆流法

(3) 平流法　将原料液同时每效加入，而浓缩液也每效排出。但加热蒸汽的流向仍是由第一效顺序流动至末效，如图1-33所示。比较适合浓缩时有结晶产生的物料。

(4) 其他方法　如混流法，此法是在各效间同时应用并流和逆流加料的一种操作方法，兼顾了两种方法的优点。

(5) 热泵法　将蒸发器蒸出的二次蒸汽用压缩机压缩，提高它的压力，倘若压力重又达到加热蒸汽压力时，则送回蒸发器，循环使用。加热蒸汽（生蒸汽）只作为启动或补充泄漏、损失等使用，因此节省了大量生蒸汽。热泵蒸发的流程如图1-34所示。此法是根据生产工艺需要而采取的特殊的工艺流程。

三、真空浓缩设备举例

真空浓缩设备的基本结构主要由对原料进行传热的加热室、原料沸腾蒸发的蒸发器、使气-液进一步分离的分离器、附属设备中对二次蒸汽所夹带的料液进行分离的捕集器、将二次蒸汽冷凝的冷凝器及维持整个系统真空度的抽真空装置等所组成。

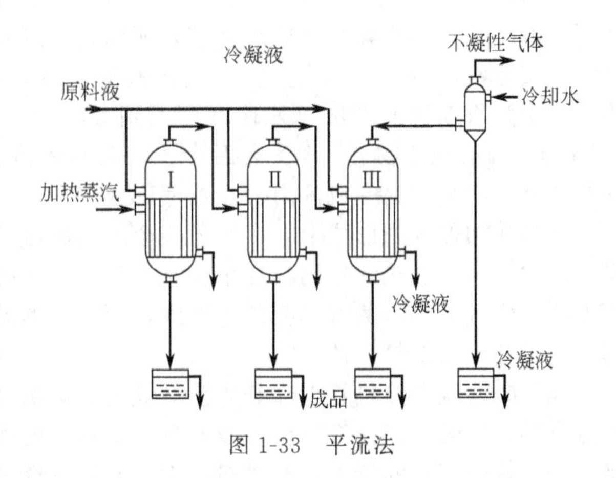

图1-33　平流法

真空浓缩设备在食品生产中因工艺的需要有多种结构形式，但均由加热室（器）、流动（或循环）管道以及分离室（器）组成。根据料液在加热室内的流动情况，蒸发器可分为循环型和单程型两类。常用的真空浓缩设备主要有中央循环管式浓缩设备、盘管式浓缩设备、升膜式浓缩设备、降膜式浓缩设备、刮板式薄膜浓缩设备和板式（片式）浓缩设备几种。这里主要介绍升膜式浓缩设备和降膜式浓缩设备。

1. 升膜式浓缩设备

自然循环的许多蒸发器有一主要缺点，就是料液反复循环，且长时间加热，这对热敏性

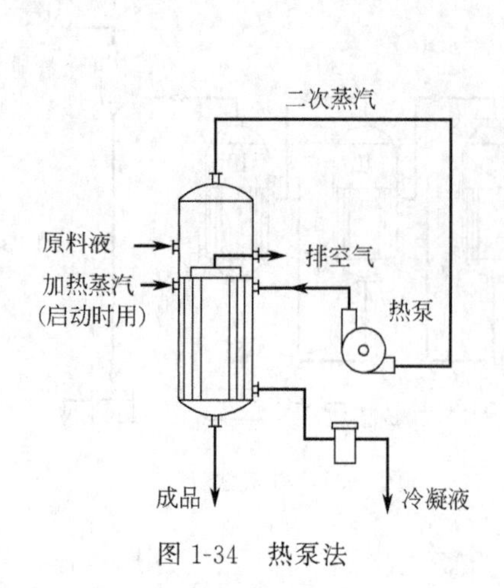

图 1-34 热泵法

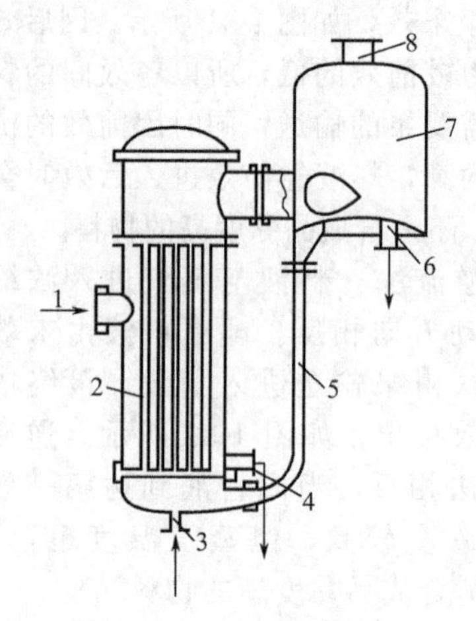

图 1-35 升膜式浓缩设备

1—蒸汽；2—加热器；3—料液；4—冷凝水；5—循环管；6—成品；7—分离器；8—二次蒸汽出口

物料是极为不利的。为了减少循环，设计了膜式蒸发器。

在单程蒸发器中，物料沿加热管壁成膜状流动，一次通过加热器即达到浓缩要求，停留时间仅为数秒或十几秒。而离开加热器的物料又得到及时冷却，特别适用于热敏性物料的蒸发。但由于溶液一次通过加热器就需要达到浓缩要求，因此对设计和操作的要求较高。由于这类蒸发器的加热管上的物料成膜状流动，故又称为膜式蒸发器。

根据物料在蒸发器内的流动方向和成膜原因不同可分为升膜式、降膜式、升降膜组合式、刮板式、片式（板式）、离心式、薄膜式、胀流式等。

如图 1-35 所示为升膜式蒸发器中的一种，它是由多根垂直管组成的加热器和蒸发室及循环管组成，属自然循环浓缩设备。原料液预热后由蒸发器底部进入加热器管内，加热蒸汽在管外冷凝，因其有较大的传热面积，所以料液进入管束后，很快强烈沸腾。管内中间部分充满料液蒸汽，生成的二次蒸汽在管内高速上升，料液被带动而沿着管内壁形成上升的液膜。二次蒸汽在管上端出口处速度可达到 20～50m/s，真空状态操作时，速度可达 100～160m/s。气液混合物进入分离器后分离。若达不到浓缩要求，可通过循环管再进入加热器继续浓缩，浓缩后的完成液由分离器底部放出。

物料在加热管内形成上、中、下三个不同区域。物料在下部，因液层静压力的作用，不发生沸腾，只起加热的作用。在中部，温度显著升高，并开始沸腾产生蒸汽，但传热速率仍不太高。到达上部，蒸汽体积急速增大，所产生的高速上升蒸汽使液体在管壁上形成一层薄膜，造成良好的传热条件。

操作时为减少加热管下部静压头对成膜的影响，提高传热效率，通常将料液加热至接近沸点进料。同时，保持进料量、蒸发量、出料量的平衡，以避免进料量过多，造成蒸发量不足，失去液膜蒸发的特点，或进料量少，导致管壁结焦。

升膜浓缩设备较适宜处理蒸发量较大，热敏性，黏度不大及易起沫的溶液。但因薄膜料液的上升须克服其重力与管壁摩擦阻力，所以不适用于黏度较大、有晶体析出和易结垢的溶液。一般是组成双效或多效流程应用。

2. 降膜式浓缩设备

升膜式蒸发器在加热管内下部区域积存有料液，延长了料液加热时间（约 15～20s），不易控制，所以，通常不能通过单程蒸发达到所要求的浓度，仍需部分循环。为了消除料液积聚所形成的静压效应，设计了降膜式蒸发器。

降膜式浓缩设备与升膜式浓缩设备类似，由加热器、分离器及附属设备组成，也属于薄膜式自然循环浓缩设备。其主要区别是经预热后的料液从加热管束的顶部加入，利用重力在管内形成液膜。设备的关键部件是料液进入加热管的均匀分配装置，以避免偏流、局部过热或焦壁，其直接影响降膜式浓缩设备的浓缩效果。

降膜式浓缩设备如图 1-36 所示。料液由加热室顶端加入，经分布器分布后，沿管壁成膜状向下流动，气液混合物由加热管底部排出进入分离室，完成液由分离室底部排出。

料液分配的形式有很多，如图 1-37 所示，主要有：用一根有螺旋形沟槽的导流柱使流体均匀分布到内管壁上 (a)；利用导流杆均匀分布液体，导流杆下部设计成圆锥形，且底部向内凹，以免使锥体斜面下流的液体再向中央聚集 (b)；使液体通过齿缝分布到加热器内壁成膜状流动 (c)；旋液式，利用离心力使料液均匀分布于管内四周 (d)。此外，还有筛孔板式、喷雾型、筛孔板与导流板相结合等多种形式。

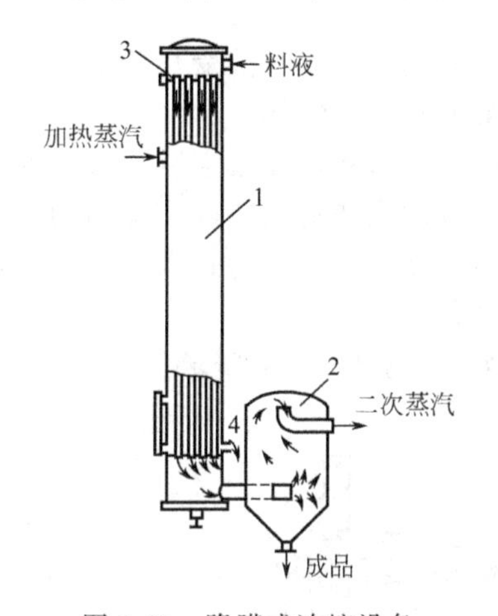

图 1-36 降膜式浓缩设备

1—蒸发器；2—分离器；3—布膜器；4—冷凝液

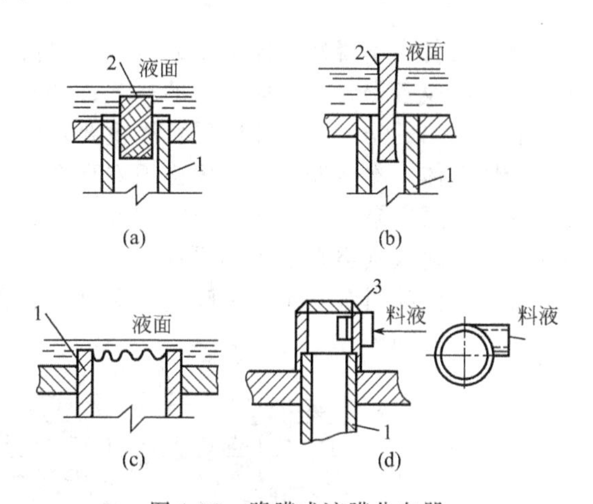

图 1-37 降膜式液膜分布器

1—加热管；2—导流管；3—旋液分配器

降膜式浓缩设备因料液受热时间短，有利于保护食品营养成分，可避免泡沫的形成，清洗方便。和升膜式类似，食品生产中降膜式浓缩设备多组成双效、多效、热泵或与升膜式浓缩设备组合使用。

四、附属设备

真空浓缩附属设备主要包括气-液分离器（捕集器、捕沫器、液沫分离器）、冷凝器及抽真空设备。

1. 气-液分离器

蒸发操作时产生的二次蒸汽夹带大量液滴，尤其是处理易产生泡沫的液体时，夹带更为严重。为了防止产品损失或冷却水被污染，常在蒸发器内（外）设置气-液分离器。其作用是将蒸发过程所产生雾沫中的料液与二次蒸汽分离，尽量避免或减少雾沫中料液被二次蒸汽带出，减少液料损失，同时防止污染管道及其他浓缩器的加热面。

捕集器的类型较多，其结构按工作原理主要分为两种：①利用气流与挡板或金属网的碰撞及过滤作用使雾沫破裂，并使二次蒸汽流向急剧改变，阻止料液外逸。②利用离心力使密度较大的液滴与二次蒸汽分离。如图 1-38 所示。可分为惯性型捕集器、离心型捕集器、过滤型捕集器等。

2. 抽真空设备

抽真空设备是保证整个浓缩系统处于真空状态。其主要作用是抽取系统内的不凝性气体。

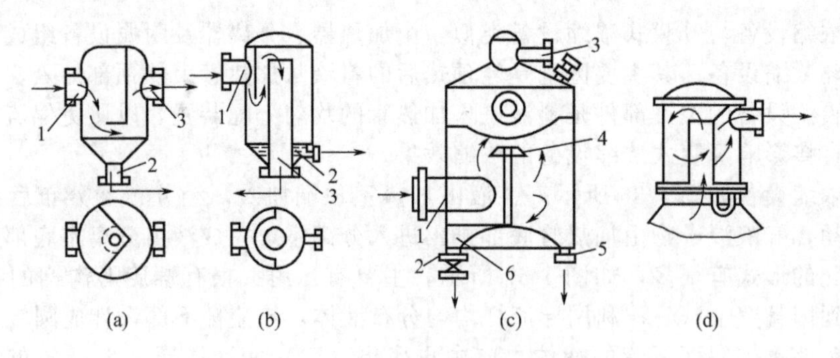

图 1-38 捕集器结构示意图

(a)，(b) 惯性型捕集器；(c) 离心型捕集器；(d) 过滤型捕集器；

1—二次蒸汽进口；2—料液间流动口；3—二次蒸汽出口；4—折流板；5—排液口；6—挡板

浓缩设备中不凝性气体主要来自：①料液夹带或溶解的空气；②料液受热分解后产生的气体；③因设备密封不严而泄漏的空气；④冷却水中溶解的不凝性气体。

需要说明的是，蒸发器中的负压主要是由于二次蒸汽冷凝所致，而真空装置仅是抽吸上述不凝性气体，冷凝器后道工序必须安真空装置才能维持蒸发操作的真空度。常用的真空装置有水环式真空泵、往复式（干式和湿式）真空泵、旋转式真空泵及喷射式真空泵等。这里简单介绍喷射式真空泵的工作原理。

(1) 蒸汽喷射泵 主要由喷嘴、混合室、扩散室等组成，如图 1-39 所示。

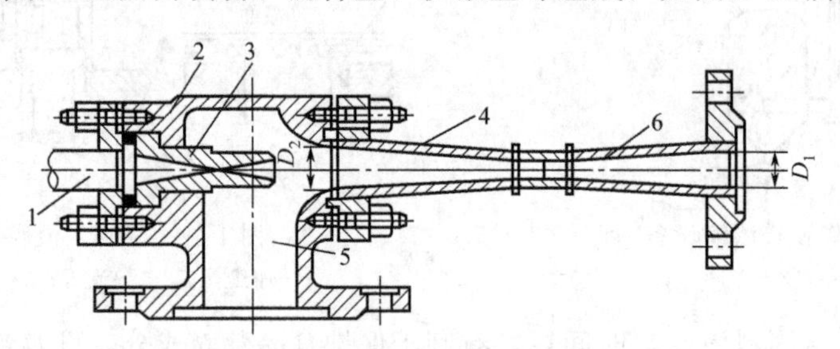

图 1-39 蒸汽喷射泵结构示意图

1—蒸汽室；2—喷嘴座；3—喷嘴；4—混合室；5—吸入室；6—扩散室

工作时工作蒸汽通过喷嘴以超音速喷入混合室，势能转化为动能。因混合室内喷嘴出口处压强较低，可将被抽气体吸入混合室，两种气流混合，被抽气体从同速气流中获得部分动能，进入扩散室，动能再转化为势能。其流动速度逐渐下降，而温度与压强逐渐上升，直至升高到排至下一级泵或大气所需的压强。因扩散室压强比混合室压强高，所以可连续抽真空工作。

(2) 水力喷射泵 水力喷射泵兼有冷凝和抽真空两种作用。如图 1-40 所示，其与蒸汽喷射泵结构相似，由喷嘴、吸气室、混合室、扩散管等部分组成。工作时借助水泵的动力，将水压入喷嘴。其是用断面逐渐收缩的锥形喷嘴进行高压水喷射，水在喷嘴内的流动速度逐渐增快，动能增大，压力能减小。由于水的喷射造成出口处形成低压而产生抽气作用。吸气室将水蒸气吸入后，经导向挡板使之从水流射束的四周均匀地进入混合室，与许多聚集于喉部的射束表面相接触。因射束的流速高，动能大，水汽即凝结在水柱表面而被带出。带出的水汽各射流在喉部准确聚焦后，通过扩压管将动能转换成压力能，再从尾部排水管排出。因二次蒸汽与冷水热交换后，二次蒸汽凝结成冷凝水，夹带的不凝性气体随冷却水同时排出。这样则既可以达到冷凝又兼有抽真空的作用。

设备的喷嘴大小与冷凝器的冷凝能力、吸入冷水水质有关；喷嘴排列是否得当，对抽气

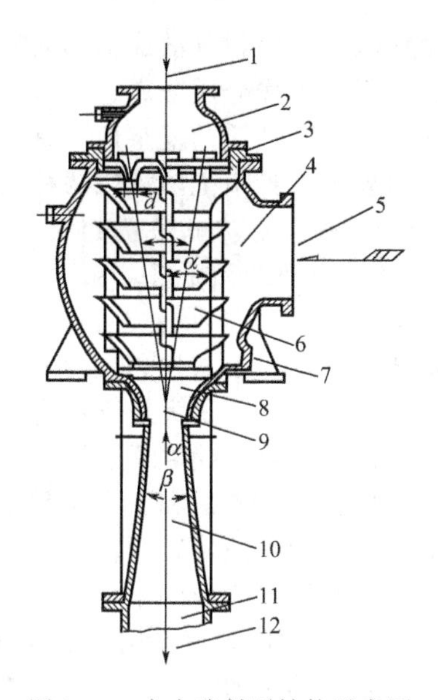

图 1-40　水力喷射泵结构示意图

1—冷水进口；2—水室；3—喷嘴；4—吸气室；5—二次蒸汽进口；6—圆锥形导向挡板；7—支脚；8—混合室；9—喉管；10—扩散管；11—排水管；12—冷却水出口

效果有影响；喉部的直径大小与所要求的真空度有关。圆锥形导向挡板是为了对水流进行分配和聚焦。

3. 冷凝器

冷凝器的作用是将二次蒸汽冷凝，并将其中的不凝气体分离，以减轻真空系统容积负荷，保证系统所需的真空度。常用的有大气式冷凝器、表面式冷凝器和低水位冷凝器几种形式。

第七节　喷雾干燥设备

干燥也是食品除去水分的一种工艺过程，是物料内部水分借助于分子扩散作用从固相物料中相对完全除去的一个过程。干燥后的物料水分（溶剂）含量一般可在3%～11%左右。

干燥的目的为：①便于物料的储藏和运输，扩大供应范围。②满足食品含水量的要求，达到安全储藏目的。③抑制储藏中的生化反应，保证产品质量。④经干燥和其他工艺处理，制成风味和形状各异的产品。

食品中常用的干燥方法主要有喷雾干燥、流化床干燥、滚筒干燥、气流干燥、真空干燥、冷冻升华干燥、红外干燥、高频干燥、微波干燥等。

乳品工业中常用的是喷雾干燥及滚筒干燥。本节着重介绍喷雾干燥设备。

一、喷雾干燥设备的工作原理

1. 喷雾干燥的基本原理

喷雾干燥前，物料应进行浓缩处理。喷雾干燥是将物料（溶液、悬浮液、乳浊液等）在机械力（压力或离心力）的作用下，通过雾化器的作用，雾化成直径为10～100μm的雾滴，从而增大制品的表面积（每升乳液经雾化后，其表面积可达100～600mm^2），并与干燥介质（热气流）接触，使物料瞬间（0.01～0.04s）进行强烈的热交换，从而迅速脱水干燥，经约15～30s，就可得到符合要求的粉状、颗粒状干制品的一种干燥方法，特别适用于不能借结晶方法得到固体产品的生产中。

喷雾干燥过程一般分为三个阶段：将物料分散成细小的雾滴；将雾滴与干燥介质（热空气等）良好地接触；将干燥后的物料与干燥介质分离。

实际生产中，由于物料的多样性及其性质的复杂性，有时用单一形式的干燥器来干燥物料时，往往达不到最终产品的质量要求，如果把两种或两种以上的干燥器组合起来，就可以达到单一干燥所不能达到的目的。这种干燥方式称为组合干燥。食品喷雾干燥通常采用喷雾-流化床组合干燥技术以提高生产效率及产品质量。

2. 喷雾干燥设备物料雾化方法

喷雾干燥时，物料微粒化形成雾滴的大小与均匀程度直接影响产品的质量和技术指标。雾滴表面积越大，干燥速度就越快。所以，为增大被干燥物料的表面积，必须将物料微粒化（雾化）。因此，物料微粒化所采用的雾化器是喷雾干燥设备的主要部件。食品物料微粒化方法依据雾化器的形式主要有两类，即离心喷雾法和压力喷雾法。

（1）离心喷雾法　离心喷雾法是利用高速旋转的转盘或喷枪使物料产生离心力，以高速甩出，形成薄膜、细丝或液滴，同时与干燥塔内的干燥介质（热气流）相互接触、摩擦并产生撕裂等作用而形成雾滴。如图 1-41 所示为其工作原理图。

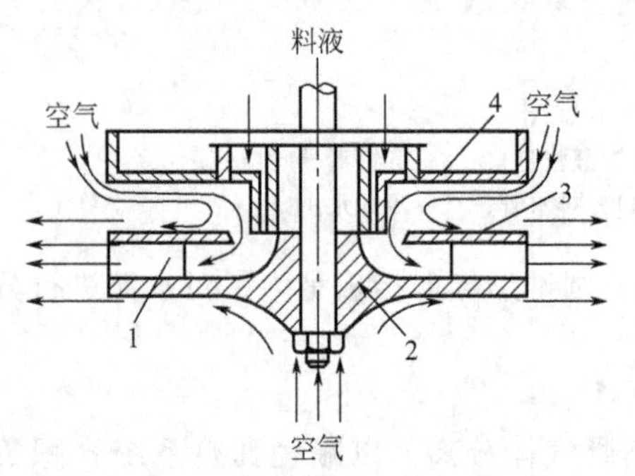

图 1-41　离心雾化器工作原理图
1—叶片；2—盘壳体；3—盘顶盖；4—罩

当物料流量一定时，为了保证雾滴的均匀性，通常从离心盘是否无振动运转、离心盘的转速是否高、离心盘上的叶片沟槽表面是否平滑、离心盘上叶片表面是否被料液所润湿以及进料量是否稳定且分布是否均匀等几方面控制。

离心式雾化器的形式很多，其具体的形式及雾化方式如图 1-42、图 1-43 所示。常见的有平板形、皿形、碗形、多叶形、多层形、喷枪形、锥形和圆帽形等。

离心式喷雾干燥设备动力消耗介于压力式与气流式之间，适用于高黏度或带固体的料液，雾化操作弹性较宽，可在设计生产能力±25%范围内调节。缺点是机械加工要求高，制造费用大，因雾滴较粗、喷距较大，所以其干燥塔直径也大。

（2）压力喷雾法　压力式喷雾法是利用高压泵使物料获得较高的压力（8～20MPa），从特制的喷嘴（直径 0.5～2mm）喷出，将浓缩后的物料通过喷嘴使之克服料液的表面张力而雾化成直径在 10～20μm 的雾状微粒，再喷入干燥室，如图 1-44 所示。一般喷雾压力越高、

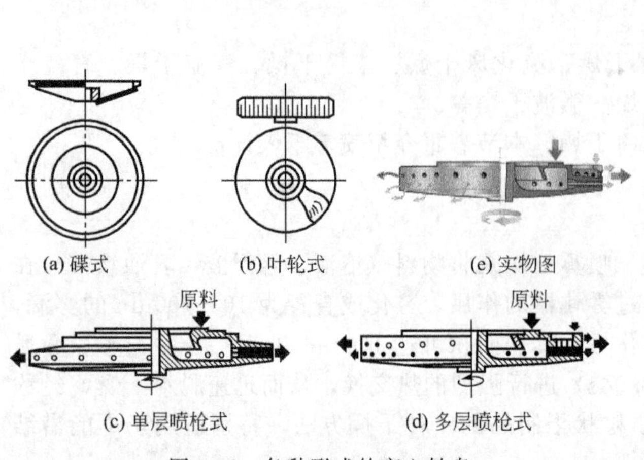

图 1-42　各种形式的离心转盘

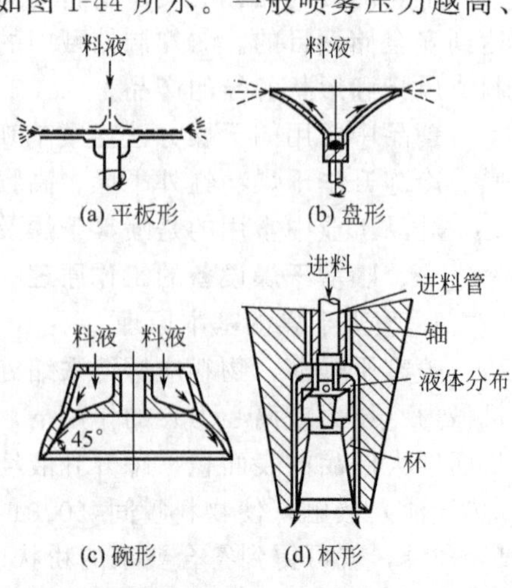

图 1-43　各种离心盘雾化方式

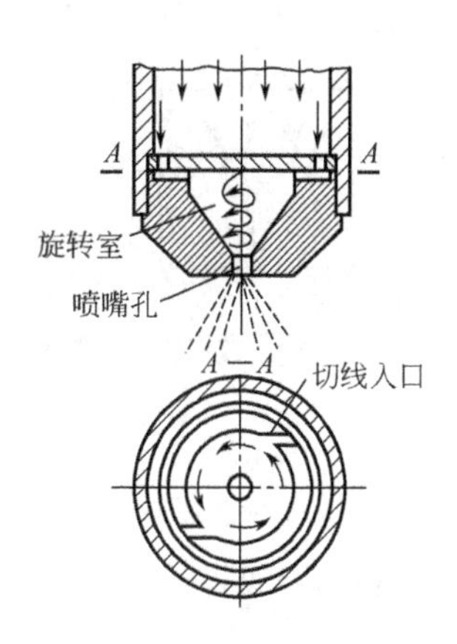

图 1-44 料液在压力式雾化器内的流动示意图

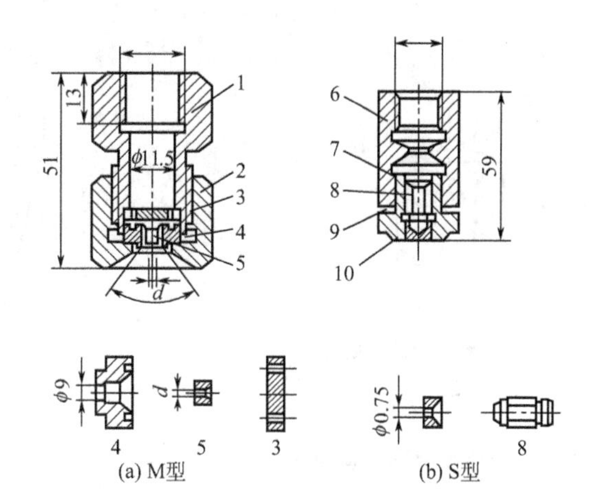

图 1-45 压力式喷嘴结构示意图

1，6—管接头；2—螺帽；3—孔板；4，7—喷头座；5，10—喷头；8—芯子；9—垫片

喷孔孔径越小，则喷出的雾滴越小，反之则雾滴越大。雾滴的分散度与料液的性质（如表面张力、黏度等）及喷孔直径成正比，与流量成反比，并与喷嘴的内部结构有关。

压力式雾化器的结构形式很多，常见的主要有漩涡式压力喷雾器和离心式压力喷雾器。国内应用比较广泛的压力喷雾器有 M 型和 S 型两种，如图 1-45 所示。

① M 型雾化器。M 型雾化器主要由管接头、连接螺母、分配板、喷嘴等组成。喷嘴内镶入人造红宝石喷头或用硬质合金制成，喷嘴内有四条导沟组成的切线。

② S 型雾化器。S 型雾化器主要由连接螺母、管接头、喷芯等组成。在喷芯上有两条导沟，导沟的轴线与水平面成一定的夹角。因为主要采用不锈钢材料制作，所以喷头易磨损。

两种雾化器因内部结构不同，所以料液在雾化器内所产生的旋转方向也不相同，使得产生的雾滴的状况亦不相同，以达到满足不同生产需要的目的。

二、喷雾干燥设备操作流程

1. 按物料与干燥介质在干燥塔内运动方向分类

(1) 并流干燥法　如图 1-46 所示。并流干燥的特点是料液雾滴与进入干燥室内的干燥介质的运动方向一致。因入口处的料液含湿量高，尽管与高温的热风相接触，也不会使被干燥物料出现焦化而影响产品质量。较适宜于食品中的热敏性物料。乳品、发酵粉等食品生产中常采用此法。

(2) 逆流干燥法　如图 1-47 所示为逆流型喷雾干燥设备。逆流干燥法与并流干燥法相反，其特点是料液雾滴与干燥介质的运动方向相反。物料从上往下喷，热风由下往上吹，使将完成干燥的物料的水分含量进一步得到排除。较适宜含湿量较高的物料。缺点是物料长时间在干燥

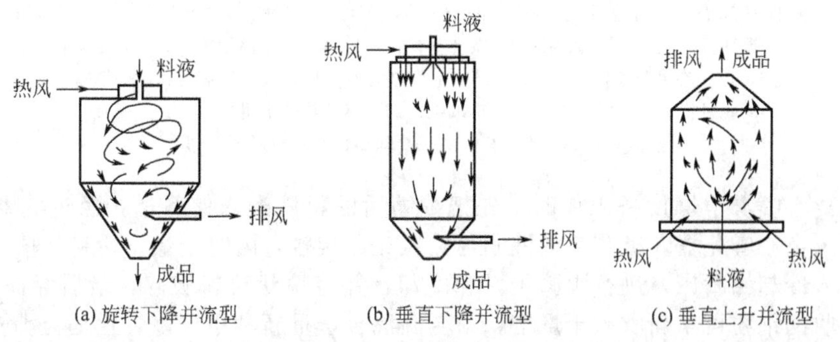

图 1-46 并流型喷雾干燥设备

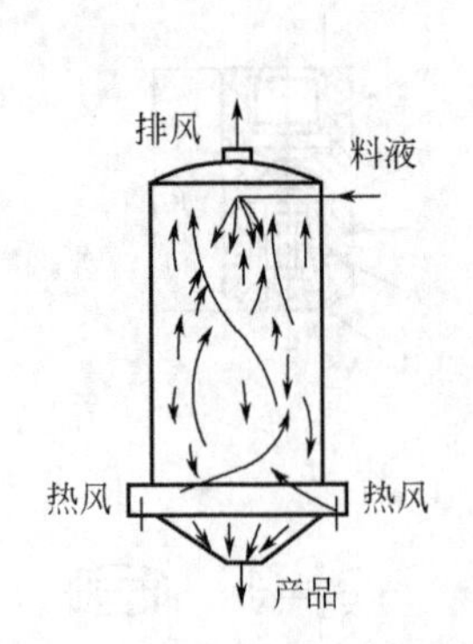

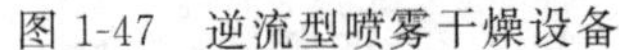

图 1-47 逆流型喷雾干燥设备

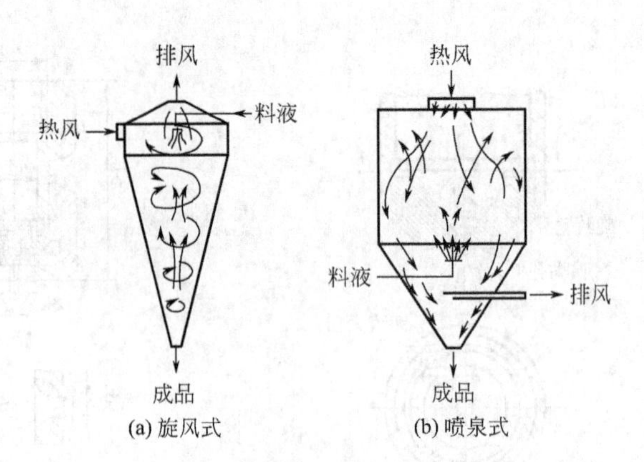

图 1-48 混流型喷雾干燥设备

塔内与高温热风接触，容易使产品过热焦化，所以不适宜热敏性物料。乳品工业应用较少。

(3) 混合流干燥法 如图 1-48 所示为混流型喷雾干燥设备。混合流干燥法的特点是料液雾滴与热风的运动方向呈不规则状况，二者的运动轨迹呈紊乱状态。雾滴与热风充分接触，干燥效率较高，但若控制不好，干燥塔内会产生涡流现象，造成产品黏壁从而影响其质量。

2. 按喷雾干燥雾化方式分类

喷雾干燥设备种类繁多，其干燥的性质与所采用的雾化器有极大的关系，食品生产中主要以离心喷雾干燥设备和压力喷雾干燥设备为主。

(1) 离心喷雾干燥设备 如图 1-49 所示。

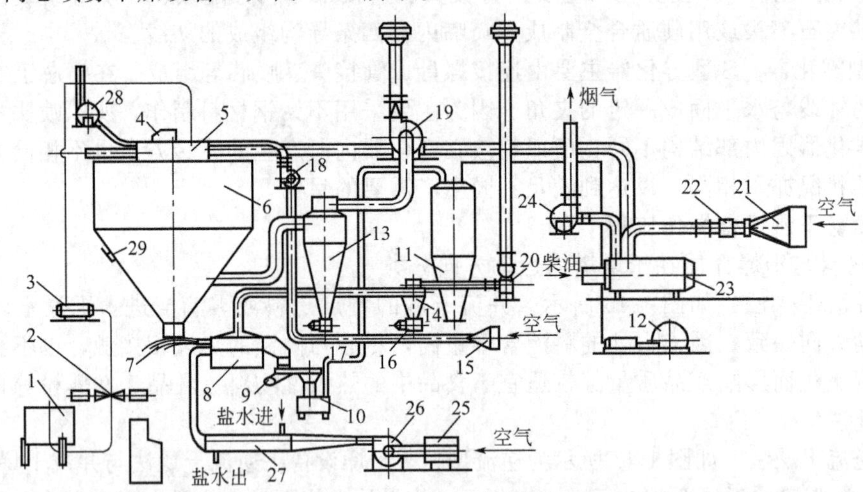

图 1-49 “尼罗”(Niro) 式离心喷雾干燥设备工艺流程图

1—物料平衡槽；2—过滤器；3—螺杆泵；4—离心雾化器；5—蜗壳式热风盘；6—干燥塔；7—振动器；8—沸腾冷却床；9—振动筛；10—粉箱；11—储粉罐；12—真空泵；13，14—旋风分离器；15，21，25—空气过滤器；16，17—鼓形阀；18—细粉回收风机；19，20，24，28—排风机；22—燃油热风炉进风机；23—燃油热风炉；26—进风机；27—冷却器；29—电磁振荡器

尼罗式离心喷雾干燥设备工作时，先把浓缩后的料液送入储料槽，经过滤器滤掉杂质后，由泵送入离心雾化器，雾化后的液滴与热风充分接触，瞬时干燥。粉料从塔底在振动器的作用下进入冷却沸腾床，进行沸腾干燥和冷却，并将块状粉料破碎，最后经储粉罐排料。从废气中回收的细粉可重新吹入干燥塔，与雾滴混合，重新利用。该装置是与沸腾干燥相结合的干燥设备。

(2) 压力喷雾干燥设备 如图 1-50 所示。

"MD" 型喷雾干燥机是日本森永公司设计的一种单喷头立式并流型压力干燥设备。它避免了其他喷雾干燥设备常见的热风涡流和回流的缺点，设置了热风整流室。整流室对于解决干燥塔内的产品黏壁现象效果非常明显。该设备有效地解决了干燥塔、分离室和冷却室的一体化问题。干燥塔的下部安装了冷却器，其对物料的热变性有很好的控制作用。但因设备空气进出口多，造成料液的流速和流量调节困难、产品水分含量高、干燥效率低以及产品粉粒太细等缺陷。

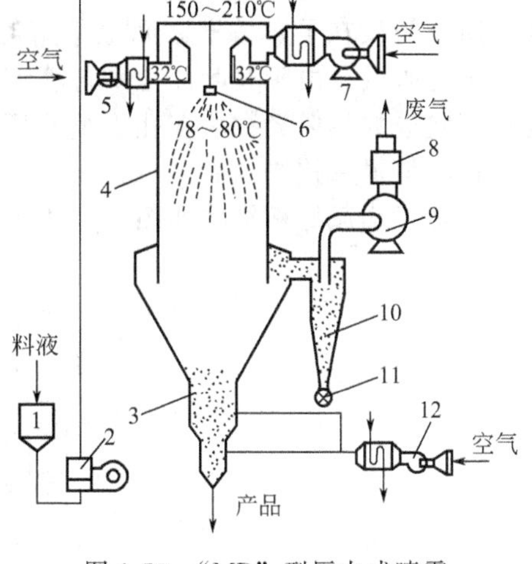

图 1-50 "MD" 型压力式喷雾干燥设备工艺流程图

1—储料桶；2—高压泵；3—冷却器；4—干燥塔；5，12—冷风机；6—压力雾化器；7—进风机；8—消音器；9—排风机；10—旋风分离器；11—鼓形阀

3. 喷雾干燥塔

喷雾干燥塔（室）是热空气与被干燥的料液进行热交换和质交换的场所。要求具有足够的空间，既保证空气及物料在干燥塔内停留的时间及制品的含水量达到生产工艺的要求，又不致受热过度或产生黏壁等现象。

干燥塔分为箱式（卧式也称干燥室）和塔式（立式，塔底分为锥底、平底和斜底三种结构）两大类，结构形式很多。

常见的干燥塔冷却装置有三种结构形式。即塔壁冷却采用圆柱体下部切线方向进冷空气；做成夹套形式，冷空气由上部进入夹套，由下排出；塔内装有旋转空气清扫器，通冷空气并扫除壁粉。

干燥塔尺寸大小取决于干燥塔直径 D、圆柱体高度 H、雾化器型式和数量、喷距、热风湿度及干燥所需时间等因素。干燥塔的容积按工艺要求的干燥时间和热风在塔内的平均速度决定。理想的干燥塔要求有 85% 的干燥制品能沉降在塔底排料，经验证明塔内风速以不超过 0.4m/s 为宜。

4. 喷雾干燥塔热风分配器

热空气进入干燥塔（室）之前，应作整流处理。目的是使气流有规则地流动，可与雾滴有效混合。因此热风分配器设计的好坏是影响喷雾干燥设备成功与否的一个关键因素。良好的热风分配器的要素是使气-液两相接触，混合良好，即使气体分布均匀。

(1) 压力式喷雾干燥设备中热风分配装置常见的型式 一种是在塔壁以切向或螺旋式进入热空气，如图 1-51 所示。

另一种是采用多孔板或直叶板产生平行气流装置，如图 1-52 所示。图中 (a) 所示为设

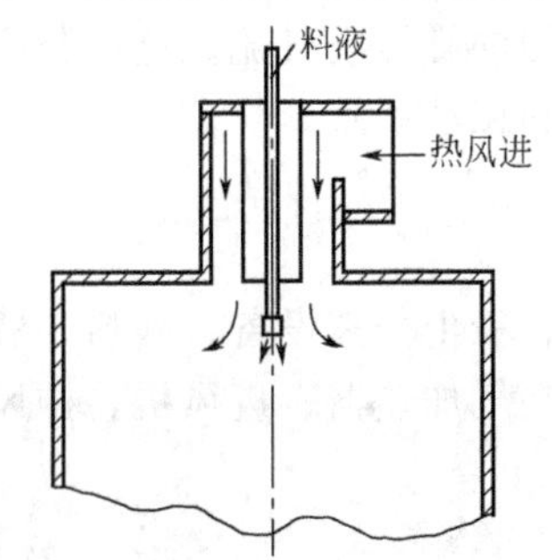

图 1-51 压力式喷雾干燥设备热风分配器直线运动分风型

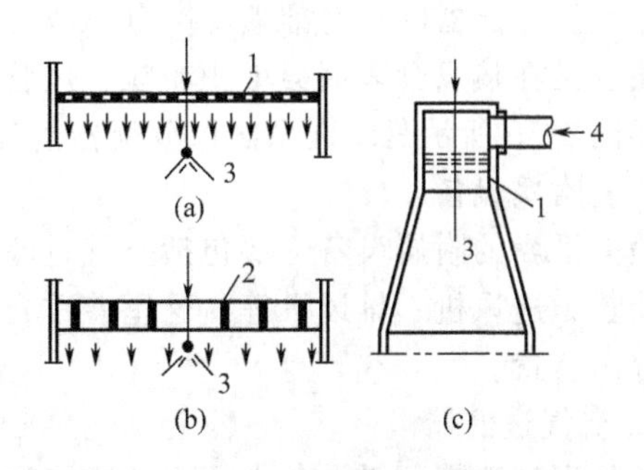

图 1-52 压力式喷雾干燥设备热风分配板

1—均风孔板；2—整流直导板；3—喷嘴；4—热风

在干燥塔横截面上的多孔板结构。热风经多孔板整流后在塔内自上而下地平行流动。图中(b)所示为设在干燥塔横截面上的直叶片结构，叶片有固定式或旋转式，后者可以调节局部区域的风量。由于其叶片是平行喷嘴轴线的，所以热风在塔内呈平行流。图中（c）所示为从侧向进的热风经数块多孔板整流后使气流在塔内呈均匀的平行流。气流形状可通过调节多孔板的位置来控制。

旋转式均风导板结构如图 1-53 所示。

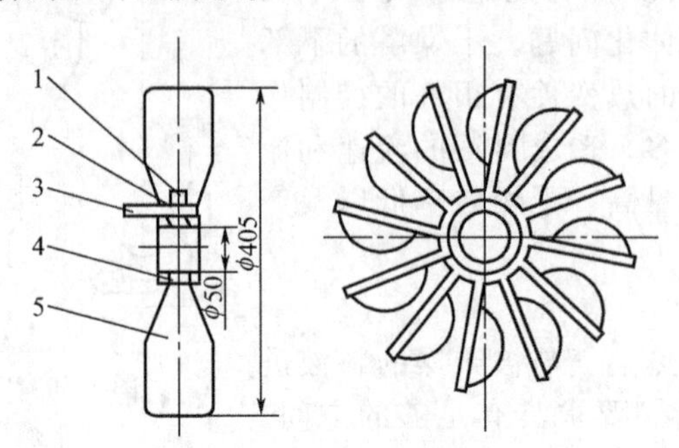

图 1-53 旋转式均风导板

1—螺钉；2—垫圈；3—钩子；4—套筒；5—叶片

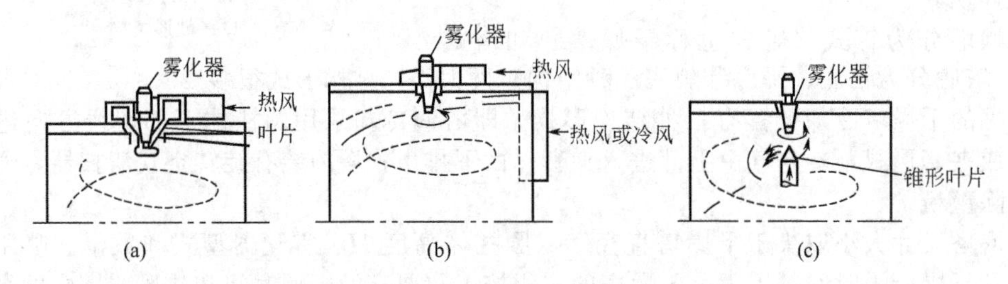

图 1-54 离心式喷雾干燥设备热风分配器

(2) 离心式喷雾干燥设备热风分配装置常见的型式 如图 1-54 所示。

图中（a）所示的蜗形热风分配器，热风以螺旋状进入，在出口处设有上下两圈导板及热风分散器，以控制气流运动轨迹，这样可使气流分成两部分，一部分是围绕雾化器的旋转气流；另一部分沿喷雾圆盘边向下流动，使料雾形成伞形。这种热风分配器可以很好地控制雾滴的径向运动轨迹。热风分配器还安装有冷风圈，以防止塔顶进风处产生焦粉。

图中（b）所示的热风分配器的热风是以旋流状进入，另一部分热风或冷风从塔壁沿切线方向进入，塔内气流呈旋转流动。

图中（c）所示为中心热风分配器。旋转热风由风管出口的锥形叶片控制，塔内气流呈旋转流动。分配器叶片对准喷雾圆盘，故在圆盘周围形成强烈的旋转空气流。这种分配器的最大缺点是在热风管表面会堆积粉粒，风管上需要安装冷却和振动装置。

如图 1-55 所示是蜗壳型热风分配器的局部图。

三、附属设备

喷雾干燥的附属设备主要包括空气过滤器、空气加热器、粉尘分离设备、敲粉装置、进出料装置、进风机、排风机等。这里着重介绍空气过滤器、空气加热器、进风机、排风机和粉尘分离装置。

1. 空气过滤器

食品生产喷雾干燥设备中用于热交换的空气必须是洁净空气，室外空气中主要有二氧化硫、一氧化碳等有害气体与煤烟、粉尘等尘埃。尤其是粉状食品，若混入尘埃对最终成品会

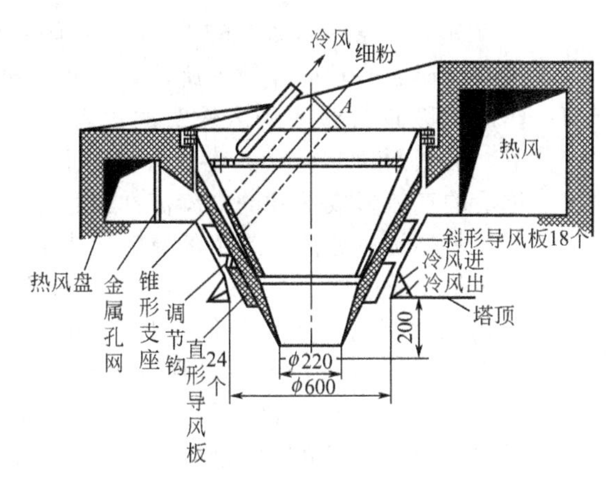

图 1-55 蜗壳型离心喷雾干燥设备热风分配器

造成极大的危害。

空气过滤器种类很多，高洁净的可用中效纤维、烧结材料等为基材的过滤器，简单的可采用油浸式滤层。如图 1-56 所示。

2. 空气加热器

空气加热器用于对来自空气过滤器的洁净空气进行加热，使其达到喷雾干燥所需要的温度。常用的空气加热器主要是蒸汽加热器，它是由多块蒸汽散热排管组成，排管用紫铜管或钢管制成，管外套以增加传热效果的翅片，翅片与管子有良好的接触，安装时应使空气从翅片深处穿过。

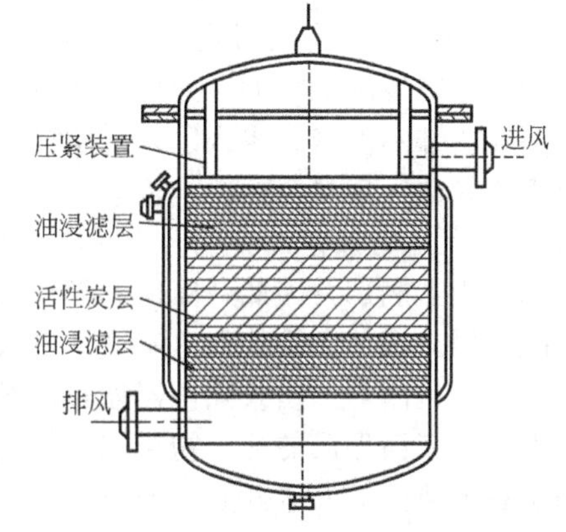

图 1-56 空气过滤器结构示意图

3. 进风机和排风机

喷雾干燥中的干燥介质（即热空气）需要在整个系统中流动，它是靠风机来完成的。大多数的喷雾干燥设备需要用两台风机来操作。一台是进风用的鼓风机，另一台设在分离器后面作排风用，塔内负压在 100～200Pa 较合理。同时在用冷风冷却或是物料风送等工序中均要使用风机。

在喷雾干燥系统中采用的风机多为离心式通风机。在选择风机时，要根据喷雾干燥设备蒸发水分的能力来确定风量，进风机应考虑增加 10%～20%的风量，排风机应增加 15%～30%的风量。排风机的风量较进风机风量大 20%～40%。原因是计算进风机风量时以新鲜空气的温度计算，而排风机是以排风温度计算，温度升高体积增大，所以排风量增大。排出废气的风量包括进风机的理论风量、干燥时的水蒸气汽化后的风量以及保证塔内具有一定负压的风量。

4. 粉尘分离装置

当干燥塔内风速大于 0.5m/s 时，粉粒细的约有 40%左右难以沉降，且易被废气带走。一般由粉尘回收装置分离的产品可达总产量的 25%～40%左右。无论是为了提高制品的得率，还是为净化环境空气，防止大气污染，都必须设置分离装置以回收细粉。

常用回收装置有布袋过滤器、旋风分离器以及湿式除尘器等。通常采用旋风分离器再经过袋滤器二级净制回收；或先用旋风分离器，再用湿法除尘器作为二级净制。

(1) 旋风分离器 根据结构不同可分为压气式和吸气式；根据安装位置的不同分为左旋和右旋；按进风方式的不同分为切线和蜗壳（全圆周、半圆周）进风。

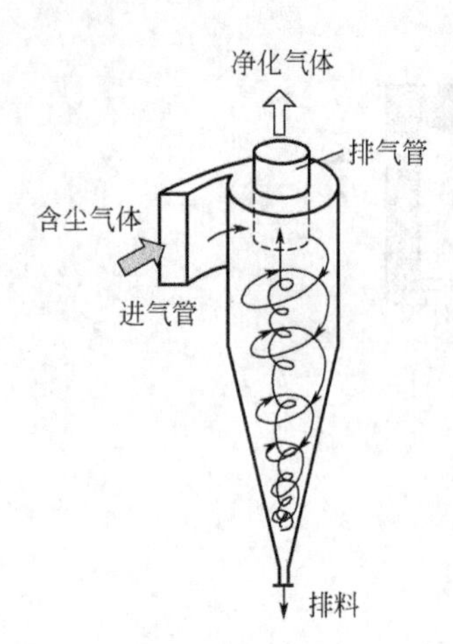

图 1-57 旋风分离器工作原理示意图

其工作原理如图 1-57 所示。含尘气体从进气管沿切线方向进入，形成旋转向下的外旋流。悬浮于外旋流的粉尘在离心力作用下移向器壁，到达外壁的尘粒在气流和重力的共同作用下，沿壁面随外旋流移动到除尘器下部，再由排料孔排出。净化后的气体形成上升的内旋流并经过排气管排出。

影响旋风分离器效率的有关因素如下所述。

① 粉的颗粒。一般分离粒度尺寸大小为 20μm 的颗粒，小于 5μm 颗粒分离效率甚低，对于 2μm 以下的微粒就很难分离。对于大于 105μm 的颗粒，则可达到近乎完全分离。

② 气流速度。进口气流速度对分离效率和压力损失有较大影响。除尘效率和除尘器阻力都是随气流的增大而增高的，其增大分离效率就增高。压力损失与气流速度的平方成正比。因此，气流速度不宜太大，一般速度在 12～25m/s 之间。太小会使粉末在进管处堆积起来；太大会使压力损失增大，而分离效率并不能得到提高。

③ 气密性。漏气量占 5%就会明显影响分离效率。这主要是因为分离器内部由外壁向中心的静压是逐渐下降的，即使旋风分离器在正压下运行，锥体底部也会处于负压状态。如果分离器下部不严密，渗入了外部空气，就会引起涡旋产生，使已沉降的颗粒被重新卷起，同时把正在落入集料斗的粉尘重新带走，使除尘效率显著下降。

④ 尺寸对效率的影响。由于在外旋流内有气流的向心运动，外旋流在下降时不一定能达到除尘器底部，因此，筒体和锥体的总高度过大对除尘效率影响不大，反而使阻力增加。实践证明，筒体和锥体的总高度以不大于 5 倍筒体直径为宜。

(2) 袋滤器　袋式除尘器通过由棉、毛、人造纤维等所加工成的滤料来进行过滤，主要依靠滤料表面形成的粉尘初层和集尘层进行过滤作用。也就是说，其截留机理不是简单的滤布截留。清洁的滤布开始过滤时，由于细颗粒的黏附或吸附作用，而在织物的网络上形成所谓的一次黏附层。袋滤器就是利用此黏附层的过滤作用使气体净化，而滤布只起支架的作用。它通过以下几种效应捕集粉尘。

① 筛滤效应。当粉尘的粒径比滤料空隙或滤料上的初层孔隙大时，粉尘便被捕集下来。

② 惯性碰撞效应。含尘气体流过滤料时，尘粒在惯性力作用下与滤料碰撞而被捕集。

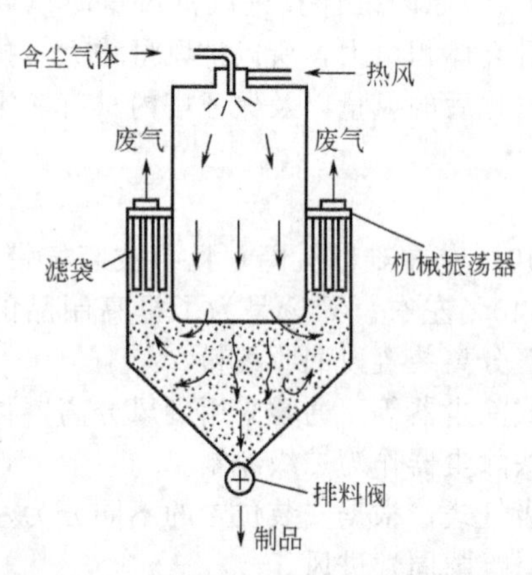

图 1-58 干燥塔内袋滤过滤设备结构图

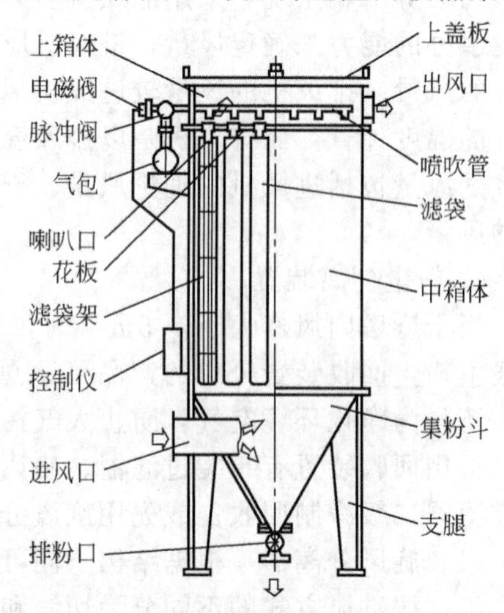

图 1-59 脉冲袋式过滤器结构示意图

③ 扩散效应。微细粉尘由于布朗运动与滤料接触而被捕集。

如图 1-58、图 1-59 所示为几种袋滤器的设备结构图。

随着粉尘在滤袋的积聚，滤袋两侧的压差增大，粉尘层内部的空隙变小，空气通过滤料孔眼时的流速增高，这样会把黏附在缝隙间的尘粒带走，使除尘效率下降。另外阻力过大，会使滤袋易于损坏，造成通风系统风量下降。因此除尘器运行一段时间后，要及时进行清灰，清灰时不能破坏初层，以免效率下降。

除尘器的结构形状与清灰方法直接相关。工厂中常用的除尘器主要有机械清灰袋式除尘器、逆气流反吹袋式除尘器、回转反吹袋式除尘器、脉冲喷吹袋式除尘器等。或是直接利用人工清灰等方式。

第八节　凝　冻　机

一、凝冻机的工作原理

凝冻是冰淇淋生产中的关键工序之一，其直接关系到成品的质量。凝冻设备又称凝冻机、冰淇淋机。

凝冻过程是将混合料置于低温下，在强制搅拌下进行冰冻，使空气以极微小的气泡状态均匀分布于混合料中，进而使得物料形成细微气泡密布、体积膨胀、凝结体组织疏松的过程。

凝冻机是将配好的物料经老化等工序后，在强力搅拌下充入空气的过程。配好的物料进入冷凝筒，在搅拌状态下被冷凝筒夹套中的制冷剂冷冻成微细的冰结晶，并被旋转的刮刀刮下。与此同时，由空气输入装置连续不断地注入一定量的空气，在凝冻的冰淇淋料中形成极小并分布均匀的气泡。这不仅会使冰淇淋的体积增加，而且使得冰淇淋的口感更加细腻。

凝冻机主要具有两个功能，即控制一定量的空气搅拌进入混合料；将混合料中的水分凝冻成大量的细小结晶。

二、凝冻机的分类与结构

按其结构形式不同可分为间歇式凝冻机和连续式凝冻机；按所使用的冷却介质不同可分为盐水凝冻机、氨液凝冻机和氟利昂凝冻机；按冷凝筒安装形式不同可分为立式凝冻机和卧式凝冻机。

1. 间歇式凝冻机

间歇式氨液凝冻机的基本组成部分有机座、带夹套的外包隔热层的圆形凝冻筒、装有刮刀的搅拌器、传动装置以及混合原料的储槽等。如图 1-60 所示。

开启凝冻机的制冷阀（氨、盐水阀）后，制冷剂不断进入凝冻筒的夹套中进行循环，凝冻筒夹套内的制冷剂蒸发使凝冻圆筒内壁起霜。筒内的混合原料由搅拌器外轴支架上的两把刮刀与搅拌器中轴上的Y型搅拌器共同作用。刮刀与搅拌器是逆向旋转的，刮刀将冻结的原料刮下并防止原料在内壁上结成大的冰屑，而搅拌器是将空气均匀混合在原料中，使料液体积膨胀成疏松的冰淇淋，同时料液温度从2～4℃冷冻至－6～－3℃。

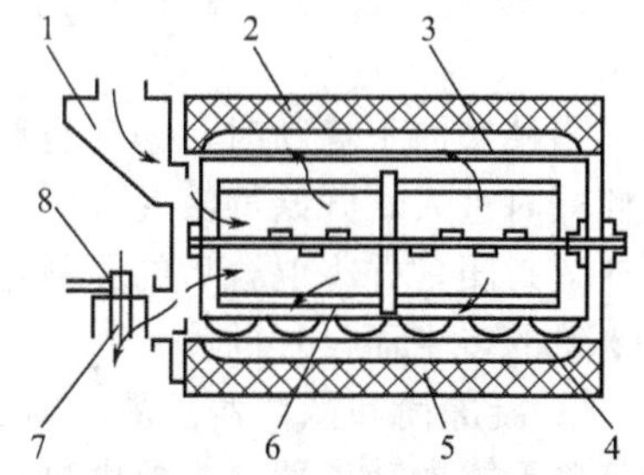

图 1-60　间歇式冰淇淋凝冻机结构示意图

1—料液；2—外壳；3—内壁；4—蒸发器；5—隔热层；6—搅拌器；7—冰淇淋出口；8—出料阀

2. 连续式凝冻机

连续式凝冻机主要由冷凝筒、空气混合泵、进料泵、制冷系统、驱动装置和电气控制系统等装置组成。如图 1-61 所示。

(1) 工作原理　制冷系统将液体制冷剂输入凝冻筒的夹套内，料液经由空气混合泵混入空气后进入凝冻筒，凝

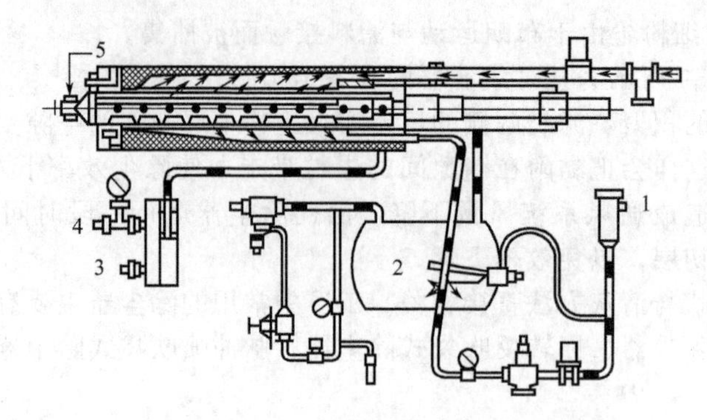

图 1-61 连续式冰淇淋凝冻机结构示意图
1—制冷剂；2—制冷系统；3—料液入口；4—空气入口；5—冰淇淋出口

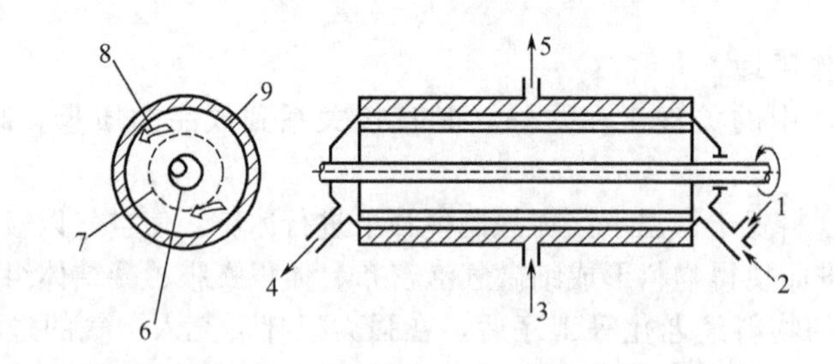

图 1-62 连续式冰淇淋凝冻机工作原理示意图
1—空气入口；2—料液入口；3—制冷剂入口；4，7—部分已凝冻的混合原料；
5—制冷剂出口；6—偏心混合机筒；8—刮刀；9—冷却夹套

冻过程非常迅速。如图 1-62 所示。

电动机经皮带降速后，通过联轴器带动刮刀轴套旋转，刮刀轴上的刮刀在离心力的作用下紧贴凝冻筒的内壁作回转运动。由进料口输入的混合原料经冷冻冻结在筒体内壁上，连续被刮刀削下。同时新的料液又附在内壁上被凝结，随即又被刮刀削下，以此循环工作。刮削下来的冰淇淋半成品，经刮刀轴套上的许多圆孔进入轴套内，在偏心混合机筒的作用下，使冰淇淋搅拌混合。混合后冰淇淋在压力差的作用下，不断挤向上端，并克服膨胀阀弹簧的压力，打开膨胀阀阀门，排出冰淇淋成品（进入灌装头）。冰淇淋经膨胀阀减压后，体积膨胀、质地疏松。

（2）连续式冰淇淋凝冻机结构组成

① 空气混合泵。料箱中的料液在柱塞泵的作用下引入柱塞泵体内。其结构如图 1-63 所示。

当柱塞向下运动时，钢球将阀门关闭，使泵体内形成真空状态。料液与空气分别从泵的两侧同时进入，开始气液混合。当曲柄连杆机构将柱塞向上移动到一定位置时，柱塞会将两侧通道封闭，并将混合后的原料送入凝冻筒及搅拌装置。空气入口处的弹簧是为了控制空气进入量的多少而设置的。

② 凝冻筒和搅拌器。凝冻筒和搅拌器是连续式冰淇淋凝冻机的关键装置。此装置是一种特殊形式的蒸发器，主要由凝冻筒、膨胀阀、刮刀及搅拌器和密封装置等组成。如图1-64所示为连续式冰淇淋凝冻筒结构示意。

凝冻筒由不锈钢无缝管制成，内部是涂硬质铬的镍管，外部有一个钢管和两只法兰。其是经特殊加工制成的具有夹套结构的耐高压金属筒，夹层内通制冷剂，筒外包裹有隔热层。筒内装有搅拌器，它由刮刀和刮刀轴组成。刮刀轴是一空心长轴，轴上开有许多圆孔，不仅

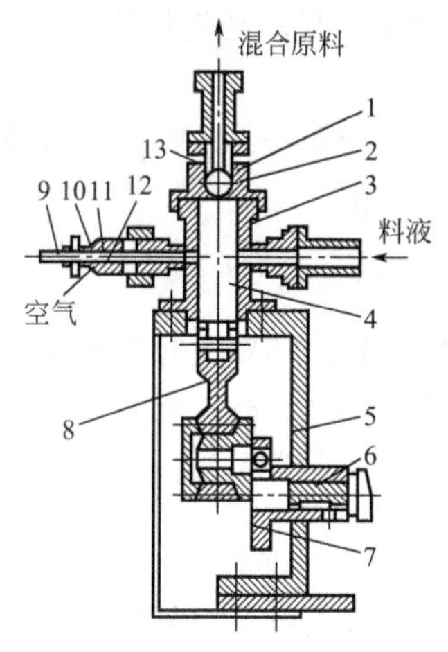

图 1-63 连续式冰淇淋凝冻机空气混合泵结构示意图

1—钢球；2—阀门；3—泵体；4—柱塞；5—泵底座；6—驱动轴；7—偏心轴；8—曲柄连杆机构；9，10，13—弹簧；11—气阀体；12—气阀芯

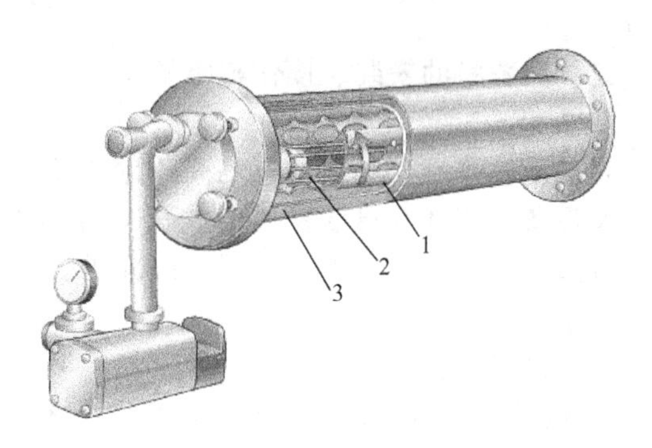

图 1-64 连续式冰淇淋凝冻筒结构示意图

1—刮刀；2—搅拌器；3—冷却夹套

可使混合原料充分地进行热交换，也是混合原料的通道。刮刀轴的相对位置安装有两把刮刀，它紧贴筒壁，当混合原料在内壁上凝冻成冰霜后，可被刮刀迅速削下。

凝冻筒上部安装有膨胀阀，起调节冰淇淋膨胀率的作用。它是由一个可以在出料管内轴向移动的滑块以堵塞部分出料通道来调节膨胀率的。滑块所产生的压力由弹簧控制，而弹簧压力又是由控制手柄调整的。

因混合原料被空气混合泵不断压入，凝冻筒内搅拌后的混合原料在压力的作用下，不断克服膨胀阀的弹簧阻力，直至膨胀阀门打开。此时，因压力骤降，混合原料内的空气迅速膨胀使产品变得疏松，从而生产出品质优良的冰淇淋产品。

③ 融霜装置。当发生停电、机器故障等情况时，由于主轴停转，凝冻筒内的余冷使得筒内混合原料凝冻成冰块，且把刮刀和多孔轴凝冻。如果强行开机，会造成电机烧毁、凝冻筒内部件损坏等事故。旧式凝冻机一般采用热水冲洗、蒸汽喷射或长时间等待自然融化等方式来融解凝冻筒内混合原料所结成的凝冻块。这不仅浪费原料及时间，同时对设备也有所损害。

连续式冰淇淋凝冻机是采用热制冷剂除霜的方式，可在几分钟内将凝冻筒内原料凝冻块融化，取出空心轴及刮刀，迅速排除故障。

除霜原理是将经制冷压缩机压缩后的高压、高温制冷剂气体通过电磁截止阀引入凝冻筒夹套层，使凝冻冰块融化，从而排除故障。

(3) 凝冻与搅拌过程中注意事项

① 料液的加入量要固定。不得任意加多或少加，只有当冰淇淋的膨胀率过高时才加多，过低时少加。

② 凝冻的速度愈快愈好（间歇式除外）。这样才能保证冰结晶体的体积小。要想提高凝冻速度就必须有足够的制冷量。通常凝冻机的供冷系统氨蒸发温度以－35～－25℃为佳。

③ 搅拌速度愈快，混入的空气量也才能愈大。因此，必须具有良好的搅拌器。搅拌器上的刮刀与筒内壁的距离要小，刮刀与搅拌器的旋转方向相反，起削去筒壁上凝冻料液的作用。所以，要求刀口锋利并要对其经常检查与定期检修。

④ 冰淇淋的出料温度一般为－6～－4℃，最佳为－5℃，最低为－6℃，否则将难以放

出。放料时，如认为冰淇淋已达到膨胀率要求，应尽量将料放净，目的是将料液放尽可提高班产量，防止冰淇淋受冷过度而影响质量。

⑤ 可采用双柱塞送料泵。可彻底解决注模困难和“冻缸”现象，并且能成倍地提高产量。

三、凝冻机的安装、操作与维护

1. 安装

要求地基平坦、坚实，应略高于地平面 5cm。环境温度应低于 25℃，超过此温度需安装空调设备。冷却水温度要低于 25℃，超过此温度需对冷却水进行预冷。进料管与老化罐的连接选用食用级尼龙管，以减少凝冻机工作时的振动对老化罐的影响。

2. 操作

(1) 准备工作

① 启动前，需要检查设备各部件是否有卡阻和松动现象，检查设备电器开关、除霜开关等控制器件是否在工作位置。

② 正常生产时，需要提前 0.5h 通电，使曲轴箱内电热丝加热。连接好所有管路，接通冷却水。

③ 开启电源总开关，启动压缩机制冷系统。

(2) 开机

① 使用空气混合泵将溶有中性洗涤剂的热水压入凝冻机内，启动搅拌器清洗，再用食用水清洗。然后将清洗水排干净。

② 检查料液供应是否正常，出料管是否畅通。打开进料管阀门，开启空气混合泵向凝冻筒送料。当凝冻筒上部出料口有料液溢出时，关闭空气混合泵，开启搅拌器。

③ 开启主电机，主电机启动后开启制冷系统。

④ 调整空气混合泵进料速度、膨胀率、蒸发压力直至生产的冰淇淋符合工作要求。

⑤ 调整混合原料黏度和膨胀率时要考虑设备的反应时间。一般最高速时为 4min 左右；最低速时为 20min 左右。

⑥ 开始凝冻搅拌时，第一次加入料液量为凝冻筒容积的 51%～54%，以后每次为 47%～50%。如果制造水果或巧克力冰淇淋，其料液加入量要适当减去水果和巧克力的加入量，如果要加入其他辅料（如香料），则需待料液成为半固态时加入，效果比较理想。

⑦ 从料液成为冰淇淋的整个凝冻过程约需 8～12min。在此期间须经常观察窥视孔，注意从料液转化为冰淇淋的情况，当发现窥视孔上面堆集成为浓厚的固态云带形状时，即可开始排料。

⑧ 一般棒类产品制冷剂的蒸发温度在－25～－15℃；杯类产品制冷剂蒸发温度在－30～－20℃。

(3) 生产结束

① 先关闭制冷系统。

② 减慢进料速度，可将水泵入料箱以代替料液输入凝冻机。直至出料口的混合原料由稠变稀、质量变差时（可最大限度地节省原料），再关闭冷却水，待搅拌器运行数分钟后，再关闭搅拌器，最后关闭空气混合泵及主电机。

③ 放空进料管、凝冻筒的余料，准备清洗。

(4) 清洗凝冻机

① 用碱水、温水循环清洗，再用 90～95℃的热水由空气混合泵泵入循环消毒（10min）后，放空余水。

② 有的设备是在料箱内注入清水，使用设备的自动清洗和就地清洗程序完成清洗工作。

③ 凝冻机的整个清洗和消毒是将设备上的刮刀、搅拌器及与料液接触的所有部件、管道等全部拆下，先用清水洗净残留物，再用55℃左右的热碱水（Na_3PO_4 与 Na_2CO_3 以 1：2 混合的混合液）清洗后，然后用清水冲洗干净、安装好后，再用90℃以上的热水由空气混合泵泵入循环消毒（10min）后，排除积水。

3. 注意事项

① 开机、关机顺序不能颠倒。

② 生产过程中不能中断冷却水的提供。

③ 注意设备及仪表的运行情况，如有异常应立即停车检查。

④ 经常检查刮刀磨损情况，及时更换。切忌设备空车运行，以免损坏刮刀等部件。

⑤ 如遇停电或操作上的原因引起凝冻机内原料冻结，要立即启动冲霜程序。

⑥ 长期停车再次使用时，需预热设备数小时后才能生产。

四、凝冻机常见故障及分析

1. 空气混合泵转速异常

① 故障原因。生产低脂或无脂物料时，因其相对密度较高脂肪物料高，电机需要更高的转速才能正常供料。

② 处理方法。改变设备相关程序的参数设定。

2. 冻车

① 故障原因。a. 停电、进料速度太慢或混合充气量过大，造成制冷过度而冻车。b. 电动机皮带过度磨损而打滑。c. 料液不适。不适的料液在凝冻过程中其脂肪析出，所形成的脂肪块会堵塞出料阀。水分析出形成的冰晶也会造成冻车。

② 处理方法。开启冲霜程序。

3. 膨胀率过低

① 故障原因。a. 进入的空气量不足。b. 前面工序生产问题。

② 处理方法。调整进气阀，增大进空气量。严格按照工艺要求生产。

4. 轴承磨损及凝冻筒下端漏料

① 故障原因。磨损造成轴间隙过大及密封损坏。

② 处理方法。及时更换轴承、密封圈。

5. 制冷能力下降

① 故障原因。制冷剂不足及制冷系统出现问题。

② 处理方法。修复制冷系统泄漏，检修制冷系统。

近来凝冻机的发展均采用计算机和传感器等技术，如内嵌计算机的凝冻机及多种搅拌形式的搅拌器，能自动控制膨胀率和凝冻温度，也能紧急停机和重启动，使操作更为简单。

【本章小结】

根据乳品生产工艺，乳品生产与加工设备主要有分离机、均质机、板式换热器、超高温杀菌设备、真空蒸发设备、喷雾干燥设备、凝冻机等。

离心分离机是根据斯托克斯定律设计制造的用于牛奶净化、分离和乳化的设备；高压均质机和胶体磨常用在饮料的均质乳化，它们都符合碰撞、剪切和空穴学说，胶体磨适用于高黏度的物料；板式热交换器具有较大的传热系数，常用于饮料的高温短时杀菌和物料的冷却，只有板式热交换器的垫圈能耐高温和高压时，才适合于超高温瞬时杀菌，因此常用管式超高温瞬时杀菌系统，它包括中心套管式和壳管式两种，直接加热也可以用于超高温瞬时杀菌系统，可采用“喷射式”或“混注式”用蒸汽直接对物料加热，在闪蒸过程中将蒸汽凝结的水分除掉，但蒸汽必须净化；真空浓缩设备用于物料的浓缩，按照蒸汽的利用次数有单效、多效之分，按照物料和蒸汽流动的方向有并流法、平流法、逆流法三种，根据料液在加热室的流动有升膜和降膜两种浓缩设备，利用真空蒸发，可以提高热能的利用效率，也可以使物料在温度较低的情况下浓缩从而减少营养成分的损失，但必须配备气-液分离器、冷凝器及抽真空等辅助设备；喷雾干燥设备是生产奶粉的重要设备，它是利用热空气将雾化的物料雾滴瞬时进行热交换和质交换的结果，按物料与干燥介质在干燥塔内的运动方向有并流干燥法、逆流干燥法和混合流干燥法之分，按照雾化方式有离心喷雾和压力喷雾两种形式，但都需要有过滤器、空气加热器、粉尘分离设备、敲粉装置、进出料装置、进风机、排风机等附属设备；凝冻机是生产冰淇淋的专用设备，物料和空气同时进入凝冻筒，并在搅拌状态下被冷凝筒夹套中的制冷剂冷冻成微细的冰结晶，这与冰淇淋的膨胀率有直接关系，在操作中容易出现冻车现象。

【思考题】

1. 高压均质机的工作原理是什么？
2. 脉冲对高压均质机的影响及解决办法是什么？
3. 高压均质的三种学说是什么？
4. 高压均质机操作时的注意事项有哪些？
5. 板式换热器的工作原理是什么？
6. 板式换热器有什么特点？
7. 板式换热器的维护与保养要点有哪些？
8. 套管式换热器的特点有哪些？
9. 连续式冰淇淋凝冻机空气混入的方法有哪些？

第二章 乳品包装机械与设备

学习目标

1. 了解液体自动灌装机和无菌灌装系统的用途和特点；

2. 掌握液体自动灌装机、塑料袋无菌灌装系统和利乐包纸盒无菌包装系统的工作原理和结构；

3. 熟练掌握液体自动灌装机、塑料袋无菌灌装系统和利乐包纸盒无菌包装系统的操作与维护。

第一节 液体自动灌装机

液体自动灌装机即袋成型-充填-封口包装机，是将卷筒状的挠性包装材料制成袋筒、计量、充填、封口、切断等多功能自动连续完成的机器。根据包装形式可分为枕形袋包装机、三封形袋包装机、四封形袋包装机、砖形袋包装机、屋形袋包装机、角形自立袋包装机等多种类型。

一、液体自动灌装机的工作原理与特点

如图 2-1 所示为枕形袋成型-充填-封口包装机，主要用于灌装牛奶、豆奶、饮料、酱油、醋等液体物料。它使用高压聚乙烯薄膜，自动制袋成型、定量灌装、封口，全部过程自动进行。薄膜成型前通过二级紫外线杀菌消毒。

1. 液体袋成型-充填-封口机的工作原理

机器的工作原理如图 2-1 所示，放置在支撑装置上的卷筒薄膜 1 绕经导辊组 2、张紧装置 3，由光电检测控制装置 4 对包装材料上商标图案位置进行检测后，通过成型器与卷成薄膜圆筒裹包在充填管 6 的表面。先用纵向热封器 7 对卷成圆筒的接口部位薄膜进行纵向热封，得到密封管筒，然后筒状薄膜移动到横向热封器 8 处进行横封，构成包装袋筒。由计量装置控制计量，然后物料通过上部充填管 6 充填入包装袋内，再由横向热封器 8 热封并在居中切断，形成包装袋 9，同时形成下一个筒袋的底部封口，封口能承受 392N 以上静压力而不破损。由包装材料牵拉进给机构，使包装过程连续进行，按工作节拍并由光电检测控制装置控制，进行包装材料的牵拉送进。材料牵拉进给机构种类很多，图示机器是由横向热封装置夹持包装袋作横向封口的同时向下牵拉送进，它与前后袋之间的热封和中间切断是同时进行的，在包装材料被向下牵拉到要求的一个袋长位置后，切

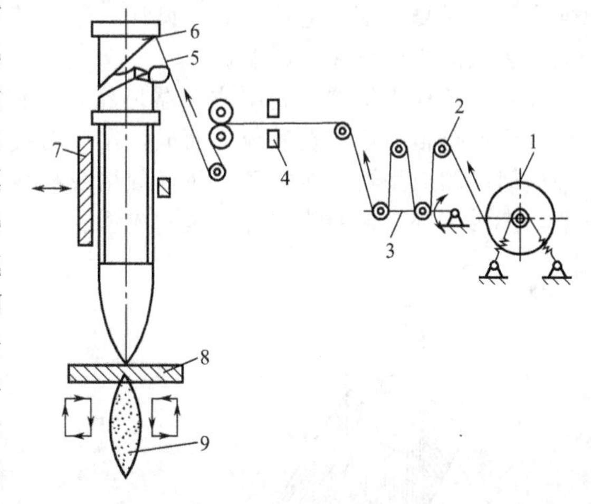

图 2-1 枕形袋成型-充填-封口包装机

1—卷筒薄膜；2—导辊组；3—张紧装置；4—光电检测控制装置；5—成型器；6—充填管；7—纵向热封器；8—横向热封器；9—包装袋

断下部的包装袋，横向热封装置松开对包装袋的夹持，空行程返回。切下的包装袋由机器下部的产品输送带送走。

2. 液体袋成型-充填-封口机的特点

袋成型-充填-封口机是量大面广的通用机械产品，广泛应用于轻工、食品、药物、化工等行业。其特点如下所述。

① 许多柔性材料几乎都可制作包装袋，主要材料有纸、塑料薄膜、铝箔、复合材料等，这些材料来源广泛、质地轻柔、价廉，又易于成型、充填、封口、印刷、开启及回收处理。

② 包装袋无论是材料还是包装好的成品，都有很好的紧凑性，占有空间小，运输成本低，废弃物回收处理成本也低。

③ 袋形包装的价格便宜、形式丰富，适合各种不同的规格尺寸，单位质量小至几克，大至几十千克，对于各种商品的销售单位、质量和体积的划分和设定十分灵活。

④ 袋装产品便于流通和消费，并且通过灵活多变的艺术设计和装潢印刷，采用不同的材料组合、不同的图案色彩，形成从低档到高档的不同层次的包装产品，满足日益多变的市场需求。

二、液体自动灌装机的结构组成

液体袋成型-充填-封口机主要由计量装置、传动系统、横封和纵封装置、成型器、充填管及薄膜牵拉供送机构等部件组成。对于不同的袋形，包装机的结构也有所不同，但主要构件及工作原理基本相似。

1. 成型器

在自动制袋包装机中，制袋成型器起着关键作用。它对包装的形式、尺寸及质量有着直接的影响，它的选择使用与原材料规格、袋形、机器布局等有直接关系。

常用的制袋成型器主要有以下几种，即翻领成型器、三角板成型器、象鼻成型器、U形成型器、V形成型器、截取成型器等，其结构与工作特点如下所述。

（1）翻领成型器　其由外表为翻领状，内表面为圆形或方形的工作曲面组成。用于平张搭接纵封三面封口扁平袋成型。如图2-2所示，薄膜由最后一根导辊引入，经翻领曲面滑入加料管1和成型筒2的间隙间，在这一过程中，薄膜自然卷合成圆筒状。由此可见，关键在于翻领曲面与成型筒曲面的拼接曲线要求自然圆滑地过渡。此成型器运动阻力较大，单膜易拉伸变形，对复合膜适应性较好，设计、制造较复杂，不能适应袋形规格变化，广泛应用于立式包装机或小计量袋的成型。

（2）三角板成型器　利用成型器形状，迫使平张薄膜对折成型，由锐角三角板与U形立杆（或平行辊）连接在基板上而成，用于对接纵封三面或四面封口成型。三角板成型器是一种最简单的成型器，对机型、袋形规格及材料的适应性较好，其设计制造方便，但调试较复杂，多用于卧式包装机或计量袋的成型。

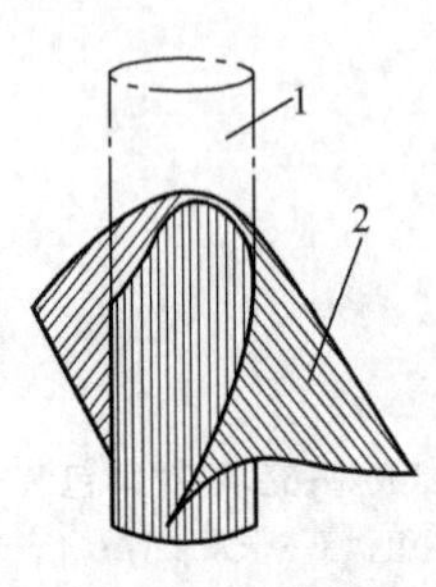

图2-2　翻领成型器

1—加料管；2—成型筒

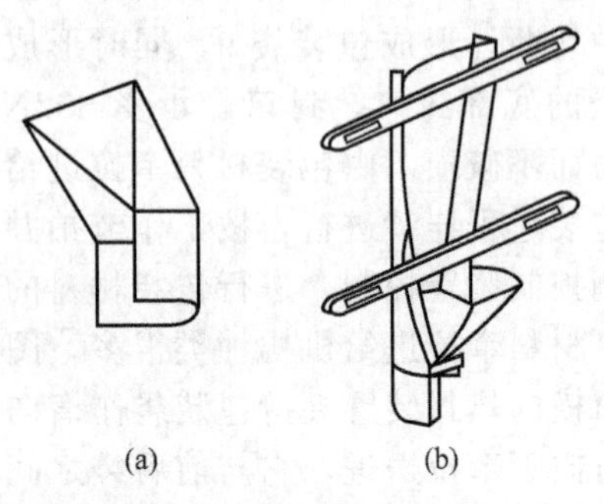

图2-3　U形成型器（a）和象鼻成型器（b）

(3) U形成型器　如图2-3(a) 所示，其成型原理同三角板成型器，由三角板和其圆滑连接的U形导槽及侧向导板组成，是三角板成型器的变异形式。单膜受力情况适用袋形规格与应用范围均优于三角板成型器。

(4) 象鼻成型器　如图2-3(b) 所示，兼备翻领和三角板成型器的工作原理，是U形成型器的改进型。象鼻成型器两边都带有护边，目的是防止成型器曲面过长而导致薄膜贴合不良跑偏，影响翻折制袋，用于单张单膜对接纵封三面封口扁平袋成型。其运动阻力小，充填距离短，对材料适应性强，设计、制造较易，但不能适应袋形规格变化，相同袋形规格的结构尺寸较翻领成型器大，多用于立式包装机。

(5) V形成型器　它是平张单膜对合成型器的形式之一，由V形缺口导板、导辊和双道纵封辊组成。适用于四面封口扁平袋成型，对材料和袋形规格的适应性强，运动阻力小，常用于立式包装机或单位小包装。

(6) 截取成型器　通常由封底器、截切装置、牵引导辊（筒）等构件组成，可有多种结构组合（配置）方式。用于筒状单膜横封二面封口扁平袋成型。常用于制袋-充填-封口机的联动装置。

2. 薄膜牵拉供送机构

薄膜牵拉供送机构是立式袋成型-充填-封口机的主要机构之一，其工作性能直接影响送料的平稳性、袋长的稳定性和封口切断位置的准确性。拉膜机构种类较多，结构各异，常见的有以下几种。

(1) 胶辊式拉膜机构　如图2-4所示，这种机构结构较简单，由传动系统控制主动齿轮转动，从而带动拉膜辊和压紧辊完成拉膜。其袋长的控制和调整主要通过控制主动齿轮的转动角度完成。该机构一般不采用光电控制装置控制袋长，主要应用在全自动液体软包装机中。

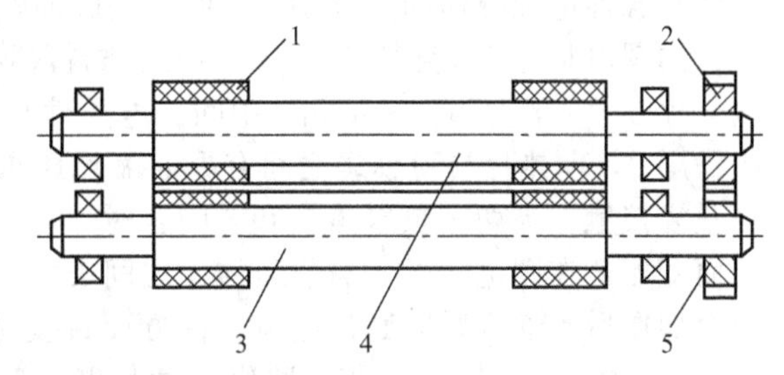

图2-4　胶辊式拉膜机构

1—塑料薄膜；2—主动齿轮；3—压紧辊；4—拉膜辊；5—从动齿轮

(2) 滚轮式拉膜机构　这种拉膜机构靠一对滚轮的对滚，利用滚轮与包装材料之间的摩擦力进行拉膜。滚轮的驱动方式有凸轮摆动式、离合制动式和步进电机式等几种。

(3) 真空抱环拉膜机构　真空抱环装在翻领式成型器下面、充填管外侧，通过抱环上下运动和真空的吸附与释放而完成拉膜。在机械机构作用下，抱环始终沿充填管上下往复运动，当抱环运行至料筒上端时，抱环内被抽真空，使充填管外部的薄膜与抱环内壁紧紧地吸附在一起，此时抱环下行将薄膜一起拉下，同时送膜辊送膜以减小拉力。当抱环下行拉膜至袋长所需尺寸时（由光电对标装置或行程开关控制），抱环即破真空，同时送膜辊停止送膜，即完成一个拉袋动作。该机构由于采用真空吸附，拉膜时塑料膜筒在圆周方向受力均匀，因此，整个拉膜机构运行平稳，即使不配备光电检测控制装置也极少出现跑偏现象。该机构主要应用在高速包装机和全自动液体软包装机中。

(4) 气动式拉膜机构　参见图2-1中横向热封器，该拉膜机构一般具有三种功能，即完成上下拉袋、在拉袋过程中完成横封以及封口后切断。

(5) 同步齿形带式拉膜机构　该机构是在充填筒两侧对称安装两组同步齿形带，齿形带转动时靠摩擦完成拉膜。同步齿形带与充填筒和薄膜之间的压力可由弹簧或气缸提供。

3. 卷筒包装材料的切断机构

卷筒包装材料的切断方式有热切和冷切两类，一般切断和横封是同时完成的。热切有高频电热刀和脉冲电加热熔断两种，冷切用锯齿形切断刀。

（1）高频电热刀 如图 2-5 所示，高频电热刀 3 是一个能起刃口作用的电极，安装在两个横封电极 1 之间，使前后袋在封口中间切为两段。电极 1 两侧的两对弹簧压块 2 既可用以消除封口电极间的刚性接触，又可减少封口和切断时对薄膜的拉力。左侧三个电极和右侧的金属电极均用 101 胶黏着一层 0.2mm 的环氧板，在环氧板表面又黏合着一层聚四氟乙烯薄膜耐热绝缘材料，以防止热封时包装薄膜黏在电极上。热封温度一般控制在 130～150℃左右。

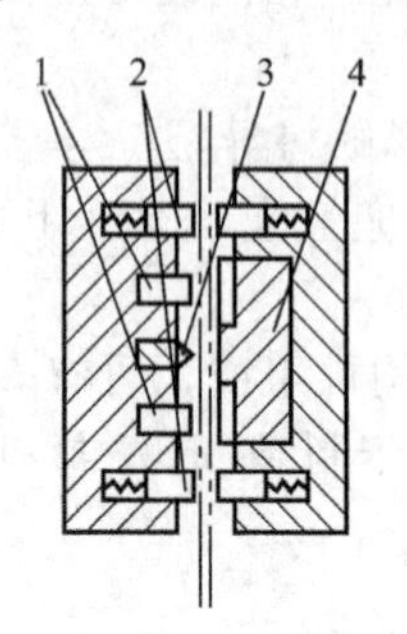

图 2-5 高频电热刀示意图
1—横封电极；2—弹簧压块；
3—高频电热刀；4—金属电极

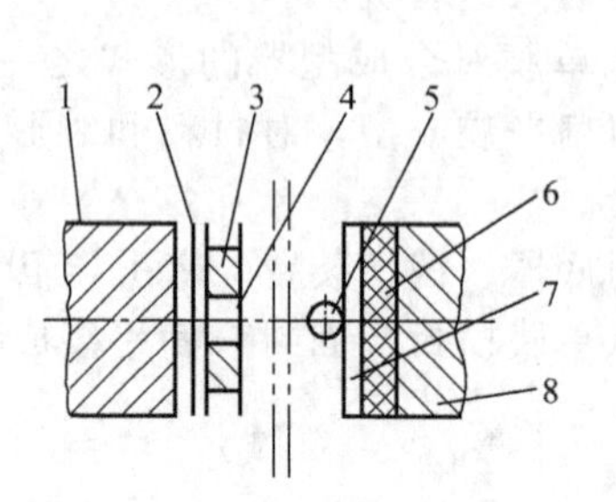

图 2-6 脉冲电加热熔断器示意图
1，8—热封体；2—绝缘体；3—热封电热片；
4—隔离层；5—圆电热丝；6—耐热橡胶；
7—聚四氟乙烯布

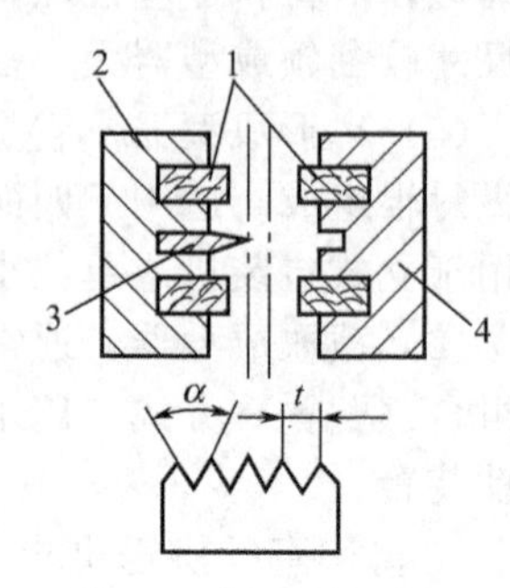

图 2-7 锯齿形切断刀
1—横封电极；2，4—固定板；
3—锯齿形刀

（2）脉冲电加热熔断 如图 2-6 所示是脉冲电加热熔断器的示意图。它利用安装于热封体 8 上的圆电热丝 5（直径约 1mm）切断塑料薄膜袋。圆电热丝 5 位于用于封口的两个热封扁电热片 3（一般宽为 2～5mm）中间。电热件与热封体之间有酚醛层压板或聚四氟乙烯布作绝缘层 2，电热片与薄膜袋之间有聚四氟乙烯布作隔离层 4，以防黏结，圆电热丝 5 直接与薄膜袋接触，当两个热封体 1 和 8 闭合时，即对薄膜加压。为使加压均匀，且不使薄膜因加压而变形，在圆电热丝 5 与热封体 8 之间安放一层耐热橡胶 6 和聚四氟乙烯布 7。当热封体闭合加压后，通入瞬时脉冲电流，一方面封袋口，另一方面由于圆电热丝与薄膜接触，使薄膜熔化而被切断。脉冲电加热熔断主要应用于聚乙烯薄膜袋封口。

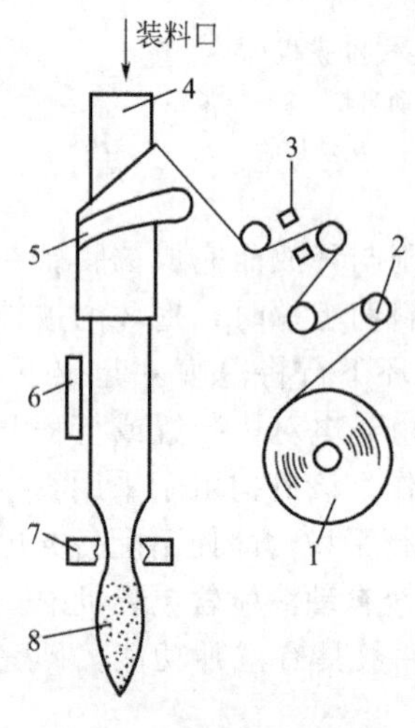

图 2-8 间歇式制袋原理
1—塑料薄膜卷筒；2—导辊；
3—光电管；4—充填筒；
5—成型器；6—纵封器；
7—横封器；8—包装袋

（3）锯齿形切断刀 如图 2-7 所示为不用加热的锯齿形切断刀。在横封电极 1 加热封口时，锯齿形刀 3 插入另一固定板 4 上对应的凹槽内，使上下袋切断分离。锯齿形刀的齿距 $t=6$mm、$\alpha=60°$，每个齿的两侧磨成刃口。

4. 光电控制系统

卷筒塑料薄膜上的商标图案是按一定的间隔印刷的。由于商标印刷误差，薄膜变形不一，牵引时的打滑以及其他随机因素的存在，横封切断位置可能偏离规定部位，甚至因误差积累而封切到商标图案上。为此必须设法控制封切位置，使其保持正确。光电检测控制系统由于其结构简单、非接触、高可靠性、高精度和反应快等优点，在袋成型-充填-封口机上得到广泛应用。

光电检测控制装置的工作原理如图 2-8 所示，在薄膜间歇送进的机器上，当薄膜在被牵拉送进的过程中，其上的定位标记遮住光电管时，光电控制系统发出电信号，控制气缸动作，使横封切断器迅速闭合，可保证每次都在规定的位置处封接切断。

三、液体自动灌装机的操作流程

1. 工作流程

在各部分调整工作准备就绪后进行如下操作。

① 合上总电源开关→电源指示灯亮；

② 合上电机开关→电动机运转指示灯亮（此时电动机通过减速驱动链轮和滚子链条空转）；

③ 合上自动开关→主转动轴离合器工作，通过啮合主传动凸轮轴旋转，各机构循环工作；

④ 合上纵封和横封开关→指示灯亮，试压动作几次后，再进行下列工作；

⑤ 合上薄膜喂料开关→压几个空包装袋后，再向下进行；

⑥ 合上注液灌装开关→即可进行自动灌装袋工作。

2. 停机程序

在机器需要停机排除故障或班次工作结束时进行如下操作。

① 关闭注液灌装开关→输液管停止注液；

② 关闭自动开关→主传动凸轮轴停止转动；

③ 关闭薄膜喂料开关→薄膜停止喂料；

④ 关闭横封和纵封开关→指示灯灭；

⑤ 关闭电机开关→指示灯灭；

⑥ 关闭总电源开关→指示灯灭；当遇到意外紧急情况时首先打开电源开关，然后依次打开其他开关。

四、液体自动灌装机的维护保养及注意事项

1. 设备的维护保养

① 横封前固定板上的聚四氟乙烯胶带（以下简称为胶带）的更换

a. 松开横封组件的两导轨轴端部的两个圆球形螺母。

b. 把前固定板从两导轨轴上拉出来，电热丝朝上放平。

c. 揭掉胶带，并清洗脏物。

d. 重新贴好一条新胶带，把前固定板装好并拧紧两个圆球形螺母即可。

如果还需要更换电热丝和电热丝下的胶带时，则

e. 在未进行 d. 工作之前继续松开固定电热丝手柄把电热丝的一端拔出来，然后再把另一端拔出来。

f. 用手揭掉另一双层胶带，并清洗异物。

g. 重新贴好两条（双层）胶带，更换一根新电热丝，从两端插入并拧紧固定电热丝手柄，再完成 d. 的全部工作。

② 在横封组件的活动支架上，由两根轴张紧一条漆布，当漆布使用到已经破损时，可以调节漆布向前移动 6～10mm，继续使用。其胶带和漆布每班同时更换一次。电热丝 10 个工作班次换 1 次，上面安装的胶条根据具体情况在 80～120h 更换一次。

③ 由于纵封的电压（电流）比横封的低，其上面的胶带和漆布使用寿命比横封的长很多，一般在 1 个月以上更换 1 次。在更换电热带时应注意平整，不得有弯曲现象。

④ 薄膜喂料胶轮在使用一段时间以后，接触薄膜的胶轮表面就会堆积一些油污，必须随时清洗，否则会造成包装袋的长短不一。清洗时要用清洗剂，不准用矿物油。当喂料两侧力量不均时，调整两侧的弹簧使两侧压力平衡。

⑤ 每班后要对液罐和管路进行清洗及消毒。可根据厂方情况进行 CIP 清洗或人工清洗。

⑥ 润滑

a. 各组件（部件）上安装的各种油杯、油孔及导轨面每天（每班）必须注润滑油。

b. 凸轮、托辊连杆、轴承等摩擦面要涂黄油。

c. 各种链轮链条每月清洗1次，干燥后加30#机油。

2. 注意事项

① 机器必须要有一个良好的接地线和中性线以确保人身安全。

② 机器在运转过程中，切忌将手放在横封热合处，以防夹手。

③ 机器正常运转时，不得任意拆除后门内的安全门，防止主传动凸轮轴运转缠带薄膜和出现意外事故。

五、液体自动灌装机常见故障及分析

见表2-1。

表2-1 液体自动灌装机常见故障及分析

故障现象	产生故障原因	排除方法
总电源及电机开关合上后，合上自动开关凸轮轴不转	控制回路保险损坏	1. 检查控制回路有无短路故障； 2. 排除后更换保险器
纵、横封口不牢	1. 纵封或横封电压过低或过高； 2. 纵封或横封压板压力太小	1. 适当调整操作面板上的横封、纵封电压调节旋钮； 2. 检查和调整压板压力； 3. 更换横封橡胶条
横封口毛边大包装袋不自动下落	聚四氟漆布沾有其他脏物	清除脏物，更换聚四氟漆布胶布以及旋转聚四氟漆布卷，将带卷拧到一个新的部位，或涂一层真空硅脂
横封或纵封指示灯不亮；纵、横封无电源	1. 指示灯泡坏； 2. 热合回路保险器坏，控制盒中可控硅元件损坏； 3. 纵、横封电压调节电位器接触不良； 4. 组合行程开关损坏	1. 更换指示灯； 2. 检查热合回路，排除故障更换保险器，更换控制盒中的可控硅元件； 3. 更换电位器； 4. 更换组合行程开关
横封或纵封电压表无指示	横封或纵封热合元件损坏	1. 更换热合元件； 2. 更换元件同时，更换聚四氟漆布胶带
包装袋时长时短	1. 喂料离合器运转不正常； 2. 喂料离合器中有油污使摩擦片打滑； 3. 喂料胶轮的压力太小或有油污使胶轮与薄膜之间打滑	1. 检查和清洗喂料电磁离合器； 2. 清洗或擦拭喂料胶轮； 3. 增加弹簧压力
横封电热丝烧坏	1. 四氟胶带破损使电热丝与固定板短路； 2. 组合行程开关失灵	1. 更换四氟胶带； 2. 更换组合行程开关
纵封电热条烧坏	1. 压板上的销子没装，使纵封没有闭合； 2. 组合行程开关失灵； 3. 聚四氟漆布破损，使电热条与支架短路	1. 开车前检查销子是否装好； 2. 更换组合行程开关； 3. 更换聚四氟漆布
灌装量严重减少	1. 定量器的水压太低； 2. 输液管下端的缓冲帽中有异物	1. 调整给以恒定的足够水压； 2. 打开输液管检查缓冲帽中的情况并将异物排除
水路系统中故障	1. 分配三通或水管堵塞； 2. 喉箍不紧而漏水； 3. 塑料水管折成死弯而不过水	1. 拆开后疏通； 2. 将喉箍用扳手拧紧； 3. 排除死弯使流水通畅
光电检测控制系统故障	1. 光线太强或太弱； 2. 运动零件错位	1. 调节传感器灵敏度、灯的位置和遮住外界光线； 2. 检查零件停顿位置、中程长度或圈周行程、机器零件的对中性和方向性、各零件间的动作配合，及拧紧紧固件

第二节　无菌包装设备

无菌包装是指将物料经过超高温瞬时杀菌（UHT）或高温短时杀菌（HTST），再迅速冷却至30～40℃，并确保经过灭菌处理的物料在无菌状态下自动充填到灭菌过的容器内并自动封合，从而使包装的产品在常温下能长时间保持不变质的包装方式。无菌包装技术的关键是物料的超高温灭菌、高阻隔性包装材料灭菌及充填密封环境的灭菌。

无菌包装的优点：①无需冷藏或添加任何化学防腐剂就可进行长时间保存；②在保证无菌的前提条件下，食品原有的色、香、味及营养成分能最大程度地保留；③无菌包装生产的自动化程度高，单位成品能耗低，简化包装工艺，降低了工艺成本；④无菌包装材料主要为纸、塑料、铝箔等，故具有质轻、价廉、便于运输等优点。

如图2-9所示为无菌包装简易工艺流程，包括包装材料的灭菌、物料的灭菌、无菌输送以及在无菌环境下充填并封合，从而生产出无菌产品。一条完整的无菌包装生产线包括物料杀菌系统、无菌包装系统、包装材料的杀菌系统、自动清洗系统、无菌环境的保证系统、自动控制系统等。按其所起的作用不同可分为物料杀菌、灌装环境无菌保证、包装材料杀菌三大部分。

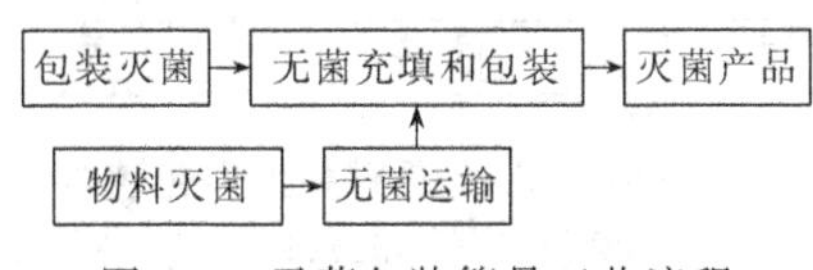

图2-9　无菌包装简易工艺流程

根据包装材料的不同，无菌包装系统主要分为两大类，即复合纸无菌包装系统和复合塑料膜无菌包装系统。无菌包装系统主要包括包装容器输入部位、包装容器灭菌部位、无菌充填部位、无菌封口部位以及包装件的输出部位等。它有敞开式和封闭式两种，封闭式无菌包装系统比敞开式无菌包装系统多了无菌室，包装材料要在无菌室内杀菌、成型、灌装。由于无菌室一直通有无菌气体可保持其正压，所以无菌室能有效地防止微生物的污染，在生产中应用广泛。

一、塑料袋无菌包装系统

1. 设备简述

塑料袋无菌包装设备以加拿大DuPotn公司的百利包和芬兰Elecster公司的芬包为代表，两者都为立式制袋充填包装机。我国已引进的多用于牛奶、果汁等食品的包装。

百利包采用线性低浓度聚乙烯为主要材料，芬包采用外层白色、内层黑色的低密度聚乙烯共挤黑白膜，亦可用铝箔复合膜。芬包的黑白膜厚度为0.09mm，在常温下无菌奶可保持45天以上，采用铝塑复合膜其保质期可达180天。这种黑白聚乙烯塑料膜的包装成本远低于利乐包装材料，每只袋成本仅为人民币0.04～0.06元。缺点是塑料耐热性较差。因此在实际生产中更多的是采用双氧水低浓度溶液与紫外线、无菌热空气相结合的技术，一方面使灭菌效果更加彻底有效，另一方面又克服了双氧水浓度过高对人体有伤害的问题。

如图2-10所示为芬兰Elecster公司的FPS-2000LL型设备，其结构与国产机械驱动的立式制袋充填的液体包装机相类似，由薄膜牵引与折叠装置、纵向与横向热封装置、袋切断与打印机构、计数器、膜卷终端光电感应器、双氧水和紫外灯灭菌装置、无菌空气喷嘴和定量灌装机构等组成。机器工作过程为：包装薄膜6从膜卷牵引出，经35%双氧水浸渍杀菌和双氧水刮除辊3刮除余液后，再经紫外灯室7（上部5根40W和下部13根15W紫外灯）进行紫外线强烈照射杀菌；然后灭菌薄膜进入薄膜成型、充填、热封的无

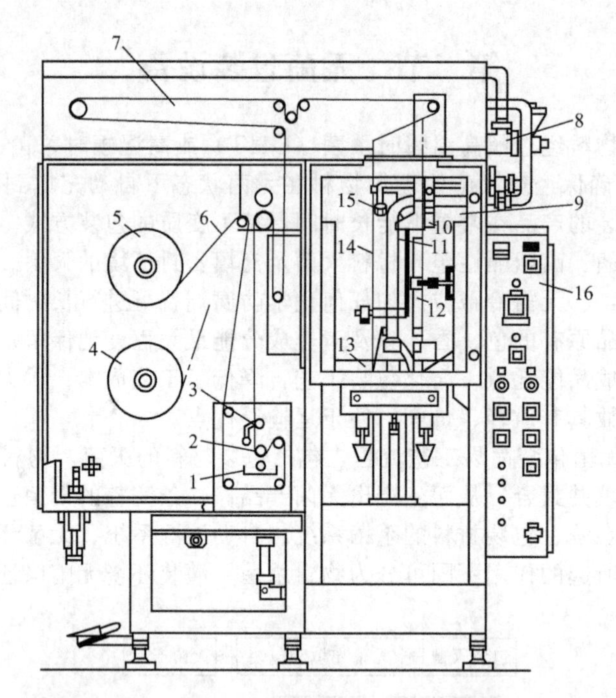

图 2-10 FPS-2000LL 型塑料袋无菌包装机的结构

1—双氧水浴槽；2—导向辊；3—双氧水刮除辊；4—备用薄膜卷；5—薄膜卷；6—包装薄膜；7—紫外灯室；8—定量灌装泵；9—无菌腔；10—三角形薄膜折叠器；11—物料灌装管；12—纵封热封器；13—横封热封和切断器；14—薄膜筒；15—无菌空气喷管；16—控制箱

菌腔 9，薄膜由三角形折叠器 10 折叠成薄膜筒 14 并被纵封热封器 12 将纵缝密封；物料灌装管 11 将灭菌物料充入薄膜筒，接着横封热封和切断器 13 将充满物料的薄膜筒横向热封和切断成单个包装袋。其无菌腔中的无菌空气经高温蒸汽杀菌和特殊过滤筒获得，进入无菌包装机后分为两路，一路送入紫外灯灭菌室，另一路送入灌装室，上部以 0.15～0.2MPa 压力从喷嘴喷出，保持紫外灯室、薄膜筒口和灌装封口室内无菌空气的正压状态，以避免外界有菌空气的侵入。该机型灌装量为 0.2～0.5L/袋，生产能力为 33 袋/min。

2. 设备操作流程

(1) 生产前的准备

① 计量泵清洗

a. 关闭气阀，将计量泵的下气缸卸下，检查橡胶圈的外环是否被磨平，如磨平，要及时更换以免影响密封效果，造成计量不准。清洗时将橡胶圈卸下，用洗涤剂及清水冲洗干净后，涂上少许凡士林。

b. 每周一清洗一次计量泵的上气缸。卸下后检查橡胶圈的内表面是否平滑，如磨损应及时更换，正常则将其冲洗干净，涂上少许凡士林。

c. 计量泵的安装：计量泵安装时要对应相应的灌装机，不得相互交换，并保证装入正确位置并上紧。

d. 将双氧水管插入正确位置，打开气压。

② 转膜滚轴及双氧水槽的清洗

a. 转膜滚轴每天用酒精擦拭消毒，双氧水槽每个 CIP 后排空、清洗。

b. 清洗完毕后，将膜按正确的方向穿好，双氧水槽注满双氧水，将双氧水滚轴落下。

③ 检查横、竖封刀布是否干净，如很脏或破损，将其转一下（约 1cm）或者更换，以确保封合完好，避免漏料。

④ 检查硅胶垫是否破损，必要时进行更换。

⑤ 更换打印日期。

⑥ 检查设备传动装置，并加润滑油。

⑦ 接膜：向双氧水槽加双氧水后开始接膜。在预杀菌前，需用耐高温的聚丙烯将灌注管封上，以保证杀菌后灌注管外部为无菌空间。

a. 接聚丙烯前，首先打开控制电源、横竖封加热开关和紫外线灯，取约 1.2m 的聚丙烯膜接在膜卷上。

b. 包装膜的内表面接在聚丙烯膜的内表面，用胶带将接口处粘牢。

c. 聚丙烯膜接好后，将其拉至灌注管处（灌注管头用塞子堵上，且干净无奶渍），用手动横竖封将其封好（聚丙烯膜的上接口处正好从紫外线灯箱内漏出为最佳位置）。

（2）设备的预杀菌

① 杀菌机发出准备预杀菌信号，预杀菌即开始。

② 待灌注按钮灯开始闪烁后，按下灌注按钮。

③ 灌装机预杀菌温度为 121℃，实际温度达到后，计时开始 20min（倒计时）。

④ 倒计时结束后，进入冷却阶段，这时往双氧水杯中添加双氧水，打开横竖封加热开关。

（3）测试

① 冷却结束后，在聚丙烯膜内将塞子取下并放于膜仓中，在横竖封温度达到设定温度后，打开横竖封手动开关，在不破坏膜筒的情况下将膜拉下，直到聚丙烯全部通过灌注管。

② 按启动按钮，打几个空袋，检查打印日期位置和横竖封。

③ 符合要求后，向杀菌机发出准备生产信号。

（4）生产

① 当杀菌机发出生产信号后，灌装机开始生产，按启动按钮，再按灌装按钮。

② 按要求取样，并检查计量是否在标准范围内。

③ 生产中随时检查计量、横竖封、双氧水情况，并及时调整，按要求检查产品的感官指标。

④ 膜卷或打印色带用完时，需根据情况更换膜卷或色带。

⑤ 生产完毕后，向杀菌机发出准备 CIP 的信号，进行 CIP 清洗。

⑥ CIP 清洗完毕后关闭水、电、汽各控制开关。

3. 设备的维护保养

① 每次生产前须检查双氧水箱夹层内水的液位及双氧水的液位和密度是否达到规定要求。检查横封和竖封电极是否正常。

② 每次生产之后进行 CIP 操作清洗和手动清洗机器。

③ 压缩空气过滤器。每 200 工作小时用肥皂水浸洗过滤器并用干燥的压缩空气吹干。

④ 双氧水回路

a. 双氧水过滤器：每 200 工作小时清洗过滤器滤芯。

b. 双氧水膜杀菌箱：每 200 工作小时清洗膜杀菌箱。

⑤ 无菌空气回路

a. 预过滤器：每 200 工作小时要用干燥洁净的压缩空气从与使用相反的方向吹出第一个预过滤器上的灰尘，同时把第二个预过滤器更换掉，第一预过滤器须经常进行清洁，并用肥皂水浸泡，以压缩空气吹干。

b. 无菌过滤器：每 2000 工作小时更换无菌过滤器。

⑥ 产品回路

a. 快装管卡：每次生产前检查其是否锁紧产品阀、产品管和回流管等。

b. 控制阀：每200工作小时检查密封件，如有破损或泄漏应及时更换。

c. T形灌装头：每200工作小时检查T形灌装头的O形密封圈及密封件，如有必要可更换。拆卸前要首先关闭蒸汽。

d. 灌装气缸：每1000工作小时检查O形圈及密封情况。拆卸气缸之前一定要先关闭压缩空气。

⑦ 膜的运行路线。良好的卫生条件和干净的膜运行路线，以及与膜接触的部件是否干净等是机器的性能完好和产品质量的保证。务必仔细检查和维护这些部件，如无特别要求，一般都应在200工作小时时检查和维护1次。

a. 对膜运行路线上所有辊子进行检查，保证其运行灵活，清洁无污染，并用酒精或50%乙醚清洗消毒。

b. 膜的不锈钢刮刀装在膜杀菌箱上面，当膜离开时将膜刮平，平时要经常检查其清洁程度，并用50%乙醚或酒精溶液清洗。安装时保持其平行度，按具体使用情况调整刮刀与膜的张力。

c. 带减速器的马达：每2000工作小时润滑减速器的齿轮，减速器须在热态时加油。

4. 常见故障及分析

见表2-2。

二、利乐包纸盒无菌包装系统

1. 设备简述

利乐纸盒无菌包装设备由瑞典Tetra Pak公司生产，这种类型的无菌包装设备在世界上广泛使用，国内也已有几十套。纸盒无菌包装的特点如下。

① 包装材料以板材卷筒形式引入；

② 所有与料液接触的部位及设备的无菌腔均经无菌处理；

③ 包装的成型、充填、封口及分离均在一台机器上完成。

使用这种类型设备的好处是：①设备操作人员工作简化，劳动强度降低。②由于是平整的无菌材料进入设备的无菌区，可保证高度无菌。③集成型、充填、封口为一体，降低了外界污染，保证了产品安全，同时也避免了各工序间的往返运输。④包装材料存储空间小，且无需空容器的存储空间，降低了存储成本。⑤包装材料的生产效率高。包装材料的80%为纸板，其纸板复合了几层塑料和一层铝箔。

2. 利乐包纸盒设备的结构与工作原理

(1) 结构　该类机型由机体、传动、放卷、整理、打印、贴条、灭菌、卷接、热封、充填、封切、折角等机构和电脑电器控制系统组成。如图2-11所示为利乐公司TBA/19型液体奶无菌灌装机。包装材料以卷轴进料，既便于操作，又能提高生产效率。TBA/19采用了TP1H系统代替原来的热空气将LS条封合到包装材料上，机器中附有2个LS封条附贴器2，并能自动黏合。充填系统3能将料液的流速和其所受的压力保持稳定。为了更加有效利用空间，设计的平台4更为宽阔。TBA/19的操作控制台5简单，便于操作。双出料的夹槽6能使包装后的产品稳定地送到链条式输送带上。TBA/19采用了一个压缩器，能大大降低耗水量。而压缩器、分离器和擦洗器都被安装在一个伺服单元7内，大大降低了操作时的噪声。

(2) 工作原理　利乐无菌包装设备有菱形（标准型）、砖形、屋顶形、利乐冠和利乐王等包装形式，目前我国普遍引进的是砖形盒，其工作原理如图2-12(a) 所示。在利乐包装机上，包装材料向上传送时，其内表面的聚乙烯层会产生静电荷，从而使得来自周围环境的带有电荷的微生物被吸附在包装材料上，所以包装材料要经过75%的双氧水和0.3%润湿剂混合液在双氧水浴槽中对其进行的化学杀菌。但冷的双氧水杀菌效果不理想，需加热处理以提高双

表 2-2　塑料袋无菌包装系统常见故障及分析

故障现象	原因与处理措施
整机无电	机器供电是否正常，电源总开关是否打开
电源指示灯不亮但整机有电；接触屏黑屏	1. 电源开关是否损坏； 2. 触摸屏供电变压器是否损坏
无 24V 直流电	1. 24V 直流电启动按钮未启动； 2. 直流电开关是否损坏； 3. 24V 直流电变压器是否损坏
无 24V 交流电	1. 24V 交流电开关是否损坏； 2. 急停开关是否按下； 3. 24V 交流电变压器是否损坏
温控仪均不工作	1. 温控仪开关是否正常； 2. 温控仪变压器是否损坏
撑膜支架杀菌时不能灌注双氧水	1. 检查双氧水泵工作状态； 2. 检查角座阀的动作状态
纵封出现火花	局部短路，检查及更换绝缘套
双氧水泵故障	1. 检查线路是否正确，检查控制双氧水泵空气开关是否跳闸； 2. 确认双氧水泵是否清洁，拆卸检查双氧水泵内部情况
双氧水没有回流	1. 查看双氧水是否清洁，清洗前级过滤器； 2. 检查双氧水泵的状态； 3. 检查灌注角座阀是否打开，以及回流角座阀是否关闭
双氧水溢流	查看双氧水是否清洁，清洗回流过滤器，清洗双氧水回路
平衡缸液位高	1. 检查上级 UHT 的输出压力是否正常； 2. 平衡缸内可能有料液泡沫，进行 CIP 清洗
封口图案不完整	上下调整走膜光眼到合适位置
横封漏料	1. 调整封口温度； 2. 查看横封漆布是否清洁，清洗或更换； 3. 检查横封的绝缘板是否损坏； 4. 查看横封加热丝是否变形； 5. 查看冷却水是否正常
纵封封口异常	1. 调整封口温度； 2. 查看纵封漆布是否清洁，旋转更新； 3. 查看拉膜的用量是否充足
拉膜量不够	向下调整拉膜气缸上的传感器
CIP 泵故障	1. 检查线路是否正常，控制 CIP 泵空气开关是否跳闸； 2. 查看电机是否损坏
预展膜电机故障	1. 检查线路是否正常，控制预展膜电机空气开关是否跳闸； 2. 查看电机是否损坏
电磁离合制动动作不彻底或过热	调整电磁离合吸合片的间隙为 0.3mm，且要四周均匀，查看电磁离合器是否损坏
无菌空气温度低	检查空气加热开关是否合上，及电阻丝是否断开
双氧水温度低	检查双氧水加热开关是否合上，及电阻丝是否断开
回流管回流异常	1. 检查管路中是否有异物堵塞； 2. 查看相应的角座阀是否动作到位
灌装管待机时有渗漏	1. 检查管路中是否有异物堵塞； 2. 查看灌装管与阀芯的结合面是否有划伤，必要时修磨结合面
呼吸阀处有水或料液滴漏或喷出	1. 检查呼吸阀的气管接口，查看呼吸阀的工作状况； 2. 检查平衡缸高液位传感器是否失效
接膜时电阻丝不加热	1. 电阻丝加热开关是否正常； 2. 接膜加热开关是否导通； 3. 电阻丝加热变压器是否损坏

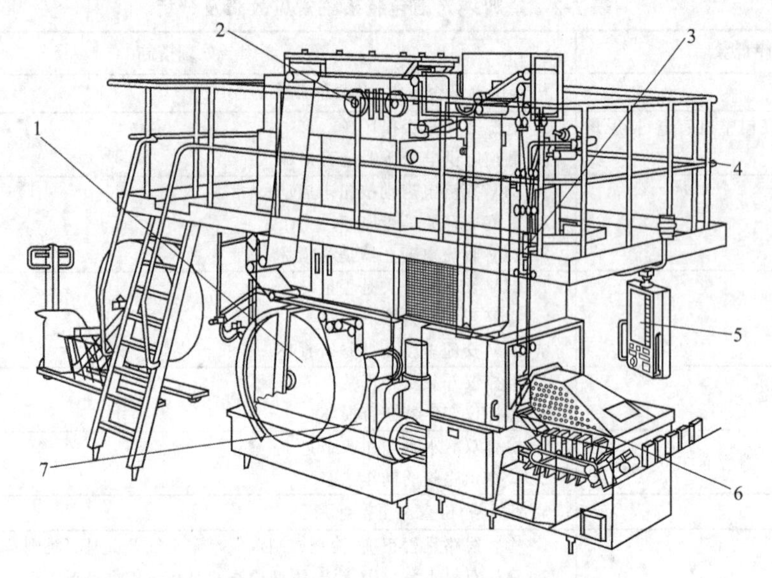

图 2-11 利乐公司 TBA/19 型液体奶无菌灌装机

1—卷轴；2—LS 封条附贴器；3—充填系统；4—平台；5—控制台；6—夹槽；7—伺服单元

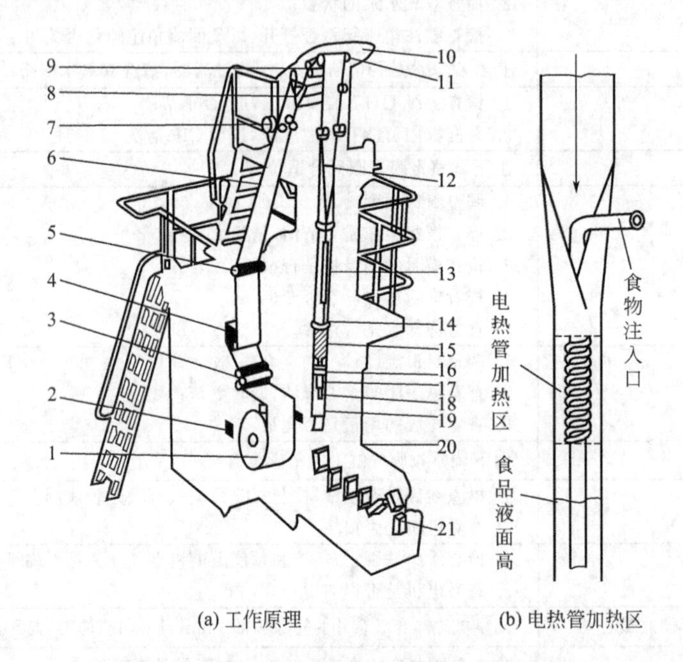

图 2-12 利乐砖形盒无菌包装机工作原理图

1—包装材料卷；2—光敏电阻（光眼）；3—平服辊；4—打印装置；5—弯曲辊；6—接头记录器；7—封条粘贴器；8—双氧水浴槽；9—挤压辊；10—空气收集罩；11—顶曲辊；12—无菌液态制品充填管；13—纸筒纵封加热器；14—纵封封口环；15—环形电热管；16—纸筒内液面；17—不锈钢浮标；18—充填管的管口；19—纸筒横向封口钳；20—接头纸盒分拣装置；21—完全密封纸筒经上下曲折角和成型后形成砖形包装盒

氧水的杀菌效果。然后包装材料经过挤压辊时挤出多余的双氧水液，此后包装材料便形成筒状，向下延伸并进行纵向密封。无菌空气从制品液面处吹入，经过纸筒连续向上吹，以防再度被微生物污染。在纸筒内管状的加热器可根据包装容器的大小调节温度（450℃或650℃），利用红外线辐射及对流加热与料液接触的包装材料表面，在加热器终端部位可被加热到 110～115℃。此时，双氧水被加热蒸发分解为新生态氧［O］和水蒸气，这不仅增强了杀菌作用，也减少了双氧水的残留量。

灌装是在一个无菌的环境中进行的，此无菌环境是在无菌空气所产生的正压下形成的。机器中用来进行灌装的无菌区域很小，而且只有少量的移动部件，这些因素使设备的完整性更好。包装盒在料液中进行封口，可保证完全灌满，以防止包装盒内留有空隙，造成产品氧化，出现质量缺陷。同时包装材料得到充分利用，避免浪费，经济合算。另外，对于饮用前需要摇晃的产品，技术上也可灌装，只要修改程序，即可不完全灌满包装盒。

3. 利乐包设备无菌空气循环原理

如图 2-13 所示为利乐包无菌包装机的无菌空气循环原理图。水环式空压机 1 从进水口 2 供水（8L/min），构成泵内密封水环并将吸入的回流空气中的残留双氧水液洗去。压出空气经过汽水分离器 3 分离水分，而后进入空气加热器 5 被加热到 350℃。从加热器出来的热空气一部分由管道送至包装材料纵向塑胶带粘贴处和纵封热封器，用于贴塑胶带和纵封热封；一部分热空气流向空气冷却器 7，被冷却至 80℃左右，冷却后分两路由空气控制阀 8 和 9 控制，在小容器包装生产时阀 8 开启而阀 9 关闭，大容器包装生产时则阀 9 开启而阀 8 关闭。无菌空气从纸筒上部供气管 11 引至密封纸筒液面以上空间，使充填区空间无菌。无菌空气在 13 处折流向上，残余蒸发的双氧水亦随气流往上流动，经过空气收集罩 17 的管道流回水环式空压机重新使用。

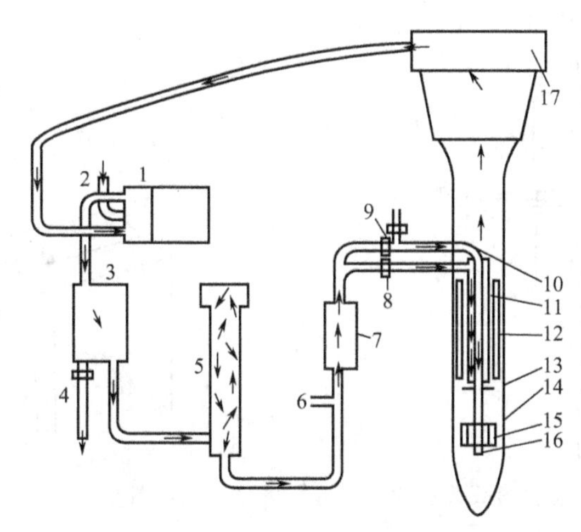

图 2-13　利乐包装机无菌空气循环原理图

1—水环式空压机；2—进水口；3—汽水分离器；4—废水排出阀；5—空气加热器；6—热空气分流管；7—空气冷却器；8，9—空气控制阀；10—制品进料管；11—无菌空气供气管；12—环形电热管；13—无菌空气流回升点；14—液面；15—浮子；16—节流阀（与浮子相连）；17—空气收集罩

4. 无菌包装机的灭菌保证

（1）机器灭菌　在无菌包装开始之前，所有直接或间接与无菌料液相接触的机器部位都要进行无菌处理。如图 2-14 所示，在 L-TBA/8 设备中，采用先喷入 35％双氧水溶液，然后用无菌热空气使之干燥，首先是空气加热器预热和纵向纸带加热器预热，在达到 360℃的工作温度后，将预定的 35％双氧水溶液通过喷嘴分布到无菌腔及机器其他待灭菌部件。双氧水的喷雾量和喷雾时间是自动设定的，以确保最佳杀菌效果。喷雾之后，用无菌热空气使之干燥，整个机器灭菌时间约需 45min。

（2）包装材料灭菌　如图 2-15 所示，包装材料引入后即通过一充满 35％双氧水溶液（温度约 75℃）的深槽，其行程时间根据灭菌要求可预先设定。包装材料经过双氧水深槽灭菌后，再经挤压措水辊和空气刮刀，除去残留的双氧水，然后进入灭菌腔。

（3）包装成型、充填、封口和割离　包装材料在无菌腔内依靠三件成型元件形成纸筒，

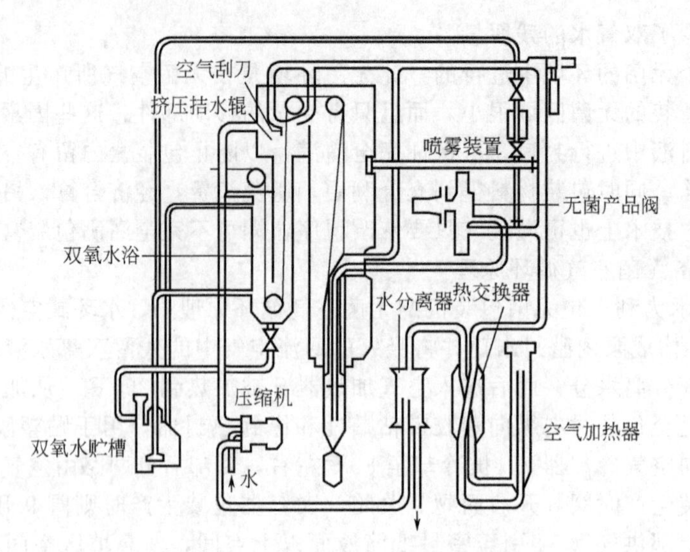

图 2-14 L-TBA/8 机器灭菌示意图

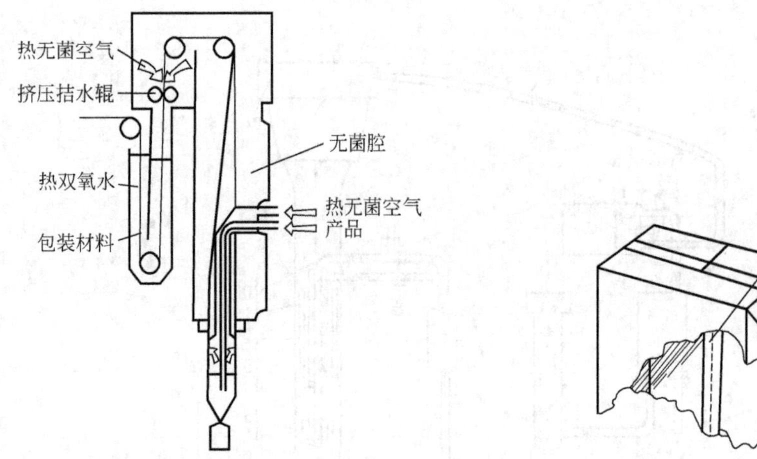

图 2-15 L-TBA/8 包装材料灭菌示意图

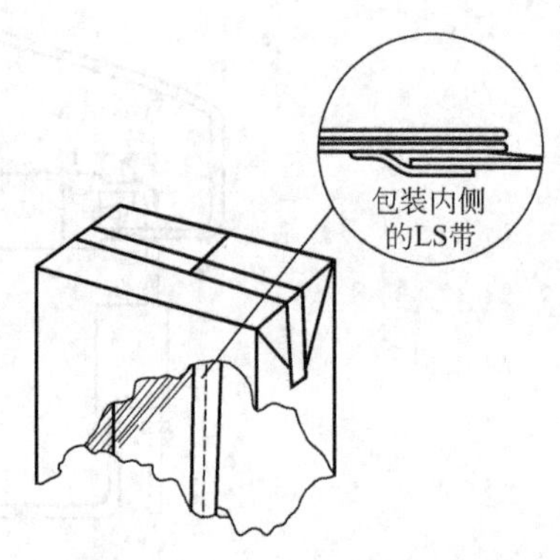

图 2-16 TB/TBA 的纵向密封

纸筒在纵向加热元件上密封。如图 2-16 所示，密封塑带是朝向食品封在内侧包装材料两边搭接部位上的。无菌料液通过充填管进入纸筒，如图 2-17 所示，纸筒中料液的液位由浮筒来控制。每个包装产品的产生及封口均在料液液位以下进行，从而获得内容物完全充满的包装产品。产品的移行靠夹持装置。纸盒的横封是利用高频感应加热原理，即利用周期约 200ms 的短暂高频脉冲来加热包装复材内的铝箔层，以熔化内部的 PE 层，在封口压力下被黏到一起。因而所需加热和冷却的时间就成为限制设备生产能力大小的因素。

(4) 带顶隙包装的充填　在充填高黏度的产品或充填带颗粒及带纤维的产品时，包装产品的顶隙是不可缺少的。在包装过程中，物料按预先设计的流量进入纸管，如图 2-18 所示，引入包装内部顶隙的是无菌空气或其他惰性气体。下部的纸管可借助特殊的密封环而从无菌腔中割离出来，密封环对密封后的包装施以轻微的压力，使之最后成型。

这种装置只对单个包装顶隙充以惰性气体，故不会像其他设备要求过量供应惰性气体而造成浪费。在 TBA/8 无菌包装机中，由于装备了顶隙形成部件和双流式充填部件，故可以充填含颗粒的产品。该系统用正位移泵输入颗粒物料，用定量阀控制料液的输入。

(5) 单个包装的最后折叠　割离出来的单个包装被送至折叠机上，用电热法加热空气，从而进行包装物顶部和底部的折叠并将其封到包装上。然后将小包装的产品送至下道工序进

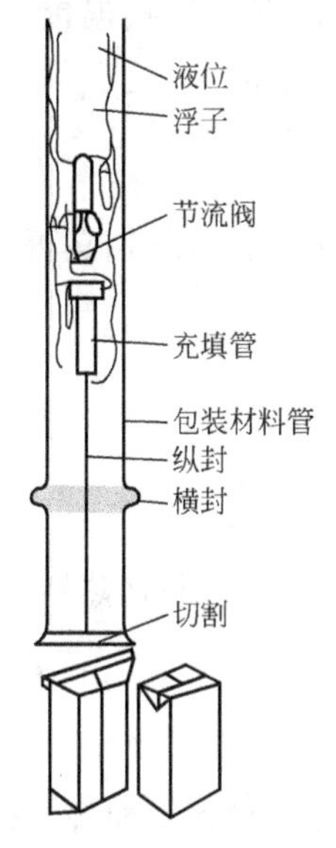

图 2-17 液压控制装置

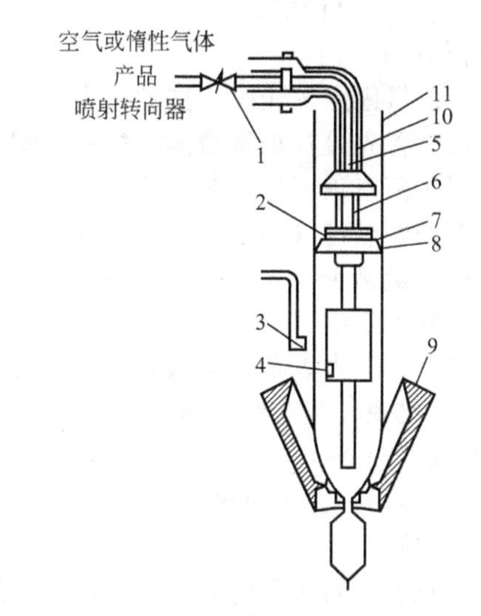

图 2-18 形成顶隙的低位充填装置

1—恒流阀；2—膜；3—超量警报；4—磁头；5—充填管；6—顶隙管；7—夹持圈；8—密封圈；9—夹具；10—喷射分流管；11—包装材料管

行大包装。

5. 利乐包无菌包装机的操作

(1) 生产前的准备

① 检查清洗效果，必要时重新清洗。

② 穿纸一定要正确，包材至少使用 20min。

③ 更换日期，两轮必须同时换。

(2) 机器预热

① 打开主电源及蒸汽、冷却水和空气阀门。

② 按动操作板上的试验灯，再将面板上的选择器向左选择预热，按动程序向上按钮，直至预热Ⅰ（SA 预热）固定发光。

③ 按动程序上，直至Ⅱ信号固定发光。

④ 当管密封按钮开始闪光，按动程序上，此时机器已开始渐动，包装材料已由 LS 带密封，挑出机器排出的最后两包，检查 LS 带的密封好坏，若密封不好，按动程序下，重新密封。

⑤ 管密封后，预热Ⅲ信号会固定发光（无菌空气系统预热），当达到消毒温度时，喷雾信号和程序上开始闪光，按动程序上，喷雾信号固定发光。此时无菌室门不可打开。

⑥ 喷雾后烘干信号开始发光，烘干时间需要 20min。

⑦ 烘干后，消毒器信号开始闪光，按动程序上，消毒器信号会固定发光，提示供给料液。

⑧ 当有料液供应时，消毒信号会固定发光，此时应将液位调整至正确位置，按动设定 OK 键。

⑨ 按动警报回位器，使面板上的所有信号灯熄灭。

⑩ 当准备生产信号闪动时，按动程序上，电动机启动信号会固定发光，放松程序上按钮，填料信号会固定发光，设计好图案校正，生产信号会固定发光。

⑪ 检查设备内空气压力是否符合要求：

无菌空气温度——270℃；双氧水浴加热器温度——75℃；空气加热温度——360℃；气

刀温度——125℃；蒸汽温度——131℃；双氧水温度——70℃；带材拼接温度——190℃；LS管密封温度——410℃。

(3) 开始生产

① 生产信号固定发光时，按动程序开始灌装。

② 开机时首先检查纸管喷淋，检查冷却水是否满足生产要求，检查日期是否正确。

③ 检测无菌室正压是否符合要求。

④ 检查是否晃包（手摇是否有晃动）。

⑤ 检查计量是否在规定范围之内。

⑥ 图案校正正确。

⑦ 检查所有压力表是否均指向正确的位置。

(4) 生产结束　生产结束停机时要关闭填充开关，及时把贴条、纵封加热器拉出，以免烫伤复合纸及密封条。

6. 利乐包无菌包装机的维护

(1) 正常维护

① 机器安放车间应保持清洁干燥，防止潮湿，以免影响电器及机器的使用寿命。

② 工作时应注意观察运行机构有无异常噪声，如不应有的抖动、振动及松动等。

③ 定期进行全面的检查修理及保养，对于易损件应注意经常检查，磨损较严重的应彻底更换，以确保机器正常工作。

(2) 生产前检查维护

① 检查各成型环组轮转动是否灵活，并清洁。

② 检查纵封加热器，清理脏物，检查喷嘴是否通畅，检查小白轮是否清洁，转动是否灵活，有无变形，纵封压轮是否干净，转动是否灵活，有无破损。

③ 检查挤压滚筒和副轴转动是否灵活并清洁。

④ 检查气刀并清洁上面的残留物，并用气枪吹干净。

⑤ 检查纸接头探测轮是否清洁、转动是否灵活、功能是否正常。

⑥ 检查压力轮、副轮、折弯轮是否清洁无损、转动自由。

⑦ 检查清洁纸库各轮及推绕功能。

⑧ 检查日期打印机构及导曲滚筒是否灵活，并清洁。

⑨ 纸仓内外用酒精擦拭消毒。

⑩ 检查润滑油及液压油油位，必要时加油。

⑪ 检查各表读数是否在零位。

⑫ 检查夹爪冷却水流是否通畅，必要时用气枪吹。

⑬ 检查液位调节卡。

⑭ 检查压力热系统压力≥0.05bar[1]，必要时加水。

⑮ 计数器归零。

⑯ 测试控制屏灯是否完好。

⑰ 检查电眼并清洁。

⑱ 清理终端折角加热器及喷嘴并保持畅通。

⑲ 检查清洁夹爪高频感应器、压力胶条，有问题更换。

⑳ 检查下注管“O”，并清洁。

㉑ 换管道时检查各管道密封圈是否完好无损，并清洁。

---

[1] 1bar＝10^5Pa。

㉒ 检查下灌注管安装得是否正确及注筒是否泄漏。
㉓ 检查双氧水浓度是否达到35%。

7. 常见故障及分析

见表2-3。

表2-3 利乐包纸盒无菌包装系统常见故障及分析

故障现象	产生故障的原因	处理方法
横封封合不好	冷却水不通，压力胶条坏，横封部件故障，横封温度过低	疏通，更换，适当提高温度
纵封封合不好	纵封温度过低，密封条没贴牢，成型器内小轮损伤	适当提高温度，或调换纵封器位置，调换小轮
PP条黏合不好	纸路不正，电流调整不当	调整
无菌腔正压低	吸气阀位置不准确，压缩机供气量不足	调整
电眼报警，下灌注管报警	电眼故障，电眼线路不通和短路，纸路不正，拉耳间隙过大，导纸马达坏	调整，更换
图案校正电眼报警	电眼故障，电眼线路不通和短路，图案校正旋钮位置不正确	调整
旋转故障	站链卡死，电眼坏，电眼位置不正确	调整，更换
电机过载报警	电机坏，空气开关跳闸	更换
水汽分离器报警	分离器堵，传感器坏，线路不通	疏通，更换传感器，检查线路
气刀温度报警	无菌空气阀关闭不严，物料进入气刀	检查无菌空气阀
双氧水温度报警	双氧水槽温度设定值过低	调整
夹爪过载报警	强行倒车引起，扣勾分离不开	调整
液压油温度报警	冷却水路不通	疏通
液压油油位低	油损坏	加油
润滑油压力低	过滤器堵，油泵坏，管路漏油	清洗，更换，查找漏油处
喷雾失败报警	过滤器堵，填充电磁阀坏，喷雾电磁阀坏，双氧水供应不足	清洗，更换
拉断纸	成型环间隙过大，送纸马达转速低，导纸滚轮转动不灵活	调整
生产中程序自动回零位	产品调节阀电眼位置错误，线路不通	调整
PP条拼接失败	刹车过紧，气缸进气量调整不当，拼接温度调整不当	调整
无菌空气阀报警	无菌空气阀电眼位置不正，无菌空气阀坏	调整，修理
无菌腔双氧水槽液位低	无菌仓正压过高，双氧水渗漏，双氧水供应不足	调整，查找渗漏点
产品高液位报警	产品阀、蒸汽阀关闭不严	调整
清洗杯报警	位置不正确，管道振动量大	调整
终端堵包	拨包器、拨包手指滑板位置调整不当	调整
变型包	落包位置不正，夹爪冷却水堵，下成型环位置不正	调整
凹包	线路辊轴转动不灵活，拉耳间隙过大，导纸马达单向轴承坏	调整，更换轴承
折角黏合不好	电压低，加热器瓷管破裂，压力装置间隙过大	调整，更换
日期打印不清	纸路不正，打印轮与包装材料间隙过大或过小，油墨滚轮调整不当，字符过脏	调整，清洗
打印位置错误	间隙打印轮与包装材料之间间隙过小，折痕线跑偏，链轮位置错误	调整

【本章小结】

液体自动灌装机是利用高压聚乙烯薄膜卷，自动连续完成制袋成型、计量、充填、封口、切断等功能的饮料包装设备，主要有计量装置、传动系统、横封和纵封装置、成型器、充填管及薄膜牵拉供送机构等部件组成。卷筒薄膜由光电检测控制装置检测后，通过成型器与卷成薄膜圆筒裹包在充填管的表面，先进行纵向热封，得到密封管筒，然后横封，构成包装袋筒，物料由计量装置计量后由充填管充填入包装袋内，再横封并居中切断，形成包装袋。

无菌包装是指将物料经过超高温瞬时杀菌或高温短时杀菌，确保经过灭菌处理的物料在无菌状态下自动充填到灭菌过的容器内并自动封合，使包装的产品在常温下能长时间保持不变质的包装方式。无菌包装技术的关键是物料的超高温灭菌、高阻隔性包装材料灭菌及充填密封环境的灭菌。无菌包装系统主要包括包装容器输入部位、包装容器灭菌部位、无菌充填部位、无菌封口部位以及包装件的输出部位。芬兰 Elecster 公司的 FPS-2000LL 型设备是典型的塑料袋无菌包装系统，包装薄膜经双氧水浸渍杀菌和刮除余液后，再进行紫外线强烈照射杀菌，然后灭菌薄膜进入薄膜成型、充填、热封的无菌腔，由折叠器折叠成薄膜筒并被纵封，物料灌装管将灭菌物料充入薄膜筒，接着进行横缝热封和切断，即成为单个包装袋。利乐无菌包装是一种纸盒的包装形式，包装材料和无菌腔经热的双氧水杀菌处理，再经热空气干燥，在无菌的填冲系统进行灌装，然后成型。

【思考题】

1. 液体自动灌装机有什么特点？
2. 液体自动灌装机主要由哪几部分结构组成？
3. 无菌灌装机包装材料是如何实现无菌的？
4. 无菌灌装机如何实现无菌工作环境？
5. 无菌包装有什么优点？

第二篇　肉品生产机械与设备

第三章　屠宰机械与设备

学习目标

1. 了解猪屠宰、牛屠宰和鸡屠宰的工艺流程；
2. 掌握麻电装置、烫毛装置、刮毛机、剥皮设备和输送设备的结构原理；
3. 熟练掌握麻电装置、烫毛装置、刮毛机、剥皮设备调整检修以及输送轨道的维护保养。

第一节　概　　述

国务院于1997年12月发布了《生猪屠宰管理条例》，在我国第一次实现了生猪屠宰管理有法可依，全国畜禽屠宰管理步入法制化轨道。对上市生猪实行“定点屠宰、集中检验、统一纳税、分散经营”的制度，在规范肉类市场秩序诸方面，取得了明显成效。目前，北京、上海等很多地方已经实施或准备实施牛、猪、羊、家禽的“定点屠宰”。这给我国的屠宰设备制造行业带来了一次机遇和挑战。

据统计，2005年全国肉类加工销售收入2290亿元，其中屠宰业占1140亿元。近几年来我国的肉类加工业在规模化、集约化方面初见成效，形成了养殖、屠宰、加工一条龙的生产格局和以双汇为代表的一批大型肉类加工龙头企业；双汇已成为亚洲最大的肉类加工企业。但我国屠宰设备在质量和技术性能方面与世界先进国家相比，相对落后，大多数仅达到20世纪80年代的先进水平，只有很少量的已达到90年代的水平。也就是说，技术水平相当于落后先进国家10～20年。

一、畜禽屠宰工艺流程

1. 猪屠宰工艺流程

如图3-1、图3-2所示分别为生猪屠宰工艺流程及生猪屠宰工艺示意图。

（1）待宰　外调生猪必须来自非疫区，生猪到厂后，经兽医检查检疫合格后，才能进入待宰圈。在待宰圈停食、饮水，休息12～24h后进行宰杀。未经充分休息的生猪宰杀时，停

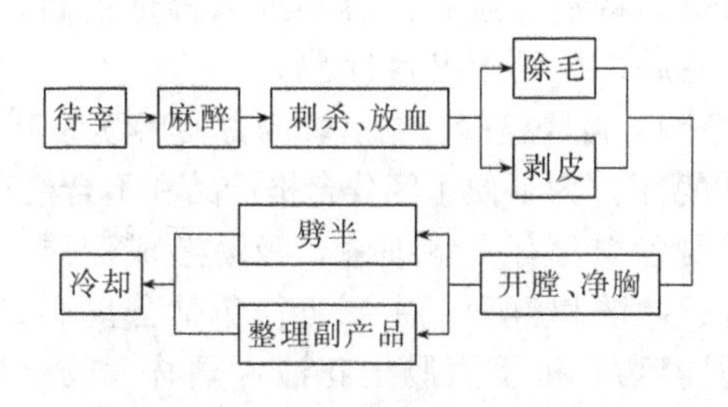

图3-1　生猪屠宰工艺流程

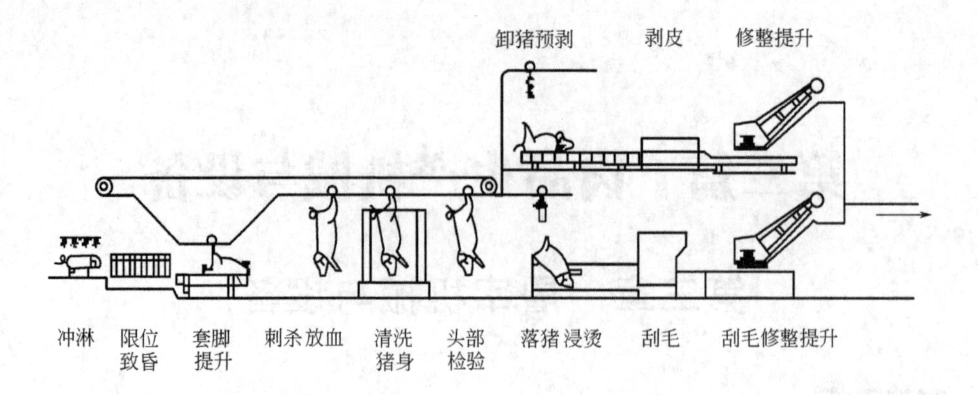

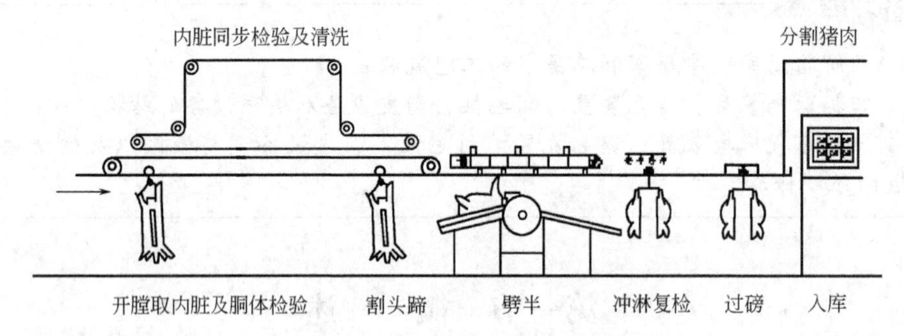

图 3-2 生猪屠宰工艺示意图

留在微血管中的血液不易放干净，宰后肉尸膘色发红，影响外观，且影响储藏期。

(2) 麻醉 猪在宰杀前麻醉是保证宰杀安全、减轻劳动强度的有效措施。同时，宰前麻醉可减少猪在刺杀放血时的痛苦，防止猪因危险感而消耗过多糖原，保持肉的新鲜度。常见方法有击昏法、电麻醉法以及二氧化碳麻醉法。

(3) 刺杀放血 麻醉后应趁活猪处在麻醉失知的状态下尽快放血。常见的放血方法有卧式放血和立式放血两种。每头猪的血在 2～2.5kg 左右。猪血有很多用途，可供食用或制药以及饲料和工业使用。

(4) 除毛 经过刺杀放血的生猪，除加工剥皮猪肉外，必须将鬃毛刮除。刮毛是屠宰加工中的主要工种之一。对保证产品质量起着十分重要的作用。在现代化屠宰工厂，为了确保将毛刮净，整个除毛工作分烫毛、打毛、冷汤修刮、燎毛、倒挂修刮五道工序。

(5) 剥皮 剥皮有人工剥皮和机械剥皮两种方法。人工剥皮只适用于小型作坊和屠宰工厂的急宰环节。绝大多数工厂都采用机械剥皮。机械剥皮猪尸必须先进行手工预剥，将预剥开的大面积猪皮拉平、绷紧，放入剥皮机卡口、夹紧，启动剥皮机将猪皮剥下。

(6) 开膛、净胸 猪经刺杀放血后，虽然生命已经终止，但体内新陈代谢作用大部分仍在进行，在新陈代谢过程中，依然释放热量，而这时呼吸、运动等消耗热量的活动已经结束。所以，在宰后一个半小时内，肉尸温度不降反升。放血后的肉尸对细菌抵抗能力已经丧失，高温会促使细菌繁殖加快。特别是肠胃内容物细菌含量很高，如不及时取出，极易引起内脏变质。所以在剥皮或除毛后，要马上开膛净胸。

(7) 劈半 肉尸开膛、净胸，再经检验合格后，为方便后续加工、运输、销售，要将肉尸劈半。带皮肉要先去掉头蹄后再劈半。为了便于区分合格产品和不合格产品，不合格产品不劈半。

(8) 副产品整理 胃肠内容物含有大量细菌，极易造成变质。胃肠系统、心肝肺系统割离肉尸后，要尽快将其分离、冲洗和整理。主要工作包括分离心、肝、肺，摘除胆囊；分离脾、胃（肚），翻洗、清理胃容物；扯下大肠上花油，翻洗大肠；扯小肠，摘胰脏。

(9) 冷却 如前所述，生猪在刚屠宰后短时间内，肉体温度会略有升高。肉体较高的温度、湿润的表面，加上营养丰富，很适宜细菌生长繁殖，所以必须迅速对其进行冷却。目前，冷却工艺有一次冷却和两次冷却两种。冷却的同时肉体进行成熟作用，或者叫排酸，经过成熟作用的肉风味更加鲜美，更便于人体吸收。

(10) 屠宰过程的检验　活猪在饲养过程中，往往会感染各种疾病。有些病灶在宰前静养过程中被发现，可进行急宰处理。但有些病灶在宰前难以被发现，所以必须在屠宰过程中对宰后生猪的肉尸、内脏逐头进行检验，防止病变肉品流入市场，影响人们身体健康。

2. 牛屠宰工艺流程

工艺流程如图 3-3 所示，其工艺示意图如图 3-4 所示。

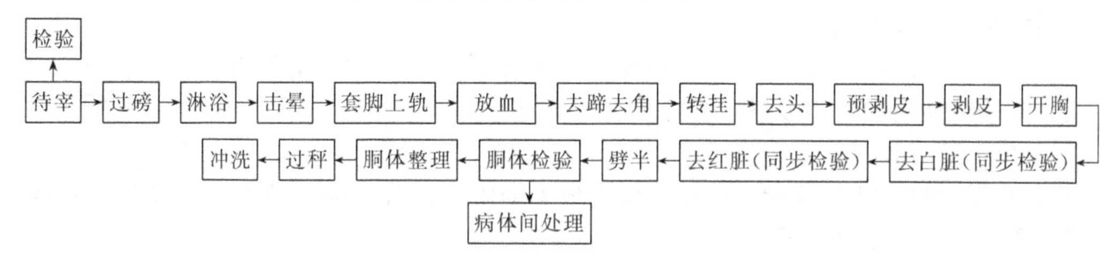

图 3-3　牛屠宰工艺流程

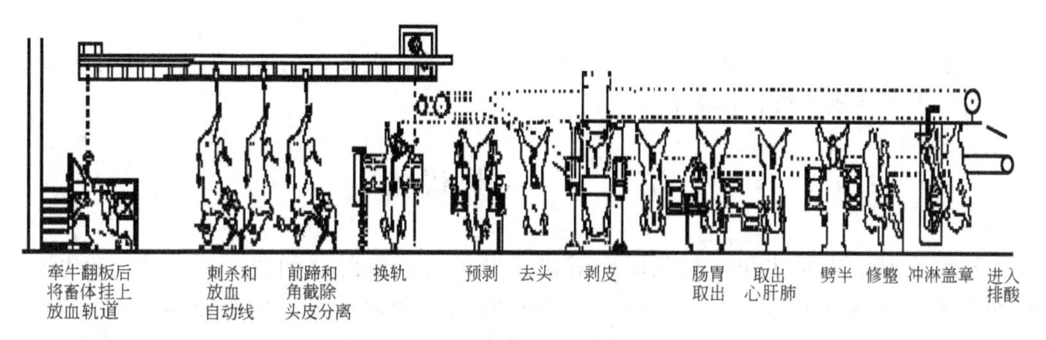

图 3-4　牛屠宰工艺示意图

3. 鸡屠宰工艺流程

鸡屠宰工艺流程如图 3-5 所示。

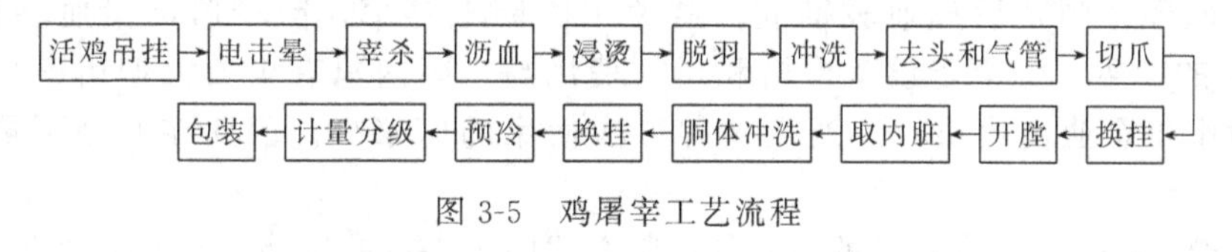

图 3-5　鸡屠宰工艺流程

如图 3-6 所示为鸡屠宰工艺示意。

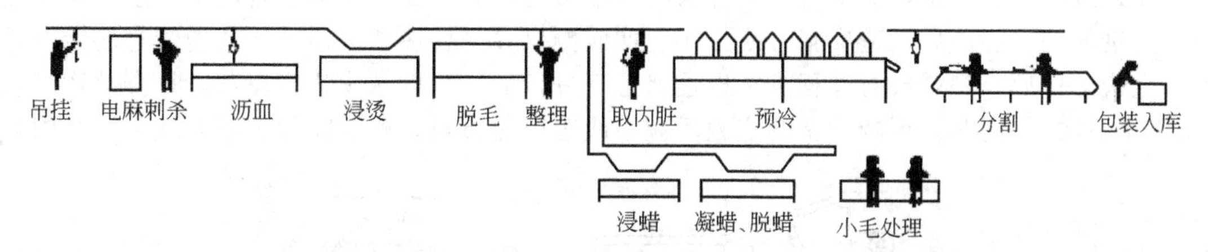

图 3-6　鸡屠宰工艺示意图

二、机械和设备

屠宰工业发展到今天，已形成一个完整工业体系。一个规模化屠宰工厂除了有直接用于屠宰的设备外，还有许多其他设备，如变压器、配电柜等电力设备；有锅炉这样的动力设备；有供水设备；也有为满足卫生、防疫需要的无害化处理设备等。

直接服务屠宰的设备可分为输送设备、加工设备两大类。输送设备有平板输送机、轨道和自动链条。没有推进设备的生产线称手推线；轨道上设有推进设备的生产线称自动线。

加工设备有屠宰设备、副产品加工设备。屠宰设备种类多、水平差距大。猪屠宰所需的设备大致如下。

① 麻醉工序的麻醉设备有两类，一类是使用电流麻醉的麻电设备，包括简单的手动电麻器（俗称电棍），新工厂大量采用的是三点式麻电机；另一类是采用二氧化碳麻醉的二氧化碳麻醉器。

② 刺杀、放血工序设备有真空放血机，由于设备价格昂贵，使用得很少。目前大多数工厂仍直接使用刀具放血。

③ 除毛工序有烫毛机、打毛机、燎毛炉、抛光机。常见的烫毛机有应用于热汤烫毛的摇烫机、运河式烫毛机，以及蒸汽烫毛机。

④ 剥皮工序有预剥线、剥皮机。

⑤ 开膛工序操作比较复杂，目前还没有成型的国产设备，进口设备有开肛枪、开骨机、开胸机、割头机等，应用并不广泛。

⑥ 劈半工序设备有手扶的往复式电锯、桥式劈半锯，以及自动化程度很高的劈半机器人。

相对于屠宰设备，副产品加工设备品种少、水平低，大多数仍然以手工操作为主，只有少量的简单设备如割头机、打蹄机等。

第二节 击晕设备

击晕法有麻电击晕法和二氧化碳麻醉法。二氧化碳麻醉法如图 3-7 所示，20 世纪 50 年代在丹麦和美国就开始使用，目前此法在欧洲使用普遍，其工作原理是在 U 形的隧道里充入 CO_2 气体，因为 CO_2 的相对密度大于空气，所以 CO_2 沉积在 U 形隧道底部，生猪经过隧道口的传送带输送进入，经过隧道底部时，由于缺少 O_2，生猪在浓度为 65%～85%的 CO_2 气体中窒息，这个过程约 20s。其优点是生猪无痛苦；加剧了生猪的呼吸率，促进了血液循环，刺杀后放血较彻底；避免了因麻电痉挛，减少肌肉淤血和血斑现象，降低 PSE 肉的产生。但由于设备价格和运行费用高，国内只有少数大型屠宰厂引进了此设备，一般中小企业使用很小，所以这种方法使用的厂家少。因此在此处不再进行重点介绍。

麻电装置是屠宰击昏方式中的另一种，随着我国屠宰业的发展，麻电击晕方式越来越先进，原始残酷的直接吊杀或棒打等击昏法已逐渐被抛弃。现在常用的麻电击晕方法，是在电流通过猪的脑、心部后，造成猪心跳加快、四肢颤抖并呈昏迷状态，但严禁击晕过度麻电致死。生猪击昏后，刺杀放血过程是在昏迷状态下进行的，可以减少生猪痛苦，符合动物福利"无痛宰杀法"，同时，可减少猪的应激反应，改善肉品质量，减少断骨、淤血现象。在国内

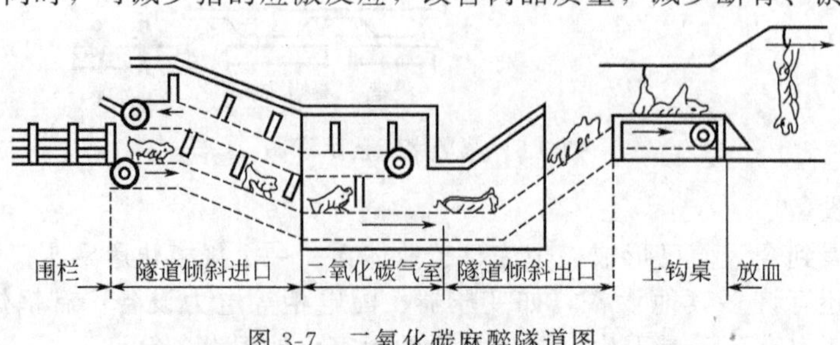

图 3-7 二氧化碳麻醉隧道图

常用的麻电设备主要有手动击晕钳、手持式麻电器、V 形麻电装置、马鞍式麻电器、全自动三点式麻电机等。

国内新建大中型屠宰厂常用的是三点式麻电机。此种击晕方式不仅在生产过程中可实现连续性作业，操作人员劳动强度低，而且击晕时间短、运动空间狭小，猪在击晕之前的心率明显低于常规的方法，如上述，也减少了猪的应激反应以及断骨和淤血等现象，从而改善肉品品质。也因此被广大大中型屠宰厂采用。

一、三点式麻电机的工作原理

三点式麻电机主要由输送系统、击晕系统、机架、控制系统、气动系统等组成。输送系统是由两个固定塑料侧板和两侧板之间的输送机构成，使猪卧在输送道上，两脚悬空，被有序地输送到击晕方位；击晕系统主要有摆动电极，夹紧输送及电击功能，电流通过猪的大脑和心脏，完成击晕过程后，猪在气动系统辅助作用下被送出麻电机，如图 3-8 和图 3-9 所示。

20 世纪 90 年代，我国只有少数大型屠宰厂从国外引进这种三点式麻电机。随着国内屠宰技术的提升，国产三点式麻电机渐趋性能稳定，而且价格比进口设备便宜得多，性价比优势突出。由于国内各厂家的标准不统一、开发的深度不同，设备的技术参数、调节操作方式不尽相同，以 300 系列为例，其主要技术参数如下：生产能力 300 头/时；气缸压力 8kgf/cm^2；工作压力 4～6kgf/cm^2；麻电工作电压 75～300V，50Hz；麻电工作电流 1.2～3A；麻电时间约 3s；功率 1.5kW

图 3-8 三点式麻电机外形

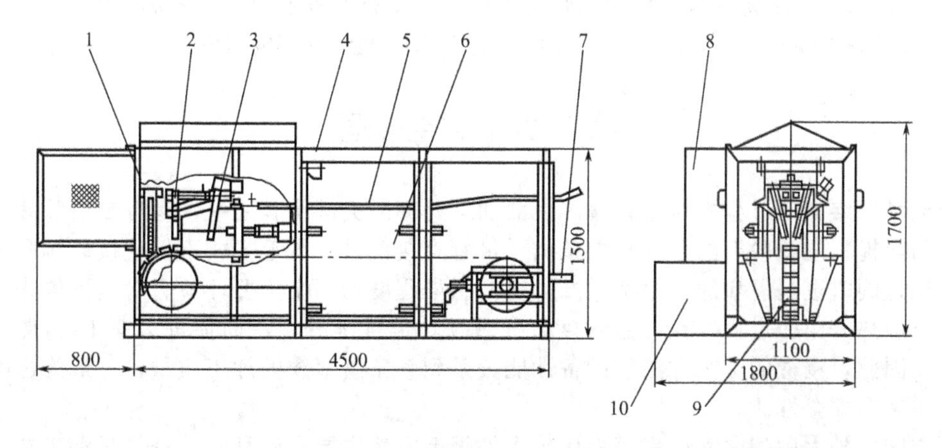

图 3-9 三点式麻电机结构图

1—光电器；2—头部麻电装置；3—心脏麻电装置；4—机架；5—压猪杆；6—侧面导向装置；7—进猪踏板；8—PLC 控制柜；9—输送机；10—传动装置

二、三点式麻电机的操作流程

1. 输送系统

三点式麻电机输送通道可根据各地猪品种及大小来调整，对个体质量为40～150kg的生猪均能适合，可通过调节设备两侧夹板的宽度及上部挡栏的高度实现。同时输送带驱动是由变频器无级调速，其运行速度可根据生产量和操作人员的熟练程度进行，工作速度可调范围为4.5～12m/min。输送链轴承每月加注润滑油一次，定期调整输送链条的松紧程度。

2. 击晕系统

击晕部分有麻大脑的两个电极和麻心脏的一个电极，大脑及心脏电极工作电压可以根据猪的品种、环境、温度、季节等情况进行调整，使得麻电效果最好，肉品品质最佳。大脑击晕电压调整范围一般在75～125V。每班工作结束后，清洗干净，电极部位保持干燥。

3. 气动系统

整个麻电动作过程由PLC控制器指令促使气动电磁阀工作，汽缸在电磁阀作用下完成全套麻电工作。击晕时间通过调整气缸工作压力、充气速度和排气速度进行调节，头部击晕时间约2～2.5s，心脏麻电时间1.5～3s。当出现击晕不倒、效果欠佳时，除调整麻电电压外，还可调整麻电时间。日常维护时，经常检查气动三联件是否处在正常工作状况，清洁和润滑好气动系统的执行元件。

三、三点式麻电机的维护保养及故障分析

1. 设备的维护保养

① 应定期调整送猪链条松紧程度。

② 电极转套管加注润滑脂，每班一次。

③ 输送链轮轴承每月加注润滑脂一次。

④ 托链辊轴承两个月加注润滑脂一次。

⑤ 每班工作完成后，必须全部清洗干净。

⑥ 工作结束后，电极用洁净棉布清洗。

2. 故障分析与排除

① 送猪传动电机负荷过重。检查链条松紧，两侧是否有卡链，托链滚筒是否灵活。调节链条松紧，托链滚筒清洗加油。

② 大脑麻电电极夹不紧。检查气管有无漏气，调整气压范围在0.4MPa以上。

③ 猪麻电击昏不倒、猪击昏效果欠佳。调整麻电电压及麻电时间。

第三节 烫毛装置

烫毛是屠宰加工过程中对生猪屠体表面加工处理的关键步骤之一，是有效清除猪屠体体表鬃毛的前提，浸烫脱毛的好坏与白条肉质量有直接关系。烫毛方式不仅直接影响脱毛机的脱毛效果，同时也是屠宰加工中衡量产生交叉感染程度的一个重要环节。对猪屠体来说，烫毛是一个加热升温的过程，在一定程度上导致屠体温度上升，从而促进PSE肉的形成，影响肉质。因此，浸烫的工艺方法和设备性能关系到整条屠宰线的加工质量，并最终影响到肉制品的卫生及安全性。

现在国内外大中型屠宰厂采用得比较多的烫毛方法主要有两种：一种是烫池工艺，一种是竖式隧道烫工艺。烫池工艺是由原来的手工烫毛发展为往复式摇烫，然后发展到国内目前运用最为普通的“运河式烫毛”。

一、摇摆式烫毛装置

1. 结构及工作原理

往复式摇烫工艺采用摇摆式烫毛装置，主要有烫池、摇烫机两部分，如图3-10所示。

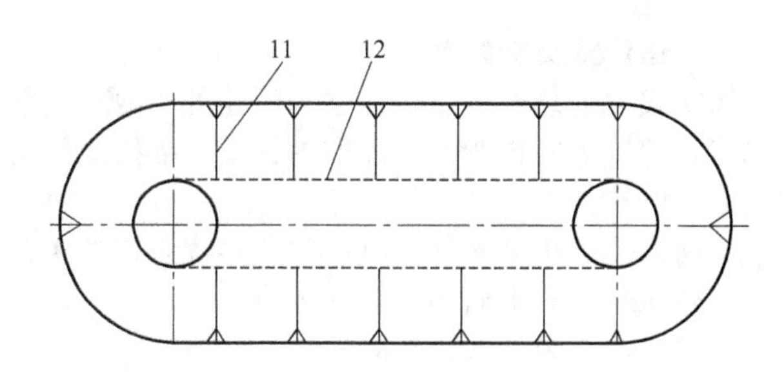

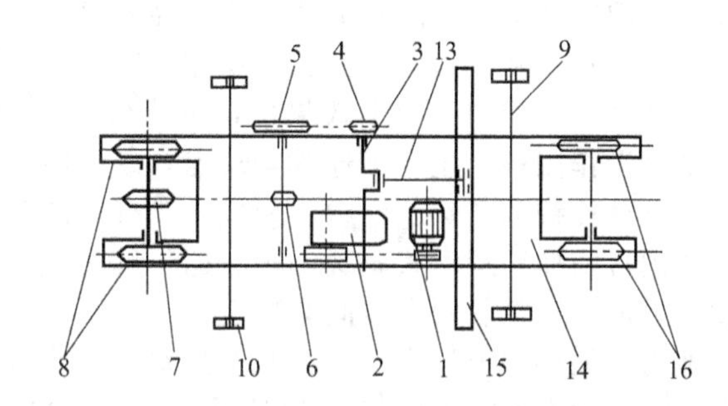

图3-10　摇摆式烫毛装置结构图

1—电动机；2—减速器；3—曲轴；4—链轮（1）；5—链轮（2）；6—链轮（3）；7—链轮（4）；8—板链轮；9—横轴；10—滚轮；11—蝶形架；12—板链；13—连杆；14—机架；15—横梁；16—被动板链轮

摇烫机由机架、偏心轮、六角轮、搁猪架、输送装置、减速装置等组成。接通电源，启动电机1由三角带带动减速器2进行减速，并带动曲轴3及链轮4。曲轴3带动连杆13，由于13同固定在烫池上的横梁15及曲轴3是铰接结构，在曲轴3的驱动下，实现机体的往复运动，整个机架14悬挂在2根横轴9上，两端带滚轮10，机体重量由4只滚轮10来承载，并在轨道中滚动，轨道起定位、导向作用。链轮4由滚子链带动链轮5及6，链轮6由滚子链带动链轮7及8，板链轮8由板链带动被动板链轮16，从而实现板链的循环运转。在板链的全长上均匀固定有14个蝶形架，蝶形架在板链的带动下作循环运行，同时随同机架作往复运动，在实际使用中，每个猪屠体被控制在两蝶形架中间，实现向前、向后及翻滚运动，完成烫毛全过程。烫池底部的搁猪架用以托住猪屠体，不使其沉入池底。

为了便于将不同品种和加工季节的猪浸烫到理想状况，通常在浸池内安装一个温控装置来调节烫池温度。

摇烫机安装在烫池内，烫池一般采用240砖墙砌筑，内外表面贴白色瓷片。烫池内长度由摇烫机长度决定。

毛猪进入烫池后，一般按照先后次序进、出摇烫机，但遇上个别需要多泡烫的猪时，毛猪在进摇烫机之前或出摇烫机之后的空池内需停留一段时间。此外，在摇烫机的右侧也留有一个400mm宽的空烫池，以便不宜进摇烫机的大猪（150kg以上）通过此狭窄的空烫池传至出猪处，进行手工刮毛。摇烫机右侧还装有活动栅栏门，以便猪被卡在蝶形架中不动时，可开门将猪拖出。

2. 主要技术参数

外形尺寸（长×宽×高）8370mm×1800mm×1800mm；蝶形架（每片高×宽）365mm×(1000～1200）mm，蝶架间架600mm；载猪限度，每档一猪，烫池正常最高浸猪数量17头，每头猪全程浸烫时间3min。

3. 操作与检修

使用前，检查各部件是否装配完好、螺栓是否拧紧；检查链条的松紧程度，并及时调整；每天对链条上加注旋压油一次、40$^{\#}$机油一次，以不滴油为准；启动前先手动盘转传动系统，检查是否有卡死现象；由于电机常处于潮湿空气中，应检查电机的绝缘性。

使用中，操作人员应保持与设备1m以上的距离，穿戴整齐，防止衣角等卷入传动机构中；如发现问题，应及时停机，切断电源后，方可进行检修调整；操作时应尽量避免2头以上（含2头）的屠体进入同一个蝶形间隙内。

二、运河式烫毛装置

摇摆式烫毛装置工作时，整个烫池处于敞开式状态，热量损失大，卫生状况差，工作环境恶劣。随着屠宰企业卫生标准的提高，摇摆式烫毛装置慢慢地被运河式烫毛装置或蒸汽或烫毛装置取代。

运河式浸烫法是国外20世纪70年代采用的工艺，主要由自动控血线、烫池、自动沉降装置、转向装置、水循环系统等组成。

在烫池内安装一条自动线轨道，猪屠体在浸烫过程中，挂脚链不松开直接进入烫池，在可控沉降的导轨下，被悬挂输送机拖动在浸烫池中行进，完成浸烫后再提升至脱毛机前的落猪装置处，整个浸烫过程无需人工操作，基本实现了生产线机械化加工。封闭式的运河式烫池，温度稳定、均匀，烫毛效果好，可降低能源消耗和减少工人劳动强度，克服了传统烫毛、刮毛操作困难、生产不连续等缺点，既干净卫生，又提高了生产效益。但是这种烫毛工艺仍沿袭着传统的“热水混烫”模式，其最大的缺点是容易造成交叉感染及内脏呛水。

我国目前使用运河式浸烫法最普遍，其烫池有不同的规格，长度一般不得少于20m，且长度主要依屠宰量、浸烫时间来确定。

池内的循环系统设有一个或几个热水或蒸汽入口，利用蒸汽对水进行直接或间接加热，烫毛水温控制在60～63℃，气温较低时，温度控制在63～65℃，这样不但有利于烫毛质量，而且还能控制细菌数量，减少污染。烫毛池如果设计不合理，将会影响烫毛质量或肉品品质，烫池太短，烫毛程度不够，影响刮毛时的脱毛效率和质量，烫池太长，则大大延长了猪在池中行进的时间，造成肌肉温度偏高，导致PSE肉比例骤增，甚至造成刮毛时出现皮或肉破损糜烂现象。操作中如果个别猪屠体烫不足时可以将套链取下，在烫池的入烫池段或出烫池段停留一段时间。

运河式烫毛池最好采用不锈钢材料制作，池壁内夹保温材料。通道宽度宜取0.60～0.75m，不包括可掀式密封盖的池体净高度宜取0.8～1.0m。浸烫池底部应有坡度，并坡向排水口。烫池内应设补水管、溢流管及时补充净水，排除污水及漂浮杂物。另外，烫池外还需增设一个7.5kW的水循环装置，强制使循环水流方向与屠体在烫池内行进方向相反，在进行水温均匀度调节的同时，还可以防止屠体脱钩。

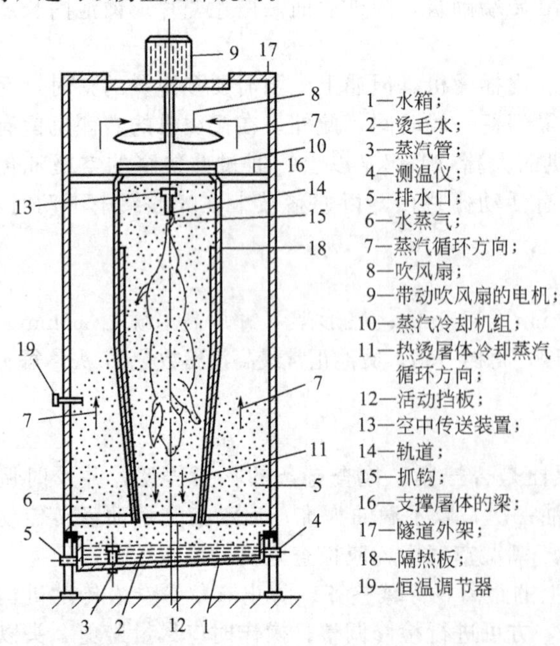

图3-11 冷凝式蒸汽烫毛隧道示意图

三、蒸汽式烫毛装置

我国屠宰行业长期采用的烫池浸烫法使胴体温度升高，加速宰后糖酵解，肉的极限pH值较低，容易造成PSE肉，从而降低肉的品质；其次，烫池易造成猪体交叉污染和内脏呛水。而冷凝式蒸汽烫毛隧道其显著优点是：蒸汽温度经分段、实时、自动调控，保证最终的烫毛效果；蒸汽烫毛可防止由于胴体浸烫过度而影响肉品质量；屠体干净，不会产生交叉污染，屠体内部无污染，保证肉品卫生安全；可大幅度降低水和蒸汽的消耗量，减少运行费用和水处理费用。

1. 结构及工作原理

冷凝式蒸汽烫毛隧道主要由不锈钢保温箱体、蒸汽供热（湿）系统、热循环系统、自动温控系统以及排污系统等组成。如图3-11所示。

生猪经放血、控血后处于吊挂状态进入蒸汽隧道，隧道内的温度为62～65℃，湿度为96%以上，以大约12m/s的速度循环。蒸汽供热（湿）系统将蒸汽冷凝至62～65℃，然后通过热循环系统进入隧道，隧道两侧安装的导流板迫使湿热蒸汽均匀扩散，环绕猪屠体周围对猪体的较浅表层及猪毛进行浸润和浸烫。余热蒸汽回到隧道外与热蒸汽重新混合后循环使用，隧道底部的通道用来收集冷凝水和使蒸汽均匀分布，烫毛温度由安装在隧道上的温控系统来控制。蒸汽式烫毛装置长度主要依屠宰量、浸烫时间来确定。

蒸汽和湿热气流是决定烫毛效果的关键因素，为了保证烫毛质量，蒸汽式烫毛装置在设计制作时有如下特点。

① 隧道根据流体力学理论和猪屠体形状设计，保证猪体各个部位都能得到充分润烫，达到烫毛均匀的效果。

② 采用蒸汽加热（湿）系统保证隧道内适宜的温度和湿度。

③ 自动监测和控制系统可在线检测隧道内的温度和湿度，并自动调整工艺系数。

2. 设备主要技术参数

烫毛温度61～64℃（可调）；热水水温（60±1）℃，耗量0.012m^3/头；蒸汽压力0.25～0.35MPa，耗量2.0kg/头；烫毛时间4.5～7min；风机功率5.5kW/台。

3. 发展现状

采用冷凝式蒸汽烫毛隧道技术，比现有的烫池方式可有效避免病菌的交叉感染，改善烫毛工序的卫生条件，在欧洲广为流行，因此《生猪屠宰企业资质等级要求》（SB/T 10396—2005）五星级生猪屠宰加工企业烫毛必须采用热水喷淋烫毛或隧道蒸汽烫毛。目前国内只有部分大型屠宰加工企业引进了蒸汽烫毛装置，国产化的屠宰设备加工企业所开发的蒸汽烫毛装置还处在初步推广阶段。而进口的全套蒸汽烫毛装置引进成本高、运行费用高，在国内尚未得到大量的使用。在食品卫生、安全日益受到老百姓关注的今天，开发出符合我国屠宰加工企业需求的价格低、性能好的蒸汽烫毛装置已刻不容缓。

第四节 脱 毛 机

目前国内外刮毛方式主要有两种，即吊挂式刮毛和卧式刮毛。吊挂式刮毛法是猪屠体进入刮毛隧道后，橡胶片在屠体表面不断地拍打磨蹭，并同时配有热水淋洗，达到除毛和清洗目的，其优点是可与烫洗隧道连成一体，构成烫毛脱毛连续化，无需摘钩，提高了工作效率；卧式刮毛法是我国自20世纪50年代至今一直沿袭的一种刮毛工艺，由于我国烫毛工艺依旧以浸烫为主，因此卧式刮毛工艺在我国使用非常普遍。

一、三滚筒式刮毛机

1. 结构及工作原理

三滚筒式刮毛机是20世纪90年代我国应用比较普遍的刮毛设备。它主要由机架、起猪捞耙、两个硬刮刨滚筒、一个软刮刨滚筒、离合器、链条传动装置等组成，如图3-12所示。

刮毛机前端的起猪捞耙和活动门栅与离合器、连杆、支架联系起来，由两边的凸轮机构控制而同步启动起猪捞耙伸入烫池内。两个三角刮刨滚筒和一个软刮刨滚筒互成直角排列，转向相反。猪屠体在滚筒的旋转拨动下，不断翻动，并在自身重力压力下，与刨片不断摩擦，将毛刮掉，从而达到脱毛的目的。

2. 主要技术参数

电机功率7.5kW；最大工作负荷1～3头/次（240kg）；每次刨毛时间45～70s；刨毛工作腔室长度1.8m。

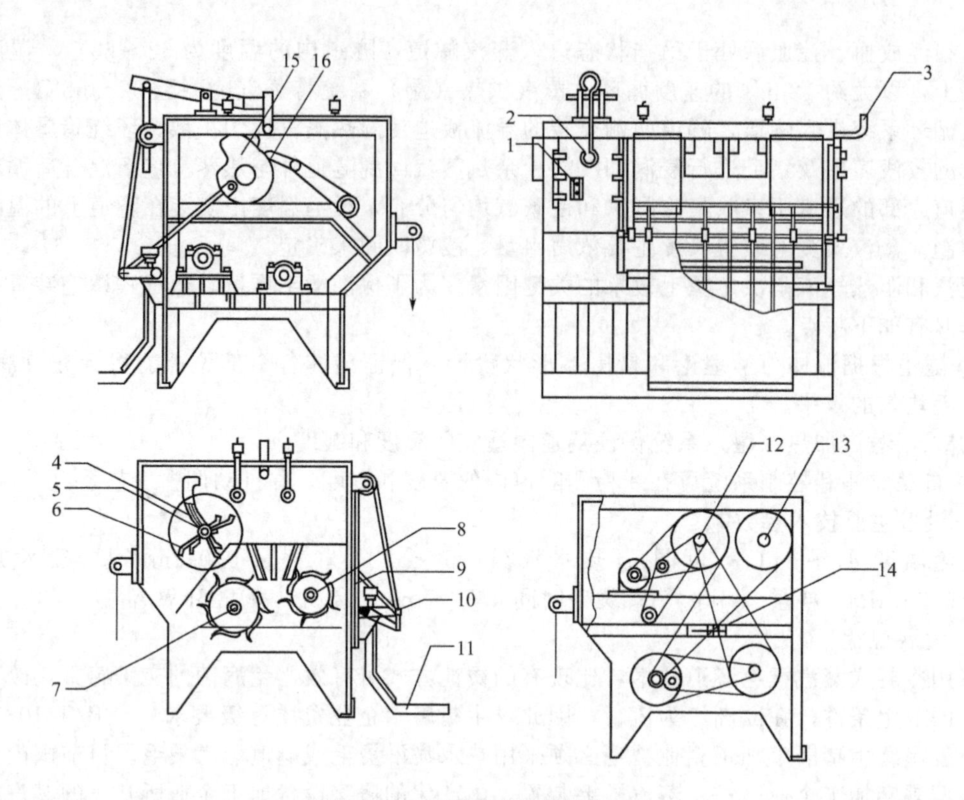

图 3-12 三滚筒式刮毛机结构图

1—电动机控制按钮；2—离合手柄；3—温水管；4—硬刨片；5—软刨片；6—软刨毛轴辊；7—大刨毛轴辊；8—小刨毛滚筒；9—挡猪栅栏门；10—连杆螺栓销轴；11—捞耙；12—第一道变速轴；13—摆杆轴；14—张紧轮；15—凸轮；16—辊轮

3. 操作

三滚筒式刮毛机最适合与摇摆式烫毛池配套使用。操作时，将浸烫好的猪屠体拨入捞耙内，然后拉动离合器，活动门栅便开启，猪屠体即被捞耙抛入刮毛机内。在捞耙返回烫池时，活动门栅随即升起关合，三滚筒对猪屠体进行翻转、脱毛，待脱毛完成后，再拉动离合器，使与其联动的软刨滚筒上升，刮好毛的猪屠体即顺硬刮刨后滚筒的旋转方向由机身后滚出。

三滚筒式刮毛机主要不足为：振动大，链条传动机构复杂、传动部分空间狭窄、故障频率高、维修难度大；只能间断性地进猪，生产连续性差；对猪的规格要求高，容易出现卡猪现象；白条日加工能力在 500 头以上的屠宰厂不太适用。

二、四轴卧式猪刮毛机

四轴卧式猪刮毛机是 20 世纪 70 年代试制成功的，主要由机架、传动装置、三个软刨滚筒、一个硬刨滚筒等组成。如图 3-13 所示。

烫好的猪屠体被送入机内，在下滚筒螺旋排列的硬刮片推力作用下，使猪屠体在四个滚筒间旋转前进，并在四滚筒的转动下连续刮毛。同时有热水淋浇猪体，以利刮毛。

安装时应调整刮毛轴两端高度，使刮毛轴轴心线在水平位置，确保设备工作正常；生产前检查链条松紧程度，通过张紧轮调整张紧度；定期在各轴承处更换润滑油。

三、螺旋打毛机

螺旋刮毛机的特点：①可以连续进猪，生产效率高；②传动结构简单、空间大，维修方便；③振动小，故障率低，结构简单，维修方便；④自动化程度高，操作简单方便，机器本身的下刮毛滚筒将生猪翻转的同时完成对屠体的轴向送进，刮毛质量高。该机适用大中型屠宰企业，若与运河式烫毛装置配套使用更好。

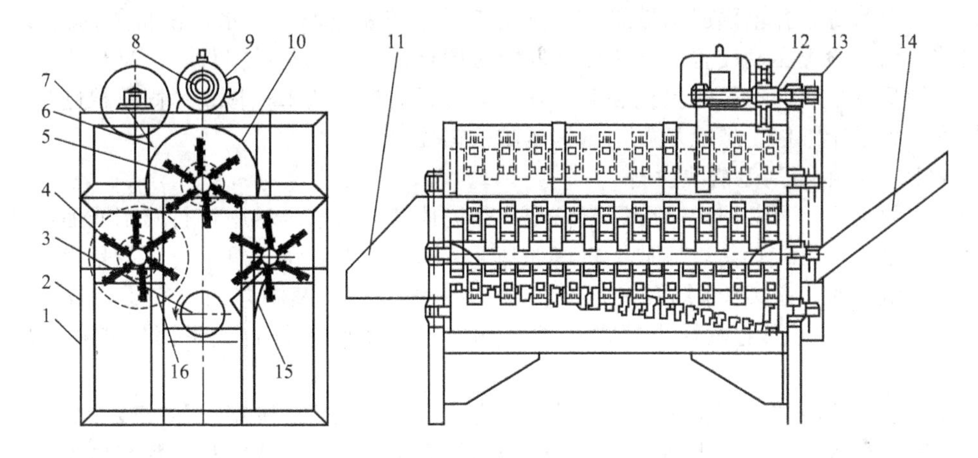

图 3-13　四轴卧式猪刮毛机

1—机架；2—门；3—螺旋刮毛轴；4—左右刮毛轴；5—上刮毛轴；6—链条；7—电机支架；8—V 形带；9—电机；10—上刮毛轴机罩；11—出口；12—过渡轴；13—链轮罩壳；14—进口；15—回转角铁；16—张紧装置

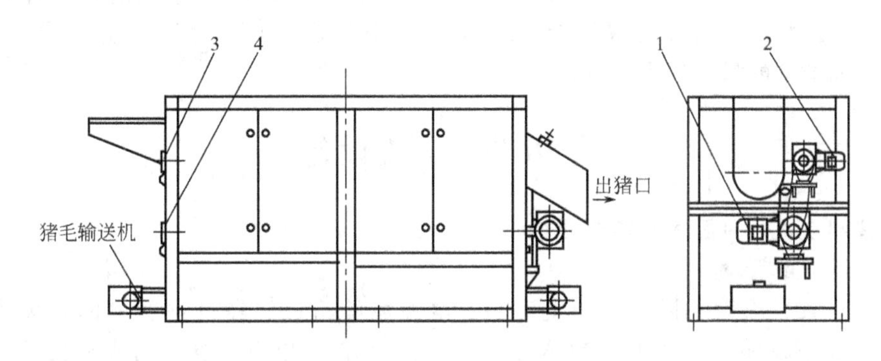

图 3-14　螺旋打毛机结构图

1，2—减速机；3—螺旋滚筒轴；4—抛光滚筒轴

1. 结构及工作原理

螺旋打毛机主要由机架、螺旋滚筒轴、抛光滚筒轴、减速机等组成。如图 3-14 所示。

两个滚筒同向旋转，抛光滚筒轴上的刨毛器成螺旋状排列，致使猪屠体在刨毛工作腔室内翻滚，在猪屠体自身重量的压力下，刨片与猪体之间、猪体与猪体之间产生摩擦从而达到去毛的目的。同时借助斜栅栏螺旋的作用，推动猪屠体一边翻滚一边前进。直致猪屠体被推出刨毛腔室。

2. 主要技术参数（以 500 系列为例）

生产能力 500 头/时；最大容量 5 头/次（约 500kg）；刨毛时间 20～30s/次；电机功率 22.5kW（螺旋滚筒轴 15kW，抛光滚筒轴 7.5kW）；外形尺寸（长×高×宽）6400mm×2120mm×2800mm；整机重量约 9.5t。

四、脱毛机检修及后序设备

1. 检修及注意事项

为确保人身安全，操作人员必须穿戴紧身防护工作服、安全防护帽、鞋靴，严禁操作者、维修人员留长发、着宽松服装、戴手饰等对设备进行操作或检修；当进行设备检修时，务必断开主电源，并做好“正在检修，请勿合闸”标识牌，当进入机械内检修时，务必有两人操作，一个人负责监督、配合；运转过程中，打开设备上配置的热水阀，以便冲洗猪屠体上的残毛、血污等，并增强脱毛效果；工作结束后，切断电源，用水清洗机体内的残余物，保持机体清洁；检查驱动装置的松紧度，并及时调整；软刨片是易损件，当出现疲劳断裂或不锈钢硬刨爪变形后，应及时更换和调整，否则会影响打毛效果；检查紧固螺栓刨片、刨爪的松紧度，为便于维修，螺栓最好用不锈钢防松螺栓。

2. 修刮、燎毛与刮毛清洗设备

脱毛机脱毛后，目前国内部分厂家还是将猪屠体浸泡在清水池中进行修刮残毛，利用此法比使用刮毛输送机或把猪屠体挂在轨道上刮毛劳动强度低，刮毛更干净。但是由于屠体在池中浸泡，池水对宰杀刀口附近的肉会造成污染，增加了后续胴体的修割量，减少了出品率。因此规范要求在脱毛机送出猪屠体的一侧应设置接收工作台或平面输送机，取消清水池。

预干燥机、燎毛炉、清洗刷白机等是一套完成浸烫脱毛后去除猪屠体上残毛的后序加工设备，以达到外观清洁、卫生等标准。预干燥机是采用鞭状橡胶或塑料条鞭打猪屠体，使其表面脱水、干燥，为燎去猪屠体上未脱净的猪毛而设置的前加工设备，从而使燎毛设备节省能源消耗。目前国内大都使用人工操作的喷灯（枪）进行燎毛，而国外燎毛常用燎毛炉，炉温至1000℃左右，屠体在炉内停留约7s，可使猪屠体表面清洁，也使猪屠体表面温度增高，起到杀菌作用。清洗刷白机也称为清洗抛光机，是刷去猪屠体上的焦毛和进行表面清洗，完成猪屠体表面清洁的最后加工设备。

第五节 剥皮设备

一、猪剥皮机——卧式滚筒剥皮机

1. 结构和工作原理

主要由机架、滚筒、振动刀、变速箱、电控箱等组成。经过预剥皮的猪屠体被夹送到夹皮口，将猪腹部皮理齐顺平放入开口处，启动滚筒开关，滚筒完成夹皮并转动。当猪屠体被卷到振荡刀部位时，开动刀具电机，剥皮刀即在猪皮与脂肪层之间快速往复运动，在剥皮刀的切割作用和滚筒的拉皮作用下实现剥皮。滚筒转动一圈后，停止，夹皮口张口，剥下的猪皮滑落到机器下面，猪胴体滚入滑槽，滑至提升机处提升。如图3-15、图3-16所示。

2. 主要技术参数

生产能力4～6头/min；有效工作宽度1800mm；进刀量±12mm；滚筒电机4kW、1440r/min，振荡电机1.5kW、1440r/min；滚筒直径：（ϕ）650mm，转速8.47r/min；振荡刀（有效长×宽×厚）1800mm×100mm×1.25mm；机器外形尺寸（长×宽×高）3350mm×1150mm×1440mm。

图3-15 卧式滚筒剥皮机外形

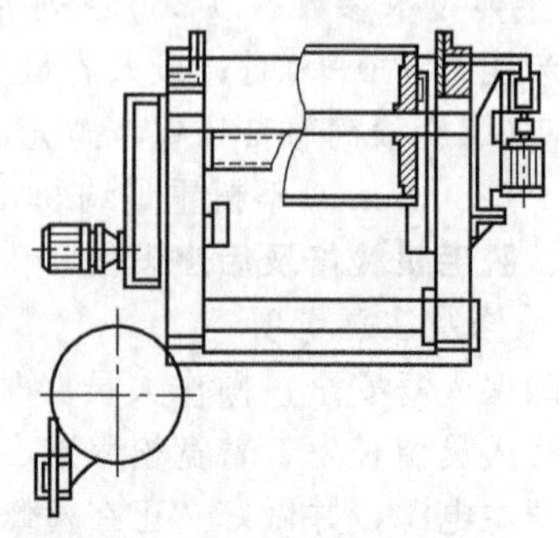

图3-16 卧式滚筒剥皮机结构图

3. 调整与检修

（1）滚筒部分调整　滚筒部分的调整主要是滚筒夹皮缺口位置及卡板开口大小的调整。

① 夹皮缺口调整。在定滚筒缺口位置时，夹皮缺口位置通常与工作台的位置垂直或稍靠下方。如果缺口停在所需位置的上方时，逆时针调节碰头，然后按滚筒正转按钮，反复调节，直至滚筒缺口停在所需位置为止；如果缺口停在所需位置下方时，则从相反方向反复调节。

② 卡板开口大小调整。连续动作中，滚筒停止后，随即卡皮的卡板打开，如果卡板打开不到最大位置时，则逆时针调整碰头，反复按滚筒反转按钮，反复调节碰头，直到目测卡板张口到最大位置，且不使滚筒反转即可。

（2）振动刀部分调整

① 间隙调整。刀间隙是由垫板与上盖板之间的间隙确定的。如果间隙小了，刀被夹位，不能振动；间隙大了，影响剥皮质量，带肉量增多，同时肉糜也容易进入垫板与刀之间，易将刀拱起，损坏刀片。刀的合理活动间隙保持在 0.1mm 左右，如果刀的间隙过大，则取下一定量的垫片；反之，则增加垫片。

② 刀位置调整。刀位置影响着剥皮质量、带肉量多少、皮张的完整性。一般刀刃伸出垫板 3～20mm 为宜，如果刀刃伸出垫板太多，虽然不破皮，但带肉量增加，影响出肉率。调整刀位时，先揭开罩壳，松动紧固螺钉。如果刀刃伸出量不够，需要顶刀板向前推刀背，逆时针旋转顶板手柄；反之，顺时针旋转顶板手柄。刀刃位置放好后，使刀背紧贴顶刀板，紧密接触，最后紧固好螺栓，扣好盖壳。

③ 进刀量调整。进刀量是靠搬动手杠通过偏心驱动扇形齿轮来带动滑道移动，载着剥皮刀前移或后退，以适应猪皮厚薄的变化，剥下带肉少且完整的猪皮。但滚筒外壳的最小径向间隙不小于 2～3mm。

（3）维护保养　使用前，滚筒清洗干净；检查配电箱内是否受潮、油位是否在油标所示正常位置、油杯是否充满油脂；检查剥皮刀的锋利程度（磨刀）、刀位置等；按以下次序试运转：①接通电源，依次按滚筒正转按钮、反转按钮，使滚筒正转、反转；②按刀振动按钮，使刀振荡，并在刀上加一些机油；③扳动手柄，使振荡刀架反复移动几次；④各独立动作正常后，按下启动按钮，使机器连续运转数次；⑤检查急停按钮，是否能及时停机。

使用中，为了保证剥皮质量，必须把猪腹部的一侧预剥开 300mm 的皮，以待卡皮，前后肋凹凸处都打开，且不得有刀伤。同时，臀尖处及另一侧的两肢也需打开，然后把预剥部分放入滚筒的卡口内，使卡紧线与猪的对称中心线平行，随即启动机器剥皮；在剥皮过程中视猪皮厚薄而适当转动手杠，使刀与滚筒的间隙随之变化，从而尽量减少猪皮的带肉量。

每天使用完毕后，应仔细清洗，将振荡刀间隙处的肉糜异物清除干净，再在振荡刀上滴机油，空运转，让机油进入振荡刀摩擦处。

（4）安全及故障排除

① 安全注意事项。操作人员及维修人员须穿紧身工作服，不得披褂子在设备旁工作；理顺皮操作人员与设备操作人员要紧密配合，工作时注意力要集中；理顺皮人员操作台要防滑，身体前后配置护栏。

② 典型故障排除。a. 卡皮松动。一是预剥皮在夹皮卡口里不平整，出现重叠；二是滚筒上的刹车带不紧，通过适度拧紧弹簧上的螺线来调节；b. 刀口与滚筒之间的间隙在前后两端不一致。一般是顶刀板板口与滚筒中心线不平行所致，可调整顶刀板，如果调整后还不

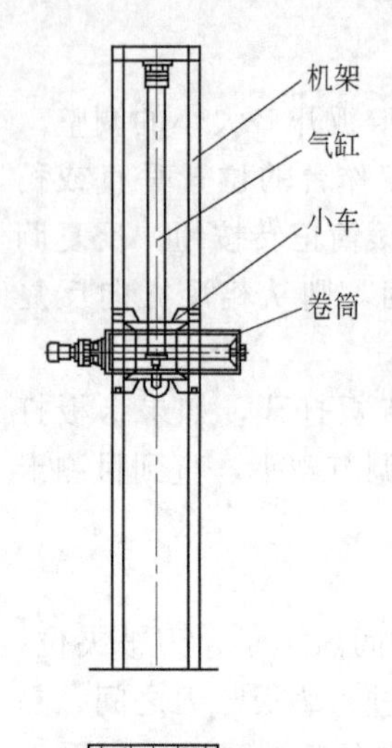

图 3-17 液压剥皮机

平行，通过调节滑板，使刀口与滚筒之间的间隙处处相等。

二、牛剥皮机

牛剥皮设备的应用避免了因手工操作不熟练引起的割破表皮、皮上残留脂肪和碎肉块以及肉尸被污染等问题，在现代化工业生产中具有非常重要的意义。目前有气动、电动、液压传动三种。

以液压剥皮机为例，这种设备是由上往下垂直剥皮。牛皮卷绕在一个不锈钢鼓（滚筒）上（液压马达驱动），沿着两根不锈钢圆柱垂直移动，上、下运动是通过装在圆柱两端的液压缸来完成的。在这个支撑架上同时还有两台供工人使用的升降台。剥皮机还有一个安全释放装置，以防损坏轨道和滑轮。该系统是由气缸来控制操作的。如图 3-17 所示为液压剥皮机。

在维护与保养时，应注意以下几点。

① 该机的操作者必须专人专职，升降台准乘一人；

② 每日完工后气缸的活塞杆必须回到缸筒内，以防活塞杆受污物污染，影响工作及使用寿命；

③ 电器配件谨防受潮，导线破旧应及时更换；

④ 活动部分应经常注入润滑油，以便动作灵活；

⑤ 对气缸及电器配件应经常检查、维修，每年一次大修，以确保生产正常进行。

第六节 劈 半 锯

劈半是一项技术性很强的工艺，是猪胴体剖腹去内脏后，沿猪胴体背脊正中线劈成两半胴体的过程。目前国内运用较多的劈半设备有往复式劈半锯、带式劈半锯和桥式劈半锯等。

一、往复式劈半锯

往复式劈半锯主要由偏心块、连杆、十字头锯弓、锯条等组成，如图 3-18 所示。

电动机带动偏心块，通过连杆、十字头推动锯条做快速往复运动，并在人工操作下，使电锯自上而下移动，从而达到劈半目的。为了使电锯劈半后恢复原位，降低操作人员劳动强度，还附装有平衡器。在平衡器的配合下，操作人员需一人抓住机身，双手分别握住前后手柄，另一个人握住电锯锯弓前端，对准猪胴体的脊背中内的描脊线用力向下按，即可将胴体劈成两片。

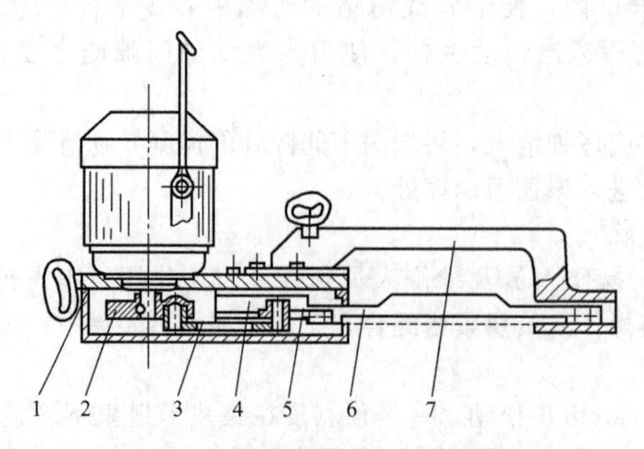

图 3-18 往复式劈半锯结构图

1—盖板；2—偏心块；3—连杆；4—左右导板；5—十字头；6—锯条；7—锯弓

往复式劈半锯投资成本低，但是效率低、肉末多、劳动强度大，在一些小规模企业还有运用。

二、桥式劈半锯

1. 结构及工作原理

桥式劈半锯是目前我国采用较为普遍的一种劈半工具，主要由圆锯片、V形引进槽、U形导出槽、机架、刮脚加速机等组成，如图3-19所示。

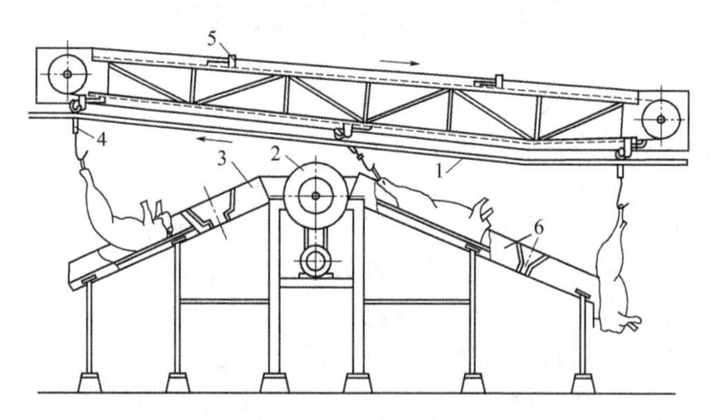

图3-19　桥式劈半锯

1—轨道；2—圆锯片；3—U形导出槽；4—扁担钩；5—快速刮脚机；6—V形引进槽

桥式劈半锯外形似桥梁，中间装有刀片，电锯上面装有刮脚加速器。当胴体沿轨道被送到劈半锯前一定位置时，刮脚加速器将挂猪滑车拉动，使胴体沿桥锯的前端U形引进槽前进，并定位，使猪胴体被送进时脊背正对锯片，当通过1440r/min锯片时，即猪胴体被沿脊背准确地分解为两片，分成两片的胴体沿桥锯后端的U形导出槽下滑，恢复吊挂状态，在快速通过一段导出轨后，胴体滑进自动线进入下一段工序。此种劈半方式的优点体现在两高一低，即生产效率高、劈正率高、劳动强度低，但是下脚料多、清洗消毒困难、占地空间大也是其显著缺点。

2. 主要技术参数

生产能力600头/时以上；锯片外径750mm；电机功率7.5kW；锯片转速1440r/min。

3. 操作与检修

桥式劈半锯主机用地脚螺栓固定在混凝土基础上。为了操作方便以及胴体顺利出入轨，劈半锯需安装在离推式悬挂输送链约1.5m处的一侧，锯前方需要安装2～3m长胴体手推线导入轨道，锯后方需要安装4～6m长胴体手推线导出轨道；使用前，检查刀片是否紧固，以免刀片飞出；使用中，用凉水不间断地冲洗锯片和“U”形导出槽，冷却、清洗、润滑锯片和导出槽；生产结束后用温水清洗消毒。

三、带式劈半锯

目前国内使用的进口带式劈半锯由锯壳、驱动装置、张紧装置、锯条、平衡器、变压装置等部分组成。锯片在一个主动轮及从动轮的驱动和张紧下，按顺时针方向循环运动，由于劈半锯悬挂在平衡器上，因此操作人员只需牵引着劈半锯做上下运动即可实现胴体劈半功能，此锯有电动双控控制柄，只有在同时按下前手柄触发器和后手柄触发器时（两个触发器按下时间间隔不得超过1s），劈半锯方可启动，同时不锈钢锯条的前后端完全被不锈钢保护罩盖住，安全性高。如图3-20所示。

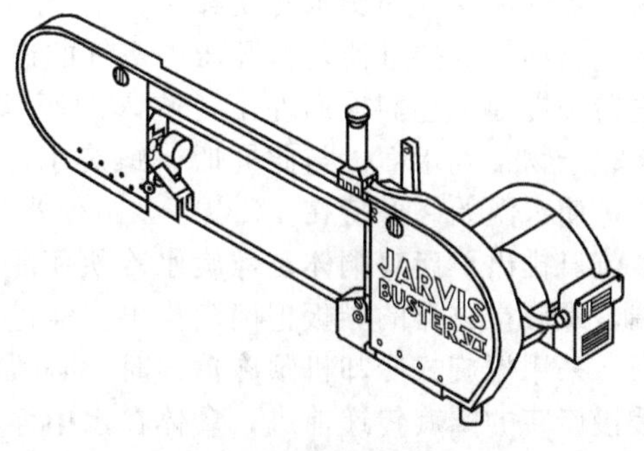

图3-20　带式劈半锯

带式劈半锯与其他劈半锯相比：①体积小、结构紧凑，可在自动线上进行连续作业，振动小、噪声低；②采用进口超薄锯片，产生肉末少，大大提高了产品出品率；③运行时劈半锯内通冷水，旁边加消毒槽，不仅可以降低锯片温度，而且能及时清洗和消毒，使用后，拆装清洗方便，不易造成卫生死角，卫生条件良好；④缺点是投资成本高，运行费用高（锯片更换费用高）。

第七节 禽屠宰预冷设备

家禽屠宰后，当禽体离开取内脏工序后便进入预冷操作。预冷通常采用吊挂式水浴预冷机组或螺旋预冷机组两种，少数企业也采用风冷（主要用于鲜销产品）。

一、吊挂式水浴预冷机组

吊挂式水浴预冷机组主要由储水容器、制冷系统、进水阀、出水阀、水泵等组成，生产中一般根据屠宰能力决定储水池容积。其外观如图 3-21 所示。

该机组工作原理是，禽体流水线在储水池上方一定高度往返循环数次，通过制冷排管将水冷却，同时将鸡胴体冷却，传送带转速可根据预冷时间具体调节。

该预冷方式比较适用于加工能力在 3000 只/h 以下的中小型家禽屠宰生产线。

该机组预冷效果比其他预冷方式可靠，能确保在设定的预冷时间内，将胴体中心温度降至 6～8℃。但其储水池占地面积大，一次性用水量较高，不太适用于高生产率的屠宰生产线。

图 3-21 吊挂式水浴预冷机组

图 3-22 螺旋式冷却机

二、螺旋式冷却机

螺旋式冷却机组主要由储水容器、制冷系统、螺旋装置、滴水台等组成，如图 3-22 所示。螺旋水冷却机的底部和侧面安装有许多压缩空气的进气嘴，上面是注入冷水的管道和输入冰片的搅龙。螺旋水冷机组在工作前先注满符合食品卫生标准的、水温不超过 2℃的冷水，启动螺旋推进器，打开压缩空气的进气阀，随着肉鸡胴体在水洗槽的右端脱落，螺旋推进器缓慢地把它们推向左端，吹入的压缩空气搅动冷水洗涤鸡体，形成的气泡把洗掉的油渍、杂物带到水面。与此同时，螺旋水冷机组的左端不停地加入冷水，中间不断地投入冰片，使水温始终保持在 4℃以下，也使水不断地流向右端，将漂浮起来油渍和杂物从右端的溢流口排出。肉鸡胴体在螺旋水冷机组中经过 40min 左右的洗涤和浸泡缓慢地到达机组左端，螺旋推进器的导板把肉鸡推出。经过水冷的鸡肉温度要达到 5℃以下。

采用螺旋式冷却机预冷禽体时，必须将禽体卸下后放入螺旋预冷机。预冷的同时，被一缓慢旋转的螺旋传递前进，禽体在水中停留时间及预冷温度可以精确地调节。冷却结束后，禽体进入滴水台控净水，再人工挂到分割线上。

螺旋式冷却机占地面积小，用水量比较均匀，但其一次性投资较高，预冷过程中冷源利用率比吊挂式预冷方式稍低。

主要技术参数如下。

① 冷却水温度：0～4℃；

② 冷却介质：冰水；

③ 胴体冷却时间：25～45min；

④ 胴体出池温度：10℃以下；

⑤ 气流量：600m³/h；

⑥ 产量：500～1000只/h；

⑦ 总功率：12.85kW；

⑧ 外形尺寸：(5000～10000)mm×1900mm×1820mm。

吊挂式水浴预冷机组其特点是预冷效果好，运行成本较低，但不利于卫生清洗。螺旋预冷机虽然运行成本略高于前者，但便于卫生清洁，有利于保证鸡肉的品质，预冷时间也应保证在35～40min。

不管采用何种方式，都分成两个阶段预冷。第一阶段水温可以稍高些，在水中加次氯酸钠消毒液，第二阶段水温应保持在0～1℃，这样才能使预冷后的鸡体温度不高于8℃。采用螺旋预冷机必须配备制冰机，其制冷量根据肉鸡屠宰产量配置，每只鸡所需制冷量可以通过计算得出。净膛后鸡体的平均质量约15kg，鸡体的比热容取中间值3.0kJ/(kg·℃)，预冷前鸡体的平均温度为30℃，预冷后为6℃，则换热量$Q=3.0\times15\times(30-6)=108$kJ/只。因此一条6000只/h的肉鸡加工线，预冷区鸡体所需的制冷量为$108\times6000=648000$kJ/h，根据此制冷量，就可以选用相应的制冰机或蒸发排管的面积及制冷机组。

鸡胴体与冷却水的温差会导致禽肉吸水。美国规定，至消费者手中时的吸水量不应超过肉体重量的8%。由于储运和消费过程中会有水分损耗，故允许在屠宰加工厂时的吸水量高达12%；欧洲共同体的标准是8%。

第八节 输送装置

一、猪屠宰传送装置

1. 悬挂输送链

(1) 结构及工作原理　刺杀完成后，需要将猪悬挂起来进行控血和输送，这套设备称之为悬挂输送链。悬挂输送链主要由驱动装置、转向装置（水平转向装置、垂直转向装置）、张紧装置、输送链及双滑轮、导轨等组成，如图3-23所示。

输送链双滑轮在摆线针轮减速机的驱动下，沿工字钢导轨运动带动T-100的可拆链条做循环运转。在可拆链条的全长上，每隔一定间距安装一套起导向和悬挂作用的带吊钩的双滑轮。带吊钩的双滑轮下部配有拴脚链，毛猪被拴脚链拉着提升和运输，并在水平转向装置和垂直转向装置的作用下实现转向、起吊、着落的功能。

(2) 主要技术参数及材质要求　传动速度约3～7m/min；滑轮最大载荷约0.4t；滑轮间距600～1200mm。为更好地满足食品卫生要求，减少维护保养成本，双滑轮、吊钩、吊脚链、连接件等采用不锈钢材质；双滑轮上的连接螺栓采用不锈钢自动锁紧螺栓；主钢梁及双滑轮导轨采用热镀锌材质；T-100可拆链条采用不锈钢精密铸造而成等。

(3) 悬挂输送链控制　输送链的驱动装置是由一减速机电机控制，为了控制方便，在配电房内实现远端控制，控制现场实现近端控制。在悬挂输送链的拴脚工位、气动控制的剥皮线接收工位、气动控制打毛机接收工位必须安装现场操作按钮。在生产过程中出现应急情况

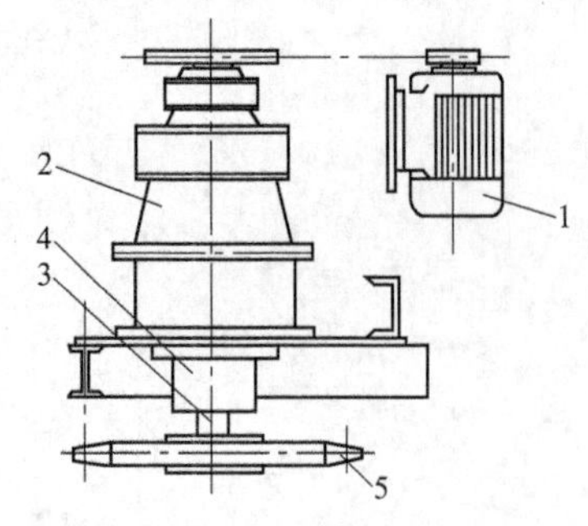

驱动装置：1—电机；2—摆线针轮减速机；3—轴；4—轴承座；5—链轮

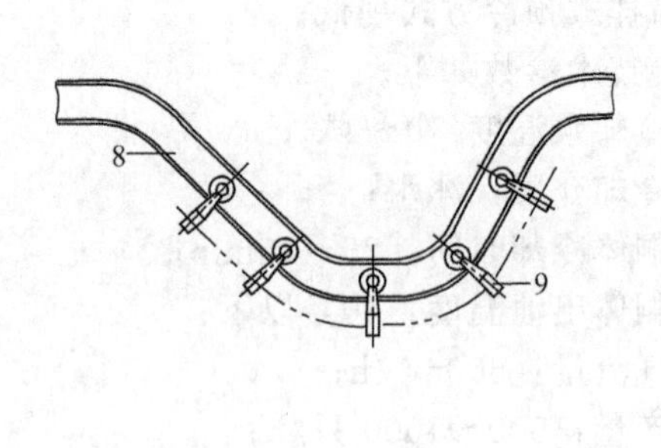

垂直方向转向装置：8—工字钢；9—双滑轮

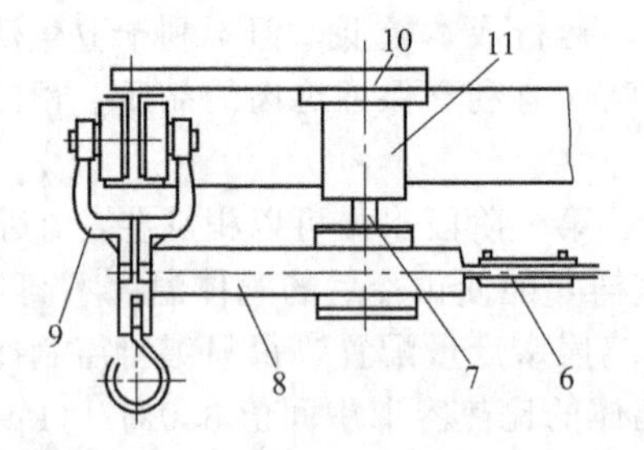

水平转向装置：6—T-100可拆链；7—光轮(角轮)；8—工字钢；9—双滑轮；10—轴承座；11—轴

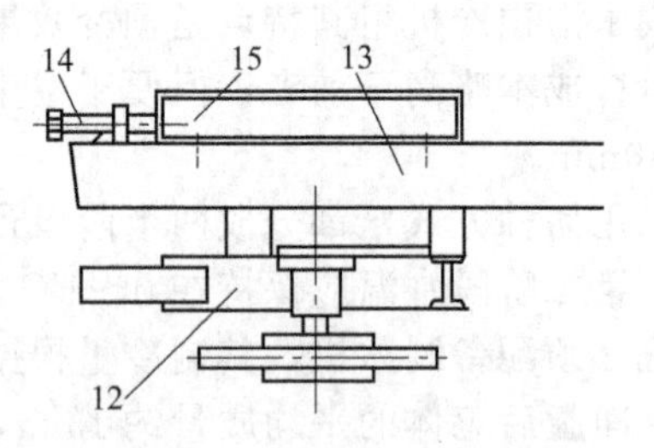

张紧装置：12—活动架；13—固定架；14—张紧螺栓；15—螺栓

图 3-23 悬挂输送链结构图

时，便于立即停机，原因排除后，即可立即启动，为了确保生产线安全运行，可以实现“谁停谁启”就近管理方式。

(4) 注意事项及维护保养 开机前，检查整条悬挂输送线是否有人或障碍物。开机运转过程中在出现异常声响时要及时停机，待原因检出并排除后方可启动；运行过程中，在轨道下方或旁边作业的人员须佩戴安全帽；每天停机后，要检修调整滑轮架上的螺栓；定期检修V形带及链条的松紧，并及时调整；可拆链保持微油状态，以不存在滴油为原则；保持减速机油位正常及干净；各转向轴及主动轴的轴承内每两个月注油一次；维修人员在轨道旁检修时，要断开主电源，并务必在配电柜上做好“正在检修，请勿合闸”的标识。

2. 同步检验装置

图 3-24 同步卫检线外形图

同步检验法是生猪屠宰剖腹后，取出的内脏被盛放在托盘或挂钩上并与胴体生产线同步运行，以便兽医对照检验和综合判断的一种检验方法。这样可使猪胴体、内脏以同一方向同一速度进行传送，一旦发现有病变，即刻就可找到相对应的胴体或内脏。同步卫检装置由联合驱动、传送链、容器、自动倾翻装置、自动清洗装置、驱动装置等组成。如图 3-24 所示。

进入同步检验线前，必须有编号人员对自动线输送的屠体按顺序在每一屠体耳部和前腿外侧用屠宰变色笔编上号码，这有利于统计当日屠宰的头数。编号字迹要清晰，并保证不重号、不错号、不漏号。

目前国内同步检验设施参差不齐，在投资成本允许的情况下，建议白脏检验采用落地式同步检验输送机，红脏检验采用悬挂式同步检验输送机。此设施在运行过程中不仅可实现自动翻盘和自动清洗消毒，而且操作方便，降低了劳动强度。落地式和悬挂式同步检验输送机检验盘子间距应与白条加工线推头滑架间距保持一致，宜取0.8m。为了操作方便，安装时，落地式托盘边沿与操作人员踏脚台面基本保持一致（距地面高度约0.8m），悬挂式吊盘距踏脚台面的高度宜取1.2～1.4m。

3. 胴体推式悬挂输送装置

(1) 结构及工作原理　猪屠体经过剥皮或脱毛后，需要悬挂起来进行加工和输送，这套设备称之为推式悬挂输送链，主要由驱动装置、张紧装置、转向轮、推头滑架、导轨、吊架、可拆链条、滑车、扁担钩等组成。电机动力通过V形带、摆线针轮减速机传递给链轮，链轮带动T-100可拆链运转，从而固定在可拆链上的推头滑架推着扁担钩前进，达到运送胴体的目的。如图3-25所示。

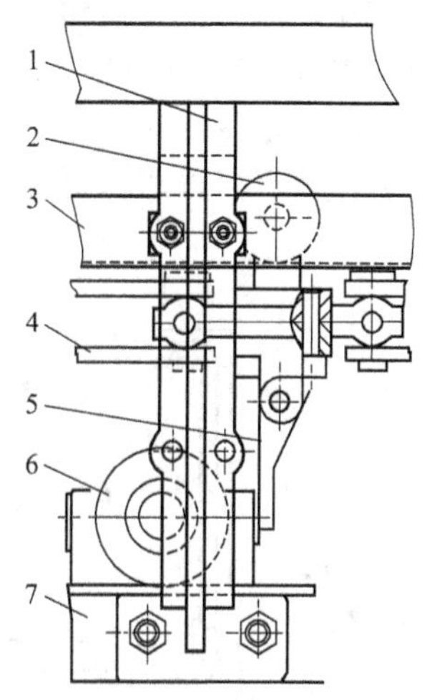

图3-25　胴体推式悬挂输送线结构图

1—龙门架；2—滚轮；3—导向角铁；4—T-100可拆链；5—滑架推头；6—滑车；7—轨道

目前国内主要有单轨、管轨和双轨推式悬挂输送链三种。单轨推式悬挂输送链其滑轮轨道采用65×12扁钢制作，此种输送链虽投资成本低，但卫生条件差，档次低，运行不平稳，载重能力差，运行过程中掉轨频率高，安全性差。为了降低成本，目前在日产1000头以下的屠宰厂还有采用单轨推式悬挂输送链，而现在新建的大中型屠宰企业已很少采用。管轨推式悬挂输送链可实现定位准确，自动化操作程度高，但相对于单轨和双轨推式悬挂输送链投资成本高。双轨推式悬挂输送链主要采用40×4的角钢作为滑轨，悬挂胴体的双滚轮在轨道上滚动灵活，安全平稳，非常适应于桥式劈半锯工艺的生产线。

(2) 主要技术参数及材质要求　线动速度约4～9m/min（不要少于4m/min）；可拆链$T=100$；龙门架间距600～800mm；推头滑架间距为800mm；滚轮间距为400mm；轨道工字钢$12^{\#}\sim16^{\#}$。为了更好地满足食品卫生要求，杜绝铁锈带到产品上，减少维护保养成本，提高生产线的档次，推头滑架、轨道、滑车、扁担钩、连接件等采用不锈钢材质；推头滑架、滑车、轨道上的连接螺栓采用不锈钢自动锁紧螺栓；主钢梁、轨道梁、龙门架采用热镀锌材质；T-100可拆链条采用不锈钢精密铸造而成等。

(3) 推式悬挂输送链　推式悬挂输送线比较长，为了控制方便，在配电房内实行远端控制，操作现场实现近端多位控制。在推式悬挂输送链的每台提升机旁提升工位、去白脏工位、劈半工位、过磅工位必须安装现场操作按钮。在生产过程中出现应急情况时，便于立即停机，原因排除后，即可立即启动，为了确保生产线安全运行，可以实现"随停随启"就近管理方式。

(4) 注意事项及维护保养　开机前，检查整条推式悬挂输送线上是否有人或障碍物；启动自动线时，回空自动线上的扁担钩需均匀布置。开机运转过程中在出现异常声响时要及时停机，待原因检出并排除后方可启动；运行过程中，自动线原则上一个滑架推头只推一只猪胴体；扁担钩回空时，扁担钩不能连排布置在自动线上，防止自动性拐脚；拉扁担钩的操作人员须佩戴安全帽；在自动线的出轨和入轨处需安排专职人员看护，防止过度堆积而造成自动线拐车；每天停机后，需检修调整滑轮架上的螺栓；定期检修驱动装置V形带及链条的松紧，并及时调整；可拆链保持微油状态，以不存在滴油为原则；保持减速机油位正常及干净；各转向轴及主动轴的轴承内每两个月注油一次；维修人员在轨道旁检修时，要断开主电源，并务必在配电柜上做好“正在检修，请勿合闸”的标识。

二、牛放血线

牛被击昏后，立即进行宰杀放血。用钢绳系牢处于昏迷状态的牛的右后脚，用提升机提起并转挂到轨道滑轮钩上，滑轮沿轨道前进，将牛运往放血池，进行戳刀放血。

1. 结构及工作原理

其结构主要由传动部分、张紧部分、滑架传动轮及链条组成，用于翻板后的活牛被吊至此悬挂线上，由操作工人进行放血割肛及预剥后腿。

悬挂轨道有工字钢和管轨结构两种，工字钢结构采用机械传动（电机带动链条，链条与挂钩一体），滑轮在工字钢上滑行；管轨结构是在与管轨上部的接触位置，安装有滚轮，由电机带动链条传动或人工推行，滑轮下端与挂钩相连。管轨往往倾斜2°～3°，有利于推行。由于牛体较重，目前采用管轨较多。如图3-26所示。

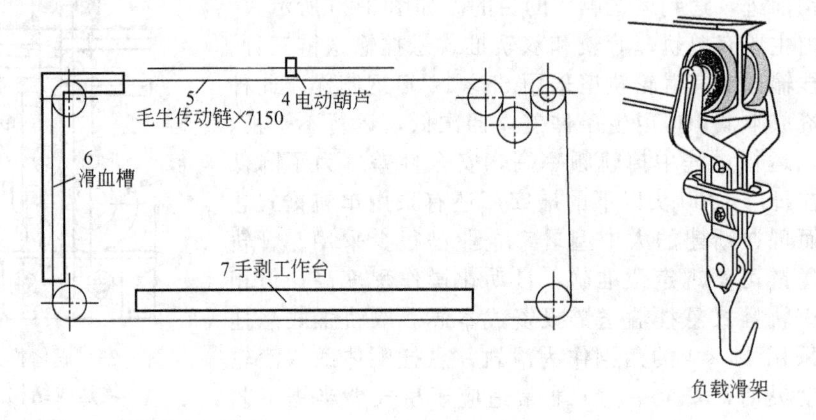

图3-26 毛牛放血线

转挂以后的放血链钩要通过链钩回空轨道（可靠重力滑行或机械传动）和链钩下滑机（螺旋管）返回毛牛提升部位，循环使用。

2. 设备维护保养

① 输送机应经常保养，维护其正常运行。

② 班间交接应有记录，说明运转情况、故障情况。

③ 正常运转每月检查一次各紧固件的情况，每周应做一级保养，加油清理污物、油渍，每三个月二级保养一次，每年大修。

④ 减速器工作前后，随时检查油面高度，保持在油面线中工作。

⑤ 减速器初工作半月至一个月换油一次，以后每三个月换油一次。

三、牛胴体输送机

1. 结构及工作原理

该机主要用于自动化流水作业，它的特点是由流水线工艺确定步进式输送机运动、分步及停进时间，从而达到自动化流水作业线的连续性。

如图3-27所示，在与管轨上部的接触位置，安装有滚轮。采用带有推头的传动链条推动在管轨上悬挂有胴体的吊钩，输送速度由变频电机调整，胴体被输送到工位后，在工位停留的时间可调。并具有气动的链条张紧装置来调节和控制链条的松紧度，使其处于最佳的动力传输状态。各工位装有紧急启动开关，以利于操作。目前采用管轨的较多，采用工字钢或

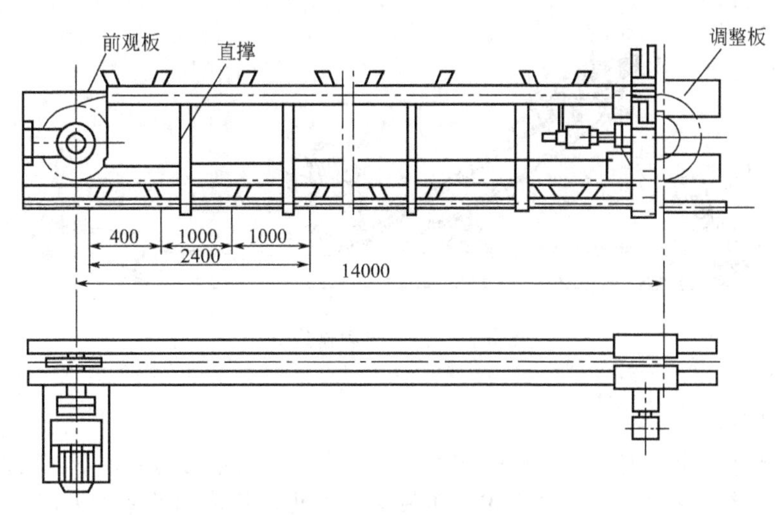

图 3-27　牛胴体输送机

双槽钢的也有。

2. 操作流程

操作人员将放完血并预剥过的牛推入步进机的入口处，由输送机带动进入每一个工位，工位程序多少可按用户的要求定制，一般分为预剥、修整、剥皮、开胸、取白内脏、取红内脏、劈半以及冲淋等。整个工序全部由电气自动控制，操作人员可站在自己的工位上进行工作。

3. 设备的维护保养

① 该机传动系统及活动部分应常加润滑油；

② 气动三大件内保持清洁，经常检查气动配件的好坏，做到及时发现问题并及时更换或修理；

③ 电器配件谨防受潮，导线破旧应及时更换；

④ 应经常检查传动链的松紧程度，发现松动随时张紧；

⑤ 每年一次大修，确保生产正常进行。

四、鸡输送链

在鸡屠宰时，将鸡倒吊挂在第一条输送机的挂钩上，通过电击昏器将肉鸡击成昏迷状态，然后进行人工宰杀放血，这时可转挂到第二条输送链上，肉鸡经过放血槽后进入浸烫机进行浸烫，而后进入脱毛机进行脱毛，有的工艺在这个时候再挂到第二条输送链上进行清内脏。

输送链的形式多种多样，目前国内外采用的有两种形式：一是高架悬挂式；二是地面支架吊挂式。

地面支架吊挂式输送链采用地上刚性支架吊托结构，耗钢材量大，占地面积大，不便清扫。它是靠蜗轮、蜗杆减速机来进行驱动的，所以其驱动装置显得很笨重。该输送链是由驱动电机带动主动轮，再通过主动轮带动传送链条及被动轮运动。其中各滚动小车之间由链条连接，并在倒 T 字形轨道上运行。

高架悬挂式输送链是由驱动装置、自动张紧装置、自动卸载装置、90°从动转角轮、180°从动转角轮、倒 T 字形轨道、环形链条、滚动小车、不锈钢挂钩及吊板等零部件组成。其中驱动装置多数采用的是直联式针轮接线减速机，并在驱动转角轮上装有安全销，当设备过载或出现故障时该输送链可自动停止工作。自动张紧装置可根据高架输送链的张紧程度是否足够来进行自动张紧。所有 90°、180°转角轮的轮齿上都装有耐磨尼龙牙，便于磨损后更

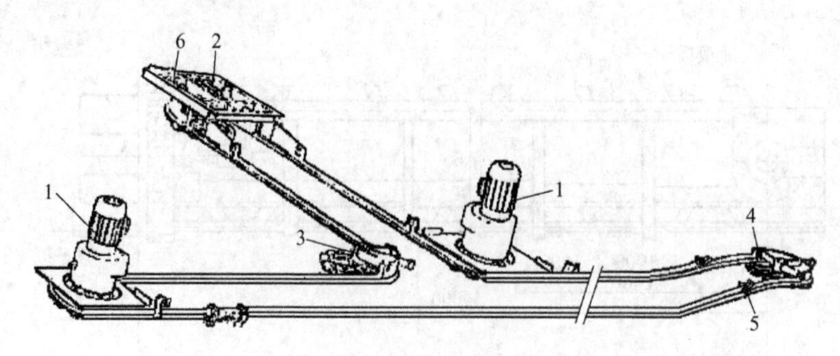

图 3-28 高架自动输送链

1—驱动装置；2—自动张紧装置；3—90°转角轮；4—180°转角轮；5—上下轨道段；6—滚动小车

换。如图 3-28 所示。

高架悬挂式输送链具有工作平稳，使用安全可靠，安装维修简便，不占用地面的工作面积等优点。由于该输送链采用了直联式驱动装置，因此，其传动效率大大高于传统的蜗轮、蜗杆减速驱动装置，而其能耗却大大低于后者，同时由于该输送链上主要部件均采用不锈钢及尼龙制成，因此卫生条件好，美观耐用。

【本章小结】

屠宰过程中的麻点目前多使用三点式麻电机；烫毛装置多使用的是摇摆式烫毛装置和运河式烫毛装置，但都容易造成污染，先进的是蒸汽式烫毛装置；猪剥皮设备常用卧式滚筒剥皮机，牛用的是撕皮机，有气动、电动、液压传动三种；常用的劈半设备有往复式劈半锯、带式劈半锯和桥式劈半锯等；家禽屠宰后用的预冷设备有吊挂式水浴预冷机组和螺旋式预冷机组两种；牛屠宰和猪屠宰的输送轨道各不相同，但同步卫检基本相同。

【思考题】

1. 摇摆式烫毛装置和运河式烫毛装置的结构原理是什么？
2. 常用的剥皮设备有哪些？
3. 常用的劈半设备有哪些？
4. 常用的家禽预冷设备有几种？

第四章　肉品加工机械与设备

学习目标

1. 了解肉制品加工的工艺流程，以及绞肉机、斩拌机、搅拌机、盐水注射机、滚揉机、烟熏炉和高压杀菌锅的用途；

2. 掌握绞肉机、斩拌机、搅拌机、盐水注射机、滚揉机、各种灌肠机、烟熏炉和高压杀菌锅的原理及结构组成；

3. 熟练掌握绞肉机、斩拌机、搅拌机、盐水注射机、滚揉机、各种灌肠机、烟熏炉和高压杀菌锅的操作和维护保养。

第一节　概　　述

在肉制品加工方面，虽然我国已引进了部分西方先进的加工设备和技术，但总体还是以传统中国肉制品为主。20 世纪 80 年代末，随着我国经济的发展，全国各地肉制品加工企业从欧洲、日本、美国等发达国家引进了大批肉制品加工设备，在设备引进的同时也学习了相应的加工技术。目前，肉制品行业有不少进口肉类屠宰加工设备、西式灌肠线和西式火腿生产线，还有骨泥、蛋白粉生产线及肉制品加工检侧仪器。另外，还有大量的单机被引进，包括盐水注射机、绞肉机、斩拌机、真空滚揉机、充填机、烟熏炉等。与此同时，肉类研究机构、大专院校和各大企业还选派科技人员去国外学习先进经验，从而大大提高了我国肉制品工业的加工水平。

一、典型肉品加工工艺流程

我国肉制品种类繁多，仅双汇、雨润就分别有 1000 多个品种。主要肉制品的工艺流程如下，各厂家在此基础上略有改变。

（1）南味香肠　其工艺流程如图 4-1 所示。

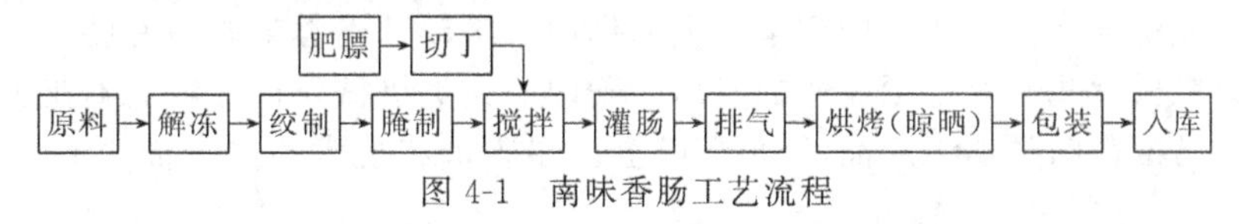

图 4-1　南味香肠工艺流程

（2）烤肠系列　其工艺流程如图 4-2 所示。

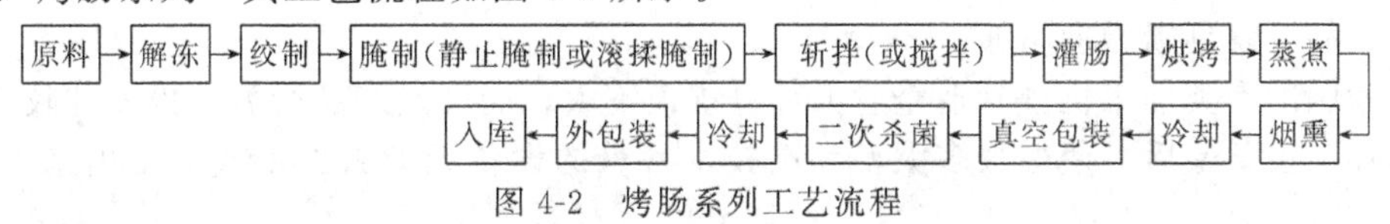

图 4-2　烤肠系列工艺流程

（3）盐水火腿系列　其工艺流程如图 4-3 所示。

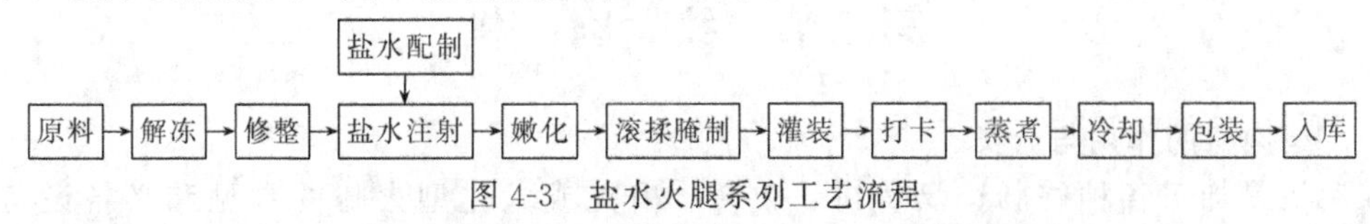

图 4-3　盐水火腿系列工艺流程

(4) 台湾香肠系列 其工艺流程如图 4-4 所示。

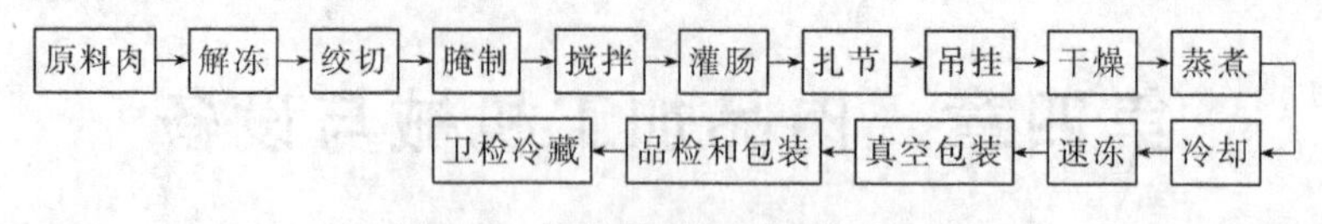

图 4-4 台湾香肠系列工艺流程

(5) 烤肉系列 其工艺流程如图 4-5 所示。

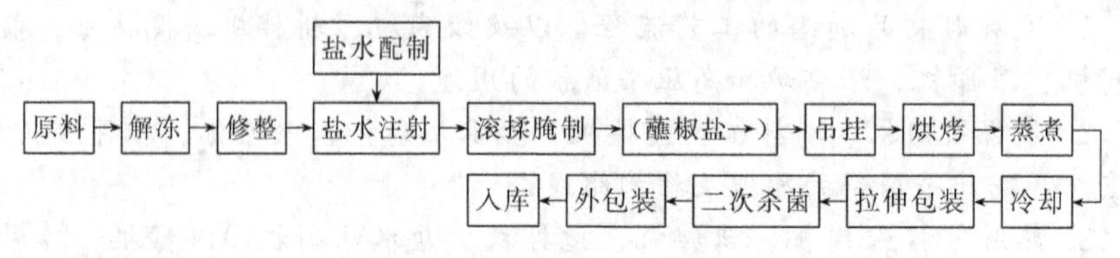

图 4-5 烤肉系列工艺流程

(6) 高温猪蹄系列 其工艺流程如图 4-6 所示。

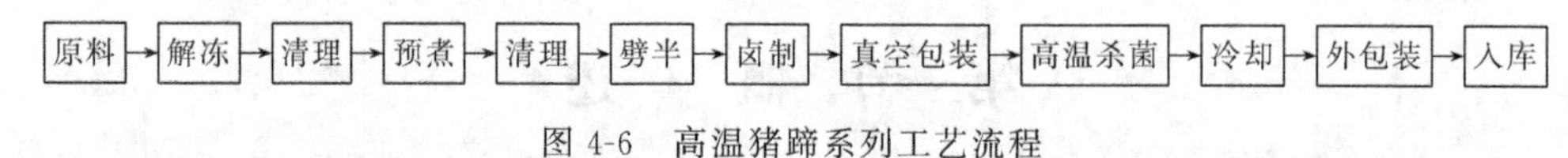

图 4-6 高温猪蹄系列工艺流程

(7) 高温火腿肠系列 其工艺流程如图 4-7 所示。

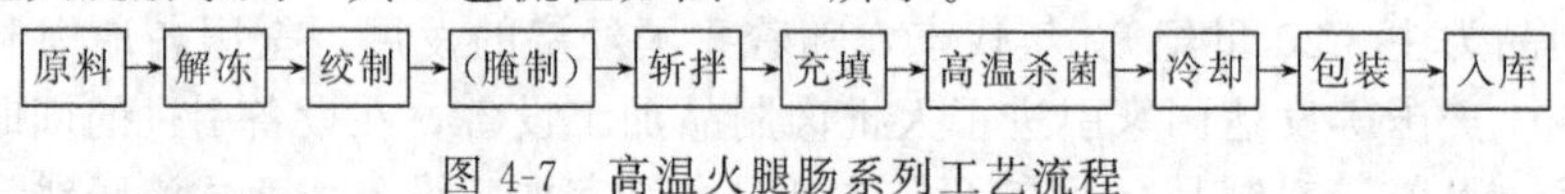

图 4-7 高温火腿肠系列工艺流程

二、我国肉品加工机械与设备的状况

上述的多种肉品因加工工艺的不同而需要多种类型的肉类加工设备，比如切肉机、切丁机、绞肉机、斩拌机、搅拌机、盐水注射机、滚揉按摩机、灌装设备、杀菌设备、烟熏设备、油炸设备、速冻设备、包装设备等。

同食品行业的所有领域一样，加工工艺的提高带动了机械设备的发展，而机械设备的发展又促使了加工工艺的改善，特别在肉类加工行业，肉类加工机械的先进性更能充分地带动肉类工业的发展。我国近 200 家专业制造厂能生产 90%以上的肉类加工设备，几乎覆盖了高温肉制品、低温肉制品、中国传统酱卤制品、速冻油炸肉制品和综合利用等所有加工领域，这些设备在中国肉类工业中起到了很大的作用，推动了肉类工业的发展。

我国肉类机械近些年取得了飞速的发展。我国的肉类机械，在外观上不亚于世界先进水平；在功能上已覆盖肉类加工产品的 90%以上；在质量和技术性能方面也有一定程度的改进和提高。

制约我国肉制品加工设备的原因，主要有以下几个方面。

① 产品开发创新力度不够。

② 我国的肉类加工机械制造企业大部分规模不大，而开发产品所需的投入却较大。

③ 加工设备落后，使得很多大型和高技术含量的设备无能力加工或加工出来技术精度也不够。

第二节 绞 肉 机

一、绞肉机的作用与分类

绞肉机是加工各种香肠、汉堡饼、鱼酱、肉丸或乳化型火腿的常见和必备设备。绞肉的目的是将大块的原料肉切割、研磨和破碎为细小的颗粒（一般为 2～10mm），便于在后道工序如腌制、斩拌、混合、乳化中，将各种不同的原料肉按配方的要求准确均匀地搭配使用。现在最新设计的绞肉机，除具有这种绞肉的基本功能外，还有剔除筋腱、嫩骨及混合的作用。

绞肉机根据构造不同有单搅龙绞肉机、双搅龙绞肉机，前者只有一个螺旋轴，后者有两个螺旋轴；根据处理原料的不同，可以分为普通鲜肉绞肉机和冻肉绞肉机，前者适合绞制鲜肉和解冻后的肉，后者适合将冻肉直接绞碎，但也可以绞制鲜肉；根据绞刀和孔板数量的不同，常分为一段式和三段式绞肉机，前者只有 1 把绞刀和 1 个孔板，后者具有 2 把绞刀和 3 个孔板，可以更好地将肉块绞成细小的肉粒。这里只介绍普通的单搅龙绞肉机。

二、绞肉机的结构组成

一般绞肉机的外形如图 4-8 所示，由送肉部分和肉的切断部分组成，主要由料斗、螺旋供料器、绞肉切刀、孔板、紧固螺母、圆筒体、电动机及传动系统组成。其结构如图 4-9 所示。

(1) 料斗　由不锈钢板焊接而成，表面经抛光处理，容量大小不一。有的设备加了盖，打开盖子机器停转，关好盖子才能启动。

(2) 螺旋送料器　由不锈钢锻造、焊接，经抛光、表面硬化处理而成。轴后端有连接传动系统的方轴，前端有带动绞刀的扁方轴，扁方轴前端是与孔板轴孔相配合的小圆轴。

图 4-8　绞肉机外观图

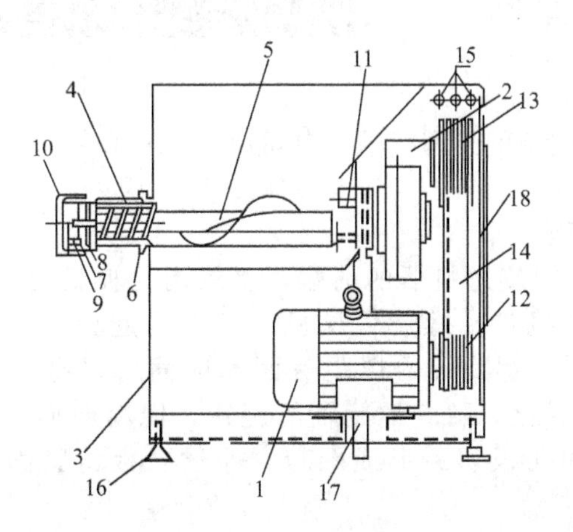

图 4-9　绞肉机结构图

1—电动机；2—减速机；3—机体外壳；4—螺杆外套；5—螺杆；6—锁紧装置；7—孔板；8—绞刀；9—压套；10—螺帽；11—轴瓦；12—小皮带轮；13—大皮带轮；14—三角皮带；15—电气控制按钮；16—可调地脚；17—排水管；18—门

这样在工作过程中，绞刀随螺旋送料器（绞龙）转动，而孔板相对不动，形成剪切力，将原料绞碎。一般螺旋送料器直径为前大后小，螺距为前小后大，这样由于容积的变化，形成了一定的压力，增加推进力。其转速一般为150～300r/min。螺旋送料器的结构如图4-10所示。

（3）圆筒形主体　由不锈钢铸造而成，内壁还有数条凹沟，以增大摩擦力。

（4）绞肉切刀　一般为有四个刀刃的切刀，实际上还有2、3、5、6、8个刀刃的，如图4-11所示。刀刃一般是沿某一个直径的圆切线布置，切刀随螺旋送料器旋转。刀体材料为不锈工具钢，刀口锋利，以便对肉料切割。在使用一段时间磨钝后，应调换新刀或重新修磨，修磨应采用专门修磨机。

（5）孔板　其为用不锈钢板制成的带孔圆板，厚为10～20mm。粗孔的孔径为10～20mm，中孔为3～5mm，细孔为2mm。在孔板的外周有一键槽与圆筒体内壁的凸起相配合，以防止工作时孔板转动，如图4-12所示。绞肉机的孔板可以自由拆换，使用不同孔径的孔板，可以加工出不同直径的肉粒。

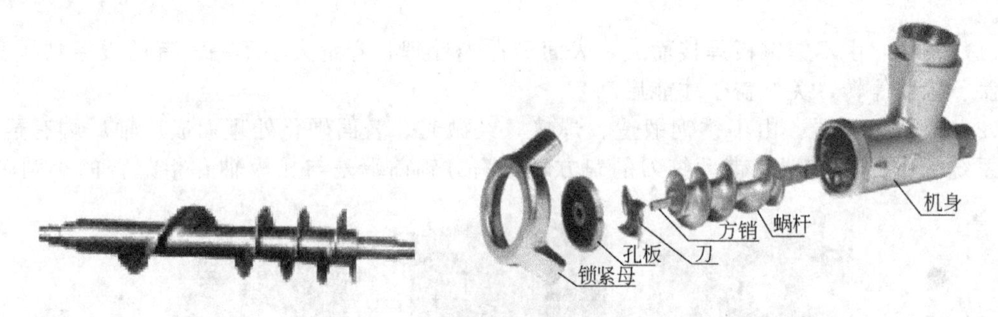

图4-10　螺旋送料器的结构

图4-11　绞刀

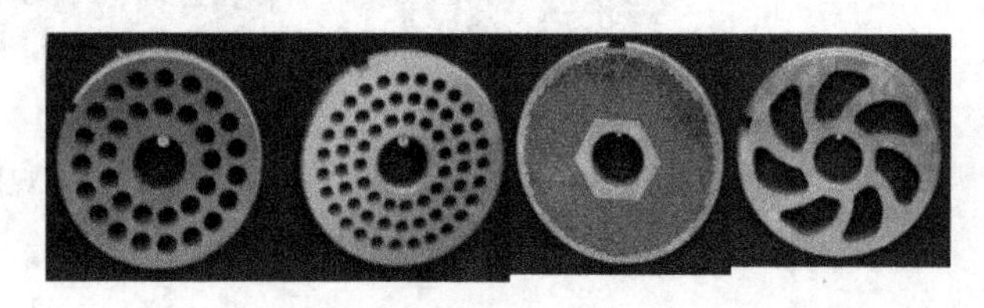

图4-12　孔板

（6）紧固螺母　带有空格的异型螺母，中间轴孔可嵌轴套，其作用为支承螺旋送料器前端和轴向压紧一组刀具和孔板。

三、绞肉机的工作原理

工作前将绞肉刀安在螺旋送料器的前端，将绞肉孔板紧贴绞刀，用压板螺母固定在机头部，电动机通过减速机带动螺旋输送机及绞刀一起旋转。原料肉在料斗中由于重力的作用落入螺旋供料器，螺旋轴的螺距后面比前面大（有的螺旋轴直径后面也比前面小），由于腔内容积的变化，随着螺旋轴的旋转，原料肉形成挤压力，把料斗内的原料肉推向孔板，被绞刀和孔板切断形成颗粒，通过孔板由紧固螺母的孔中排出，达到绞碎肉的目的。

四、绞肉机的操作

1. 绞肉机的操作

（1）绞肉机的检查及准备　在进行绞肉操作之前，要检查金属孔板和刀刃部是否吻合。检查方法是将刀刃放在金属板上，横向观察有无缝隙。如果吻合情况不好，刀刃部和金属孔板之间有缝，在绞肉时，肌肉膜和结缔组织就会缠在刀刃上，妨碍肉的切断，破坏肉的组织细胞，削弱了添加脂肪的包含力，导致黏着不良。如果每天都要使用绞肉机，则会由于磨损使刀刃部和金属孔板的吻合度变差，因而最好在使用约50h后，进行一次研磨。研磨时，不仅要磨刀刃，同时还要磨金属孔板的表面。

检查结束后，接着进行绞肉机的清洗。从螺杆筒内取出螺杆，洗净金属孔板和刀具。

(2) 绞肉机的组装调整　首先安装插入螺杆，装上刀具和金属孔板。在装刀具和孔板时，需按原料肉的种类、性质及制品的种类选择不同孔眼的孔板。

孔板确定之后，即用固定件固定。此时需要注意的是，固定的松紧程度直接影响绞肉效果。固定得过松，在刀刃部和孔板之间就会产生缝隙，肌膜和结缔组织就会缠在刀上，从而影响肉的绞碎。

(3) 绞肉的方法　组装调整结束后，就可以开始绞肉了。这时应注意的问题是如何投肉。即使从投入口将肉用力下按，从孔板流出的肉量也不会增多，而且会因在螺杆筒内受到搅动，造成肉温上升，所以并无优点可言。在绞肉期间，一旦肉温上升，就会对肉的结着性产生不良影响。因此应特别注意在绞肉之前将肉适当地切碎，同时控制好肉的温度。肉温应不高于10℃。

(4) 绞脂肪的方法　对绞肉机来说，绞脂肪比绞肉的负荷更大。因此，如果脂肪投入量与肉投入量相等，会出现旋转困难的情况。所以，在绞脂肪时，每次的投入量要少一些。特别应该注意的是，绞肉机一旦绞不动，脂肪就会熔化，变成油脂，从而导致脂肪分离。最好是在脂肪处于冻结状态时绞切。

(5) 清洗绞肉机　作业结束后，要清洗绞肉机。

2. 操作注意事项

① 绞肉机使用一段时间后，要将绞刀和孔板换新或修磨，否则影响切割效率，甚至使有些物料不是切碎后排出，而是挤压、磨碎后成浆状排出，影响产品质量；更严重的是由于摩擦产生的高温，可能使局部蛋白变性。

② 绞肉刀与孔板的贴紧程度要适当，过紧时会增加动力消耗并加快刀、板的磨损；过松时，孔板与切刀产生相对运动，肌膜和结缔组织也会在刀上缠绕，会引起对物料的磨浆作用。

③ 肉块不可太大，也不可冻得太硬，温度太低，一般在－3～0℃即将解冻时最为适宜。否则送料困难甚至堵塞。

④ 在向料斗投肉的过程中，注意一定要使用填料棒，绝对不要用手填。

⑤ 绞肉机进料斗内应经常保持原料满载，不能使绞肉机空转，否则会加剧孔板和切刀的磨损。

⑥ 绞肉机进料前，一般应注意剔净小骨头和软骨，以防孔板刀孔眼堵塞。原料肉中不可混入异物，特别是金属。

五、绞肉机的维护保养

① 注意绞刀不允许空运转。

② 运转时严禁手进入料斗。

③ 绞肉机在正转到反转时有延时控制，保护电机。

④ 有压套的每天工作前需检查其磨损情况，如发现有磨损需及时更换，否则影响绞笼的正常运转。

⑤ 绞刀、孔板需定期磨锋利，否则影响绞肉效果。

⑥ 机器可用手擦洗，也可用高压清洗器，并可用适量洗涤剂。

⑦ 锁紧帽、孔板、绞刀，需每日工作后清洗，用食用油涂抹。

六、绞肉机常见故障及分析

表 4-1 是绞肉机常见故障与处理方法。

表 4-1 绞肉机常见故障与处理方法

故障	造成故障的原因	解决方法
绞肉机的效能降低	1. 刀片及孔板变钝； 2. 刀具安放错误； 3. 刀具紧固不当； 4. 孔板的表面不清洁	1. 刀具进行研磨，或更换新刀具； 2. 刀具上箭头的标志应指向出肉口，使孔板上锥形孔的小孔侧朝向料斗，严防安装错误； 3. 过紧刀刃将会受到损害，过松肉的纤维将不断造成孔板上孔被堵塞从而降低机器效能； 4. 孔板的表面应该进行彻底清洁
绞肉机停转或转数降低	1. 刀片不快； 2. 皮带滑动； 3. 电源电压太低； 4. 电器连接松动	1. 更换或研磨刀片； 2. 张紧皮带； 3. 调整电压； 4. 电线接头要焊牢，三相的电流要相同
刀片组有异常磨损	1. 空转次数太多，造成严重的磨损； 2. 原料中混有杂质； 3. 加工热原料时，刀具发热	1. 研磨刀片或更换； 2. 清除杂质； 3. 冷却原料
刀片经常折断	1. 原料中混入金属物； 2. 螺杆变形	1. 利用金属探测器剔除金属物； 2. 大修或更换新螺杆
绞出的肉升温过高(正常升温应不超过 2℃)	1. 机器容量小，投料过多； 2. 原料中混有不易处理的杂物如骨头等； 3. 刀具刃口变钝或螺帽锁得不紧造成肉不是被切断而是在研磨，故肉温会升高	1. 按规定投料； 2. 投料时注意剔除不易绞碎的骨头等杂物； 3. 刀具要研磨或更换新刀具，将螺帽锁紧使刀具刃口与孔板紧紧贴在一起

第三节 斩 拌 机

一、斩拌机的作用与分类

在制作各种灌肠和午餐肉罐头时，常常要把原料肉斩碎。斩拌的目的，一是对原料肉进行细切，使原料肉馅乳化，产生黏着力，二是将原料肉馅与各种辅料进行搅拌混合，形成均匀的乳化物。斩拌是加工乳化型香肠最重要的设备之一。

斩拌机分为真空和非真空（常压）斩拌机，外形如图 4-13 和图 4-14 所示。

二、斩拌机的主要结构

斩拌机的结构主要由一组斩拌刀、一个盛肉（原料）的转盘、刀盖、上料机构、出料机

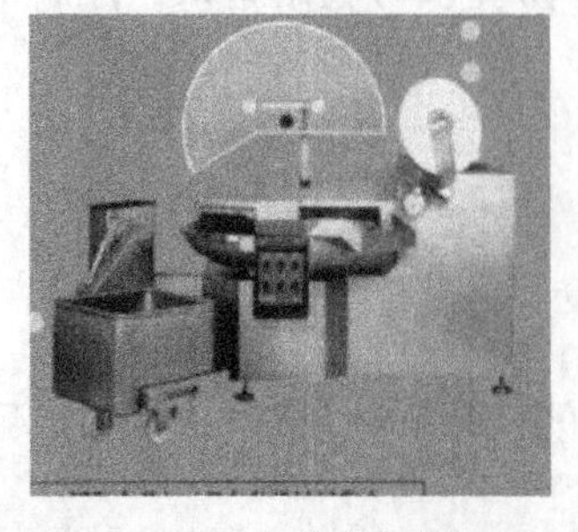

图 4-13 国产非真空斩拌机

图 4-14 进口真空斩拌机

构、机架、传动系统、电器控制系统等八个部分组成，如图 4-15 所示。真空斩拌机还要另加一套真空装置。

1. 传动系统

如图 4-16 所示，传动系统由三台电动机分别带动环形斩肉盘、刀轴和出料转盘工作。电动机 YD_1 经带轮 1、2 使蜗杆 6 传动蜗轮 7，通过棘轮机构 8 使斩肉盘 10 单向回转。电动机 YD_2 经带轮 3、4 使斩肉刀轴 5 高速回转斩肉。电动机 YD_3 经变速齿轮带动出料转盘轴回转出料，斩肉时轴 9 抬起，欲出料时放下，控制电路接通，出料转盘轴 9 回位，由装在轴上的刮板将已斩好的物料刮下，经出料槽排出。

2. 转盘

转盘实际上就是一个凸形不锈钢锅状物，断面为半圆，如图 4-17 所示。一只双速电机通过减速机带动转锅以两种（或三种）不同速度旋转，一般为 10r/min 或 20r/min。转盘的容量有 5L 到 200L 不等。斩拌机的型号往往由转盘容量来决定，200L 的斩拌机一般情况下最多能容纳 170～180kg 的物料。

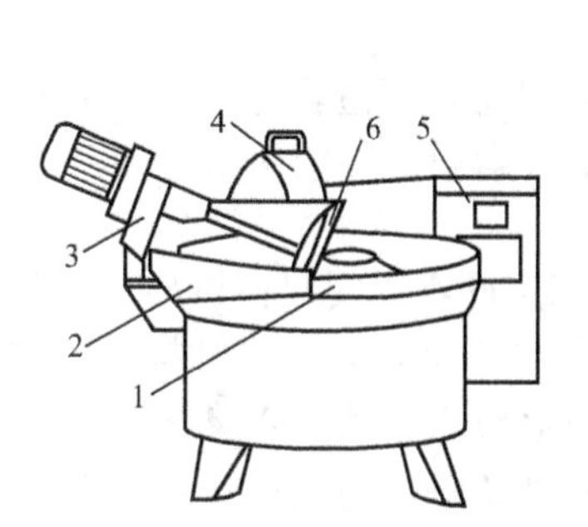

图 4-15 斩拌机的结构

1—斩肉盘；2—出料槽；3—出料部件；4—刀盖；5—电器控制箱；6—出料转盘

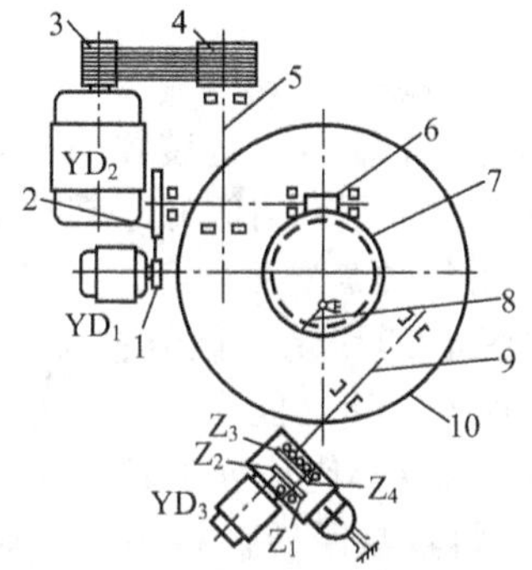

图 4-16 斩拌机传动系统

1～4—带轮；5—斩肉刀轴；6—蜗杆；7—蜗轮；8—棘轮机构；9—出料转盘轴；10—斩肉盘；Z_1～Z_4—齿轮

图 4-17 转盘

3. 刀轴装置及斩肉刀

如图 4-18 所示，6 把凸刃口刀相互错开成螺旋状安装在刀轴端部。为了防止斩肉刀片与斩肉盘内壁发生干扰，在刀轴上装有若干调整垫片 3。调整时松开螺母 1，通过增减垫片厚度，同时使刀片上的长六边形孔（图 4-19）在刀轴径向移动即可调整刀片与斩肉盘内壁的间隙。该间隙一般为 1～3mm。

小型斩拌机的斩拌刀由主轴通过皮带轮被双速主电机带动旋转，其转速为 1500r/min、3000r/min（高速斩拌机主轴转速可达 4000r/min）。大型斩拌机的主轴上还装有一只带有超越离合器的皮带轮，由一只带有减速机的电机驱动，可使主轴以 200r/min 左右的转速旋转，只用于拌馅。刀片的安装数量可分为每组 2 片、3 片、4 片、6 片等。生产能力小的，往往

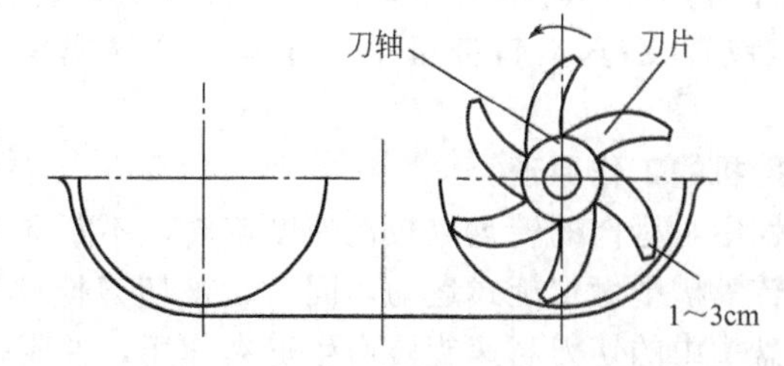

图 4-18 刀轴及斩拌

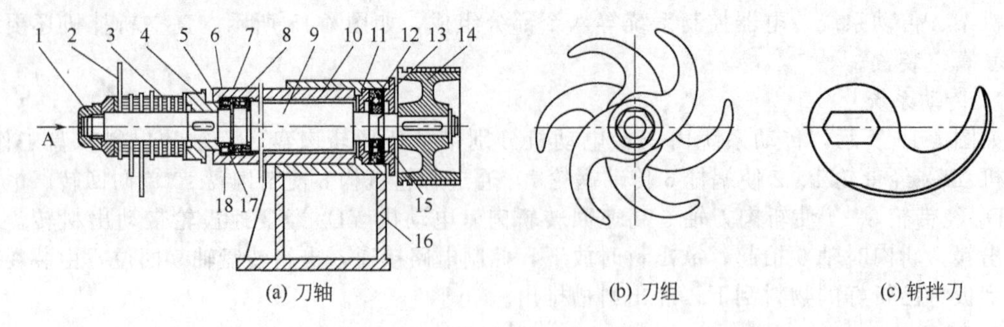

图 4-19 斩拌刀的安装

1—螺母；2—斩肉刀；3—垫片；4—六角油封；5—轴承压盖；6—锁紧螺母；7—双列短滚子轴承；8—套子；9—刀轴；10—轴套；11，13—轴承盖；12—深沟球轴承；14—带轮；15—挡环；16—刀承座；17—挡圈；18—隔套

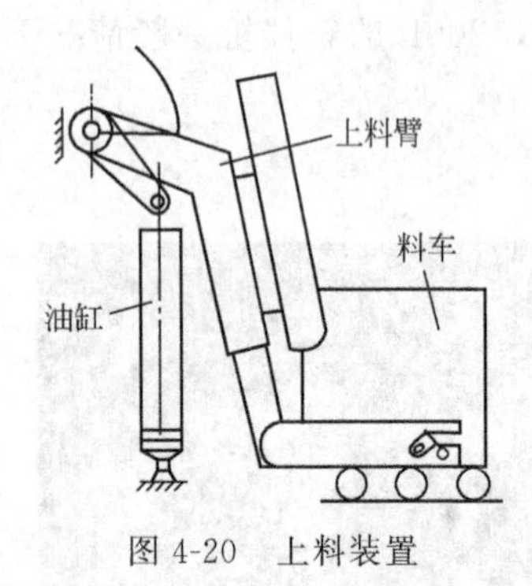

图 4-20 上料装置

刀轴转速低，安装的片数也少。目前，斩拌机刀片的刃形多为圆弧形，也有等角螺线切刀，根据工作时的斩拌受力分析，以后者为好。

4. 上料装置

其是一个液压传送装置。主要用途是通过操作按钮，把标准肉斗车内的原料肉倾卸于转动的转盘内。如图 4-20 所示。

5. 出料转盘装置

如图 4-21 所示，该装置通过固定支座 4 安装在机架外壳悬伸的心轴上，使之能作上下、左右的空间运动。欲出料时，拉下出料转盘 7，使其置于斩肉盘环形槽内。此时，支座上的水银开关导通电路，电动机 YD_3 带动出料转盘回转，将肉糜从斩肉盘内带出。由于出料挡板 6 的阻挡，肉糜从出料槽排出。出料后，将转轴套管抬起，该装置停止运转。

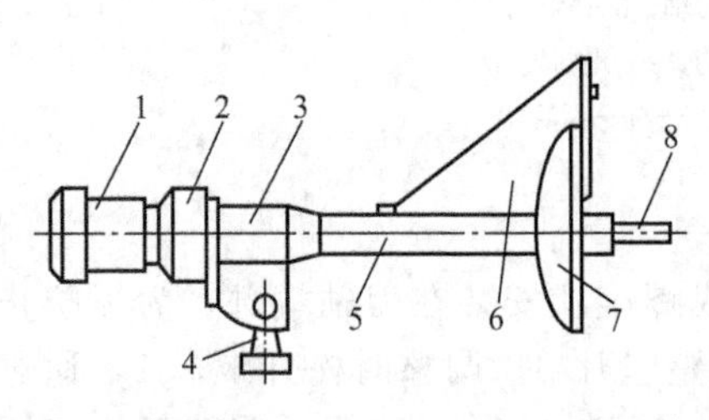

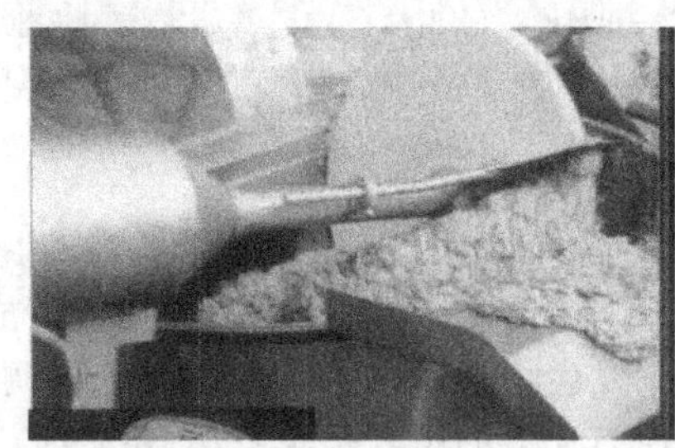

图 4-21 出料装置

1—电动机；2—减速器；3—机架；4—固定支座；5—套管；6—出料挡板；7—出料转盘；8—转轴套管

6. 刀盖

在刀上方，有一个刀盖，属于安全防范装置，并有自锁装置，是为防止原料肉斩剁时飞溅而设计的，工作时不能随意打开，打开护盖会自动切断电源。即使再次启动电源，机器也不会转动。在真空斩拌机中，还有一个转盘密封盖，为的是在抽真空时起到密封作用。

三、斩拌机的工作原理

斩拌过程中，盛肉的转盘以较低速度旋转，不断向刀组更次送料，刀组以高速转动，原料一方面在转盘槽中做螺旋式运动，同时，被切刀搅拌和切碎，并排掉肉糜中存在的空气，利用置于转盘槽中的切刀高速旋转产生劈裂作用，并附带挤压和研磨，将肉及辅料切碎并均匀混合，同时提取盐溶蛋白，使物料得到乳化。

真空斩拌机就是在斩拌过程中，有抽真空的作用，可避免空气打入肉糜中，防止脂肪氧化，保证产品风味；可释出更多的盐溶性蛋白，获得最佳的乳化效果；还可减少产品中的细菌数，延长产品储藏期，稳定肌红蛋白颜色，保护产品的最佳色泽，相应减少体积8%左右。

四、斩拌机的操作

1. 准备

(1) 斩拌机的检查、清洗 在操作之前，要对斩拌机的刀具进行检查。如果刀刃部出现磨损，瞬间的升温会使盐溶蛋白变性，肉也不会产生黏着效果，不会提高保水性，还会破坏脂肪细胞，使乳化性能下降，导致脂肪分离。如果每天使用斩拌机，则最少每隔10天要磨一次刀。在装刀的时候，刀刃和转盘要留有两张牛皮纸厚的间隙，并注意刀具一定要牢固地固定在旋转轴上。刀部检查结束后，还要将斩拌机清洗干净。可先后用自来水、洗涤液和热水清洗，在清洗后，要在转盘中添加一些冰水，对斩拌机进行冷却处理。

(2) 原辅料 斩拌前，一般绞好的瘦肉和脂肪都要按配方分开处理。绞好的肉馅，要尽可能做到低温保存。按一定配方称量调味料和香辛料，混合均匀后备用。

(3) 添加冰水 依据香肠的种类、原料肉的种类、肉的状态，水的添加量也不相同。水量根据配方而定，为了控制斩拌温度，一般需要加入一定量的冰，但不要直接使用整冰块，而要通过刨冰机将冰处理成冰屑后再使用。

2. 斩拌操作

首先启动刀轴，使其低速转动，再开启转盘，也使其低速转动，此时将瘦肉放入斩拌机内，肉就不会集中于一处，而是全面铺开。由于畜种或者畜龄不同，瘦肉硬度也不一样。因此要从最硬的肉开始，依次放入，这样可以提高肉的结着性。继而刀轴和转盘都旋转到中速的时候，先加入溶解好的亚硝酸钠，转盘旋转1～2圈后，再加入溶解好的复合磷酸盐，然后加入食盐、砂糖、味精、维生素C等腌制剂，加入总冰水的1/3，以利于斩拌。先加入亚硝酸钠，是因为亚硝酸钠的用量很少，便于分布均匀，如果先加入食盐和磷酸盐，蛋白马上溶出，黏稠度增加，不利于亚硝酸钠的分布和作用。冰屑的作用就是保持操作中的低温状态。然后，将刀轴和转盘的速度都开到高速的位置上，斩拌3～5圈。将两个速度调到中速的位置，加入淀粉、蛋白等其他增量材料和结着材料，斩拌的同时，加入1/3冰水，再启动高速斩拌，肉与这些添加材料均匀混合后，进一步加强了肉的黏着力。最后添加脂肪和调味料、香辛料、色素等，把剩余1/3的冰水全部加完。在添加脂肪时，要一点一点添加，使脂肪均匀分布。若大块添加，则很难混合均匀，时间花费也较多。这样，肌肉蛋白和植物蛋白就能把脂肪颗粒全部包裹，防止出油。在这期间，肉的温度会上升，有时甚至会影响产品质量，必须注意肉馅温度一般不能超过12℃。

斩拌结束后，将盖打开，清除盖内侧和刀刃部附着的肉。附着在这两处的肉，不可直接放入斩拌过的肉馅内，应该与下批肉一起再次斩拌，或者在斩拌中途停一次机，将清除下的肉加到正在斩拌的肉馅内继续斩拌。

最后，要认真清洗斩拌机。然后用干布等将机器盖好。

五、斩拌机的保养维护

1. 斩拌刀的保养及注意事项

斩拌刀由3个刀头组件组成，每一个刀头组件安装两把可以同时调整的刀，刀相对并且结构、重量相同。当使用6把刀时，每两把刀的夹角为60°。

斩拌刀是硬质不锈钢制成的，所以磨刀最好在专用的磨刀机上进行，并对磨刀石进行冷却，避免刀过热，否则会造成刀出现裂纹或折断。磨刀后，刀和刀头的压紧面必须清理干净，涂上动物油脂，安装刀前对刀轴进行清洗和润滑，安装的斩拌刀应该两两相对而且结构相同，重量一样（最大误差 5g）。任何不平衡都会导致刀负载加重，振动，甚至会导致机器不规则地运转，最后导致机器损坏。

2. 液压传送系统的保养及注意事项

每周检查一次液压器内的油位，并检查管子和部件。每年至少检查一次过滤器，将过滤网进行清洗或更换。

传送带和链条要每天检查，如果发生磨损时可以调整张力装置或更换。

3. 电子系统的注意事项

把所有的电子器件接口，安装后一个月测试一次，正常后每 6 个月要测试隐蔽的控制点，开关盒和电子器件的封口要定期检查，防止开关盒和电子器件潮湿。

4. 斩拌机操作注意事项

① 开车前先检查转盘内是否有杂物，同时检查刀刃与转盘间距，一般控制在 2 张牛皮纸厚度的范围。

② 检查刀刃是否锋利，并注意刀一定要牢固地固定在旋转轴上，紧固刀片螺母后用手扳动刀背旋转一周，查看剁刀与转盘是否有接触处。

③ 检查转盘减速器油位、清洁度，然后盖好护盖。空车旋转几周，确保无误后方可上料斩拌。

④ 投料时要按机械设计能力恰当投料，才能保证斩拌效果。

⑤ 按工艺要求调整斩拌时间，斩拌中应适当放入冰水或冰屑，以免温度上升。

⑥ 操作过程中，随时倾听主轴及其他机械传动声响，发现异常立即停车，检查轴承是否损坏，避免因轴承损坏导致主轴径向跳动，损伤剁刀与转盘。

⑦ 开车时发现转盘不转，原因可能是：电机反转、要倒线，蜗杆皮带轮、皮带严重磨损，需更换；减速器蜗轮齿面严重磨损，蜗杆不能带动蜗轮，需更换蜗轮；蜗轮轴下位滑动轴承因严重缺油而抱轴，需处理减速器。

⑧ 主轴转速严重降低，调整电机皮带轮与主轴带轮中心距或更换三角带。

⑨ 生产结束后，切断电源，搞好卫生，刷洗剁刀、护盖、转盘。

⑩ 生产中若每天使用斩拌机，则至少每隔 10 天要磨一次剁刀。磨刀过程中必须称重以保证整套刀具中每片刀的重量一致。机器必须由专人操作，所有必要的附加设备应正确安装在机器上，无松动，无附加物；斩拌期间，不要把手伸到刀具盖下面，卸料盘卸料时，不要把手放在卸料盘下端。机器装料时，要检查推料车是否被锁紧，起动臂被举起时，严禁在起动臂下站人；在紧急状态下，可以按紧急开关，这时机器处于带电自由电流状态，大约 2min 后，机器才可以重新启动；机器在维修、保养时为安全起见应断开电源；清洗机器时，机器的防护罩应盖上，以免水冲进空气压缩管或电子器件内引起危险。

第四节 搅 拌 机

一、搅拌机的用途与分类

搅拌机是肉类工业肠类生产中常用的一种设备，它的主要用途是把各种不同规格的颗粒状原料肉与添加剂、香辛料、淀粉、冰水等辅料按工艺要求进行搅拌，使它们充分均匀地混合，以满足不同肉制品加工的需要。

根据是否带抽真空功能，可以把搅拌机分为敞口式搅拌机和真空搅拌机两种（图 4-22），使用真空搅拌机，可以提高肉馅的嫩度，改善组织状态。根据搅拌机旋转轴数量，可以分成单轴搅拌机（图 4-23）和双轴搅拌机。根据搅拌机旋转轴的不同，又可分为桨状叶

图 4-22　真空搅拌机（左）和非真空搅拌机（右）

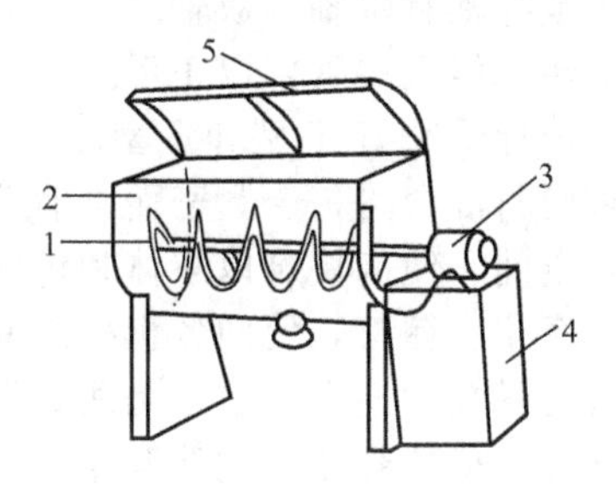

图 4-23　单轴搅拌机

1—叶片；2—搅拌槽；3—驱动装置；4—机架；5—盖子

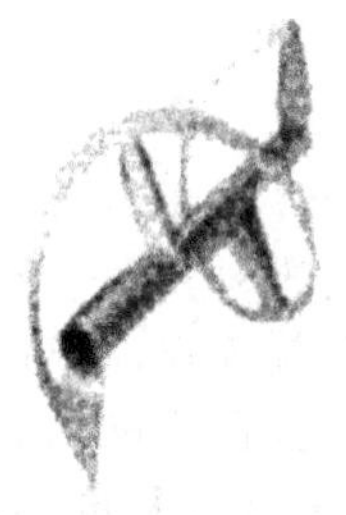

(a) 桨状叶片　　(b) 带状叶片　　(c) 带加强筋的桨状叶片

图 4-24　不同形状的搅拌轴

片搅拌机、带状叶片搅拌机等（T 型和 S 型，如图 4-24 所示）。

二、搅拌机的工作原理

搅拌机工作时，由减速器带动搅拌桨叶慢速运行，将肉馅、香辛料、添加剂等物料分别放入搅拌箱内，搅拌桨叶以一定的速度旋转，将物料搅拌均匀，达到充分混合后，逆时针旋转桨叶，将出料门打开，按出料按钮，在螺旋搅拌桨叶的推紧压力作用下，物料即可从出料口排出。

在肉类加工中，搅拌机的种类较多，但其基本结构是一致的，主要有搅拌装置、轴封和搅拌槽三大部分组成。搅拌机的结构如图 4-25 所示。

(1) 传动装置　其是由电机通过减速机带动搅拌轴转动的，是赋予搅拌装置和其他附件运动的传动件组合体。

(2) 搅拌桨和搅拌轴　主要作用是通过自身的运动使搅拌容器中的物料按某种特定的方式活动，从而达到某种工艺要求。

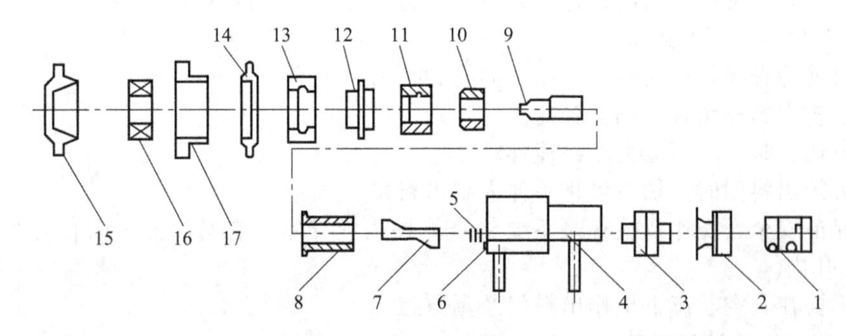

图 4-25　搅拌机的结构原理

1—电动机；2—减速机；3—联轴器；4—机体外壳；5—压紧装置；6—出料装置；7—搅拌叶；8—锥度套；9—锥度轴；10—锥度轴套；11—密封套；12—套筒；13—圆螺母；14—压盖；15—轴承盖；16，17—轴承

搅拌轴有单轴、双轴之分，后者要比前者作用力大、能力强、效果好。有的只向一个方向旋转，但大多数可以正反旋转，增加了对肉的挤压、撕裂、混合作用。

搅拌桨叶有T型和S型之分，“T”型搅拌桨适用于面粉的拌和较好，而西式灌肠制品要求肉料混合均匀、紧密而富有弹性。“T”型搅拌桨在肉料拌和中，附有缓冲速度，存在运转空间，使肉块难以解体和色泽均匀。而“S”搅拌桨是整体运作，使肉料不断摩擦、挤压、牵拉、摔打，使肉各机构之间具有纤维能力，黏结性增强，从而使得肉肠结构紧密，肉品富有弹性和韧性，这正是西式灌肠应具有的产品特性。

(3) 搅拌容器　搅拌容器也称搅拌槽，它是底部近似圆形的容器，用来容纳搅拌器与物料，并在其内进行搅拌。作为食品搅拌容器，除保证具体的工艺条件外，还要满足无污染、易清洗等专业技术要求。目前都是采用不锈钢板制作，槽身要比槽底厚。

(4) 轴封　轴封是安装在搅拌轴与搅拌容器间的密封装置，它的作用是防止容器内物料与轴承润滑剂或外界物质相互泄漏，造成污染。常用轴封有填料密封和机械密封两种（见面制品部分）。

三、搅拌机的操作

以真空搅拌机为例。

① 操作前要认真清洗叶片和搅拌槽。

② 按照配方称量原料肉和脂肪、调味料和香辛料等。

③ 关闭出料门，按开盖按钮，真空盖打开，开到一定角度，会自动停止。先投入瘦肉，投肉时，要尽可能先投入肉质较硬的，然后按量的大小依次投入。接着添加香辛料和调味料，添加时，要洒到叶片的中央部位，靠叶片从内侧向外侧的旋转作用使料分布均匀。

④ 关真空盖。

⑤ 打开真空泵抽真空，真空室旁有真空表指示真空度，达到要求的真空度即可启动搅拌机自动运行。

有时，原辅料要分批加入，可先在非真空状态下边搅拌、边加料。有时先添加瘦肉，再添加腌制剂和冰水，再添加淀粉、蛋白等，待产生黏着力后，再添加脂肪。最后添加脂肪。搅拌时间依据搅拌机的旋转速度和能力、制品种类、有无添加剂等确定。一般来说，搅拌5～10min是比较适当的。

在加工仅使用肉块的制品时，如果不加快转速、不较长时间地混合，肉的表面就不会破碎，因此结着力就会变弱。但是如果转速过快，时间过长，会因过度摩擦而温度上升，结果导致产品质量下降。相反，在加工肉馅与肉丁的混合制品时，转速要放慢，同时缩短搅拌时间，以免损伤肉的表面，但是搅拌时间过短，肉的混合会出现不均匀。转速过慢会加重电动机的负荷等。

⑥ 打开真空室前，要先打开真空管上的放气阀，解除真空状态。待真空表的指针回到零位后方可出料，打开出料门，启动出料按钮，即可出料。

⑦ 使用完毕，关闭出料门，打开真空盖，再次加料，进行下一次搅拌。

使用注意事项如下所述。

① 开机前检查搅拌筒内有无异物，如有必须清除干净。

② 检查皮带的松紧程度调为合适。

③ 设备运转时千万不能去触碰搅拌轴。

④ 在关闭出料门时，切不可将手伸入到出料口。

⑤ 为保证安全，操作及检查时不要将身体探入搅拌室，有必要探入时，可将两个安全销插到安全孔内。

⑥ 请不要在真空状态下操作出料门及真空盖。

四、搅拌机的维护与保养

① 搅拌机用后应及时清洗，可用手工清洗，也可用高压清洗器并加适当的洗涤剂清洗。清洗时注意电动机和电控箱部分要防止水分侵入受潮。

② 定期检查V形皮带的松紧情况，调整时V形皮带不要对皮带轮压力过高。

③ 控制面板切勿受热或与硬物碰撞摩擦，防止划伤损坏。

④ 电气控制部分如有故障，应检查分析是强电部分，还是操纵箱弱电部分，弱电部分较易检修，控制部分电路较为复杂，要慎重处理。

五、搅拌机常见故障及分析

搅拌机可能出现的各种故障及排除方法见表4-2。

表4-2 搅拌机故障及分析

出现的问题或故障	可能的原因	解决或排除的方法
按启动按钮后，机器不启动	电机发生故障	检修电机
搅拌叶片不动或转动失常	1. 电机发生故障； 2. 皮带打滑； 3. 皮带轮的键损坏； 4. 皮带断裂； 5. 齿轮输出轴上的键损坏； 6. 齿轮损坏	1. 检修电机； 2. 张紧皮带； 3. 更换新键； 4. 更新皮带； 5. 更换新键； 6. 修理或更换新齿轮
搅拌叶片旋转不规律	皮带张紧不当	张紧
出料门漏料	1. 橡胶密封损坏； 2. 关门气缸的气压过低	1. 更换； 2. 检查，气压起码应为 1.013×10^5Pa（1个大气压）
异常噪声	可能来自电机齿轮或出料门轴承	检查、修理或更换这些部件
电机转速失常	1. 电源线开路； 2. 终端电压过低； 3. 绕组短路； 4. 轴承发生故障； 5. 启动器或星形三角开关故障	1. 检查电源线和接线端； 2. 测量电压，找电气部门解决； 3. 重缠； 4. 更换轴承； 5. 检查线路，更换烧坏的触点，必要时进行修理
电机长时间后才达到正常转速，加上负荷后，转速再次失常	1. 电源电压过低； 2. 电源线的压降过大； 3. 接线错误，如用星形代替了三角形； 4. 启动器绕组短路； 5. 过载	1. 测量，然后找电气部门解决； 2. 检查导线的横截面，如有必要，应予更换； 3. 改变接法； 4. 重缠； 5. 测量负荷
电机"嗡响"，启动器很快变热	启动器中有一相开路，部分绕组短路	检查保险丝、开关、接线盒内的接线，如有必要应予重缠
电机过热	1. 过载； 2. 启动及反向过于频繁； 3. 电压过高或过低； 4. 接线错误； 5. 一相错误； 6. 通风不良	1. 测量负载； 2. 再次接通前，让电机休息2min； 3. 进行测量，找电气部门解决，电机的允许电压波动在标准电压的±5%以内； 4. 参看接线图重新接线； 5. 检查保险丝、接线端和开关，必要时，应予重缠； 6. 让空气自由流通
转向错误		互换两根电源线
电机使保险丝烧断	1. 接线错误，如用三角带代替了星形； 2. 绕组、开关或电源线短路	1. 参见接线盒内的接线图； 2. 检查全部接线，如有必要，应予修理
轴承过热	1. 缺油，或使用油的牌号不对； 2. 滚珠轴承磨损或发生故障	1. 参见说明书润滑油的标号； 2. 更换滚珠轴承
电机转动不平稳	1. 轴承故障； 2. 联轴器或皮带松动； 3. 皮带传动装置损坏	1. 更换轴承； 2. 装紧； 3. 修理或更换

第五节 盐水注射机

腌制是肉制品加工的一个重要工艺环节，腌制的基本原理是将腌制液中所含的腌制材料，如食盐、硝酸盐（或亚硝酸盐）、糖类、抗坏血酸盐、磷酸盐等物质充分渗透到肌肉组织中，与肌球蛋白等成分发生一系列的化学和生化反应，以达到腌制的目的，如提高风味、发色效果、保水性、黏着性等。盐水注射就是将一定浓度的盐水（广泛含义的盐水，包括腌制剂、调味料、黏着剂、填充剂、色素等）通过特制的针头直接注入肉制品内，使盐水能够快速、均匀地分布在肉块中，提高腌制效率和出品率，再经过滚揉，使肌肉组织松软，大量盐性蛋白渗出，提高了产品的嫩度，增加了保水性，颜色、层次、纹理（填充剂与肉结合得更好）等产品结构得到了极大地改善。注射腌制肌肉要比一般盐腌缩短 1/3 以上的时间。

盐水注射机分为手动和自动两种，从用途上可以分为不带骨盐水注射机、带骨注射机、注射/嫩化两用机。但事实上，目前最先进的盐水注射机通过更换针头，大都既能注射带骨肉块，又能注射去骨肉块，还能进行嫩化处理。

手动的盐水注射机结构简单，造价低廉，其结构原理如图 4-26 所示，它是由耐腐高压泵、电接点式压力表、压力罐、高压注射枪等压力系统组成。实际上，其就是一个高压泵，进水口放在一个容器里，出水口安装三个注射用针头，使用时，人工将针头插入肉块中，压下阀门，即可将盐水注入肉块中。这种注射机有很大缺点：生产效率低；不卫生；注射不均匀；对料肉大小要求高（肉块太大，操作时增加了手握肉块的劳动强度，同时必然造成修整原料时修整粗糙，肉块中含有筋腱或脂肪块。肉块太小，造成针眼不能被肉包住，注射液从外露的针眼中射出而不能进入肉块）。

因此，手动的盐水注射机不适合规模化生产，目前规模化生产都是采用全自动的盐水注射机，习惯中说的盐水注射机就是这种全自动的盐水注射机。下面只介绍全自动的盐水注射机，如图 4-27 所示。

图 4-26 手动盐水注射机

图 4-27 盐水注射机外观图

一、盐水注射机的工作原理

如图 4-28 所示是盐水注射机的结构示意图，由注射针及针板、肉料传送带、盐水循环系统、针板运动系统及电动机、控制装置等部分构成。注射针的针管侧壁上有许多小孔，腌液可从小孔流出。工作时，将配好且净化后的腌制液装入储液装置中，储液装置与注射针的针管有压力阀相连通。作业时，将肉块放在喂料传送带上，再过一整套的过滤器，压力泵从盐水槽吸取盐水，再经过调节阀（用于调整注射压力）和针盒上部的截止阀（用于控制盐水注射量），将泵所抽取的盐水运送到注射针。传动带带动肉块向前步进，将肉输送到注射针下部时停止，此时针头迅速下降，插入肉中，开始注射。注射结束，阀门关闭，针头上升，针盒处于最高位置，传送带步进，把肉块送出。同时传送带将下一批肉送入，开始新的循环。未注射的盐水再在机器内收集，过滤，再流回盐水槽。原料肉注射时的情况如图 4-29 所示。

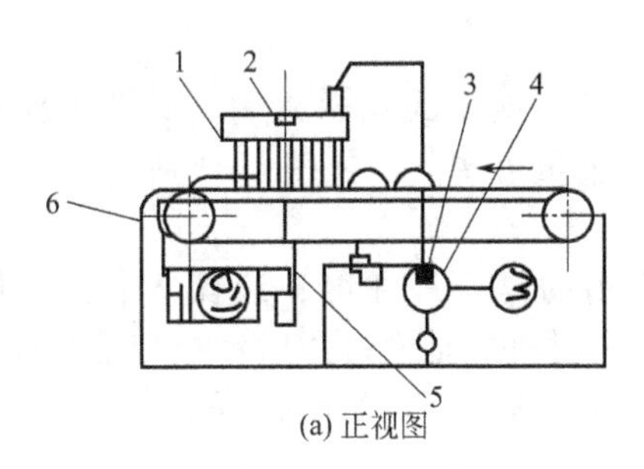

(a) 正视图

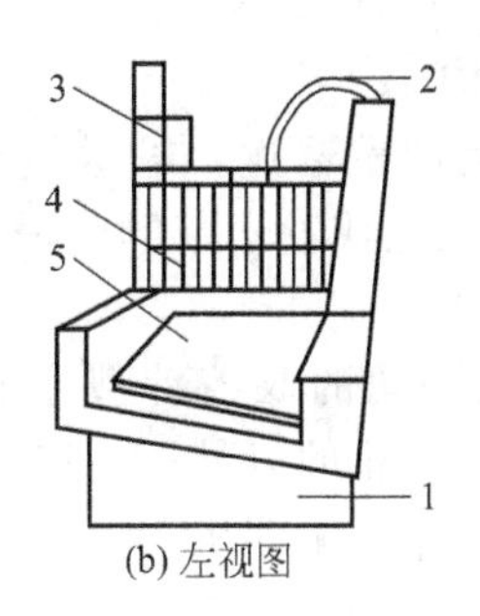

(b) 左视图

1—注射针；2—针板；3—传送带；4—盐水泵；5—曲柄连杆机构；6—间歇运动机构；

1—箱体；2—输液管；3—储液装置；4—注射针；5—传输带；

图 4-28 盐水注射机结构原理示意图

图 4-29 原料肉注射时的情况

1. 注射针

盐水注射机用注射针一般为不锈钢无缝管制造，针孔的大小及针的直径、强度都直接关系到盐水注射率、肉块组织结构以及注射机械的耐用性，通过注射针的上下运动（5～120回/min），把腌制液定量、均匀、连续地注射入原料肉中。因此一般选择范围为直径 3～4mm，长为 180～200mm。在距针头 5～10mm 的管壁上钻有直径 1～1.5mm 的小孔若干个(有的更大)。针板上注射针数量的多少常表示注射机机型的大小。不同型号的机器针的排数、每排的个数也不同。

注射针在针板上的安装有两种方法，一种是固定安装，即简单地将针座通过螺纹拧在针板的螺孔内，适于去骨肉的注射。另一种是弹性安装，针座是通过弹簧安在针板上，注射时针头除了和针板一起同步运动之外，还可以作相对运动，即当针头碰到骨头和其他硬物时，该针头停止下降，即所谓有一“让刀”能力，因此很适合注射带骨肉，弹性安装也可通过气动活塞来达到。如图 4-30 所示为带骨注射机。

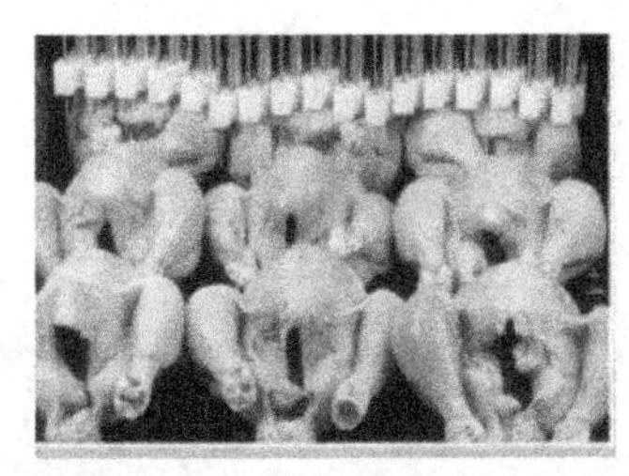

图 4-30 带骨注射机

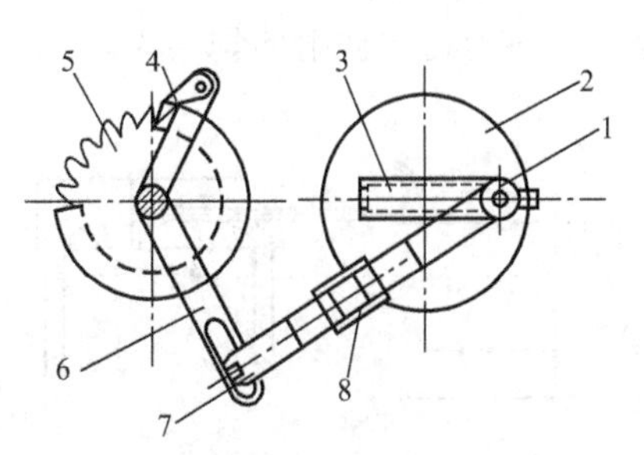

图 4-31 肉料输送机构

1—滑块；2—主动轮；3—丝杆；4—棘爪；5—棘轮；6—摆杆；7—连杆；8—螺母

2. 肉料输送机构

肉料的输送多为间歇输送，输送机构实际是一网带式输送机构。间歇动作是由一组棘轮-棘爪机构控制，以完成输送带的步进。其步进量可调节。如图 4-31 所示。

3. 针板运动机构

除荷兰 Langon 公司的双倍针型注射机采用的是一种注射、滚揉、嫩化一体化注射方式，其针头注射时为静止的以外，一般的盐水注射机均是通过注射针板带动注射针的上下往复运动来完成注射操作，驱动机构不同，导致注射盐水的均匀性有所不同。

(1) 曲柄滑块机构　这是常用的一种结构，由于滑块（针板）在作直线运动时的速度不均匀，使注射针进入肉块内部时盐水喷射注射量不均匀。如图 4-32 所示。此种机构适合生产肉块小、滚揉腌渍时间长、产品档次低些的西式肉类制品。

法国 Kaufler 公司设计出一套由特殊凸轮机构作执行机构的针板驱动机构，原理是在针头进入肉块时，使其保持一种匀速运动，以保证喷射出的盐水均匀地渗透到肉块组织内部，而在回程阶段为使空行程时间缩短，采用变速运动，这样就避免了盐水注射不均匀的弊端。此凸轮曲线近似“心脏”形状，很显然该结构制造成本较高，价格也较昂贵。

(2) 气动式盐水注射机构　该机构是通过压缩空气推动气缸活塞而带动针头做上下往复运动完成注射盐水的，如图 4-33 所示为气压式针头运动示意。针头在初始进入肉层时要经过 $1/10T$ 时间的过渡速度才能上升到恒定值（T 为针头全行程时间）。可见气压式盐水注射机构，其整体工艺效果优于曲柄连杆式盐水注射机构，但在表层满足不了工艺要求，仍不能达到整块肉盐水均匀分配的要求。

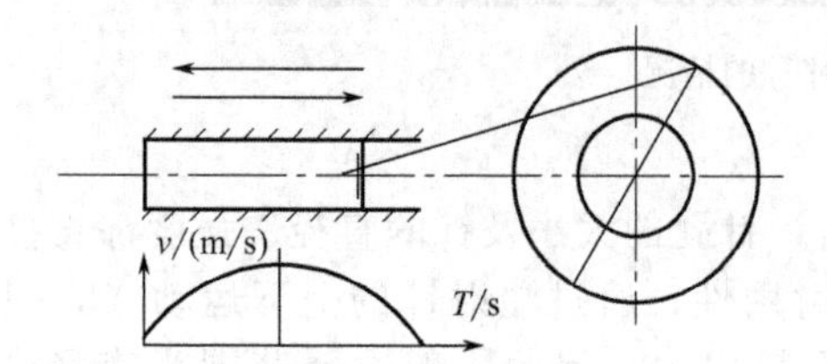

图 4-32　曲柄连杆式针头运动示意图

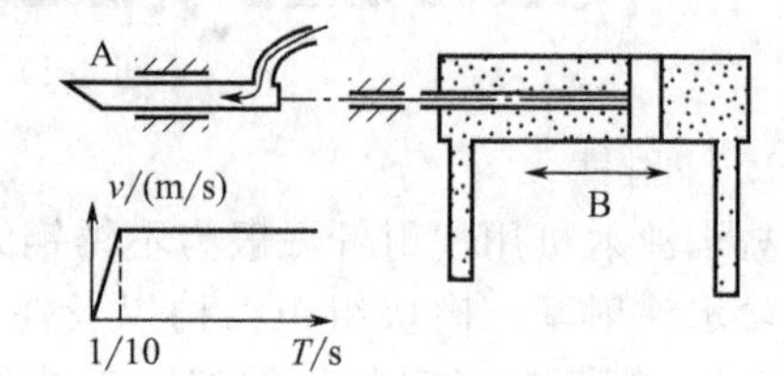

图 4-33　气压式针头运动示意图

A—针头；B—气缸

这种机构适合生产肉块较大，滚揉腌渍时间较长，中档类西式火腿等肉制品。

(3) 液压式盐水注射机构　该机构是通过液压驱动来实现注射针头上下往复运动而完成注射盐水的。由于液压油几乎不可压缩，不存在针头入肉后滞缓运动问题，注射速度始终不变，各肉层注射量均匀一致。如图 4-34 所示为油压式针头运动示意。

此种注射机构适合生产大肉块类火腿和培根类高档精制产品。

4. 盐水过滤与循环系统

这一系统对盐水注射的均匀性，以及产品出品率是极为重要的。如图 4-35 所示为一盐

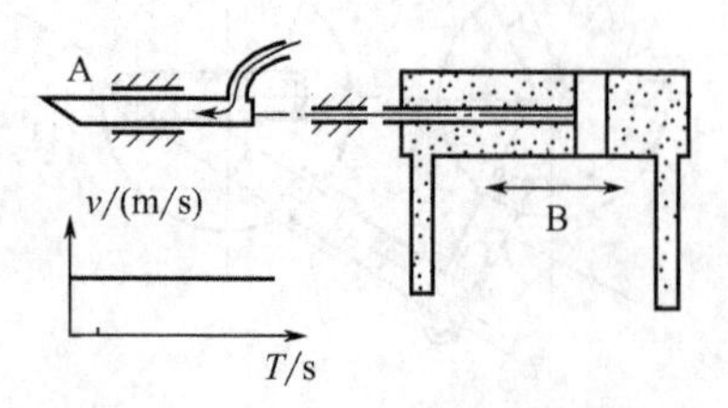

图 4-34　油压式针头运动示意图

A—针头；B—油缸

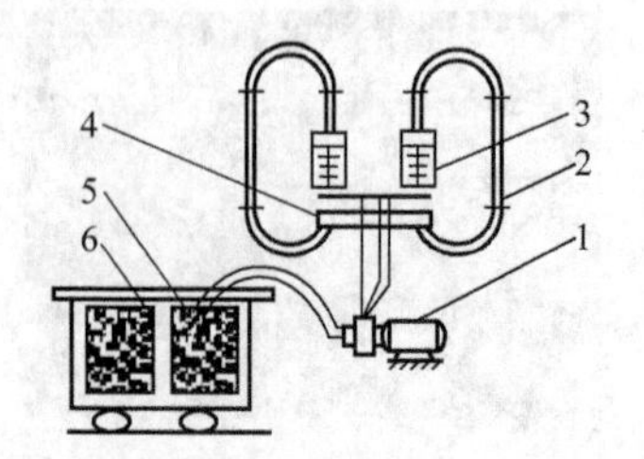

图 4-35　盐水循环系统简图

1—盐水泵；2—输送管；3—针头；4—回流过滤器；5—动态过滤器；6—吸液过滤器

水循环系统简图。盐水循环过程中的主要问题是多余盐水回流时夹着肉屑和肉组织流失的水分，它一方面造成盐水浓度的降低，另一方面造成针管中喷孔（针眼）的堵塞，使盐水注射率下降，直接影响到产品的质量。一般采用多级过滤和动态过滤的方法进行过滤。对盐水过滤装置的基本要求是：①盐水过滤器（最末级）的孔径要小于针头孔径。②传送带下盐水收集槽为初级过滤器，第二级过滤由两个不锈钢滑阀组成，孔径小于 2mm。③进入盐水罐后，先经过 0.8mm 孔过滤框，然后经过两个不锈钢封闭式过滤器（高 100mm，直径 250mm，孔径 0.8mm）。④为提高效率和减少过滤不清或来不及及时清理，可在初级之前采用振动筛或滚筒筛等动态过滤装置替代静态过滤装置，加速过滤。

5. 软化结构

为扩大盐水渗透面积，强化盐水扩散能力，也为以后的滚揉提供有利条件，有的盐水注射机中往往还安装一组软化针头或软化刀片。即可随着注射针板做上下往复运动，也可加装旋转软化机构，针头形状有箭头形、月牙形和钢形之分。当软化针工作时，通过对肉块的切割，使肉块产生许多切口，增加了表面积，便于在滚揉时提取更多的盐溶蛋白，因而又称其为蛋白质提取机。由于切断了筋腱和结缔组织，增加了盐水的渗透能力，从而减少了由于盐水注射不均匀所造成的差异，提高了出品率，改善了产品的结合性和切片性，同时由于盐水和添加剂的较好吸收，也改善了火腿的颜色和口味。这就是注射/嫩化两用机。

二、盐水注射机的操作方法

以金星 YSJ-1 型盐水注射机为例，开车之前，机器必须进行清洗，用热温水（最高 50℃）冲洗盐水槽，再加去污剂，把盐水注射机的盐水泵启动运转，至少要运行 5min，以便把软管和注射针清洗干净，再用干净水冲洗，将去污剂全部去除掉。

1. 启动机器

① 红色按钮：机器停车按钮。

② 绿色按钮：该按钮用于控制输送带以及注射针的运行。

③ 黄色按钮：该按钮用于控制盐水泵电机的运行。

机器运行之前，应按下放气阀，以保证盐水泵的正常运行，机器正常运行时，必须将黄色及绿色两个按钮同时按下。

2. 调节装置

注入盐水的压力可以调节；输送带的速度与注射针的速度可以调节；盐水注射机注射压力可以调节。一般来说，以上这些在安装试车时调定后，就不再调整。

3. 输送带的调定

在针从肉中完全脱离出来之后，即针尖头处于最高位置时，输送带立即执行动作。输送带稍微从支撑格条下沉，而肉被稍许上提。根据速度调定值，输送带将肉移向前方，进入机器。每当针头离开肉的时候，这种向前运动就发生一次。

输送带速度与针盒注射速度相耦合。通过调整手轮，两者的运动或者较快，或者较慢。如果为改变注射速度，更改送肉梳的供肉速度，则应拆下右侧板，这样，可以看到供料支杆。供料支杆有槽口，供料棒支着其中，更改支着位置，输送带的速度也随之改变，连接支着点与供料支杆距离越近，各注射冲程之间送肉梳供料的运动则越大，连接支着点与供料支杆距离越远，送肉梳供料的运动速度则越小。供料运动越小，注入肉中的盐水越多，导致增加的重量则越大，然而，这会降低机器每小时的生产能力。一般来说，输送带在安装试车时调定后，也就不再调整。

4. 注射过程

原料肉修整完毕，配好盐水，注射机准备好后，将肉倒入输送带，就可以注射。对于出品率要求较高的产品，可以注射两遍。

5. 清洗

生产完毕，必须清洗设备。一般都备有一个捅针（金属丝）用于注射针的清洗，一个钩形扳手用于盐水保护过滤器的开启。

三、盐水注射机操作注意事项

1. 安全注意事项

① 除非机器停止或按了“急停”，在任何情况下，永远不要把手伸进机盖、机罩、观察窗和保护器的保护区域内。

② 机罩、机盖、观察窗和保护器不在位时，不要操作机器。

③ 当机器运转时，不要对机器进行调整或修理。

④ 未切断电源，不要拆卸或试图修理电器元件。

⑤ 一旦机器失灵，在机器运转情况下，不要移动电源或机器的安全设备。

⑥ 不要把工具零件包等放在机器上或机器里。

2. 使用注意事项

① 使用时，盐水箱不能空，否则盐水泵和密封垫将会被损坏。

② 供冷却用的水管必须开着，使液压油温不超过规定油温。

③ 永远不要在设备没有过滤器的情况下操作机器。

④ 为了很好地注射，必须每天清洗针头。阻塞的针头在沸水中泡几分钟，用压缩空气反方向吹气。更换针头，不要忘记针头盖的复位，仔细检查针头是否完全进入位置。

⑤ 工作完毕，盐水箱中盐水必须倒空。装满清水，将盐水泵的注射量调到最大，运转10min，否则盐水在泵中干燥，引起密封垫损坏，循环泵堵塞。

⑥ 拆卸护栅，针头必须停在上面。

⑦ 清洗安全窗和塑料机器元件，不能用很热的水，因为热水易使它们变形。

⑧ 经常保持机盖和机门关阀，因为马达和液压活塞并非不锈钢制品，在含盐空气中会降低它们的使用寿命。

⑨ 不要把任何工具或物体放在传送带上，因为操作时会毁断针头。

四、盐水注射机维护保养与常见故障分析

下述部件必须每14天进行正确的上油，上油时应拆下两侧板。

① 供料支杆和供料棒条。给供料支杆的支撑点上黄油，添抹供料棒支撑点。

② 连接杆及滚珠轴承和曲柄传动齿轮。给带球轴承的连接杆和传动齿轮上黄油。

③ 传动套。在传动套中有2个螺纹接套，必须填充油脂。

常见故障有以下几个方面。

① 注射流不正确的可能诱因。在回吸管和快速连接器中有空气循环；盐水箱中液体不足，因此空气被吸进；进口阀和出口阀没有很好密封；液体从传送管中漏出。

② 机器注射空气或产生泡沫。检查针头，有没有被塞住；检查盐水从隐密过滤器到盐水泵的情况；检查水泵翼缝和垫片是否泄漏。

③ 液压泵制造出大的声音和无规律的噪声。连接轴坏了；吸油路损坏；回吸过滤器脏了，或油不足使空气被吸入；冷却管漏，水进入液压箱，这种毁坏是严重的，会引起泵的分离器和汽缸的破坏。应更换（或修补）冷却器，更换所有的油，检查油路，使其中无水。

④ 机器速度降低。通常由针头堵塞引起，清洗针头，如果针头容易堵塞，检查过滤器；压力下降，检查并重新调整压力；液压箱吸油过滤器堵住了。

⑤ 传送带上的肉不能向前走。相对于固定格栅而言，传送带上的导引格栅不能充分移动，调节导引格栅的高度，但注意其高度不能超过固定格栅；操作完成后拧紧螺母。

⑥ 机器运转正常，但没有压力。压力表坏了，必须更换；隐密的阀门关着，压力表就不运转。

五、盐水注射的工艺要求

1. 腌制液的配制

腌制液在配制时一要根据肉制品加工的原则和国标规定的食品添加剂在最终产品中的最大允许量及产品的种类进行合理地认真计算并称重。二要确保各种添加剂的充分溶解；配制盐水时先将香辛料熬煮后过滤，冷却到4℃以下，再溶入难溶的磷酸盐、糖，其次再溶入其他的添加剂。注意异维生素C的添加须等注射开始时，才允许加入，否则它先和盐水中的亚硝酸盐反应，减少了亚硝酸盐在盐水中的浓度，造成产品发色不好。

2. 控制盐水和原料肉的温度

温度是影响肉类食品货架期的最重要环境因素，配制盐水时一般加入冰屑，使盐水温度控制在－1～1℃之间，最高不能超过5℃。原料肉的温度控制在6℃以下。

3. 注射压力和注射量的正确调整

注射压力的调整是根据产品的种类、肉块大小、出品率的高低来决定的。在欧洲火腿类和培根类产品的注射一般采用小于0.3MPa的低注射量的低压注射，因为注射压力过高会造成肉块组织结构的破坏，影响产品的质量。在我国因没有一定的产品标准，加工企业各自执行自己的企业标准，因此注射量也各不相同。

注射量的计算：(注射后的产品重量－注射前的产品重量)×100%/注射前的产品重量

如：(10kg－8kg)×100%/8kg＝25%

4. 合理的嫩化

嫩化对于火腿类和大块肉制品是不可缺少的工序，尤其对于出品率较高的产品。产品不同采用的嫩化刀也不同，对于烤肉类纯肉制品采用的是和注射机一起连接用的箭头型和角钢型，对于出品率较高的火腿类用的是单独的圆盘刀式嫩化设备。

5. 卫生管理

每次注射结束后应彻底清洗设备和盐水容器，以减少肉料被微生物污染的因素。

第六节　滚　揉　机

原料肉的腌制，从腌制方式上可以分为静态腌制和动态腌制，目的都是防腐、发色、提高黏性和保水性、赋予风味。不论是湿腌法还是干腌法的静态腌制，食盐、亚硝酸盐等腌制剂的扩散、渗透速度相对较慢，而采用动态腌制，可加速腌制剂的扩散、渗透速度，能够缩短腌制时间，提高腌制效果。

滚揉是加快腌制速度的一种方法，它是肉块中能量转化的物理过程，滚揉机用于将嫩化和盐水腌制或盐水注射后的肉块进行机械滚揉和按摩，用于火腿或含肉块的灌肠类肉制品的生产。其主要目的有：①加速肉中腌制液的渗透和吸收，缩短渗透时间。②使肌肉纤维内部的蛋白质产生松弛，肌肉纤维结缔组织抵抗力受到不同程度的破坏，这些纤维蛋白质能够大量地膨胀，提高了原料的保水性能和出品率。③促进了液体介质（盐水）的分布，改善了肉的嫩度，提高了盐溶性蛋白质的提取和向肉块表面的移动，使火腿类肉制品肉与肉之间、肉与填充物之间结合严密，无空隙，改变肌肉组织的结构，提高了嫩度，确保切片时整齐美观，肉质光泽鲜艳。④加快肉块的自溶自熟，改善产品的最终风味。

动态腌制所用的设备就是滚揉设备。它分为立式的和卧式的两种，前者往往也叫做按摩机，20世纪80年代末90年代初，我国刚刚引进外国先进技术时，曾有所使用，目前绝大多数已不使用；后者才叫做滚揉机（但也有立式的），是目前使用最多的一种。滚揉机又有真空和非真空两种，有的直接安装一套制冷装置，称为制冷式滚揉机（目前使用较少）。如图4-36和图4-37所示分别是两种腌制设备的外形图。

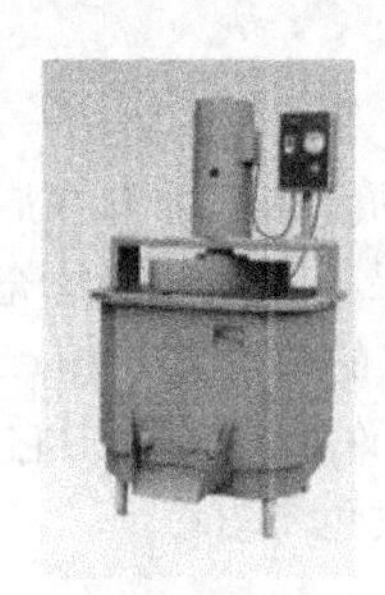
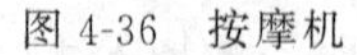
图 4-36 按摩机

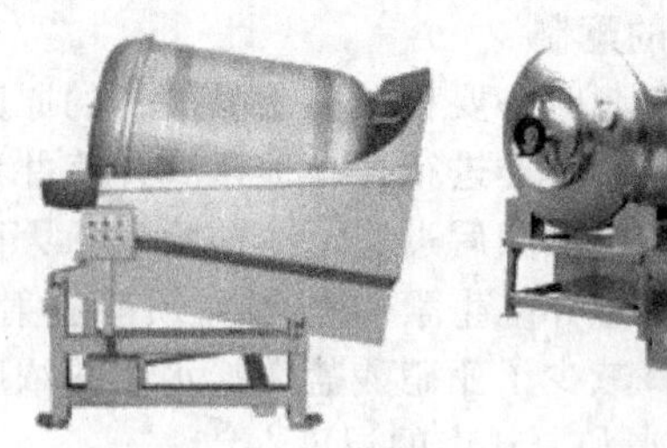
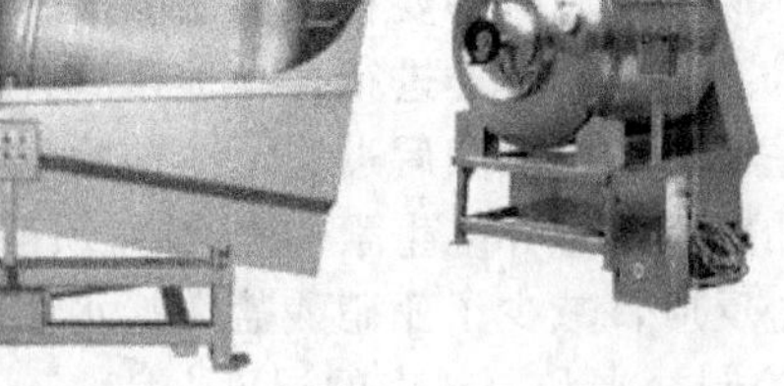
图 4-37 两种卧式滚揉机

立式滚揉机是由优质不锈钢制的肉槽制成多边形或圆形，中间装有搅拌轴，轴上配有数量不等的倾斜的桨叶，由于旋转速度较慢（3～13r/min），肉受桨叶机械能的挤压滚揉而起到按摩作用，从而加快盐水吸收速度，增强蛋白质萃取力与水分的保留，取得最佳的腌制效果，更密更强的滚揉能使制品出品率大幅度提高。立式滚揉机变速电机设在槽体上，通过齿轮带动桨叶轴自转，滚揉按摩好的肉从下部出料门排出（图 4-38）。这种滚揉机由于摔打挤压的作用不如卧式滚揉机，一般不带真空，所以，只适合用于含肉量大、出品率低、原料质量好的肉制品生产。国外要比国内使用得多。我国多采用卧式滚揉机。本节介绍的滚揉机，就是专指卧式滚揉机。

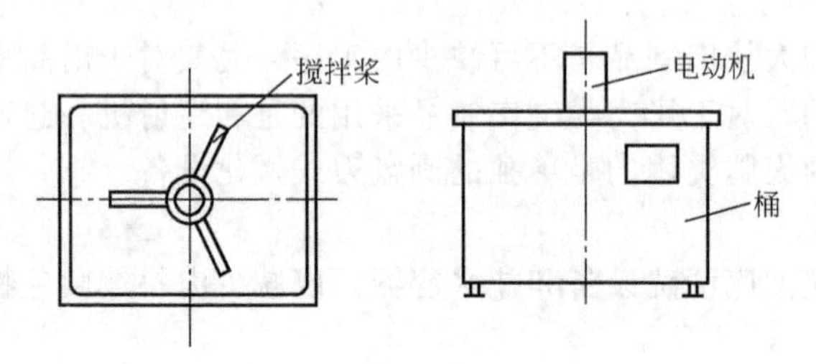

图 4-38 按摩机的结构示意图

一、滚揉机的工作原理

滚揉机的外形是一个卧式的滚筒，滚筒内部有螺旋状桨叶，经注射后的肉块在滚筒内随着滚筒的转动，桨叶把肉块带到上端，随即一部分肉块在重力的作用下摔下，与低处的肉互相撞击，同时，一部分沿着桨叶向位置低的一端滑去，这样肉块在滚揉机内与腌制液一起相互“摩擦、挤压、摔打”(立式按摩机只是在搅拌桨叶的作用下，肉块相互摩擦、挤压、按摩)，将纤维结缔组织“打开”。由于旋转是连续的，所以每块肉块都有自身翻滚、肉间互相揉搓和互相撞击的机会。这样，可使原来僵硬的肉块软化、肌肉组织松弛、盐水容易渗透和扩散、肉发色均匀，同时起到拌和作用。由于不断地滚揉和相互挤压，可使肌肉里的蛋白质与未被吸收的盐水组成胶体物质，一经加热，这部分蛋白质先凝固，阻止里面的汁液外渗、流失，从而提高了制品的保水性，保持了肉质鲜嫩，同时也提高了出品率。另外，盐溶蛋白质的提取增加了制品的黏着性、切片性，改善了产品的品质，也加速了盐水的渗透速度，提高了腌制效果。

真空滚揉机就是在滚揉的同时，能够保持罐内一定的真空度。真空能够排出肉品原料及其渗出物间的空气，有助于改善腌肉制品的外观颜色，在以后的热加工中也不致产生热膨胀现象而破坏产品的结构；真空可以加速盐水向肉块中渗透的速度，加快腌制速度，提高腌制效果；真空还能使肉块膨胀从而提高嫩度；真空还能抑制需氧微生物的生长和繁殖。所以，使用真空滚揉机的效果更好。

二、卧式滚揉机的结构

卧式滚揉机可分为两种，一种是滚揉筒固定在基架上，一种是滚揉筒可翻倾的。前者滚揉筒只可以转动，装料和卸料过程中，滚揉筒停止工作，但仍固定在基架上；后者随着滚揉筒的翻倾，可将滚揉筒从基架上推下来进行装料和卸料。本节以可翻倾的为主来介绍。

真空滚揉机由轴向定位滚轮1、真空截止阀门2、筒体3、内螺旋叶片4、底座倾斜用滚压推杆（或液压千斤顶）5、驱动装置6、可倾机座7、防倾倒安全装置8、可调推杆支脚9和机架（含4个可调支脚）10组成（图4-39）。固定机架上装有起倒限位开关，滚揉罐和罐盖之间采用○形橡胶密封环密封，并装有四个可卸下的罐卡。

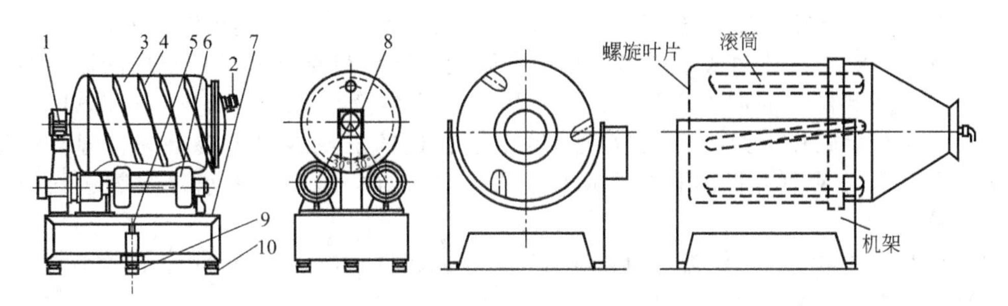

图4-39　真空滚揉机的结构示意图

1—定位滚轮；2—真空截止阀门；3—筒体；4—内螺旋叶片；5—滚压推杆；6—驱动装置；7—可倾机座；8—防倾倒安全装置；9—支脚；10—机架

1. 罐体

大多数采用5mm的不锈钢材料做成直径为1200～1500mm的滚筒，内设双开口螺旋式桨叶，在滚揉时可以将肉块刮起，同时由于桨叶的倾斜，使肉块向低端滑下，起到对肉块的挤压、摔打作用。在可移动式滚揉筒中，罐体底部装有四个脚轮，以利于移动罐体。但固定式的没有脚轮。

2. 可倾斜装置

由机座、滚压推杆（或液压千斤顶）、传动装置、限位开关等组成。启动液压开关，使装置与地面呈90°，也就是直立状态，就可把滚揉筒从机架下推卸下来，随地移动，在其他位置进行装料、盖盖、抽真空，然后推上机架，重新将倾斜装置放平，进行滚揉。但有的滚揉机没有这种装置（固定式滚揉筒），滚揉筒固定在基架上，保持水平状态，进出料只能在滚揉机前进行，给生产和操作带来不便。

3. 真空阀门

在常压滚揉机中，没有真空截止阀门，所以不具备抽真空的能力，只有在真空滚揉机中才有这种装置。要求在真空状态下滚揉，可在运转之前，将真空抽气装置与截止阀接通，盖好端盖并拧紧卡扣使之确保密封，然后抽出筒体内的空气，使肉块处于真空状态下待开机滚揉，再拆下真空泵接头，启动驱动装置使筒体运转，则肉块便在真空状态下得到滚揉。不具有倾斜装置的真空滚揉机，一种是在中心轴处装有旋转导气管接头，连接筒内垂直向上的吸气管，它可防止肉沫吸入真空泵。另一端与真空泵连接，当真空泵启动后，筒内形成真空。筒体后部设有变速转动装置，筒体在旋转状态下连续抽真空。有的设备，可以在滚揉时的真空间断发生，使原料肉块在滚揉时交替处于真空及常压状态，有效缩短滚揉时间，保证可靠的滚揉效果。这种设备以我国台湾地区产得较多。另一种我国内地大量生产，真空阀门安装在筒盖上，装料时，将盖子盖上，接通真空，并将进料管一头接到进料口上，一头插入肉车的原料中，这样可以用真空自动吸料。

4. 驱动装置

驱动装置由电机经过减速器带动四个摩擦轮组成，摩擦轮用树脂的轮缘、外绕包尼龙层，加大驱动轮与筒体间的摩擦系数，而且外形美观。在固定式滚揉筒中，也有用电机经减速器，用链条或齿轮带动滚揉筒的中心轴转动的，四个小轮只起支撑作用。

5. 控制系统

前期制造的都是继电器控制，现在大多数都是PLC触摸屏控制，但不论哪种，都能设计并输入滚揉程序，圆满地完成滚揉时间、停歇时间、正转、反转、开始、结束等程序。

三、真空滚揉机的操作

1. 操作

(1) 检查　检查机器的完整情况和周围环境是否良好，清除影响操作的物品。

(2) 装料　对于可移动式滚揉筒，用固定式提升机将装载在标准肉车内的原料肉送入滚揉滚筒内，装到额定的加工量为止。对于固定式滚揉筒，先关闭筒盖，点动启动机器，使进料口停止于旋转中心上方合适位置，取下进料口的尼龙封口，装上进料管接通滚筒与料车。开启真空泵即可将肉料吸入筒体。关闭真空泵，取下吸料管，封闭进料口。再启动真空泵。

(3) 封盖　滚揉滚筒需加盖。筒盖配有三爪（或四爪）挂钩和密封用食品橡胶垫。旋紧筒盖上的手柄，使筒盖压紧、密封。

(4) 抽真空　把真空泵箱上的真空管插入滚揉滚筒筒盖上的快换接头连接体，启动真空泵抽真空。当达到所需真空度时，拔下真空管，然后关闭真空泵。在滚筒运动时，不能进行抽真空（呼吸式的除外，但要注意水环式真空泵的水量）。

(5) 准备滚揉　将抽过真空后的滚揉滚筒推入滚揉机机架后，启动液压泵，将滚揉滚筒上升至滚揉位置，准备滚揉（固定式滚揉筒无此步骤）。

(6) 设定滚揉程序　根据被加工肉块的种类及不同出品率的要求来设定滚揉的总时间、运转时间、暂停时间及高速正转、停止、逆转、停止或低速正转、停止、逆转、停止等周期性循环运转的滚揉程序。注意正转时间和逆转时间的相同性。

(7) 开始滚揉　滚揉程序设定完毕后，就可以根据生产工艺要求开始滚揉。可以高速滚揉，也可低速滚揉。若要中断滚揉程序，只要按下滚揉停止按钮即可。此时总滚揉时间归零。重启动时，应调整总时间，将前面已运转用去的时间减去。

(8) 卸料　当滚揉机结束滚揉后，把标准料车推到滚揉机出料口下方，用快换接头（不带真空管）插入滚揉滚筒盖上的连接体。空气经过快换接头进入滚揉滚筒消除真空后取下筒盖，开动液压泵使滚揉筒上升至卸料位置，按动卸料启动按钮，使滚揉筒旋转，以利于卸料。卸料结束时，按下滚揉筒停止按钮，滚揉筒停止转动，然后按下降按钮，将滚揉筒恢复至起始位置，准备下一轮工作或关闭滚揉机备用。对于可移动滚揉筒，先将可倾斜装置立起。推下滚揉筒，至提升机处卸料。

2. 注意事项

① 运转前分别检查各定时器设定时间是否符合工艺要求，各部位限位开关是否灵敏可靠；

② 罐盖上的圆手柄调整好后，应在上盖上加上安全夹，防止空气泄漏有肉溢出；

③ 要求机器工作场地室内温度为0～4℃。

④ 水环式真空泵运行中注意不要断水，冬季用水的温度勿低于4℃，防止发生故障。

四、影响滚揉效果的因素

(1) 时间　滚揉时间越长，肌纤维蛋白的溶解和抽提越充分。但时间过长，溶解抽提出的蛋白质还会返回到肌肉组织中去，并且也会产生过多气泡，影响产品的保水力和切片性。总的滚揉时间对产品的均匀性和标准化是很重要的。一旦采纳了可以生产出标准化产品的程序，这个程序或工艺就应保持不变。适用于一般滚揉机的滚揉时间公式为：

$$L=UNT \tag{4-1}$$

式中 U——滚揉机的内周长（将内径乘以圆周率 π），m；

N——滚揉机的转速，r/min；

T——滚揉机总共转动的时间（间歇滚揉的时间不包括在内），min；

L——滚揉机转动的总距离，m。

此转动距离 L 一般控制在 10000～12000m 为宜。

(2) 转速　转速越大，蛋白质溶解和抽提越快，但对肌肉的破坏程度也越大。滚揉速度控制肉块在滚揉机内的下落能力。一般控制在 10～12r/min。另外，滚揉机应柔和地推挤、按摩、提升和摔落肉块，以达到较好的滚揉效果。

(3) 真空度　一般真空度要求在 60.8～81.0kPa。

(4) 温度　滚揉产生的机械作用可使肉温升高，促进了微生物的繁殖，同时肌纤维蛋白的最佳溶解和抽提温度为 2～4℃，也要求温度不能太高。一般要求滚揉温度 6～8℃，这样不但有利于蛋白质的溶解和抽提，同时也利于发色。

(5) 静置时间　静置的目的是使滚揉时抽提出的蛋白质充分地吸收水分，若静置时间不充分，抽提出的蛋白质还没来得及结合水分就被挤回肌纤维内部，甚至阻止肌纤维内部的蛋白质向外渗出。滚揉机的运转不要连续进行，一般的方法是采取间歇滚揉的工艺，即运转 30min，停止 10min，直至达到预期的滚揉效果。设备若有反转功能，也可采取正-反-停间歇滚揉的工艺进行，这主要是为了避免由于摩擦而引起的肉温上升，同时也使肉组织不容易受到破坏。

(6) 装入量　滚揉的效果主要取决于肉落下的总高度，所以，装入量越多，肉每次下落的高度越小，肉块在滚揉筒内将形成“游泳”状态，起不到挤压、摔打的作用。装载太少，则肉块下落过多会被撕裂，导致滚揉过度，肉块太软和肉蛋白质变性，从而影响成品的质量。因而在滚揉时，根据滚揉罐的设计容量确定装载的多少是必要的。建议按容量计装载 70%即可。

五、滚揉机的维护保养

① 做到机器的完整、清洁、润滑，开机前对机器的主要部位进行检查，发现问题及时处理。

② 每日工作完后对整机进行清洁卫生工作，延长使用寿命。在清洗时，一定要注意防止机身开关箱受潮，严禁将水溅入开关箱。滚揉机不使用时，应将其处于滚揉状态的位置。

③ 电气系统每周进行一次检查维护，以确保运转灵敏。

④ 其加油制度为第一次加油运转一周后应更换新油，并将内部油污清除干净，以后每六个月更换新油一次。

⑤ 每六个月对以下部位进行清污、润滑：翻转系统中的双向推力轴承；滚动轮装置上的单列向心轴承；翻转传动每星期通过丝杠滑块的油杯适量注油一次；转向节部分的轴承每月注油一次；减速机上的链轮、传动链也要定期加润滑脂润滑。

⑥ 注意观察真空泵上的油位，至少每月 1 次。旋转真空泵箱上的圆片露出观察孔，即可看到真空泵的油位观察窗。如果油位降至 2/3 以下时，应该加真空泵油。如果发现油变成乳白色，说明有水进入泵内，应立即换新油。换油时，先将泵内的油放尽，开动真空泵约 1min，然后关机，加入煤油，再次开动约 3～4min，把油放尽，最后加入新真空泵油至油窗 2/3 处即可。

⑦ 定期检查液压系统的连接，确保液压系统中各元器件工作正常，不得有堵塞和渗油现象。

六、滚揉机常见故障及分析

真空滚揉机常见故障及分析见表 4-3。

表 4-3　真空滚揉机常见故障及分析

故　障	原　因	维　修
泵启动时颤簸一小段时间后出现过载反冲现象	1. 马达两相转动； 2. 过载调节器设置太低； 3. 输入功率错误或者线太细	1. 检查与电源连接的每一根线； 2. 超过建议过载放大器读数的5%； 3. 电工检查电源线
泵启动时颤簸，有喀啦声，放大器读数高	1. 泵旋转方向错误； 2. 加油过满； 3. 添错了油； 4. 室温过低； 5. 很长时间之内未用过泵； 6. 长时间未更换过油； 7. 过滤器堵满了废弃物	1. 改正泵旋转方向； 2. 加油到建议油位(看最大、最小油标)； 3. 用说明书推荐的油号； 4. 温度5℃以下用低黏度油； 5. 盖上泵口，旋转泵直到发热； 6. 用50%的油和50%的汽油混合清洗泵，密封进口凸缘转30min，排出混合油，更换过滤器，给泵充添建议用的新油
真空不好，真空度不够或延长抽真空时间	1. 真空管漏； 2. 储油箱中没油或油位太低； 3. 自动型油过滤器堵塞； 4. 轴密封垫漏或被挤出； 5. 油线漏； 6. 过滤器塞满了废弃物； 7. 进口滤网塞满了东西； 8. 过滤器进口塞满了东西	1. 检查真空泵是否漏，更换循环部分； 2. 往储油箱中加油到建议油线上； 3. 换油过滤器； 4. 换轴密封垫； 5. 换油线，严密接合液压系统； 6. 更换过滤器元件； 7. 拆卸进口凸缘，清洗进口滤网，检查阀门垫
泵旋转时过热	1. 泵没有足够通气量； 2. 泵的通气阀或蛇形冷却管被堵满了； 3. 自动型油过滤器被堵满了； 4. 油箱中的油过多； 5. 废物过滤器被堵满了	1. 给泵提供较多的空气量，或者把泵移动到另一个地方； 2. 用高压空气或洗涤剂清洗泵的通风阀； 3. 更换新的油过滤器； 4. 放油到建议用的油位； 5. 更换新的废物过滤器元件
泵漏油	1. 液压系统接头、螺旋或圆筒塞有松动； 2. 轴密封垫被破坏了； 3. 过滤器被堵满了，产生负压	1. 用清洗剂清洗漏区，并发现漏洞，固紧变松了的液压系统接头、螺旋圆筒塞； 2. 更换密封轴垫； 3. 用O形环更换新的过滤器元件
泵冒烟，从废气中带出油滴	1. 泵倾斜，开始不能放油； 2. 加错了油； 3. 油单向阀漏油或堵满了东西	1. 打开进口，让泵旋转大约2min； 2. 放油，换上指南手册上建议用的油； 3. 拆开油单向阀，检查它的功能。当油流进，检查阀门应该是密封的，当油满以后，检查阀门是打开的，如果不是这样，则更换单向阀
泵冒烟或从废气中带出油滴	1. 穿过废物箱与进口凸缘相连的回油线被堵满了东西； 2. 过滤器堵满了废弃物； 3. 自动型油过滤器被堵满了	1. 松动进口凸缘相连的液压系统接头，用高压空气把接头吹出，如果需要可用高压空气清洗废物箱； 2. 用O形环更换新的过滤器元件； 3. 更换油过滤器
马达转而泵不转	连接轴磨损或被损坏	更换连接轴、垫圈
泵失灵，马达不转	1. 泵(没油)空转； 2. 叶轮被外物损坏； 3. 进口阀门没有密封，当泵关了时，导致油进了泵体引起叶轮启动时损坏	1. 与生产商联系； 2. 更换叶轮； 3. 更换进口，检查阀门，更换叶片
泵中油呈： ①黑色； ②水样和牛奶样乳化作用； ③黏性不适合，产生油黏	1. 换油间隔时间太长；用错了油；泵过热，燃烧油； 2. 水和水蒸气进了泵； 3. 用错了油型号	建议立即放油，用50%的油和50%的汽油清洗泵，关闭进口转30min。情况严重时，必须反复冲洗几次，放出混合油，更换过滤器，加入说明书中建议用的油型号

第七节 灌装充填设备

灌装充填设备是把经斩拌或搅拌后的肉糜，或者腌制滚揉的火腿肉块等向肠衣内充填的机械，也叫灌肠机。充填机类型多种多样。若按作用力形式分，有手动、气压、液压和电动式；按送料机构形式可分为活塞式和机械泵式；按机器外形可分为立式和卧式；按操作方式可分为间歇式和连续式；按运行时的压力分为真空和非真空灌肠机。

常用的灌肠机有活塞式灌肠机、全自动真空灌肠机、灌装火腿肠专用的 KAP 机等。

一、活塞式液压灌肠机

1. 工作原理

活塞式液压灌肠机由机座、液压系统、挤肉活塞、盛肉缸等组成，其外形如图 4-40 所示，内部结构如图 4-41 所示。电动机通过 V 形带带动齿轮泵，产生压力油。手柄的作用是控制油泵产生压力油的流动方向。操纵手柄，可使压力油进入下活塞的上腔（或下腔），而使下腔（或上腔）的油通过回油管流回油箱。下活塞的作用是把压力油的压力转化为推力，推动挤肉活塞移动。下活塞用铝合金或铸铁制成，它与挤肉活塞用活塞杆连接。为防止下活塞上腔的油漏入盛肉缸内，在活塞杆处用几道橡胶密封圈密封。挤肉活塞的作用是将盛肉缸内的肉糜压入肠衣内。

图 4-40 活塞式液压灌肠机

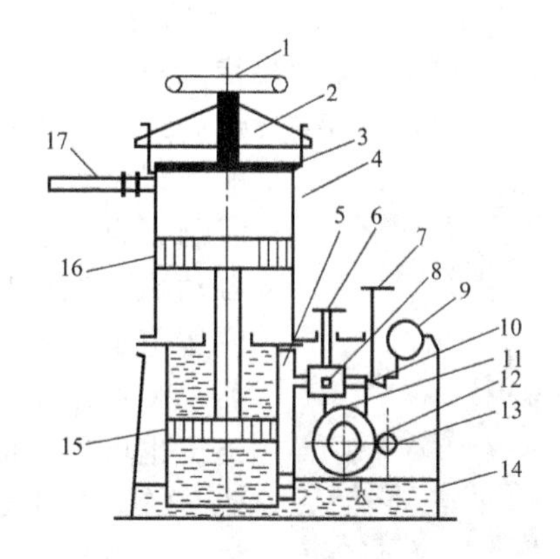

图 4-41 液压灌肠机的结构示意图

1—手轮；2—盖子；3—压板；4—盛肉缸；5—出油管；6，7—手柄；8—油路分配闸门；9—压力表；10—阀门；11—回油路；12—齿轮油泵；13—电动机；14—滤油器；15—下活塞；16—上活塞；17—出料口

操作开始时，打开缸盖，将肉糜装满盛肉缸，盖上缸盖，并拧紧缸盖上的手轮。然后启动电动机带动齿轮油泵产生压力油，操纵手柄，通过油路分配阀门使压力油进入下活塞下腔，推动活塞向上运动。下活塞通过柱塞杆推动上活塞向上移动，对肉糜进行挤压，使肉糜从出料口灌入肠衣。当缸内肉糜用完时，搬动手柄，控制油路，使压力油进入下活塞上腔；下活塞下腔的油通过回油管流回油缸，迫使下活塞向下移动，上活塞也随着下降到底部，完成一个周期操作。

2. 特点

液压式灌肠机压力稳定，操作平稳省力，基本上能保证工艺要求。但不能连续工作，只能间歇操作，且不具备抽真空功能。不过其目前在小型食品厂仍被广泛使用。

3. 操作

① 检查灌肠机整体状况，查看灌肠机内是否有异物。

② 接通电源，启动开关，观察运转过程，看其运转是否稳定。

③ 清洗灌肠机（温水、清水）。

④ 打开盖子，待料缸活塞运行至最低，放入物料，然后盖上盖子，先进行排气，然后灌制。

⑤ 物料灌完后，打开盖子，继续放料。

⑥ 按上述步骤重复操作继续灌制。

⑦ 灌制完成后，取出剩余物料。清洗设备，关闭开关，切断电源。

4. 维护保养

① 每次用完，清洗料缸，内壁涂植物油防锈。

② 定期保养电机和检修液压传动的油路和各种阀门。

5. 注意事项

① 加料要平、实、满，如果料缸不满时要抹平物料表面，并使活塞上升至接近料缸出口，避免内部空气太多。

② 检查料缸盖板的密封圈是否完整、压紧时是否严密，避免物料挤出。

③ 排气时轻开阀门，用料盆挡住灌肠管出口，避免物料快速冲出。

④ 清洗时注意灌肠管内部的清洗。

二、叶片式全自动真空灌肠机

叶片式全自动真空灌肠机是由叶片泵充填、伺服电机驱动、触摸屏显示、微机控制的连续型全自动真空定量灌装机，一般都带有自动扭结、定量灌制、自动上肠衣等装置，还可与自动打卡机、自动挂肠机、自动罐头充填机等设备配套使用。其外形如图 4-42 所示。该机应用范围很广，既可以灌制肉糜肠、火腿肠、火腿等肠衣制品；又适用于天然肠衣、胶原蛋白肠衣、纤维肠衣等分份扭结。也可用于灌装各种瓶装及盒装产品。此机设有叶片自动补偿装置，分份定量准确，且速度很快，每分钟在 200 份以上。传递物料轻柔，而且灌装速度、扭结速度、扭结圈数、每份的重量均可调整。其是在真空状态下进行灌装，料斗可翻转，清洗方便。操作时由真空系统将泵壳内空气抽出，一方面有助于储料斗内物料进入泵内，另一方面排除肉糜内的残存空气，可提高成品质量，延长保质期。

图 4-42 叶片式全自动真空灌肠机外形图

1. 主要结构

真空灌装机由锥形料斗、灌制嘴、叶片转子、定子、出料口、吸空筒状网套、电机及抽真空传动系统、机械传动系统等组成，机座为不锈钢材料制成。

2. 工作原理

物料由提升机倒入锥形料斗内，启动电机，物料靠自重和外压力以及泵形成的负压充入泵腔。由于转子偏心块安装在定子内腔中，且转子滑槽中的叶片随着转子旋转，并进行周期性的径向游动，当叶片转到进料口的位置，两个叶片与定子、转子组成的容积最大，叶片带着物料一起旋转。然后容积逐渐变小而产生压力，到出馅口位置时容积最小、压力最大，在此压力作用下将物料通过灌肠嘴挤出泵体从而进行灌肠。原理如图 4-43 所示。

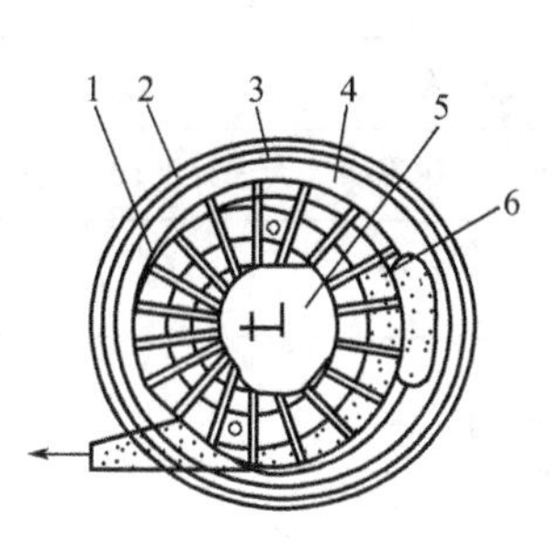

(a) 叶片泵的工作过程
1—叶片； 2—机体；
3—密封圈；4—定子；
5—偏心块；6—转子

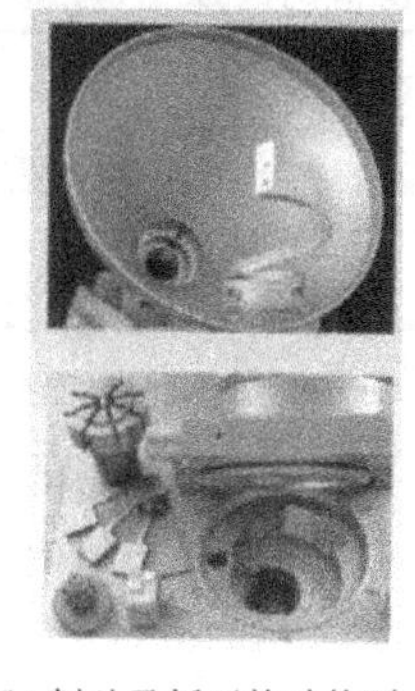

(b) 料斗及拆开的叶片泵

(c) 安装后的叶片泵

图 4-43 叶片式全自动真空灌肠机的原理结构

这种灌肠机能够自动定量，供料量主要是由叶片间形成的空腔体积的变化所决定，因此实际排放出来的肉馅是“体积”，而不是重量。

3. 操作保养

① 打开锥形料斗检查转子、定子内是否有异物，将定子、转子、叶片擦干净并安装转子。

② 按所需口径选择好灌装嘴，冲刷干净后安装在出料口上。

③ 由提升机提升上料斗，把原料肉倒入锥形料斗内。

④ 启动真空泵开关，调整真空调整旋钮，检查真空度是否达到要求。

⑤ 将肠衣套在灌装嘴上，用腿靠开关（即微动开关）启动叶片泵进行灌注。灌制速度凭实践经验和后续处理速度调整调速旋钮进行控制。定量灌制通过定量调整按钮来控制。生产过程中，要控制好产品的饱满程度和物料重量。

⑥ 灌制过程中，要经常观察物料的进料情况，不得无料运转，以免叶片与定子腔摩擦而造成损坏。

⑦ 生产结束后，切断电源。拆卸时先打开锥形料斗，后取出叶片、卸下转子，拆卸灌装嘴。

⑧ 将设备冲洗干净。定子腔内应适当涂抹食用润滑油。

⑨ 每周检查油箱油位，以免马达缺油。

4. 常见故障及分析

表 4-4 所示为机器常见故障、原因以及维修方法，供参考。

三、火腿肠自动充填机

KAP 是日本吴羽株式会社生产的一种高自动化灌装设备，原名“克瑞哈龙自动包装机”(Kurehalon auto packing)，它使用具有极强的阻挡性、不透氧气和水分的聚偏二氯乙烯树脂（PVDC）制成的薄膜，可用来生产肉类灌肠。1956 年，用“KAP”机使用 PVDC 包制的鱼肉灌肠投放市场后，很快就成为一大热门商品，使食品行业进入了一个新的时代。1970 年在韩国也掀起了同样的商品热潮。1990 年以来，用 KAP 生产猪肉火腿肠、牛肉火腿肠、鱼肉火腿肠、肌肉火腿肠、维也纳香肠等，作为常温保存的方便食品，在中国也掀起了生产的高潮。灌装火腿肠的还有日本的 ADP、美国的 KP 和国产的 ZAP，它们的原理基本相同，现在绝大多数用得是 KAP，如图 4-44 所示。

表 4-4 机器常见故障、诱因及分析

故 障	原 因	解决办法
传动马达不工作	电源没接好或保险丝熔断	检查电源或更换保险丝
辅助机器气缸压力不足	气缸调压器上的压力太低	按汽缸调压气的操作说明加大汽缸上调压气的工作压力
螺旋喂料传动装置转动不灵活	螺旋喂料传动装置缺少润滑	润滑螺旋喂料传动装置
不能完成填装功能	1. 真空管被肉块堵塞； 2. 真空泵过滤器被堵塞； 3. 灌装稠料没有安装反转臂； 4. 没有安装刮削器； 5. 肉料太冷或太硬； 6. 泵叶片插入不正确； 7. 泵润滑不充分	1. 清洗真空管； 2. 清洗或更换过滤器； 3. 安装反转臂； 4. 安装刮削器； 5. 肉料温度不要低于－5℃，使肉料软一点； 6. 使泵叶片凹处对准转子中心； 7. 润滑泵
泵不停	称量旋钮在两个调整位置之间	调整称量调节旋钮定位销位置
不能连续地调节压力	1. 程序错了； 2. 辅助机器设备的排气量超出了灌装机器的最大能力	1. 改正程序； 2. 降低排气量
分份不准确	1. 环境温度太低； 2. 肉料太冷或太硬； 3. 硬料没有安装反转臂； 4. 灌装速度太高； 5. 灌装管太长或太窄； 6. 残余塑性流动的肉在分份位置飘动； 7. 称量器没接上，或开关断开或损坏； 8.“延长暂停”时间设置太短	1. 运转机器时温度升高； 2. 肉温不能低于－5℃； 3. 安装反转臂； 4. 降低灌装速度； 5. 安装大直径的短灌装管； 6. 增加分份末端与结扎断开的时间，当肉料被切割时，尽量减少进入的空气量； 7. 接上称量器，打开开关，维修或更换； 8. 适当设置“延长暂停”时间
肉料的真空度低，灌装的产品有空穴	1. 真空设置太低； 2. 真空系统被堵住； 3. 独立的盛水容器或盖有漏洞； 4. 分离器的过滤装置被堵塞； 5. 布料器没有安装反转臂； 6. 肉料温度太低； 7. 真空泵过载脱扣跳闸； 8. 肉料中含有大量空气； 9. 布料器中的肉料在反转臂以下； 10. 机器灌装没有足够压力； 11. 肉块在肉料桶或布料器中黏结	1. 调节真空泵旋钮到最大真空度； 2. 清洗分离器和真空管； 3. 更换盛水容器； 4. 维修清洗或更换过滤器； 5. 安装反转臂； 6. 肉温不要低于－5℃； 7. 恢复过载跳闸，降低灌装速度，如果频繁跳闸，请专门维修人员维修； 8. 准备肉料要仔细； 9. 肉料要高于反转臂下部 1/3； 10. 增加压力； 11. 提高加工肉料的速度
分份之间不能充分切割	1. 肉块太大，启动操作的打卡机不能完成卡扣速度； 2. 回收补偿装置出了故障	1. 灌装分份以适当的规模结束，确保足够的空气压力； 2. 检查维修补偿装置
肉料沉淀	1. 灌装管太长或直径太小； 2. 肉料温度过高或过低； 3. 没有安装反转臂； 4. 灌装速度太高； 5. 真空度太低； 6. 原料在反转臂以下； 7. 泵太热	1. 用尽可能短或管径粗的灌装管，冷切肉料并检查切割操作； 2. 肉温不低于－5℃； 3. 安装反转臂； 4. 降低灌装速度； 5. 调节真空泵旋钮到最大； 6. 肉料要高于布料器反转臂下部 1/3 处； 7. 用冰调节肉温冷却泵，检查送风机功能

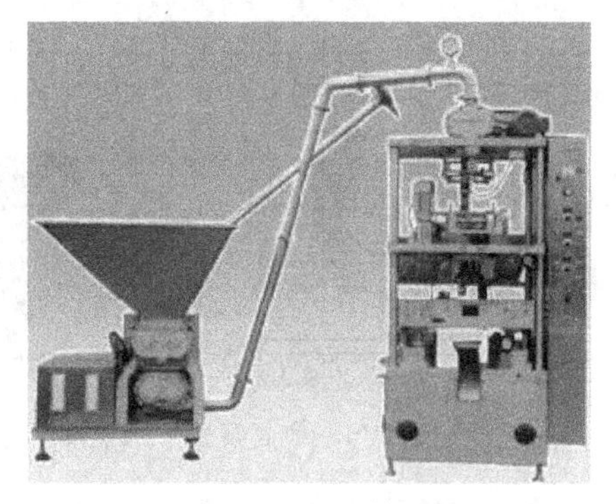

图 4-44　KAP 外观图

KAP 有四个型号，500 型是标准机、N 型是维也纳香肠专用高速填充机、1300 型是粗香肠专用机、2000 型是高速填充机。

1. 工作原理

如图 4-45 所示，当已搅拌好的肉料送到料斗 4 中后，由料斗 4 下的回转着的喂入辊 3 喂入地面泵 2，再经机上泵 12 增压后进入填充管 14 与肠衣汇流；肠衣薄膜经成型板 5 及纵封机构纵封成筒状的肠衣，进而由肠衣进给滚轮（薄膜进给辊轮，8）作纵向进给，肠衣填充了肉料，起先是棒状物，当其运行过挤空机构时被等距挤压分节，在分节处留下空肠衣；在往复台 10 内（各卡一枚）完成结扎封口；最后由往复台 10 内的切料装置从分节处的中点切断，从而得到符合规格长度的半成品火腿肠。

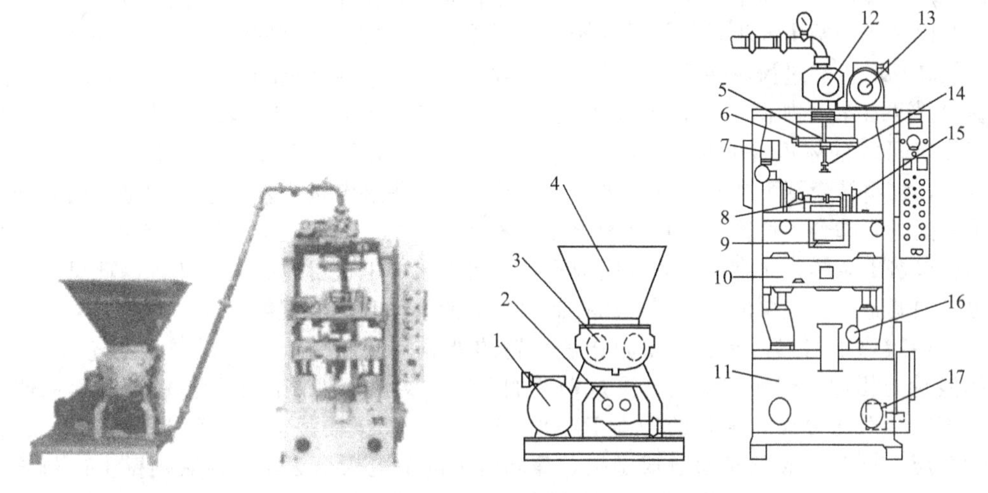

图 4-45　KAP 工作原理

1—电机及地面泵变速-减速器；2—地面泵；3—喂入辊；4—料斗；5—成型板；6—薄膜输送辊；7—电机及薄膜进给变速-减速器；8—薄膜进给辊轮；9—挤空机构；10—往复台；11—驱动箱；12—机上泵；13—电机及机上泵变速-减速器；14—充填管；15—挤空差动装置；16—调整装置；17—电机及三级皮带轮

该机具有多种机械功能，即自动打印、定量充填、塑料肠衣自动焊接、充填后自动打卡结扎、剪切分段等功能。其可在一定范围内随肠衣的宽度和长度的改变而改变充填量，有的机器可在每个产品上印刷上生产日期。该机只可使用塑料肠衣，既可灌装高黏度物料或糊状物，又可灌装液体状内容物。该机最大的优点是生产的产品保质期长，生产效率高，自动化程度高，使塑料肠衣规格化。

2. 主要结构

主要有料斗、地面泵（输送辊轴）、送料直管、液压回料管、机上泵、灌肠管、成型板、焊接肠衣机构、薄膜供给辊轮、日期打印装置、挤开滚轴、结扎往复式工作台、自动监测装置、机械传动机构、机座、控制系统等组成。

（1）地面泵　其外形如图 4-46 所示。工作时先将物料倒入料斗，齿轮泵传动由调速电机通过链条与链轮带动一对不锈钢齿轮转动。通过两根齿轮轴上的一对齿轮带动加压输送辊，把物料挤压入齿轮泵腔内。同时，物料经齿轮泵不断挤压由出料管输到机上泵。机上泵工作压力一般为 196～245kPa，当输送压力超过此压力极限时，物料冲开减压阀进入回料管，返回料斗内。地面泵的电机可以无级变速，因此可以随时调整（也必须调整）地面泵的供料量。

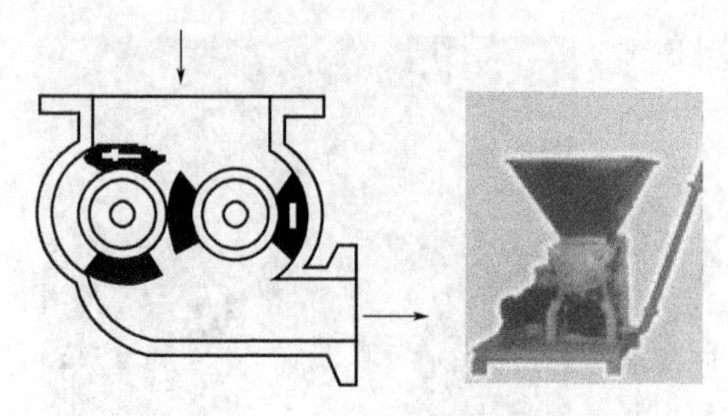
图 4-46　地面泵外形示意图

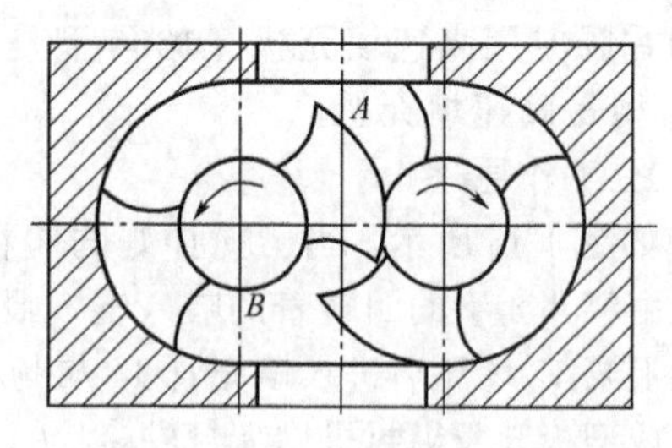

图 4-47　机上泵原理示意图

物料在输送辊和齿轮泵之间被压缩，迫使充填物料内的空气分散并由料斗上口排出，从而提高了灌装产品质量。

(2) 机上泵（叶片泵）　机上泵在调速电机的作用下，经链条链轮机械传动机构带动叶片泵中的叶片轴转动，从而带动泵腔内 2 个叶片轮相向旋转挤压物料，经输出口进入灌肠嘴。机上泵主要由泵体、两个大小相等的斧式转子和泵盖组成，转子分别固定在两根传动轴上。当一根主动轴转动时，通过齿轮转动，带动另一根轴同步转动，从而使两个转子同时转动。如图 4-47 所示，当两个转子如图示方向转动时，上半腔中左转子的斧头从右转子的凹槽中逐渐退出，密封工作空间 A 的体积由小变大，形成一定负压，物料从上面的入料口被吸入泵内。随着转子的旋转，物料被带到下半腔。在下半腔，右转子的斧头逐渐进入左转子的凹槽，两转子凸起与凹槽逐渐进入啮合，使密封工作空间 B 的体积减小，压力升高，将具有一定压力的物料从下面的出料口挤出泵体，送到出料管处完成充填。机上泵的电机可以无级变速，因此可以随时调整（也必须调整）机上泵的供料量，以控制火腿肠的重量和饱满程度。

(3) 薄膜供给与热合装置　薄膜送进滚轮的外缘是橡胶树脂，一对送进滚轮夹着薄膜，薄膜随滚轮的相对旋转而被拖动，形成薄膜的不断供给。靠外侧的滚轮能够通过手柄使之与另一个滚轮接触与分离。片状的一卷 PVDC 薄膜经 3 个导辊装置导入肠衣成型板，成筒状并自然叠压。同时，灌肠管通过成型板，灌肠管上的负电极（紧贴在薄膜内壁上）与压在薄膜外部的正电极碳棒对向下行走的叠压部分薄膜由高频震荡电流进行热合，这样，片状的 PVDC 薄膜就变成了筒材，即可盛放由灌肠管送来的料馅。填有料馅的筒状薄膜在上述薄膜送进滚的作用下，继续下行。如图 4-48～图 4-50 所示。

成型板的位置可以在小范围内调整，既调整了薄膜叠加的宽度，同时也调整了火腿肠的重量。热合的高频电流也可以调整频率，以达到热合的最佳匹配。薄膜送进辊的电机也是无

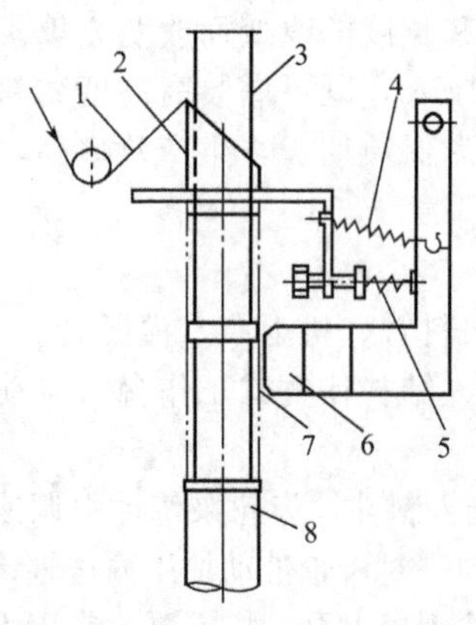

图 4-48　纵封机构示意图

1—肠衣薄膜；2—成型板；3—填充管；4—拉伸弹簧；5—压缩弹簧；6—(+) 电极；7—(−) 电极；8—肉料

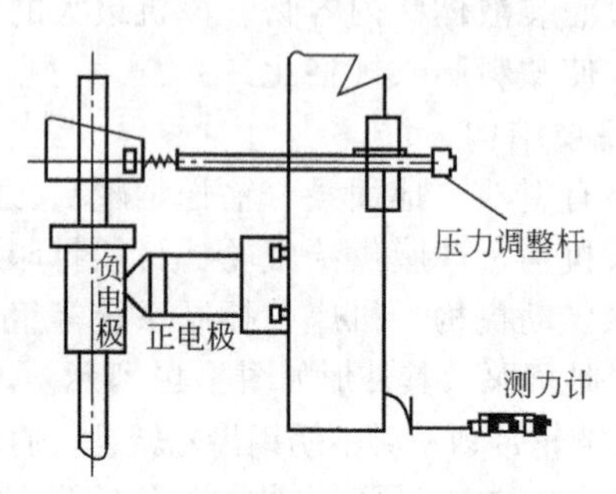

图 4-49　正电极压力的调整

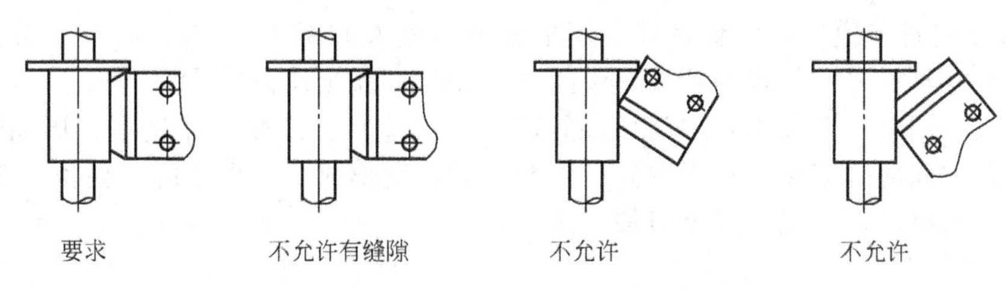

图 4-50　正负电极的纵向位置要求

级变速，可以随时调整送进速度，以调整产品长度和重量。

(4) 打印装置　在薄膜送进成型板之前（片材），有一套打印装置。打印滚轮上粘贴有字模，滚轮旋转到下方时，字模浸蘸油墨，旋转到上方时，与正在运行的薄膜接触，即将字迹打印在薄膜上。随即，由吹风机送进的热风将字迹吹干。

字迹主要是生产日期、班次，同时也可打印上公司名称、车间代号、操作人员代号等。滚轮的旋转速度与往复台的速度同步，以确保每件产品上都有生产日期。

(5) 挤开滚轴　随着填充有肉馅的薄膜的下行，在往复台与薄膜送进滚轮之间有一对挤开滚轴，回转的线速度与薄膜下降速度同步，并在曲柄的带动下完成合并、分离动作。当滚轴合并时，将肉馅挤向中间部位，使一段筒状薄膜挤空，以便结扎。

挤开位置可以调整，以确定两个滚轴的合并时间和分离时间，确定挤开长度和火腿肠长度（重量）。

挤空机构的组成如图 4-51 所示。托架 5、5′安装着与薄膜送辊以同一圆周速度旋转的挤空辊 6、6′，将以 E、F 为支点，沿箭头方向启开或闭合，按一定的间距进行挤空。托架 5、5′依靠挤空凸轮轴 2 上挤空凸轮 3 的旋转，通过滚动滑环 4 使托架 5 与 5′发生相对开闭动作。从而按凸轮 3 的运动周期使肠衣等距分节挤空。挤空辊 6、6′的旋转是由电动机驱动薄膜送进变速-减速器继而带动薄膜输送辊 A 经齿轮 B、C、D；用齿轮系 9、8、7 来传动的，从而保证了挤空时挤空辊 6、6′的线速度与肠衣薄膜的进给速度同步，故在分节中不会影响肠衣的连续进给。挤空凸轮由 3、3′两个组成，可通过凸轮有效角度的调节，使挤空辊闭合时间发生变化，从而改变挤空长度。另外，凸轮 3 由主传动机构经链传动，以挤空差动装置带动，从而使之与结扎机构同步。与挤空凸轮 3 相连接的挤空差动机构，可使凸轮轴 2 的转速在旋转中发生变化，所以挤空位置也能够加以改变。

(6) 往复台（结扎装置）　往复工作台以电机为动力，靠联合减速器、曲柄装置把圆周运动变成上下直线往复运动。电机经一级皮带轮传动减速后带动曲轴、曲柄传动机构，并通过曲轴驱动齿轮带动另一曲轴旋转，用曲柄促使往复工作台上的上下定位丝杆轴运动，从而使工作台上下移动。曲柄旋转的直径即是工作台的行程距离。曲柄旋转半径的大小一致保证了两个曲柄传动机构左右互为对称。

往复工作台的工作目的是为结扎（打卡）机构铝丝卡位和香肠剪切分段。结扎机构是由联合减速器内十字轮传动机构连接水平伞齿轮转动，把水平旋转变成垂直旋转来实现的。连接水平伞齿轮的偏心花键竖轴在工作台上下移动时，轴导位部分和花键套中的偏心花键轴同时上下旋转。旋转的偏心花轴上的小偏心轴传动机构带动工作台上结扎曲柄机构，推动金属打卡膜打卡。铝丝输送由固定在曲轴上的凸轮把铝丝输送进入工作

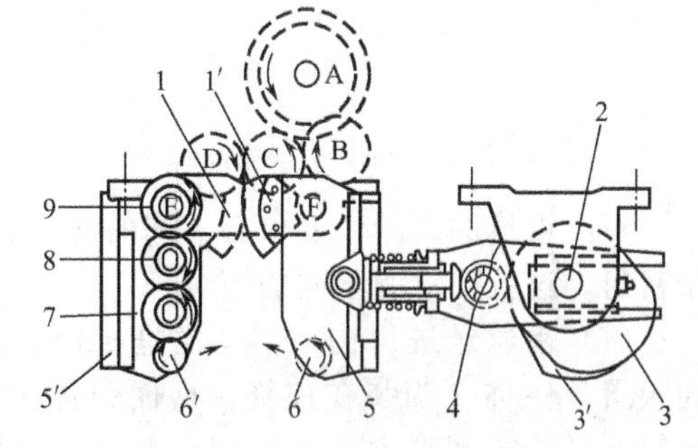

图 4-51　挤空机构示意图

1，1′—扇形齿轮；2—挤空凸轮轴；3，3′—挤空凸轮；4—滚动滑环；5，5′—托架；6，6′—挤空辊；7，8，9，A，B，C，D—齿轮

台内的U形金属打卡模内，由金属打卡模把铝丝切断并打成U形卡。U形卡分上下两组，两个梅花卡正好打在挤空位置的两端，中间的间隙为切断预留位置。

打卡完成的同时，金属模具中间加层的切刀（刀片）在凸轮的作用下，周期性地伸出，将上下梅花卡中间薄膜切断，打卡在先、切断在后，就形成了一根根的火腿肠。切断后的香肠通过出料导槽滑出，完成定量充填加工工序。

如图4-52所示，安装在往复台8内的结扎机构是由结扎模（包括二次成型上型、下型）1及驱动其运动的曲柄连杆机构组成。主传动系统同时带动结扎机构和分节机构，以保证结扎与分节动作同步，使铝卡准确对准且不影响火腿肠的连续运行。驱动电机M3的动力经一对锥齿轮5带动两根曲轴3回转，而使结扎模1作开合运动，把经过一次成型而成的U形铝卡冲压成环并扣紧固着在火腿肠分节处空肠衣的上、下端各一枚。同时，主电机M3经偏心轮4（两件）、连杆7带动整个结扎机构做上下往复运动，与火腿肠的进给速度同步。与锥齿轮5相啮合的从动锥齿轮和曲轴3之间以花键或滑键相连，从而使结扎模的开合运动和整个结扎机构的往复运动得以同时实现而不发生干扰。

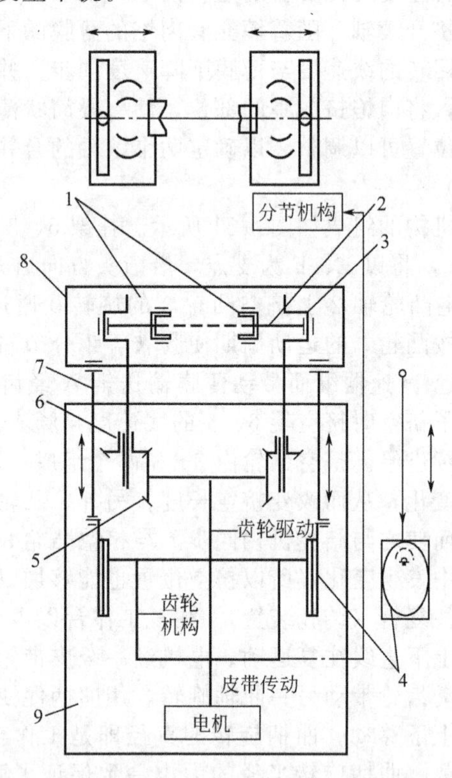

图4-52 结扎机构及主传动系统示意图

1—结扎模；2，7—连杆；3—曲轴；4—偏心轮；5—锥齿轮；6—花键；8—往复台内结扎机构；9—主传动系统总成

不同重量的产品，要求有不同的薄膜宽度，不同的薄膜宽度要求与不同的铝丝来形成卡扣密封，这就要求有不同的模具。

（7）铝丝送进机构 铝丝送进机构是将结扎用铝丝送到往复台内金属模（一次成型）的装置，主体1安装在往复台后面壳体上，由铝丝卷轴出来的铝丝将通过导辊在铝丝夹送辊8及6之间夹紧，并送到往复台金属模内。往复台的凸轮连杆机构带动和铝丝送进杆驱动销2相连接的铝丝送进杆，安装在轴5上的凸轮离合器4开始转动，并使夹送辊6和8旋转，送出夹送的铝丝。凸轮离合器4是起止回作用的圆筒状特殊离合器，能使与销2连接的铝丝送进杆的往复运动变为单向运动。铝丝送进的多少可通过调节螺栓3进行调节（图 4-53）。

(8) 控制系统　KAP 机具有安全互锁装置和检测装置。当手动摇把没有放入固定位置时，全机不能启动，以确保安全，这是有一个行程开关控制（当摇把压紧时，即可启动）；当薄膜用完或遇到接头时，进行蜂鸣报警并全机停机，这是有一个光电控制系统构成；当热合不佳、料馅泄漏时，蜂鸣报警并全机停机，这是通过紧贴在热合线处的金属链（薄膜送进滚下方）导电控制的；还有一个快速启动按钮，当一切都调试正常，可以通过这个按钮进行全机传动部分的同时启动，以达到快速生产、节约原辅材料的目的。

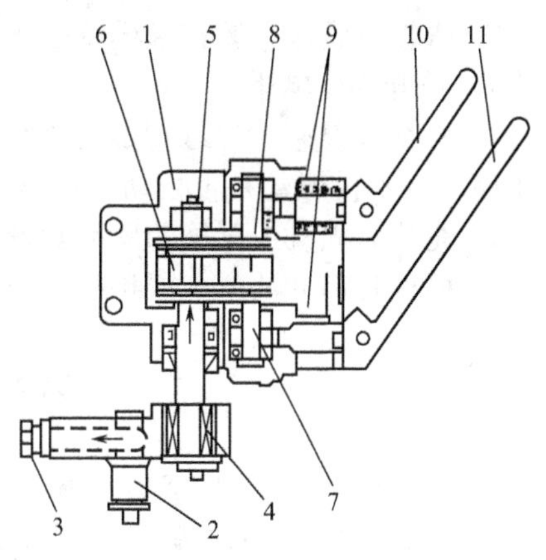

图 4-53　铝丝送进机构示意图

1—主体；2—铝丝送进杆、驱动销；3—调节螺栓；4—凸轮离合器；5—轴；6—铝丝夹送辊蜗杆；7—夹送辊轴；8—夹送辊（两副）；9—压紧弹簧；10，11—开闭杠杆

3. 操作保养

(1) 设备安装密封检查　操作前检查各连接部件（特别是管箍）安装是否严紧，避免物料在输送过程中空气混入或充填物外漏。

(2) 薄膜密封试验

① 薄膜装在主机上，依次通过制动器、导辊、成型板、灌肠管、薄膜输送辊。手拉薄膜，检查薄膜制动器和薄膜叠加宽度。薄膜制动器平衡块可根据薄膜规格、线速度来调节，薄膜叠加的宽度由成型板调节。

② 打开开关，启动薄膜送进旋钮，输送辊的速度可通过变速电机调节；启动热合旋钮，放下正电极碳棒，调节高频振荡器频率，使热合良好。

(3) 结扎实验　把制动马达开关转到“安全手动”位置，用手盘车使往复工作台运转一周。待确认金属打卡模具不相碰撞时，把铝丝输送杆倒向右，在一次成型机上插入铝线。再把铝线夹输送杆向左，用手转动，操作工作台使 U 形卡结扎，检查 U 形卡空打有无异常现象，务必使卡扣高度、形状符合要求。

(4) 生产运转　自动运转—启动地面泵旋钮—启动薄膜输送旋钮—启动密封旋钮—启动机上泵旋钮—启动结扎装置启动旋钮—进入运转状态。在生产过程中，务必不断检查并调整字迹的清晰程度、热合的牢固程度、卡扣的形状和牢固程度、产品的长度和重量等。

(5) 运转停止

① 把结扎停止旋钮置于“OFF”位置，机器全部停止运转；若转动其他旋钮，部分部件停止运转。

② 自动停止现象

a. 薄膜用完；

b. 铝丝用完（每卷铝线重 4kg）；

c. 薄膜筒戳穿；

d. 金属打卡模具卡位或错位；

e. 薄膜叠压接缝错位。

③ 安全装置。手摇柄不在固定托内定位时，不要驱动结扎机构；制动马达开关转到“安全手动”位置时，不能驱动结扎机构；控制盘处于 KCB-W1 位置时，关闭链开关，全部马达停止运转。如遇特殊情况，结扎开关断开、主开关断开时，机器停止。

(6) 清洗及检查

① 生产结束后，清洗全部泵配管、地面泵料斗、输送辊、不锈钢齿轮及机上轮、填充管等部件。

② 清扫薄膜、金属打卡模（适当加油）、薄膜输送辊，排除夹辊脏物并更换垫块（每周一块），松开铝丝输送夹。

③ 检查薄膜输送辊运转是否平稳，各弹簧出销滚子是否正常，每天检查金属打卡模是否相碰、打卡模螺丝是否松动、成型环是否正常。

④ 充分紧固机上泵轴的紧固螺丝。

⑤ 检查各部分油位，严格按油类加油，发现油质变性应及时更换。

第八节　烟　熏　炉

烟熏产品无论在中国或欧洲都是一种颇具特色的传统食品，它以其独特的风味和良好的耐藏性，备受消费者的青睐。烟熏作为一种工艺，它是利用木材、木屑、甘蔗皮、红糖等材料的不完全燃烧而产生的熏烟，使肉制品吸收而增添特有的熏烟风味，以提高产品质量的加工方法。烟熏的作用主要是：肉制品吸收烟雾而增添特有的熏烟风味；产生特有的黑褐色泽；具有一定的杀菌防腐功能。但随着目前杀菌防腐技术的提高，烟熏主要起到了赋予风味的作用。像烟熏香肠、烟熏鱼块、果木烤肠、烤里脊等肉制品深受消费者的欢迎。在当今的肉制品加工行业，烟熏是肉制品加工技术中讨论最多且最重要、最复杂的工艺之一，而烟熏设备是制作烟熏肉制品必需的设备。

肉制品加工中常见的烟熏方法有，按照产生烟雾的状态可分为气态烟熏法（木熏法）和液态烟熏法（液熏法）两种；按照烟熏的温度可分为冷熏（30℃以下）、温熏（30～50℃）、热熏（50～800℃）；按照发烟方式可分为直接发烟式和间接发烟式等。

直接发烟式最常用的设备就是烟熏土炉，常用在小型食品企业，间接发烟式以前用的是半自动烟熏炉，现在用的是全自动烟熏炉，它们都分为烟熏室和发烟器两部分，发烟器用于制造熏烟，通过烟道进入烟熏室来熏制产品。不管什么形式的烟熏室，应尽可能达到下面几种要求：一是温度和发烟要能自由调节；二是烟在烟熏室内能均匀扩散；三是要防火、通风；四是熏材的用量要少；五是建筑费用应尽可能的少；六是操作便利，可能的话要能调节湿度。

本节只介绍全自动烟熏炉。

一、烟熏炉的工作原理

全自动烟熏炉是目前世界上最先进的肉制品烟熏设备，除具有干燥、烟熏、蒸煮的主要功能外，还具有自动喷淋、自动清洗的功能。适合于所有烟熏或不烟熏肉制品的干燥、烟熏和蒸煮工序。其外观和工作时情景如图 4-54 和图 4-55 所示。

烟熏室用型钢焊接而成，内外均用不锈钢制造，中间有良好的绝热层。由烟雾发生器生成的烟由下而上吸入室内顶部的鼓风机，经增压后再从两侧喷嘴喷出，对室内肉制品进行烟熏，部分烟雾则从顶部经防污染的过滤器过净后排出。在增压区内设有蒸气加压装置，以保

图 4-54　全自动烟熏炉的外观

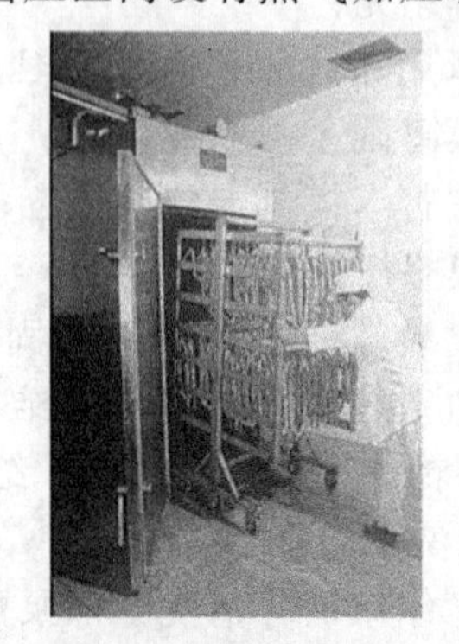

图 4-55　全自动烟熏炉准备工作

证烟雾流动速度并保持一定湿度。在鼓风机下部设有热交换器，供给干燥用的温风和冷却所需的冷风以及湿热蒸汽，完成干燥、冷却、蒸煮工作。烟发生器设在烟熏室附近，供给新鲜熏烟。室外壁设有 PLC 电气控制板，用以控制烟熏浓度、烟熏速度、相对湿度、室温、物料中心温度及操作时间，并有仪表显示。其原理如图 4-56 所示。

二、烟熏炉的分类与结构

1. 分类

全自动烟熏炉按照容量可分为一门一车、一门两车、两门四车等型号，也可以前后开门，前门供装生料使用，对准灌肠车间，后门供冷却、包装使用，对准冷却或包装间，这样生熟分开，有利于保证肉制品卫生，分别叫做两门一车、两门两车、四门四车型。意思是指一个烟熏炉内能容纳的烟熏架（车）的数量，也是烟熏炉生产能力的真正体现。烟熏架如图 4-57 所示。

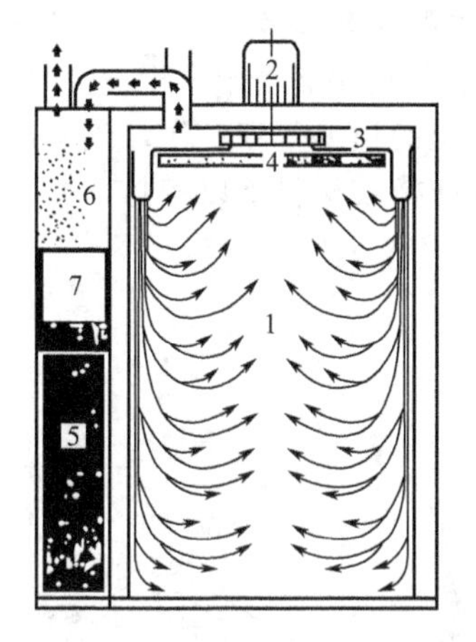

图 4-56　烟熏炉原理示意
1—烟熏室；2—鼓风机；3—增压区；
4—热交换器；5—烟雾发生器；
6—滤烟器；7—电气控制板

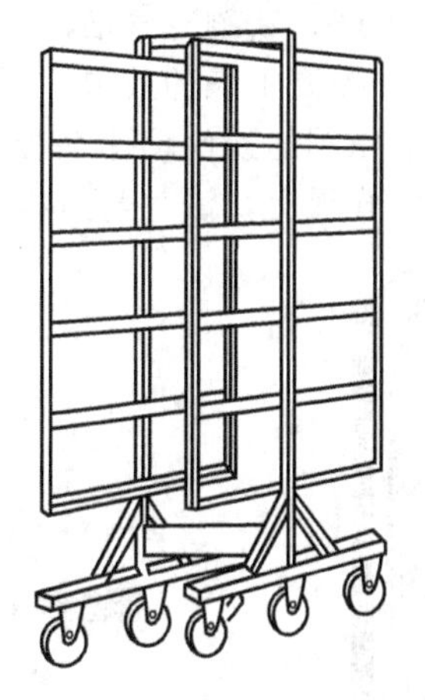

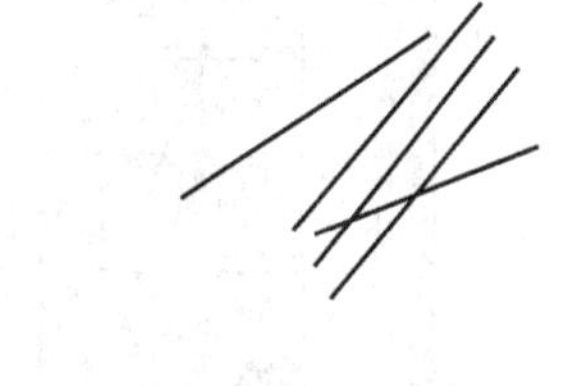

图 4-57　烟熏架

2. 结构组成

设备结构由金属箱体、箱门、加热器、加热机组、循环风机、交替活门、新鲜空气活门、排气风机、倒气管、洗涤器、烟雾发生器、气动控制系统等部分组成。

(1) 箱体　以普通角钢作为骨架，内外多数采用 1～1.5mm 的不锈钢板，既卫生又便于清洗。中间填充硬脂聚氨发泡材料，或矿渣棉等隔热材料，增强了绝热性。组装时在各板的缝隙处用特制的橡胶带和专用密封涂料加以密封，并采用内外夹板和自攻螺钉予以固定，成为坚固的一体。

(2) 箱门　采用不锈钢板外壳，中间填充硬脂聚氨发泡材料、矿渣棉等隔热材料，每扇门用两个可调铰链与箱前面板连接，每扇门上并装两个压杆锁柄，可从任一方向开锁，门与箱前板采用全向密封条加以密封，烟熏架进口处，装有不锈钢倾斜板桥，供架车进出。

(3) 加热机组　此是循环热交换设备的核心部分。其中加热器又称热交换器，是一组平行排列的不锈钢排管。工作时需供给 6～10kg/cm^2 饱和蒸汽。此外，根据工艺要求按程序需向混合热空气中配进湿蒸汽，即所谓增湿。增湿装置放在加热装置的对称位置，经过减压后的 0.5～2kg/cm^2 蒸汽通过电磁先导气动阀直接配进箱内，增加湿蒸汽的耗量，整个箱内温度通过热循环在不配进新鲜空气时能够达到 100℃以上，以保证烟熏和蒸煮的温度。加热机组如图 4-58 所示。

(4) 循环风机机组　主要由一台（或两台）特制风机组成，该风机的叶轮必须符合风量大、噪声小、耐腐蚀、运输稳定的设计要求。循环风机的吸入端借助于固定夹板安装在加热

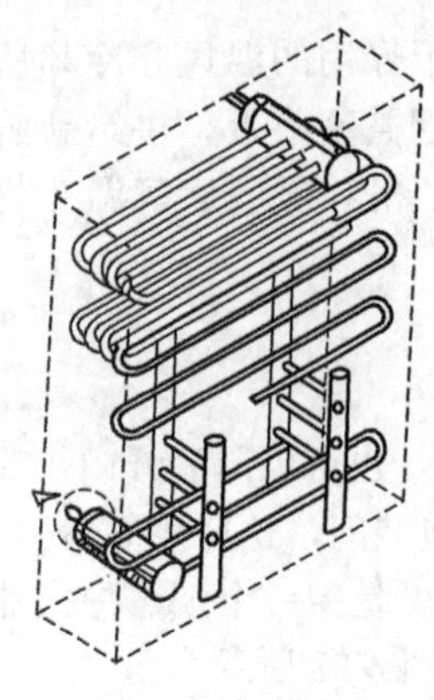

图 4-58 加热机组结构示意图

机组的顶板上。交替活门是构成循环风机机组的另一个重要部件，交替活门的开启调节受一台减速机通过链条带动，特制的风机叶轮不允许有任何木焦油等存积物，必须经常保证处于动静平衡良好状态下稳定运转。如图 4-59 所示。

(5) 导气管装置 此装置安装在交替活门的后面、烟熏箱上顶板左右两侧，为全不锈钢结构，导气管设有许多锥形喷嘴，运转时循环风机不断地将热空气、蒸汽、烟雾等混合气体通过交替活门注入导气管，然后通过喷嘴喷射到烟熏箱内，运转中左右活门交替开闭，形成稳定的气流，使被加工的食品平衡均匀地达到干燥、烟熏、熟化和灭菌的目的。导气管装置如图 4-60 所示。

(6) 新鲜空气活门 用于向箱内配给新鲜空气，以取得改变湿度、提高干燥的效果。平板式活门安装在平行导轨上，通过汽缸驱动。汽缸受电磁阀控制，电磁阀的换向动作又受电器控制系统的预编程序动作，该机组采用法兰螺栓连接在加热器的后背板上，法兰与后板之间采用特殊橡胶材料予以密封。

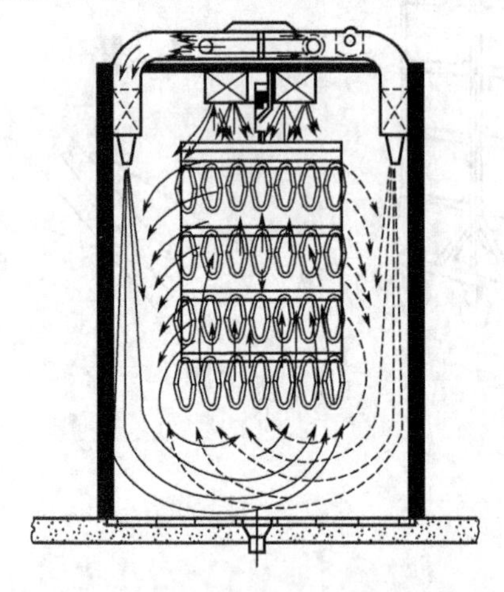

图 4-59 全自动烟熏室内的烟流状况

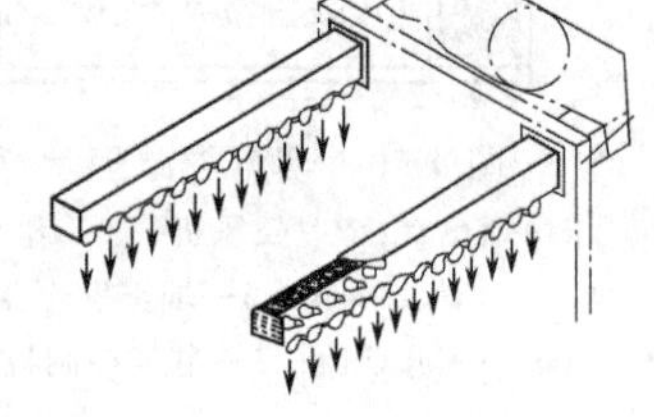

图 4-60 导气管结构示意图

(7) 排气风机 设计为轴流式风机。风机借助于法兰及压紧板与箱顶板连接，一般可根据排气出口现场位置在 360℃范围内任意调整。整机由不锈钢制造，风机经特殊设计排气量较大，可在短时间内排掉箱内的气体。一般工艺要求为：在完成熟化、灭菌全部工艺的最后一步为排气工序，排空后便可开门取出成品。

(8) 烟雾发生器 其为木料产生烟雾的装置。木料在烟雾发生器内，不是明火，而是闷燃，浓烟通过洗涤净化后，通过电磁先导气动阀压送到加热循环系统，对炉内的肉制品进行烟熏。目前的全自动烟熏炉、半自动烟熏炉都采用这种发烟装置，也就是发烟和烟熏是在两个不同地方进行的。

安装位置有三种：烟熏室的旁边、门上、烟熏室后面。从操作的方便性和占地面积来看，以安装在门上的为好。

常用的烟雾发生器有以下几种方式。

① 燃烧法 将木屑放在电热燃烧器上燃烧，所产生的烟雾借风机与空气一起送入烟熏室内，烟熏室的温度取决于烟的温度和混入空气的温度，烟的温度通过木屑的湿度进行调节。这个方法一般以空气的流动，将烟雾附着在制品上。发烟机与烟熏室保持一定距离，以防焦油成分附着过多。这种装置，是我国最早在烟熏炉上采用的装置。如图 4-61 所示。

② 摩擦发烟 此方法是应用钻木取火的发烟原理，在硬木棒上施加压力，使硬木棒与带有锐利摩擦刀刃的高速转轮接触，通过摩擦发热使削下的木片热分解产生烟，烟的温度由

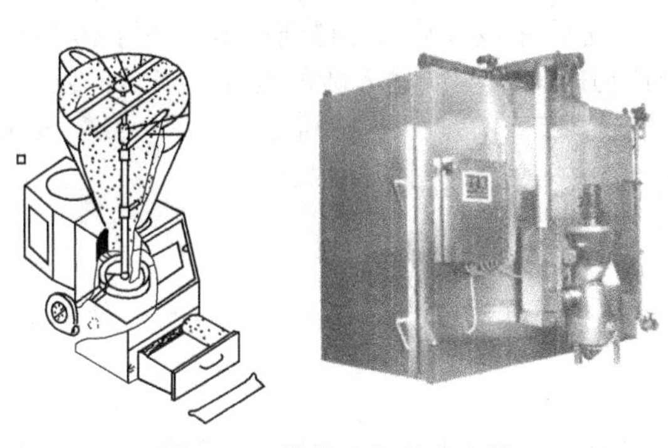

图 4-61 燃烧法烟雾发生器

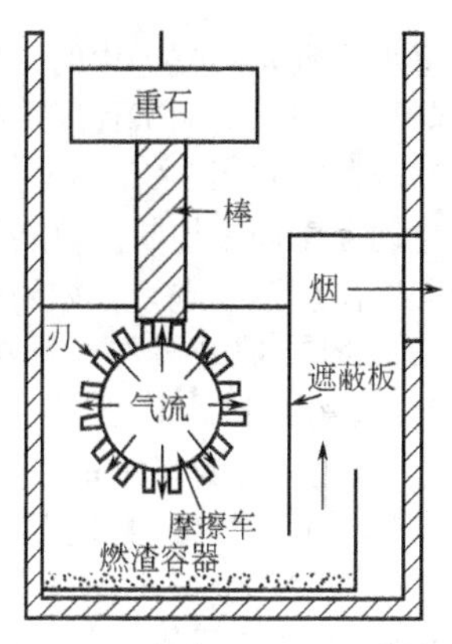

图 4-62 摩擦发烟装置示意图

燃渣容器内水的多少来调节。如图 4-62 所示为摩擦发烟装置示意。

③ 湿热分解法 将水蒸气和空气适当混合，加热到 300～400℃，高温热气通过木屑产生热分解，因为烟和蒸汽是同时流动的，故变成潮湿烟，由于温度过高，需经过冷却器冷却后进入烟熏室，此时烟的温度约为 80℃，冷却可使烟凝缩，附着在制品上，故此法又称凝缩法，其装置如图 4-63 所示。这种烟熏方法，要比其他干热的方法烟熏效果好，烟雾附着得多，颜色也深，又不容易退色，同时由于在 300～400℃发烟，能够减少或根本不产生有毒的苯并芘，是一种理想的烟熏方法。

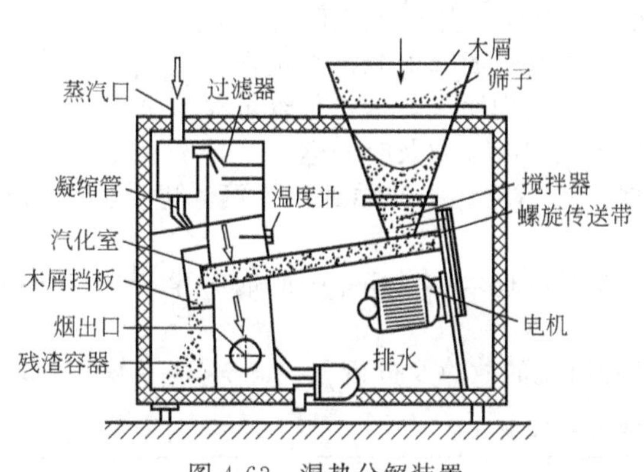

图 4-63 湿热分解装置

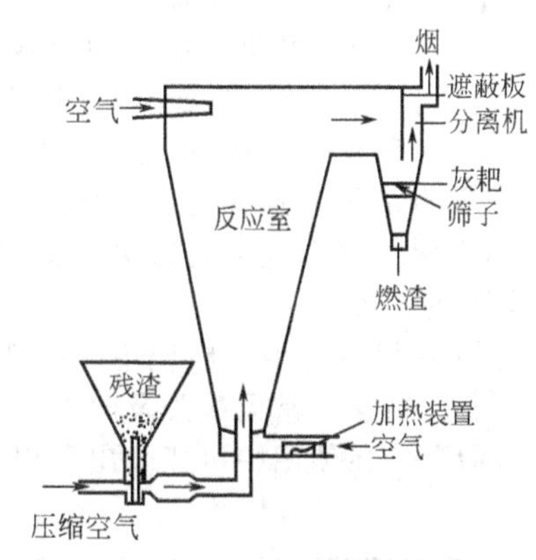

图 4-64 流动加热烟熏装置

④ 流动加热法 如图 4-64 所示，这个方法是用压缩空气使木屑飞入反应室，经过 300～400℃的过热空气，使浮游于反应室内的木屑热分解，产生的烟雾随气流进入烟熏室。由于气流速度较快，灰化后的木屑残渣很容易混入其中，需要通过分离器将二者分离。

(9) 清洗装置 清洗装置是由蒸汽喷射器和控制元件组成。它可把清洗液或水喷射到箱内各个部分，定期清洗箱内所有循环系统的各个部件的焦油、污物，以保证热效率和产品的卫生。目前广泛采用 CIP 就地清洗技术。

(10) 气动控制系统 该系统与电气控制系统形成一个控制总体，它由空气压缩机、储气罐、安全阀、压力断电器、气水分离器、调压阀、气压表、油雾器和电磁阀、截流阀等组成供气部分，通过执行元件-汽缸达到动作目的。全套气动系统是在电气控制系统下，按预编程序工作。它可以完成加热、增湿、新鲜空气、烟雾等阀门或活门机构的动作要求。

(11) 电气控制系统 电气控制系统即 PLC 程序控制系统，是由一个微型计算机等元件组成的自控系统，是一个可变的程序控制装置，并具有存储 99 个程序的功能，各程序以时间或温度为转换条件，每步的设定时间范围为 0～90h59min。

在控制器的面板上，可以随时显示出温度、湿度、肠芯温度和各程序时间的设定值、实际值，每步相应元件或机构的工作状态又用灯光予以显示，程序终了时发出音响和灯光信号，每当开车前均采用自动测试程序进行校验，其正误可从显示中或音响信号得到提示。装置中具有自动和手动两种控制钮，每一程序可重复，并可在任何时间改变或输入新的程序。当电源发生故障时，自动程序即被切断。只要箱内温度的实际值与设定值的差小于10%时，电源一经恢复正常，自动程序便可继续进行；如果超过10%时，则自动程序仍然保持中断状态。

三、烟熏炉的操作注意事项

1. 烟熏前制品的处理

烟熏前一定要将制品表面的污物洗净。如果有肉馅附着在肠体表面，这些部分将不会有烟成分附着而产生烟熏斑驳。

2. 发烟控制

不论是锯末还是木粒，发烟前都要拌入一定的水分，以进行良好的不完全燃烧，同时增加了烟雾湿度，提高烟熏效果。

3. 烟熏操作

对灌肠来说，烟熏过程实际包括烘烤、蒸煮、烟熏三个过程，以8路猪肠衣生产烤肠为例，通常先进行65℃烘烤30min，再进行82℃蒸煮45min，最后进行65℃烟熏30min。各厂家根据产品要求，采用不同的工艺条件。但烟熏温度过低，不会得到预期的烟熏效果，影响制品的质量。但如果温度过高，会由于脂肪熔化，肉收缩，也影响产品的切片性和组织结构。烟熏结束后，应立即从烟熏室内取出制品进行冷却。

四、烟熏炉的维护保养

烟熏炉应定期进行维护和保养，及时排除不良因素，主要有以下几个方面。

① 每班开机前须认真检查各蒸汽汽源、压缩空气气源和电源是否正常。

② 每班须检查木粒发烟器发烟是否正常，是否出现明火，木粒是否足够。

③ 每班须检查整机是否有漏汽和漏烟等缺陷；如有，须及时处理好。

④ 保护好电气控制系统，特别是电脑的保护；不能让水冲溅到控制箱和电脑上，避免不必要的损失。

⑤ 每班工作后，应把箱体内部清洗干净；及时清理木粒发烟器中的烟灰等。

五、烟熏炉常见故障及分析

烟熏炉在使用中可能会出现以下故障，可能出现的故障及分析见表4-5。

表4-5　烟熏炉常见故障及分析

项　目	可能出现的故障	估计造成的原因	正确处理的方法
可能出现的机械故障	循环风机不启动	双速电机缺相	按图重新接线
	循环风机噪声大	电动机转向不对	按图重新接线
	箱门与箱体处漏汽	门铰链及门把手有松动	重新紧固或通过调整垫片来校正
	蒸汽管道漏汽	1. 螺栓松了； 2. 石墨垫片损坏	1. 紧固螺栓； 2. 更换石墨垫片
	疏水阀不排汽或不畅	疏水阀坏或堵塞	更换疏水阀或清理过滤网
	气控角座阀不工作	1. 压缩空气气压不够； 2. 压缩空气方向不对； 3. 控制电磁阀失灵	1. 调整压缩空气压力； 2. 重新调整； 3. 检查控制线路或更换电磁阀
	排烟(排废气)不畅	1. 蝶阀失灵； 2. 控制蝶阀的汽缸不动作	1. 修复蝶阀； 2. 检查气压和控制气缸的电磁阀
烟雾发生器可能出现的故障	木粒进给不畅	1. 木粒送料机构不准确； 2. 进料口堵塞	1. 调整送料刮板至合适位置； 2. 将木粒进行过滤，把不符合要求的木粒去除
	不发烟	检查发烟电热丝	检查接线是否正确或更换电热丝
	出现明火	木粒进给不畅	调整送料刮板位置，保证木粒不断料
	箱内烟不足	进烟阀门不畅	修复即可

第九节　杀菌设备

杀菌是食品加工中一个十分重要的环节，杀菌的目的是杀死食品中的致病菌、腐败菌及破坏食品中的酶活性，使食品在特定的条件下有一定的保存期；同时尽可能保护食品的营养成分和风味。

杀菌设备种类较多，可归纳为以下四个方面。

一是根据操作方式来分：有间歇式和连续式。间歇式设备有立式、卧式杀菌锅和间歇式回转杀菌锅等；连续式有常压连续式杀菌设备。

二是根据杀菌设备的结构来分：有板式杀菌设备、管式杀菌设备和釜式杀菌设备。

三是根据杀菌温度来分：有常压杀菌设备和加压杀菌设备。常压杀菌设备的杀菌温度在100℃以下，用于酸性食品杀菌。加压杀菌温度在100℃以上，压力高于0.1MPa，常用于肉类罐头的高温杀菌和乳液、果汁等食品的超高温杀菌。

四是根据杀菌设备所用的热源来分：有蒸汽加热杀菌设备、微波加热杀菌设备、远红外线杀菌设备、欧姆杀菌设备和火焰连续杀菌设备等。

近年来，一些新的杀菌技术设备相继发展起来，如超高压杀菌设备、电磁杀菌设备等。食品杀菌设备的发展主要考虑以下几个方面的内容。

使杀菌设备的工作温度和工作压力能适应HTST杀菌工艺的要求；能够充分提高传热效率，提高热能和水的利用率；尽可能使一机多能，用于不同罐型、不同物料、品种的杀菌；要求杀菌过程实现温度、时间、加热、冷却、反压操作的微机自动控制等。

本节主要介绍常用杀菌设备的结构、工作原理及应用等方面的内容。

一、蒸煮池

蒸煮池实际就是一个水池，其结构简单、造价低廉（甚至可以用土建池）、使用方便。常用作盐水火腿、西式灌肠的低温蒸煮（煮制）。

蒸煮池是由蒸煮架、电动葫芦升降设备和蒸煮锅三部分组成。

蒸煮架的结构如图4-65所示，用来盛放火腿或吊挂香肠。在架子的上方有用来吊起的挂钩，供电动葫芦吊挂使用。

蒸煮池内外层均用不锈钢制造，中间有绝热材料保温，常用的有长方形的，也有用圆形的，锅内净尺寸要大于蒸煮架外形尺寸，并保留足够的储水间隙，锅底部设有蒸汽加热排管，管上开有许多小孔，蒸汽从小孔中喷出使水加热成为热水，火腿即被加热。同时也有自来水管路。蒸汽和自来水管路上都可以安装电磁阀，对水温进行自动控制。比较理想的蒸煮锅设有热水循环泵，锅内热水呈流动状，使锅内各处的热水温度保持均匀，确保中间肉模和周边肉模受到同样温度的加热。在蒸煮池的下方开有放水口，在上方开有溢水口，供排水使用。如图4-66所示。

电动葫芦设在升降设备上部，用链条与横杆及蒸煮架连接，只要启动按钮，即可使蒸煮

图4-65　蒸煮架

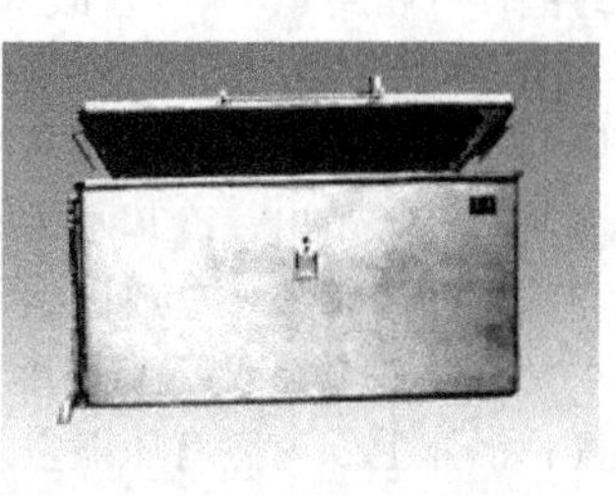

图4-66　蒸煮池

架上下升降，把蒸煮架送到蒸煮池内。

常用的蒸煮池同时可放置两个蒸煮架，顶部设有两个绞链开启式密闭保温盖，待装入蒸煮架后关闭保温盖便可进行蒸煮杀菌作业。

蒸煮池在蒸煮过程中可采用编程开关屏进行自动控制，直至制品中心达到要求温度为止。然后放掉热水放进冷水进行冷却或换锅冷却。用于蒸煮冷却两用的设备只要在控制程序上设置冷却水供给系统，控制冷水温度和冷却时间。

蒸煮池配有必需的控制仪表，有温度计、蒸汽压力表、蒸气控制阀、安全阀、电气开关按钮、指示灯、程序控制器等。

二、立式高压杀菌锅

立式杀菌锅可用于常压或加压杀菌，其外形如图 4-67 所示。用于高压杀菌操作时，应配合反压冷却，以防止冷却时罐头容器被内容物胀破。由于在品种多、批量小的生产中较实用，加之设备价格较低，因而其在中小型罐头厂使用较普遍。

图 4-67　高压杀菌锅的外形图

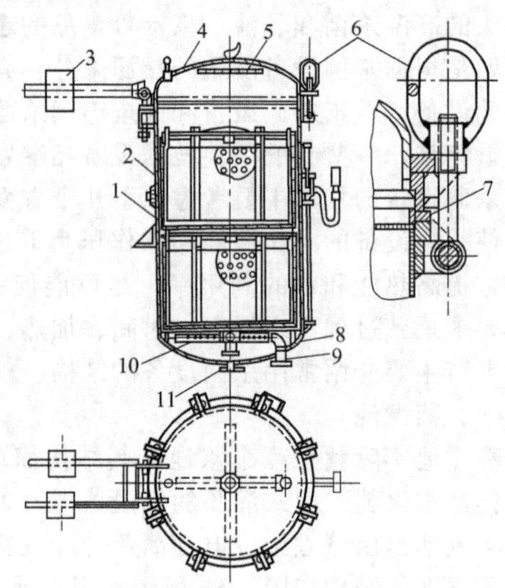

图 4-68　立式杀菌锅的结构

1—锅体；2—杀菌篮；3—平衡锤；4—盖；5—盘管；6—蝶形螺栓；7—密封填料；8—底；9—管道；10—吹泡管；11—排水管

但从机械化、自动化、连续化生产来看，其不是发展方向。在具体应用过程中，立式杀菌锅往往与其他设备配套使用，主要设备有杀菌篮、电动葫芦、空气压缩机等。

1. 立式杀菌锅的结构

如图 4-68 所示为具有两个杀菌篮的立式杀菌锅。其球形上锅盖 4 铰接于锅体后部上缘，上盖周边均匀分布 6～8 个槽孔，锅体的上周边铰接于上盖槽孔相对应的螺栓 6，以密封上盖与锅体，密封垫片（密封填料，7）嵌入锅口边缘凹槽内，为了锅盖开启轻便，可借助平衡锤 3。锅的底部装有十字形蒸汽分布管（吹泡管，10）以送入蒸汽，管道 9 为蒸汽入口，喷汽小孔开在分布管的两侧和底部，以避免蒸汽直接吹向罐头。锅内放有装罐头用的杀菌篮 2，杀菌篮与罐头一起由电动葫芦吊进与吊出。冷却水由装于上盖内的盘管 5 的小孔喷淋，此处小孔也不能直接对着罐头以免冷却时冲击罐头，造成破裂。锅盖上装有排气阀、安全阀、压力表及温度计等，锅体底部装有排水管 11。锅体外侧装有温度计，温度计下端装有液位计和很小的放气阀，以排出温度计的死角空气；锅体上部内侧有压缩空气进口，供反压冷却时打入压缩空气。

锅盖和锅体的密封方式除用以上方法外，还广泛采用一种叫自锁楔合块的锁紧装置，如图 4-69 所示。这种装置密封性能好，操作时省时省力。装置由 10 组自锁斜楔块 2 均布在锅

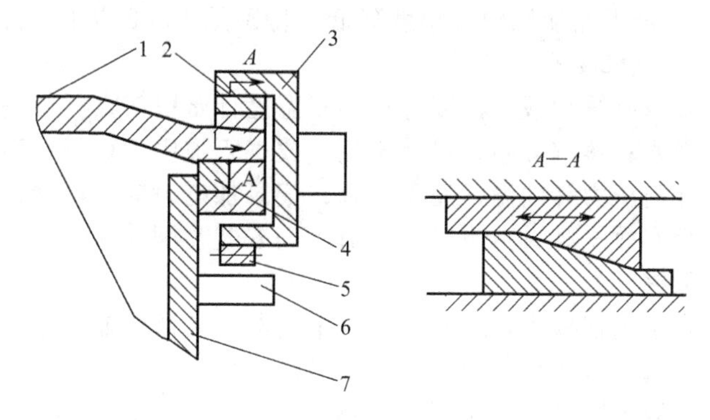

图 4-69　自锁斜楔锁紧装置

1—锅盖；2—自锁楔合块；3—转环；4—垫圈；5—滚轮；6—拖板；7—锅体

盖边缘与转环 3 上，转环配有几组滚轮装置 5，使转环可沿锅体 7 转动自如。锅体上缘凹槽内装有耐热橡胶垫圈 4，锅盖关闭时，转动转环，斜楔块就互相咬紧而压紧橡胶圈，达到锁紧和密封的目的。将转环反向转动，斜楔块分开，即可开盖。

2. 操作

这种杀菌锅可用作常压或加压杀菌，对于铁听罐头采用汽杀，对于软包装罐头采用水杀，因其操作是间歇性的，在品种多、批量小时很实用，目前中小型罐头厂还比较普遍使用。在杀菌铁听罐头时，将罐头提前在吊篮中直接码好，杀菌火腿肠时，要用小盘将火腿肠摆放整齐，然后装入吊篮，杀菌软包装的其他罐头时，可以错开乱放在吊篮中，但要注意轻拿慢放，以免包装袋的硬角刺破其他包装袋。

以铁听罐头为例，采取汽杀的方式进行高温杀菌，其操作步骤如下。

(1) 操作前的检查　要检查水、电、气、汽的压力是否够用；水阀、气阀、汽泵、水泵是否灵活和泄漏；安全阀是否能够跳起；密封圈、锁紧装置是否脱落或不安全；温度计、压力表是否灵敏准确。

(2) 罐头进锅　罐头要相互交错地摆放在吊篮中，用电动葫芦平稳缓慢地装入锅内（运行时不能左右摆动，进锅时不能撞击），然后锁紧锅盖。

(3) 升温　将进水阀、排水阀和进压缩空气阀关闭，开蒸汽阀、泄气阀，开始升温，在此过程中要不断开排水阀，以排出冷凝水，还要注意温度与压力的一致。当温度到 100℃以上时，缓慢关闭泄气阀，并继续升温。当温度到 119～120℃时，缓慢关闭进蒸汽阀，当到达 121℃、压力 1.5atm[1] 时，彻底关闭各种阀门。

(4) 恒温　这个阶段要注意温度与压力的一致，当温度下降时，要轻微打开蒸汽阀补充蒸汽，始终保持温度压力的一致，有必要时要开冷凝水阀。当达到工艺要求的恒温时间时，开始降温。

(5) 降温　反压冷却，关各种阀门，开进压缩空气阀门，提高压力到 2.2atm；然后进冷水，开始要缓慢进行，观察压力表，一手操作进冷水阀，一手操作压缩空气阀，绝对不能使压力突然大幅度降低，以免造成胖听。当温度达到 80℃时，开始放气；40℃时降温结束。

(6) 排水　继续保持泄气阀的启开，关闭其他阀门，开启排水阀，把冷却水排出。

(7) 出锅　用电动葫芦将吊篮吊出，对罐头进行擦水、检查、擦蜡并进行保温试验。

操作时注意事项如下所述。

① 操作时要求有高度的责任心，特别在恒温阶段要保证温度压力的一致；

② 操作过程要如实记录，不得提前或迟后填写；

[1] 1atm=1.013×10^5Pa。

③ 反压操作时，一定不能使压力大幅度降低，特别是100℃以上时。

3. 杀菌锅的不良操作与设置

放气不充分；锅底没有缓冲板；温度计损坏；温度计难以辨认；不按标准单位校准温度计和压力表；放气阀半开；蒸汽分布器设计不当；放气管道中用球阀，而不用闸阀；排气集合管中有逆压；温度计与压力计的温、压不一致；记录加工时间不准确；在加工中以压力代替温度；温度计插孔没有放气阀；蒸汽进口与放气阀安装在同一侧；没有蒸汽分布器。

三、卧式高压杀菌锅

其容量一般比立式杀菌锅要大，通常不需要电动葫芦和杀菌篮，但需有杀菌小车，一般都是4个小车。这种杀菌锅可以用来对铁听罐头高温杀菌，但目前主要是用来对软包装罐头高温杀菌（常见的是高温火腿肠、高温五香牛肉、高温猪蹄、铝箔包装的烧鸡等），可以用水杀，也可以用汽杀，但从传热学的观点出发，用水杀的传热速度要比汽杀快得多。如图4-70所示为卧式杀菌锅的一种。

图4-70 卧式杀菌锅及杀菌用小车

1. 结构

如图4-71所示，它是一个平卧的圆柱形筒体，筒体的前部有一个铰接着的锅盖，末端则焊接了椭圆封头，锅盖与锅体的闭合方式与立式杀菌锅相同。锅体的底部装有两根平行的导轨，供盛罐头用的杀菌车推进推出之用。蒸汽从底部进入到锅内的两根平行管道（上有吹泡小孔）对锅进行加热，蒸汽管在平行导轨下面。由于导轨应与地面成水平，才能顺利地将小车推进推出，故锅体有一部分处于车间地平面以下。但现在一般都是通过支架将锅体抬高，轨道正好与杀菌小车上盛放肉制品的盘子的底轮高度一致，杀菌时只要将小车上的轨道与锅内的轨道对齐，就能轻松地将杀菌盘推入锅内（图4-72）。为了有利于杀菌锅的排水

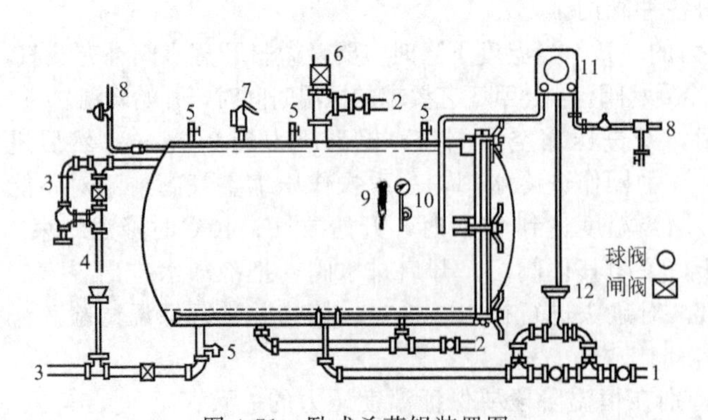

图4-71 卧式杀菌锅装置图

1—进汽管；2—进水管；3—排水管；4—溢水管；5—泄汽管；6—排气管；7—安全阀；8—进压缩空气管；9—温度计；10—压力计；11—温度记录控制仪；12—蒸汽自动控制阀

图4-72 卧式杀菌锅产品入锅

（每杀一次都需大量排水），因此在安装杀菌锅的地方都有一个地槽。

在锅体上同样安装有各种仪表和阀门。应该指出的是，由于用反压杀菌，压力表所指示的压力包括锅内蒸汽和压缩空气的压力，造成温度计与压力表的读数不对应。这是既要有温度计又要有压力表的原因。

现在很多工厂使用双层卧式杀菌锅，它是根据卧式杀菌锅原理，优化管路设计，增加带循环水泵的热水循环系统，特别适用于软包装罐头的杀菌。实际下层的才是真正的高压杀菌锅，和一般的没有区别，上层只是储热水罐，容量约是下层的 2/3。该杀菌锅可先在上罐对灭菌用水提前加热，也可将下锅内杀菌用完后的过热水重新抽回上层热水储罐重复利用。既节约了水资源和能源，又缩短了物料在杀菌工艺中升温受热时间，具有高效节能之特点。其外形和结构示意图如图 4-73 和图 4-74 所示。

图 4-73 双层卧式高压杀菌锅

2. 汽杀操作方法

（1）准备工作 先将一批罐头装在杀菌车上，再送入杀菌锅内，随后将门锁紧，打开排气阀、泄气阀、排水管，同时关闭进水阀和进压缩空气阀。

（2）供汽和排气 将蒸汽阀门打到最大，按规定的排气规程排气，蒸汽量和蒸汽压力必须充足，使杀菌锅迅速升温，将锅内空气排除干净，否则杀菌效果不一致。排气结束后，关闭排气阀。当达到所要求的杀菌温度时，关小蒸汽阀，并保持一定的恒温时间。

（3）进气反压 在达到杀菌的温度和时间后，即向杀菌锅内送入压缩空气，使杀菌锅内的压力略高于罐头内的压力，以防罐头过热膨胀，同时具有冷却作用。

（4）进水和排水 当蒸汽开始进入杀菌锅时，因遇冷所产生的冷凝水由排水管排出，随后关闭排水管。在进气反压后，即启动水泵，通过进水管向锅内供应充分的冷却水，冷却水和蒸汽相遇，将产生大量气体，这时需要打开排气阀排气。排气结束再关闭排气阀。冷却完

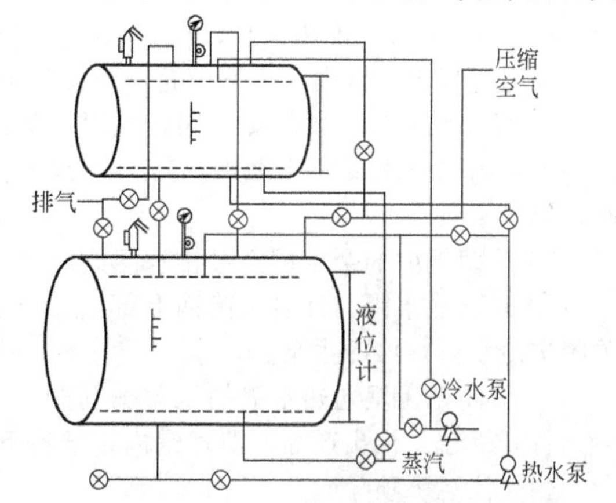

图 4-74 双层杀菌锅结构示意图

毕，水泵停止运转，关闭进水阀，打开排水阀放净冷却水。

(5) 启门出车　冷却过程完成后，打开杀菌锅门，将杀菌车移出，再装入另一批罐头进行杀菌。

3. 操作方法

以高温火腿肠为例，使用双层卧式杀菌锅，采用水杀的方式，其操作规程如下。

(1) 杀菌前对设备进行全面检查

① 压力表、温度计、安全阀、液位计均应正常完好。

② 供蒸汽管道内压力应在 0.4MPa 以上，供水管内压力应在 0.25MPa 以上。

③ 冷热水泵电器，机械均应正常。

④ 杀菌锅盖密封圈应完好，严密，锅盖开闭灵活，销紧可靠。

⑤ 除液位计阀以外，所有阀门均应关闭。

(2) 热水锅充水、升温

① 开启热水锅冷水阀、冷水泵进水阀、热水锅泄气阀，开动冷水泵。

② 当水位升到热水锅液位计 3/4 左右时，停冷水泵，关闭热水锅过冷水阀，关闭热水锅泄气阀。

③ 开启热水锅过蒸汽阀，使锅内冷水升温，开启时要缓慢，避免锅体振动。当温度升到 120℃时，关闭进汽阀，以备杀菌使用。

注意压力不能超过 0.11MPa，水位不得完全淹没液位计。

(3) 杀菌

① 将装好的火腿肠用锅内小车均匀地装进杀菌锅，如果量不足时，应在 4 个小车上装同样多，尽可能使锅内产品在同一高度。

② 关闭杀菌锅盖，锁紧并扣上安全扣。

③ 开启杀菌锅进压缩空气阀，锅内压力缓慢升高到 0.22～0.24MPa 时，关闭进气阀。

④ 开启杀菌锅与热水锅的压力平衡阀。开启热水锅出水阀将热水放入杀菌锅，然后关闭此阀。检查水位能否淹没锅内制品，如水位不够时，可开启冷水泵，开杀菌锅进冷水阀向锅内补水，补足水后，关闭进冷水阀，即冷水泵。

⑤ 缓慢开启杀菌锅进蒸汽阀，开启热水泵的进水阀，开热水泵，开启杀菌锅进热水阀，使锅内水升温循环。当水温升到 121℃时，关闭进蒸汽阀，开始保温。保温时间根据产品规格确定。温度保持 121℃，在升温、保温（及降温）全过程中，通过控制进空气阀、泄气阀调节锅内压力，保持在 0.22～0.24MPa。

保温 5min 后，停热水泵，以后每隔 2min 开动热水泵 1min，直到保温结束。

保温过程中，锅内水位不应超过液位计最上端，热水泵的密封器部位应供冷却水。

⑥ 保温结束后，关闭蒸汽阀，关闭杀菌锅进热水阀，开启热水锅进热水阀，开热水泵，将杀菌锅内的热水泵入热水锅。当热水锅水位即将淹没液位计上端时，关闭热水锅进热水阀，停热水泵。

⑦ 杀菌锅内的余水可经过排水阀放出，注意保持锅内压力 0.22～0.24MPa

⑧ 开动冷水阀，开启杀菌锅上部进冷水阀，泵进冷水。当冷水全部淹没锅内产品时，关闭进冷水阀，停冷水泵。

⑨ 关闭杀菌锅与热水锅的压力平衡阀，开启杀菌锅放水阀、泄气阀，当锅内水气排空后，打开锅盖，推出产品，清理锅内，准备下一轮循环。

(4) 注意事项

① 注意安全，如发现压力表、温度计、安全阀、液位计有异常时，应及时修理或更换。

锅内压力不应超过 0.25MPa，温度不应超过 125℃。

② 杀菌锅、热水锅内不允许充满水，必须留有膨胀空间。

③ 小心保护玻璃液位计，不能敲、碰。

④ 不能触摸裸露的管子，以免烫伤。

⑤ 非操作人员不准随便接触阀门及电气开关等。

【本章小结】

绞肉机是将原料肉绞碎的设备，主要由料斗、螺旋供料器、绞肉切刀、孔板、紧固螺母、圆筒体、电动机及传动系统组成，操作时要特别注意安全；斩拌机具有乳化和混合的作用，由一组斩拌刀、一个盛肉（原料）的转盘、刀盖、上料机构、出料机构、机架、传动系统、电器控制系统等八个部分组成，真空斩拌机还要另加一套真空装置，安装时要注意刀组的对称，斩拌操作时要注意物料的添加顺序以及斩拌温度；盐水注射机和滚揉机是用于肉块动态腌制的设备，具有加速盐水渗透、使盐水分布均匀、提高产品出品率和改善组织结构的作用，操作时要控制好影响滚揉效果的几个因素。

活塞式液压灌肠机是较简单的灌肠设备，不具备真空功能，也不能连续生产；常用的是叶片式全自动真空灌肠机，是靠伺服电机带动叶片泵以容积的改变来实现自动罐装，具有抽真空、自动定量的功能；KAP是高温火腿肠的专用灌装设备，主要由料斗、地面泵（输送辊轴）、机上泵、灌肠管、成型板、焊接肠衣机构、薄膜供给辊轮、日期打印装置、挤开滚轴、结扎往复式工作台、自动监测装置、机械传动机构、控制系统等组成，具有自动打印、定量充填、塑料肠衣自动焊接、充填后自动打卡结扎以及剪切分段等功能；全自动烟熏炉是由箱门、加热器、加热机组、循环风机、交替活门、新鲜空气活门、排气风机、倒气管、洗涤器、烟雾发生器、气动控制系统等部分组成，除具有干燥、烟熏、蒸煮的主要功能外，还具有自动喷淋、自动清洗功能，是加工西式灌肠必不可少的设备，操作时要注意温度、湿度以及时间的控制。

立式高压杀菌锅可以对铁听罐头杀菌，也可以对软罐头杀菌，可以高温杀菌也可以常温杀菌，但产量较低，卧式高压杀菌锅与立式结构相似，但产量较大，为了节省能源，有时采用双层卧式高温杀菌锅，上层是储水罐，下层是杀菌锅，高压杀菌时，要注意锅盖的安全和锁紧，冷却时要采用反压冷却。

【思考题】

1. 绞肉机的工作原理是什么？
2. 绞肉机操作时应特别注意哪些问题？
3. 使用真空斩拌机，其中的真空具有哪些作用？
4. 斩拌机的操作要领是什么？
5. 盐水注射机的结构原理是什么？
6. 为取得良好滚揉效果应注意的问题有哪些？
7. 叶片泵式自动真空灌肠机的工作原理是什么？
8. 简述高温火腿肠自动充填机的工作过程。
9. 全自动烟熏炉的结构原理是什么？
10. 论述以铁听罐头为例，采取汽杀的方式，利用立式高压杀菌锅进行杀菌的操作过程。
11. 写出使用双层卧式高压杀菌锅，采用水杀的方式对高温火腿肠进行杀菌的操作规程。

第五章　油炸速冻设备

学习目标

1. 了解涂粉机、涂液机和油炸机的用途；
2. 掌握涂粉机、涂液机和油炸机的原理及结构组成；
3. 熟练掌握涂粉机、涂液机及油炸机的维护保养。

第一节　涂　粉　机

涂粉机是油炸制品加工过程中的预处理设备，其作用是将成型产品（肉饼、鱼块、鸡柳等）均匀地裹上一层面粉或面包屑，从而对油炸制品起保护作用，并可改善产品的味道和形状，是油炸制品加工过程中不可缺少的设备。

一、涂粉机的工作原理与特点

1. 工作原理

涂粉机在结构上主要是由传动系统、振动装置、可调装置、输送装置等组成，典型涂粉机的外形如图 5-1 所示。

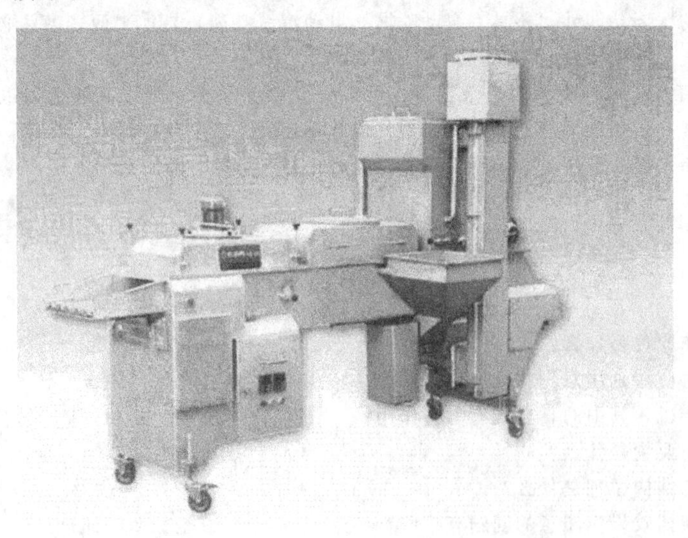

图 5-1　涂粉机的外形

其工作原理是产品被输送带送到粉床上，料斗中的面粉通过振动带以需要的厚度均匀地撒在产品上，其中面粉团可通过振动带自动去除，产品上的粉料通过输送带的振动控制粉量，通过可调压力滚轮来促进黏着，在出口端，未黏着的粉料则被风刀吹掉。产品在通过传送网带时被均匀地裹涂上一层混合粉，以适应下一道工序的要求。涂粉机同时可以同上浆机、上面包屑机连接，组成不同产品的生产线。

2. 特点

① 撒粉和裹涂均匀可靠，附着性好；

② 操作、调整方便可靠；

③ 强力风机及振动器可以去除多余粉料；

④ 传送带可以倾斜，清除方便；

⑤ 仅靠每次的反转即可去掉多余的粉。

二、淀粉机的维护保养

工作结束后，注意将电源切断；做好设备清洗工作，使之经常保持清洁；开机前应点动试车，待运行正常后方可进行操作；经常调节传送带，保持松紧适度。

三、淀粉机常见故障及分析

① 发现出料速度明显降低，及时检查 V 带松紧度，并调整带轮中心距，或直接更换 V 带。

② 若电机不工作则可能是电源没接好或保险丝熔断，应检查电源或更换保险丝。

③ 若传动不灵活，可能是传动装置缺少润滑，应及时润滑。

第二节 涂 液 机

对产品的裹浆（挂糊）可以明显改善产品的风味和外观。根据不同的工艺，有的产品先涂液再涂粉，有的则正好相反，是先涂粉再涂液。涂液机是一种专为鸡块、肉饼、鱼片等需要裹浆后再油炸的食品设计的设备，其可使产品表面涂裹面糊，具有某些优良的质感。食品在通过该机后能够被均匀地裹浆。涂液的作用主要有：①保持原料的鲜味和水分，使菜肴香酥、鲜脆、嫩滑；②保持原料形状，增加菜肴美感；③保持和增加菜肴的营养价值。

根据使用的面糊黏性的不同，可将涂液机分为两种。一种是适用于面糊黏性较小的喷洒型，另一种是适用于面糊黏性较大的潜行型。要根据具体情况，选用不同类型的涂液机。

一、涂液机的工作原理与特点

如图 5-2 所示的涂液机主要适用于黏性较大的面糊，是潜行型类型。在结构上采用上压网和传送网分别固定在不同构架上，这样清洗方便，便于整机清洗。上下网带间隙可调，具有独立的输出网带可供选择，它是通过在浆池内将面糊均匀裹涂在鸡肉、牛肉、猪肉、鱼虾

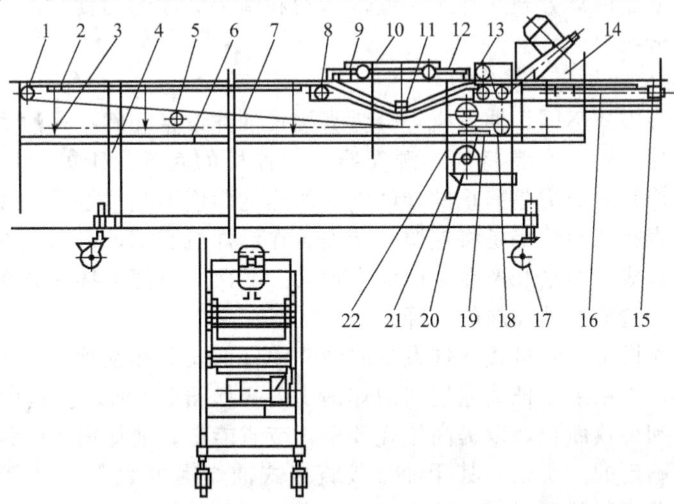

图 5-2 涂液机内部结构图

1—前轮；2—托条；3—跨杆；4—机架；5—托轮；6—接盘；7—输送链；8—管轮；9—偏摆头；10—偏心轮；11—压轮；12—浆池；13—连杆；14—风机组件；15—后轮；16—伸杆；17—脚轮；18—驱动轮；19—张紧轮；20—减速器；21—传动链；22—链罩

等海鲜产品上。

其特点是浆液输送泵可以输送黏度高的浆液；调整方便可靠；具有可靠的安全防护装置；可以和成型机、上面包屑机、油炸机等对接使用，从而实现连续生产；食品能够被均匀地裹浆；机器选用无级调速减速机，可大大提高工作效率。

该机的功能是先将原料整形，再将整形后的原料均匀地涂裹调配好的浆料后自动输出。该机设计合理，是生产方便调理食品的必备设备。

二、涂液机的维护保养

① 开机前应点动试车，待运行正常后方可进行操作。

② 工作结束后，注意将电源切断。

③ 每天工作后应彻底清洗机器。清洗时，将电源指示灯下面的开关旋转到“清理”位置，清洗完后应涂上食用油。

④ 轴承应定期注入食品机械专用油进行润滑。

⑤ 减速器内应加齿轮油，并定期更换；经常调节链条，保持松紧适度。

三、涂液机常见故障及分析

① 经常检查固定工作网的螺钉是否有松动，发现松动应及时拧紧，以免影响使用。

② 为了全功率涂液，应保持V带的张紧度，若太松可调整电机位置。

③ 涂液机不能正常运转时，应首先检查气压是否正常，再检查电磁阀是否正常接通，然后检查涂液机内是否有卡滞现象。

第三节　油炸设备

油炸作为食品熟制和干制的一种加工工艺由来已久，是较古老的烹调方法之一。油炸食品在加工过程中能够比较彻底地杀灭食品中的微生物，从而延长食品的保质期，并增添独特的食品风味，改善食品营养成分的消化性，并且其加工时间也比一般的烹调方法要短。因此油炸在世界各地，特别是在油炸食品有历史渊源的国家和地区诸如地中海地区和西班牙等国家一直受到人们的青睐。在我国，油炸也早已作为家庭和餐厅常用的一种烹调手段。在食品加工业中，也经常采用油炸方式来加工一些以米粉和坚果为原料的食品。

一、油炸机的分类

1. 根据热源的安装方式不同分类

根据热源的安装方式不同，油炸机可分为直接式油炸设备和间接式油炸设备两种。

（1）直接式油炸设备　它是将加热源安装在油炸机的底部，所以加热速度快、热效率高。但由于直接油炸锅的油浴是静止的，油锅内的热均匀度不是很好，造成产品品质的不尽相同；另外，由于直接式油炸锅是将热源直接安装在油炸机底部，占据一部分空间，致使油炸锅的深度增大，造成注油量和产品生产成本加大。其次，热源直接安装在油锅内，往往会加速油的氧化变质，造成产品品质的下降。

（2）间接式油炸设备　间接式油炸设备的油炸锅外部安装热交换器4，在其内炸油与传热介质进行热转换，再用泵2把油输送回油炸锅1内，如图5-3所示。其中热交换器4可以选用适当的燃烧室和传热面积，以提高燃烧效率，节省能源；油炸锅1的锅体选择是根据炸制产品所需空间而确定的。所以，其用油量较直接式油炸锅少25%～50%，大大缩短了炸油的更换时间，使游离脂肪酸保持在标准水平，保证了产品的品质。

该油炸锅的特点是油的运转是连续的，并在运转中实现油滤；对温度具有较强的敏感性。另外，间接式油炸锅可选用多种热源加热，如柴油、液化气或者人工煤气等，而且由于加热装置置于锅外，有利于炸锅内食品碎渣的清理和设备维修。

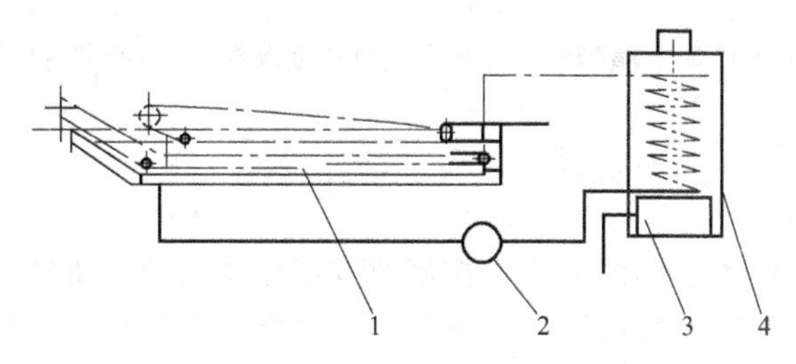

图 5-3 间接式油炸设备

1—油炸锅；2—泵；3—燃烧口；4—热交换器

采用本方式加热应注意，油量在热交换器和循环系统中的应尽可能的少，否则油的循环回流速度可能比直接式低而促进油的变质。

2. 根据油炸压力不同分类

(1) 常压油炸设备 根据加热热源不同，可分为电加热式、燃气式、燃油式和蒸汽加热式等；按操作工艺可分为间歇式油炸锅和连续式油炸锅。

(2) 真空油炸设备 常用的真空油炸设备有间歇式真空油炸设备、连续式真空油炸设备以及双锅交替式真空油炸机等。

(3) 高压油炸设备（压力炸锅） 指在 1.013×10^5Pa（1atm）以上的压力下炸制各种中式食品和西式食品的设备。

二、高压油炸锅

1. 结构组成及工作原理

高压油炸锅即指压力炸锅，它是指在 1.013×10^5Pa（1atm）以上的压力下炸制各种中式食品和西式食品的设备。主要采用不锈钢制造，气、电两用，外形美观，油温、炸制时间自动控制，并具有报警装置和自动排气功能；操作安全可靠，无油烟污染。该机能炸制多种食品，可炸制鸡、鸭、鱼、肉、糕点、蔬菜、薯类等食品。如中式食品有香酥鸡、牛排、羊肉串；西式食品有美国肯德基家乡鸡、派尼鸡及加拿大帮尼炸鸡等。主要用于中西快餐厅、宾馆、饭店、机关和工厂食堂及个体经营。

2. 压力炸锅的优点

① 压力炸锅比普通开启式炸锅效率高，能在较短时间内将食品内部炸透。

② 其炸制的食品色、香、味俱佳，营养丰富，风味独特，外酥里嫩，老少皆宜。

③ 能炸多种食品，如鸡、鸭、鱼各种肉类，排骨、牛排和蔬菜、马铃薯等。

④ 此机的温度、压力和炸制时间选定后，可实现自动控制，因而操作简单。

⑤ 采用不锈钢材料制造，安全、卫生、无污染。采用自动滤油装置，使锅内油质保持清洁。操作方便，自控系统性能高，能源消耗低，适应范围广，可采用两种电压电源（380V 或 220V）工作。

3. 主要规格及技术参数

允许一次炸制食品量：6～7kg；锅内容油量：23～24kg；可调工作温度：50～200℃；额定工作压力：0.085MPa（表压）；可调工作时间：0～20min；供应电源：380V，50Hz，三相四线制；额定功率：9kW；外形尺寸（宽×深×高）：460mm×1000mm×1330mm（锅盖关闭时）；机器质量：110kg。

4. 设备的维护保养

应将炸锅的各个部件彻底清洁，向锅内放入油或油脂之前，确保所有部件已完全干透；不要将外壳浸入水中，也不能将其放在水龙头下冲洗，外壳只能用湿布或蘸少许洗涤灵擦洗；在放入油或油脂前，切勿打开电源开关，确保油位始终在炸锅内侧的两个指示刻度之间；为了获得最佳的油炸效果，最好不要超过建议的数量；小心地将炸篮放入炸锅内，但不要浸入油或油脂中。

三、连续式油炸机

1. 结构组成及工作原理

连续式油炸机采用油水一体的方式，彻底改变了传统的油炸机结构。油炸过程中产生的残渣全部沉入水中，不产生烧焦的问题，下层水分又能不断产生水蒸气给高温的炸油补充微量水分，以保证炸油不变黑，从而延长换油周期。节能节油、健康环保。它主要适用于工厂、超市、面食店、肉食店的面类、肉类、鱼类的炸制工作，起到了快速、经济、均匀的作用，并且提高了生产效率及效果。

连续式油炸机主要是由油温自动控制系统、网带输送系统、燃烧系统、自动补油系统、自动提升系统等组成，如图 5-4 所示为连续式油炸机结构简图。

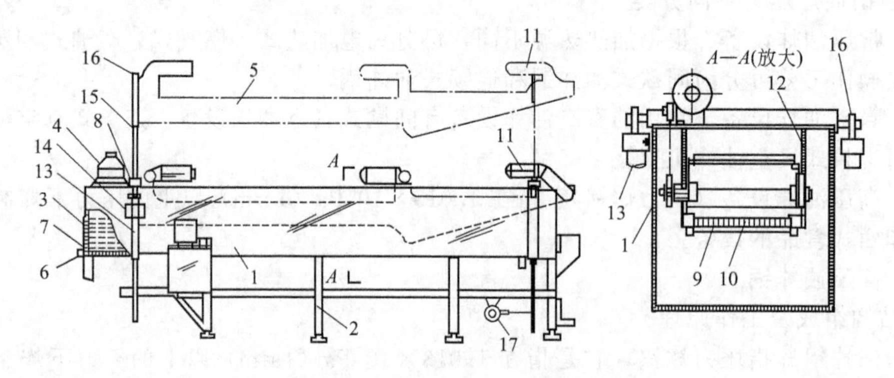

图 5-4 连续式油炸机结构简图

1— 油槽；2—支架；3—输入端；4—顶盖；5—输送装置；6—管道；7—油料；8—液压装置；9—推杆；10—金属板；11—电动机；12—输送器框架；13—液压活塞；14—托架；15—活塞杆；16—托架；17—泵

为使物料与油的运行方向一致，需使物料从油槽输入端顶盖的输入口送入油槽中，热油从输入的下部用管道输入，要求输送装置的下部浸没于油中。桨叶被链带动作反时针旋转，链由电机驱动，使物料连续不断地被推进输送装置中，受连接在输送器两链之间推杆的作用落到金属板的下部。环形输送装置中的输送器是由轴上的主动链轮所带动，此轴被另一个电动机通过链带动而转动。主动链轮至被动链轮之间为水平段，被动链轮至压轮为倾斜段，压轮至出口又为水平段。由于在进料部分为倾斜段，推杆便逐渐把物料从油面压向金属板的下部，用环形输送器把一直处于深层油之中的物料从热油中送出。由电动机带动一端浸在油里，另一端高于油槽之上的出料输送器（图 5-5）。油炸时间是通过调整输送装置的速度来控制。

液压活塞在油槽的每边末端上都有安装（图 5-4），它是用一托架连接在油槽的边壁，以另一托架将活塞杆连接在输送器框架的最末端上，当泵带动活塞运动时，活塞杆则使得整个输送器垂直地升高而离开油槽，以便维修和保养。

为了防止由于热油速度的影响会形成漩涡，把碎屑滞留于油中以及为了保证由管道内的油送入油槽后能沿宽度方向上均布，并能使油自始至终平滑地流动，在进油部分安有一个特殊装置——控制油流通的装置（图 5-6）。

热油从管道（束）1 中送来，这些管道安装在油槽末端壁板 2 平卧式挡板 3 下面，挡板安装在壁板 2 上并与油槽底部 4 平行。仅仅这样做还可能产生旋涡，因此在油槽底部 4 上垂直地装置挡板 5，其高度略高于进油管。由于挡板 5 的作用，油受阻挡后就向宽度方向流去，使油在整个油槽宽度方向上分布均匀。挡板 3 则用来截断从挡板 5 挡回的油上升流动的

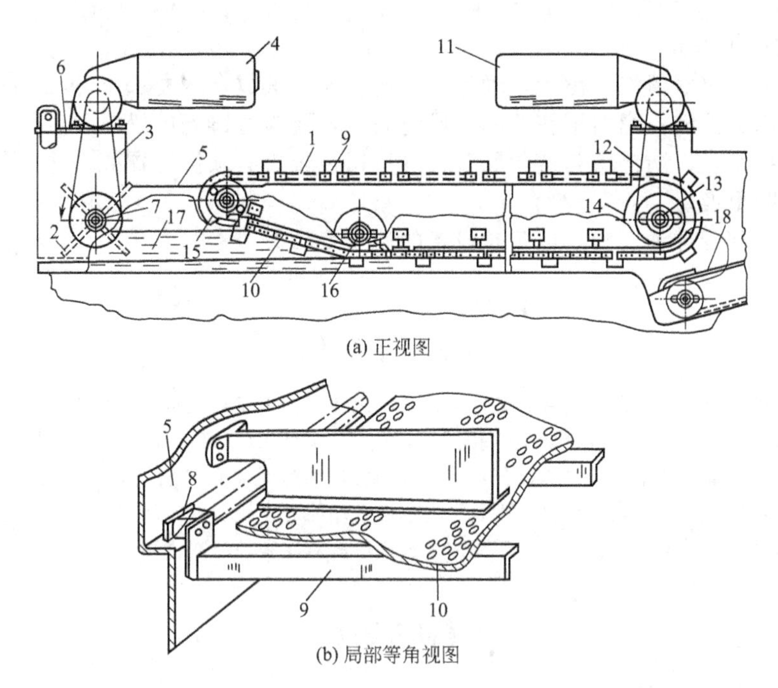

图 5-5　输送装置系统图

1—输送装置；2—桨叶；3，8，12—链；4，11—电动机；5—壁板；6—传动机座；7，13—轴；9—推杆；10—金属板；14—主动链轮；15—被动链轮；16—压轮；17—油面；18—环形输送器

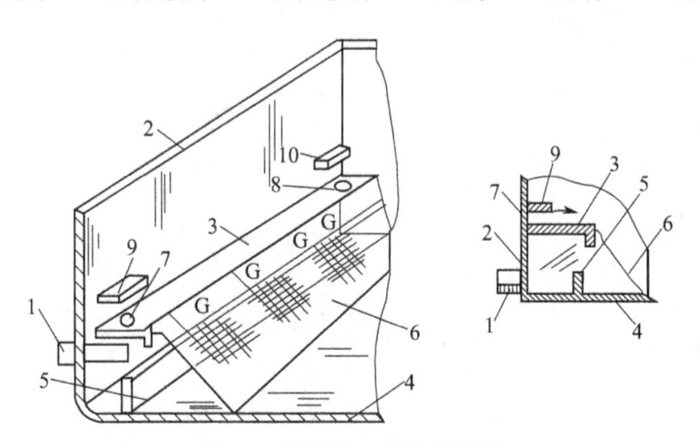

图 5-6　控制油流通的装置

1—管道；2—壁板；3，5，9，10—挡板；4—油槽底部；6—筛网；7，8—小孔

路程，强使油与槽底平滑流动。由于挡板 3 和 5 的综合作用，能使油从油槽一端至另一端非常平滑地流动而很少产生旋涡。筛网 6 可使流动的油分布更加均匀。为了防止物料在油槽角落的聚集，在挡板 3 靠近两边角落的地方开有小孔 7 和 8，油从小孔 7 和 8 流出后把角落里的碎屑冲走。但为了不使油向上流动，设有挡板 9 及 10。这样，油还是流向油槽底部，从而使加热油平滑一致地流向出口。

2. 设备的特点

连续式油炸机没有炸笼但又能使所有物料浸没在油中，进行连续油炸；加热装置安装在油炸锅外，维修方便；具有能使输送装置及其附属部件升起或下降的液压装置。其油炸食品质量好，且油的使用寿命长。结构紧凑合理，性能稳定先进，操作简单易懂。变频控制，无级变速，使油炸时间适应不同性质食品的炸制。手动无级调节上下网带之间间隙，适应不同规格食品的通过。传动系统简洁明了，工作更可靠，维护更方便。所有元件、结构采用食品级标准进行设计，确保炸制过的产品无设备污染问题。

3. 设备的维护保养

每次下班前用热水清洗、擦干，确保卫生；不能将其放在水龙头下冲洗，外壳只能用湿布或蘸少许洗涤灵擦洗；牵引链在传动一段时间后，要检查链条的松紧程度，发现松弛现象可将张紧装置拉紧，以防链条与链轮脱节；本机每过半年必须拆开罩壳，检查各零部件，发现不良情况及时更换。

经常给传动部分加油润滑，以延长设备的使用寿命。

【本章小结】

涂粉机是由传动系统、振动装置、可调装置、输送装置等组成，能将混合粉均匀地涂在油炸肉制品原料的表面；涂液机分为喷洒型和潜行型两种，用于对产品的裹浆；油炸机可分为直接式油炸设备、间接式油炸设备，对于肉类油炸设备，又可分为常压油炸设备和高压油炸设备（压力炸锅），目前规模化生产常用的是连续式油炸机，主要是由油温自动控制系统、网带输送系统、燃烧系统、自动补油系统、自动提升系统等组成，生产时要注意食用油的氧化和油渣的清除。

【思考题】

1. 涂粉机的工作原理是什么？
2. 怎样对涂液机进行维护与保养？
3. 间接油炸机有什么优点？
4. 简述连续式油炸机的结构原理。

第六章　肉品包装机械与设备

学习目标

1. 了解真空包装机的作用和分类，了解拉伸包装机的特点；
2. 掌握台式真空包装机和拉伸包装机的原理及结构组成；
3. 熟练掌握台式真空包装机的操作、维护保养及常见故障处理，熟练掌握拉伸包装机的使用、维护和检修。

肉及肉制品营养丰富，除了少数发酵产品和干制品以外，肉及肉制品的水分含量均很高（60%～80%），有利于微生物的生长繁殖。因此，为了保证产品的安全性、实用性和可流通性，必须根据产品的不同特点，选择不同的包装形式进行包装。

生鲜肉的包装主要是保鲜，为达到相应的质量指标，包装时应达到如下要求：①能保护生鲜肉不受微生物等外界环境污染物的污染；②能防止生鲜肉水分蒸发，保持包装内部环境较高的相对湿度，使生鲜肉不致干燥脱水；③包装材料应有适当的气体透过率、透氧率可维持细胞的最低生命活动且保持生鲜肉颜色，而又不致使生鲜肉遭受氧化而败坏。④包装材料能隔绝外界异味的侵入。

生鲜肉常用的包装方式为将生鲜肉放入以纸浆模塑或聚苯乙烯发泡或聚苯乙烯薄片热成型制成的不透明或透明的浅盘里，表面覆盖一层透明的塑料薄膜。用于浅盘表面覆盖的透明塑料薄膜常有以下几种：单面涂塑一层硝化纤维的玻璃纸、玻璃纸/聚乙烯复合薄膜、盐酸橡胶薄膜、低密度聚乙烯薄膜和聚氯乙烯。尤其是聚氯乙烯，其成本低、透明度高、光泽好、富有弹性，且有自黏性，使用时厚度比低密度聚乙烯稍厚。此外，在生鲜肉的包装中还常用聚氯乙烯、聚乙烯、聚丙烯和聚酯等热收缩膜进行热收缩包装；用聚偏二氯乙烯、聚酯、尼龙、玻璃纸/聚乙烯、聚酯/聚乙烯、尼龙/聚乙烯等进行真空包装。

冷冻肉在冷冻冷藏中常出现的质量问题是干耗、脂肪氧化以及色泽变化。因此，用于冷冻肉包装的材料应具备较强的耐低温性、较低的透气性及水蒸气透过率低。常用的包装方式有收缩包装、充气包装和真空包装等。

肉制品包括腌腊制品、酱卤制品、熏烤制品、干制品、香肠制品和罐藏肉制品等。它们对包装的共同要求是要有良好的隔氧性、较小的透湿性、可阻隔光线的透射性，以及具良好的包装操作工艺性。除罐藏外，肉制品常用的包装方法包括薄膜裹包、真空包装和充气包装等。

本章重点介绍真空/充气包装机和拉伸膜包装机。

第一节　真空/充气包装机

将物品装入包装容器，抽出容器内部的空气，达到预定的真空度后进行热合封口的机器，称为真空包装机。将物品装入包装容器后，用氮、二氧化碳等气体置换容器内的空气，并完成封口工序的机器，称为充气包装机。用抽真空的方式置换气体的充气包装机也称为真空充气包装机。实际上，绝大多数真空包装机都带有充气功能，所以通常也把以上机器统称为真空包装机。

真空/充气包装可广泛用于食品（包括肉制品、腌菜、酱菜、茶叶、豆制品、乳制品、调味品、粮食、干果、坚果、水果、蔬菜、鲜鱼肉、水产品、糕点等）、药品、中药材、化工原料、金属制品、精密仪器、电子元件、纺织品、医疗用具以及文物资料等物品的包装。但有些物品如：脆性食品，在袋内真空、袋外有大气压的条件下会产生应力破碎；易结块的食品；易变形的食品；有尖锐棱角，且硬度较高会刺破包装袋的物品；新鲜鱼肉，血液会渗出，不适用于真空包装，可用充气包装来解决。

对于肉类产品来说，充气包装目前用于生鲜肉的较多，真空包装主要适用于：腌腊制品如香肠、火腿、腊肉、板鸭等；熟食制品如烧鸡、烤鸭、酱牛肉等。

另外，真空包装不能抑制厌氧菌的繁殖和酶反应引起的食品变色和变质，因此有时还要与其他的辅助方法相结合，如冷藏、速冻、脱水、加热、紫外线照射、盐腌制等，才能取得最佳效果。

对肉制品进行真空包装可以起到以下作用。

① 防止变干。包装材料将水蒸气屏蔽，防止干燥，使鲜肉表面保持柔软。

② 防止氧化。抽真空时，氧气和空气一起排除，包装材料和大气屏蔽，使得没有氧气进入包装袋中，氧化被彻底防止。因油脂类食品中含有大量不饱和脂肪酸，受氧的作用而氧化，使食品变味、变质，此外，氧化还使维生素 A 和维生素 C 损失，食品色素中的不稳定物质受氧的作用，使颜色变暗。所以，除氧能有效地防止食品变质，保持其色、香、味及营养价值。

③ 防止微生物增长。细菌、酵母菌等严重影响食品的质量，它们的新陈代谢产物对人体有毒副作用，并可使食品腐败，真空包装的产品可防止微生物的二次污染及好氧性微生物的存活，有利于防止食品变质。其原理比较简单，因食品霉腐变质主要是由微生物的活动造成，而大多数微生物（如霉菌和酵母菌）的生存需要氧气，所以真空包装就是运用这个原理，把包装袋内和食品细胞内的氧气抽掉，使微生物失去“生存的环境”。实验证明：当包装袋内的氧气浓度≤1%时，微生物的生长和繁殖速度急剧下降；氧气浓度≤0.5%时，大多数微生物将受到抑制而停止繁殖。

④ 防止肉香味的损失。包装材料能有效阻隔易挥发的芳香物质溢出，同时也防止不同产品之间的串味。

⑤ 避免冷冻损失。包装材料使产品与外界隔绝，因此可将冷冻时冰的形成和风干损失减少到最小程度。

⑥ 其他。使产品产生美感，便于产品销售。

真空包装机机型众多，功能各异，按基本型号可分为两类，即吸管插入式和真空腔室式。从真空腔结构来分类，可分为台式、传送带式及回转式。

① 台式。用手工将物品放入一个或两个固定的腔室。腔室的大小要适应各种器材的大小。

② 传送带式。这是台式的改进型。在传送带上把物品并排放置，自动送入腔室内，进行抽真空、充气和热封，然后排出。这种型号的包装机通常是把许多物品同时送入腔室，因而能够实现批量生产。

③ 回转式。数个腔室设置在回转式工作台上，工作台在回转过程中能完成给袋、充填、除气、密封和排出等动作。这种形式的真空包装机适用于大批量生产，国内使用得较少，现只对前两种进行介绍。

一、台式真空包装机

台式真空包装机外形结构如图 6-1 所示，有单室式、双室式和多室式，常用单室式和双室式。其中双室式真空包装机的两个真空室共用一套抽真空系统，可交替工作，即一个真空室抽真空、

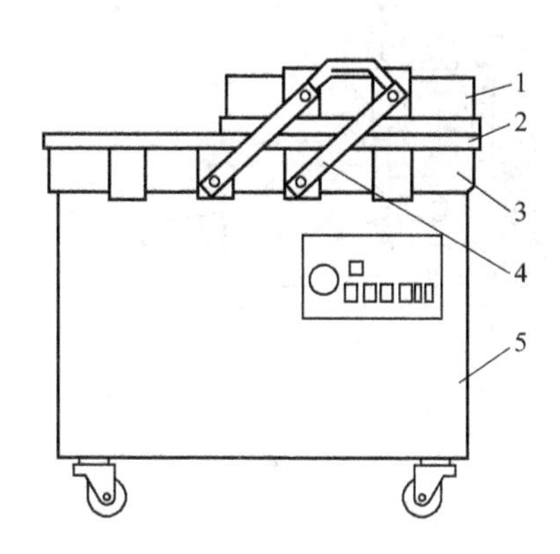

图 6-1　台式真空包装机外形
1—上工作室；2—密封圈；3—下工作室；
4—摇杆；5—控制面板

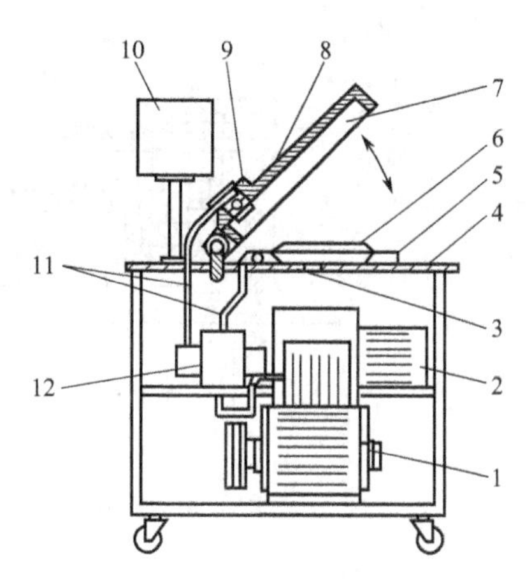

图 6-2　真空包装机原理图
1—真空泵；2—变压器；3—加热器；4—台板；
5—盛物盘；6—包装制品；7—真空室盖；
8—压紧器；9—小气室；10—控制系统；
11—管道；12—转换阀

封口，另一个同时放置包装袋，使辅助时间与抽真空时间重合，大大提高了包装效率。

台式真空包装机的特点是结构紧凑，外形美观，安装方便；真空度较高，绝大多数真空包装机都采用这一型式，是我国真空包装机行业的主导产品；需人工充填装袋，大多也靠人工计量及放袋取袋，因此其生产率不是很高。

1. 工作原理

如图 6-2 所示为真空包装机原理图。该机的工作过程是当机器正常运转时，由手工将已充填了物料的包装袋定向放入盛物盘 5 中，并将袋口置于加热器 3 上；闭合真空室盖 7 并略施力压紧，使装在真空室盖 7 的燕尾式密封槽内的 O 形橡胶圈变形，密封真空室；同时控制系统的电路被接通，受控元件按程序自动完成抽真空、压紧袋口、加热封口、冷却、真空室解除真空、抬起真空室盖等动作。若需实现充气包装，可在工作前将选择开关旋至“充气”档，包装机可在达到预定真空度后自动打开充气阀，充入所需的保护气体，然后合拢热封装置，将包装袋口封住。台式真空包装机最低绝对气压为 1～2kPa，机器生产能力根据热封杆数和长度及操作时间而定，每分钟工作循环次数约 2～4 次。

2. 结构组成

各种台式真空包装机的基本结构相同，由上真空室、下真空室、机身、电气、真空系统五大部分组成。真空（和充气）系统由一组电磁阀和真空泵组成，通过控制器控制各阀启闭，自动完成抽真空-热封操作或抽真空-充气-热封操作。

（1）压紧器和加热器　如图 6-3 所示为两种加压方式的压紧器的主要组成部分。图 6-3(a) 中小气室 9 是设在真空室盖 6 上（也有设在台板 3 上），且与真空室隔绝，它和压条 5、缓冲垫条 4、活塞 7（或气囊）等组成袋口压紧器。图 6-3(b) 与图 6-3(a) 的区别在于无小气室 9，其活塞下降是由压缩空气驱动。

图 6-3(a) 所示的原理是：当真空泵抽出真空室内的空气时，小气室 9 中的空气同时被抽出，使活塞 7 的上、下面所受压力平衡；当真空室的真空度达到预定值时，控制系统首先使小气室 9 通入空气解除真空，致使活塞 7 的上、下面所受压力失去平衡，于是活塞 7 向下运动，与其相连的压条 5 便随之下移而压紧袋口；随即控制系统使电热带（参见图 6-4）通电，热封袋口；热封完成后继而停电冷却；真空室通入空气解除其真空；真空室盖自动抬起，取出真空包装制品，冷却袋口的方法有以冷循环水冷却和空气冷却两种，前者多见于大

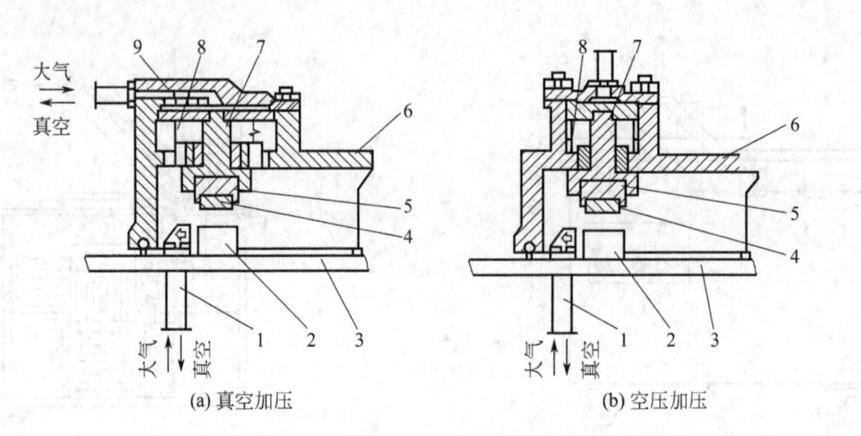

图 6-3 压紧器

1—管道；2—加热器；3—台板；4—缓冲垫条；5—压条；6—真空室盖；7—活塞；8—弹簧；9—小气室

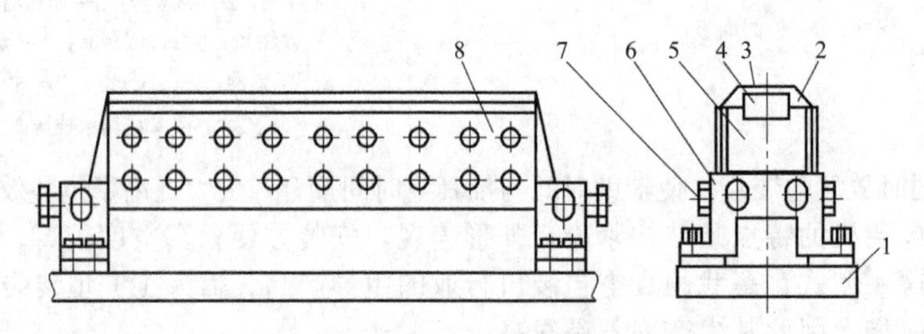

图 6-4 加热器

1—台板；2—玻璃布保护膜；3—Ni-Cr 电热带；4—聚四氟乙烯垫条；5—枕条；6—接线块；7—锁紧螺钉；8—镶板

机型，因为大机型的封口较长，这样可以获得较快的冷却速度，提高生产率。

图 6-3(b) 与图 6-3(a) 的工作区别仅在于对真空室完成抽真空后，控制系统首先使活塞 7 上面通入压缩空气，推动活塞下移，使压条 5 压紧袋口，其后的工作程序与上述相同。

加热器如图 6-4 所示，是由 Ni-Cr 电热带（镍铬带）3、聚四氟乙烯垫条 4、枕条 5 等组成，Ni-Cr 电热带 3 的两端用锁紧螺钉 7 固定在枕条 5 上，使其与嵌在枕条 5 上的聚四氟乙烯垫条 4 相贴合。枕条 5 用螺钉固定在台板 1 上。

(2) 抽气系统 抽气系统的组成如图 6-5 所示，在一个工作循环中其动作程序为：真空泵 14 经由电磁阀（磁带真空阀）13、气室 12、电磁阀（真空截止阀）10 对真空室抽真空，同时经三通电磁阀（真空截止阀）9 对小气室 5 抽真空；当真空度达到预定值时，三通电磁阀 9 切换对小气室放气解除真空；橡胶膜片 7 膨胀向下凸，推动压紧器 6 压紧袋，待热封冷却后，二通电磁阀（真空截止阀）11 切换，对真空室放气解除真空，真空室盖 1 打开，取出包装制品，进入下一工作循环。当真空泵 14 停止对真空室抽真空时，电磁阀 10 处在关闭位置，而对真空泵 14 的进气口放气。这些动作都是受电气系统控制的。

(3) 电控系统 包括电源控制、抽气控制、加压加热控制等。各种机器的电控系统的基本原理相近，但亦存在差别。一般情况下时间继电器在出厂时已经调好，故在使用中不应随意调节，否则会损坏电器元件。热封应根据所用包装材料的热合温度、当地的气候条件等选择最佳热合时间和电压的匹配。

此外，现在 PLC 可编程序控制系统也得到了广泛的使用。

(4) 真空室盖自动抬起机构 如图 6-6 所示为真空室盖的一种自动抬起机构。其工作原理是：当真空室解除真空时，真空室盖便在拉伸弹簧 7、平衡锤 8 的重力作用下，经杠杆 4 而使其（真空室盖 1）绕支座 6 回转，从而敞开真空室。

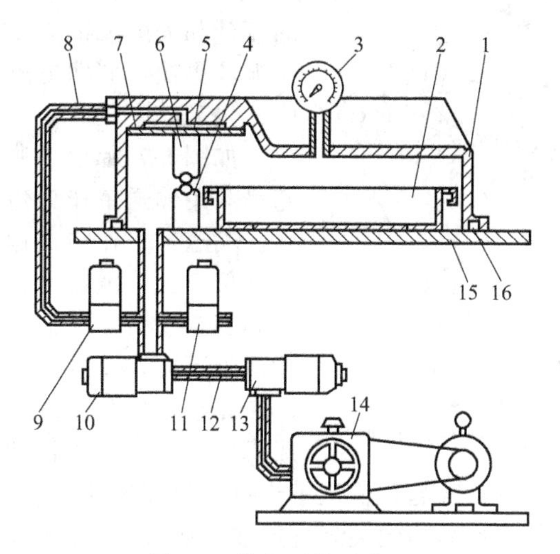

图 6-5　抽气系统示意图

1—真空室盖；2—盛物盘；3—真空表；4—加热器；5—小气室；6—压紧器；7—橡胶膜片；8—管道；9—三通电磁阀；10，13—电磁阀；11—二通电磁阀；12—气室；14—真空泵；15—台板；16—密封圈

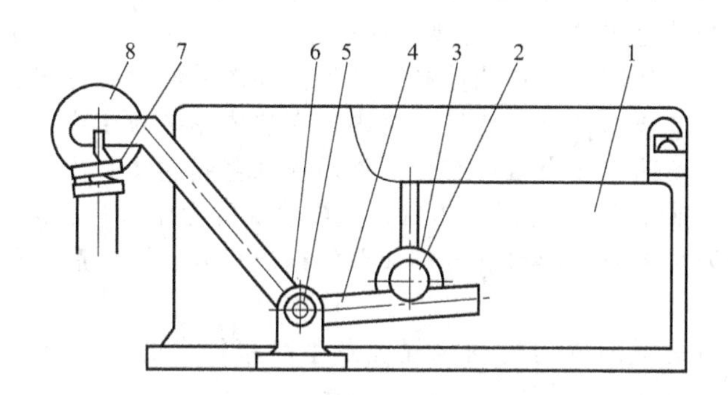

图 6-6　真空室盖抬起装置

1—真空室盖；2—侧轴；3—滑轮；4—杠杆；5—销轴；6—支座；7—拉伸弹簧；8—平衡锤

真空室盖自动抬起机构尚有其他形式，如全自动真空包装机多用气动式抬起机构，其真空室盖直接与汽缸活塞杆相连，由压缩空气推动活塞而使真空室盖启闭。

（5）真空泵　真空泵性能的优劣直接关系到真空室的所能达到的真空度大小，从而决定真空包装机的适用范围。

二、传送带式真空包装机

传送带式真空包装机是一种自动化程度和生产效率较高的机型，由传动系统、真空室、充气系统、电气系统、水冷及水洗装置、输送带、机身等组成，真空泵安装在机外。传动系统和电气系统安装在机身两侧的箱体内。操作时只需将被包装物品按袋排放在输送带上，便可自动完成循环。抽气、充气、封口、冷却时间、封口温度均可预选，既可以按程序自动操作，又可单循环操作。其输送带可作一定角度的调整，使被包装物品在倾斜状态下完成包装工作，故特别适用于粉状、糊状及有汁液的包装物品，在倾斜状态下包装物品不易溢出袋外。

带式真空包装机只有一个真空室，但其真空室可以做得较大，热封条尺寸也较长，因此可以用来包装尺寸较大的物品，也适用于小袋大批量的包装作业。带式真空包装机可同时放入几个包装袋抽真空并热封，其封口装置内采用水冷却，封口平整牢固，冷却快，设有喷淋水管，便于清洗，其热封质量通常优于台式真空包装机。

带式真空包装机的真空系统、热封原理与腔室式真空包装机相同，只是在这里真空室盖

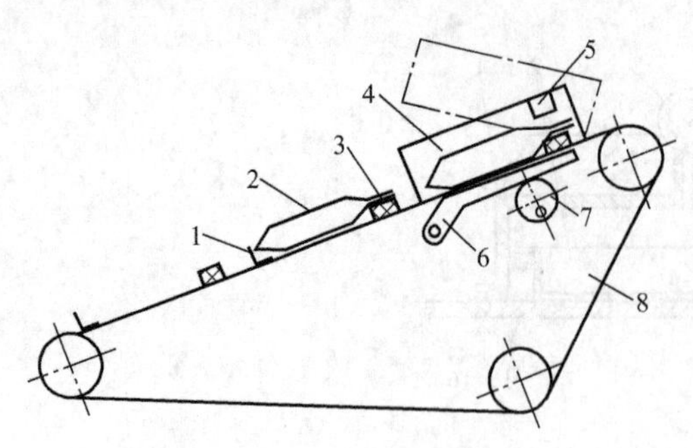

图 6-7 带式真空包装机的结构

1—托架；2—包装袋；3—耐热橡胶垫；4—真空室盖；5—热封杆；6—活动平台；7—凸轮；8—输送带

的打开和关闭无需人工操作，可自动开闭，工作循环更快，周期更短，工作周期为 12～30s，因此生产效率更高。

如图 6-7 所示为带式真空包装机的结构，它是利用输送带作为包装机的工作台和输送装置。输送带可作步进运动，包装袋置于输送带的托架 1 上，随输送带进入真空室盖 4 位置停止，真空室盖 4 在输送带上方，活动平台 6 在输送带下方，真空室盖 4 自动放下，活动平台 6 在凸轮 7 作用下抬起，与真空室盖 4 合拢形成真空室，随后进行抽真空和热封操作；操作完毕，活动平台降下而真空室盖升起，输送带步进将包装袋送出机外。输送带上有使包装袋定位的托架，只要将盛有包装物品的包装袋排放在输送带上，便可自动完成以上循环。

三、热成型真空包装机

热成型真空包装机是将“热成型-充填-封口机”与“真空/充气包装机”二者结合起来而形成的一种高效、自动、连续生产的多功能真空包装机，简称热成型真空包装机。其基本结构主要包括包装材料供送装置、热成型装置、充填装置、槽孔开切装置、抽真空封口装置、无氧气冲洗装置、成品切割装置和控制系统等。如图 6-8 所示为该机型的结构。工作过程如下：底膜从底膜卷 9 被输送链夹持送入机内，在热成型装置 1 中加热软化并拉伸成盒型包装容器；成型盒在充填部位 2 充填包装物，然后被从盖膜卷 4 引出的盖膜覆盖，进入真空热封室 3 实施抽真空或抽真空-充气，再热封；完成热封的盒带步进经封口冷却装置 5、横向切割刀 6 和纵向切割刀 7 将数排塑料盒分割成单件送出机外，同时底膜两侧边料脱离输送链送出机外卷收。

热成型真空包装机是目前国内自动化程度及生产率较高的机型之一，实现了机械、气

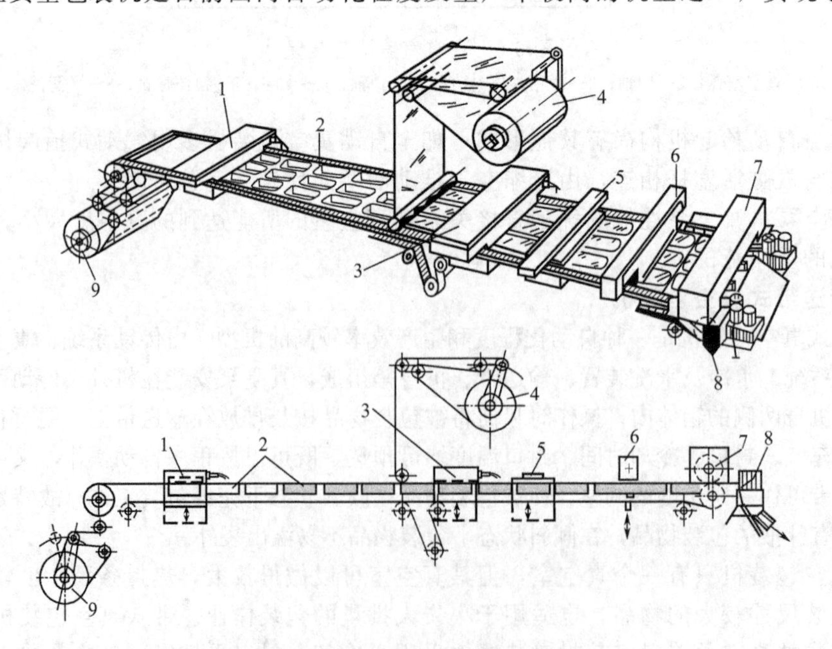

图 6-8 热成型真空包装机结构

1—热成型装置；2—充填部位；3—真空热封室；4—盖膜卷；5—封口冷却装置；6—横向切割刀；7—纵向切割刀；8—底膜边料引出；9—底膜卷

动、电气一体化，整个包装过程自动进行，可靠性强。该机的控制系统对成型模温度、热封模温度和时间等操作程序均有一定影响，操作参数一般采用可编程序控制器（PLC）控制。例如该机器可识别包装袋的状况和进料情况，做到袋口未张开时不进料、进不了料时不封口，这样可避免错误动作造成的浪费。此外，盖膜展开装置装有光电定位器，在使用印有商标的盖膜时，根据膜上的色标控制底膜进给，使商标图案准确定位在盒上。

四、充气包装机

真空充气包装，又称气体置换包装，是在真空后再充入按一定比例混合的2～3种气体，适用范围远远大于真空包装，除包装后需要高温杀菌的食品或为了减少体积的包装必须采用真空包装外，其余采用真空包装的食品均可以真空充气包装替代，而许多不宜采用真空包装的食品也可采用真空充气包装。

高效率充气包装生产设备一般由充气包装机和气体比例混合器组成。

1. 充气包装机

充气包装机与真空包装机基本相同，其差别是在抽真空后、加压封口前增加一充气工序。因此前面所介绍的具有充气功能的真空包装机都可用作充气包装，但除插管式真空包装机外，其他类型真空充气包装机充气时均不能直接充入塑料袋内。如图6-9所示为充气包装机结构。推袋器4的作用是将袋口压住，以保证充气后的封口质量。

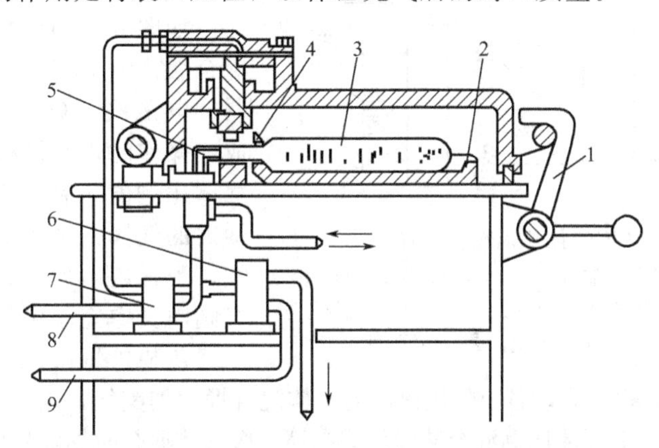

图6-9　充气包装机结构

1—锁紧钩；2—盛物盘；3—包装制品；4—推袋器；5—充气嘴；6—阀；7—充气转换阀；8—惰性气体进气管；9—压缩气体进气管

目前国内各企业的保鲜真空充气包装机，虽然外形各不相同，但工作原理只有两种：一种是半密封状态下工作的冲洗补偿式，另一种是全密封状态下工作的真空置换式。

冲洗补偿式气调包装原理是利用通过真空发生器的快速气流带出的一片半真空区域，然后补上混合气体，几次冲洗使容器内获得一定比例的混合气体，当容器内外等压后封口。这种充气方式可使包装容器内含氧量从21%降低至2%～5%。冲洗补偿式包装机多由各种立式或卧式自动制袋充填包装机改型，这种气调方式因冲洗时容器内尚有残存的含氧量，所以真空度不高，不适于对氧敏感的食品包装。但因气调补偿时间短，生产效率稍高。

真空置换式气调是在全密封的状态下，利用真空泵抽尽容器内的空气，然后充入适合食品延期保鲜的混合气体，当容器内外压力相等时封口。这种包装容器内含氧量低，应用范围广。但因抽气时间稍长，工效略低。无疑置换式制作工艺比补偿式复杂。

2. 气体比例混合器

气体比例混合装置是将两种或三种气体按预定比例混合后向真空充气包装机供气的装

置。国产气体比例混合装置有两种：一种与插管式真空包装机组成一体，由包装机控制混气、充气并热封，如DQ型和HQ型插管式真空充气包装机；另一种是由配件式气体比例混合装置单独控制，可与各种真空充气包装机联机操作，如专利GM型气体比例混合装置。GM型气体比例混合器，是用微机与传感器自动控制两种或三种气体以任意体积比例混合，混合精度±1%，与真空充气包装联机作气调包装操作。

气体比例混合方法，国外大都采用流量阀对气体作节流比例混合，如德国MULTIVAL的气体比例混合装置。

压力法气体比例混合原理是根据理想气体混合物的分压定律和分体积定律推得，混合气体各气体组分的分体积与总体积比值和分压力与总压力之比值相等。因而，在一定容积的容器内，当气体混合物的总压力一定时，各气体组分的分压与总压力之比值等于分体积与总体积之比值。任意设定各气体组分的分压与总压的比值，通过控制气体组分的分压就可得到相应的体积比例混合物。

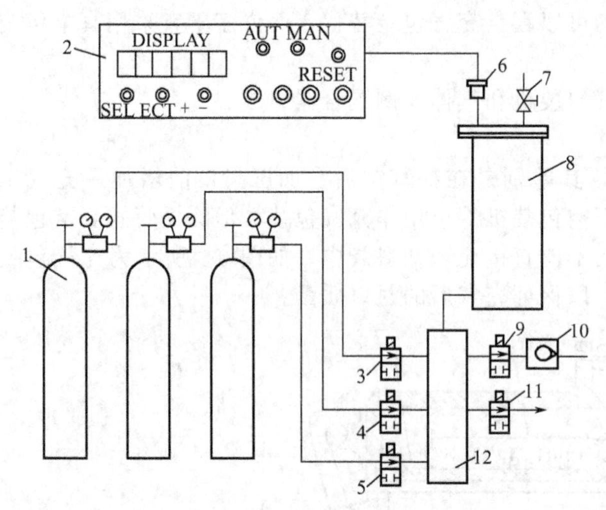

图6-10 GM型气体比例混合装置

1—气体钢瓶；2—微机控制器；3，4，5—充气电磁阀；6—压力传感器；7—放气阀；8—气体混合桶；9—真空电磁阀；10—真空泵，11—放气电磁阀；12—连接管件

如图6-10所示为GM型气体比例混合装置，由微机控制器、压力传感器、电磁阀、气体混合桶和真空泵组成。操作时，在微机上设定两种或三种气体比例值，启动真空泵排除气体混合桶内的气体，由各电磁阀分别向桶内充气，当桶内压力达到预定总压值后由放气阀向真空充气包装机供气。

包装机每次充气后，微机控制器将根据桶内剩余总压力，再次启动各充气电磁阀向气体混合桶叠加配气，以保持放气电磁阀向包装机连续供气。由于GM型气体比例混合装置仅需在第一次气体混合时抽除桶内气体，以保证所混合气体的配气精度，故不需单独配置真空泵，可利用真空充气包装机的真空泵抽气。

五、设备的操作与维护

1. 操作

使用前详细阅读并理解“使用说明书”中的各项内容，掌握操作程序和要领，各机型的使用方法大体相同，这里仅就一些有关的共性问题作出说明。

（1）操作面板　面板上一般有电源开关、指示灯、转换开关、电位器、按钮等，有时真空表也放在面板上。

① 电源开关。常用钥匙开关接通或断开控制回路，停机时应取出以确保安全。对手动开闭真空室的机型，如要闭盖停止工作，应先切断电源，否则会因合盖压合行程开关，导致工作循环开始。

② 指示灯。通常有电源、抽真空、充气、热封、冷却等各指示灯，进行到哪一工序，相应指示灯亮，其余不亮。

③ 转换开关。有“真空-充气”开关，需充气时要置于“充气”位置，此时按“两个抽真空-充气”的顺序进行。若置于“真空”位置时，则循环会跳过“充气”工序；热封电压选择开关一般有3～8档，也有无级调整的，通过改变热封电压来变换热封温度。除此之外，对于有两个以上热封条的机型，还有封口“通-断”选择开关，对不用的热封条

断电，因热封条不能空载加热，试车不放置包装袋和真空泵不启动时也都不能通电，以免加速氧化。

④ 时间继电器的控制。当不用电接点式真空表时，抽真空、充气、热封、冷却等工序各用一时间继电器控制，其控制旋钮均安放在面板上，以便于操作人员掌握。

⑤ 按钮。通常有真空泵启动按钮（大规格的真空泵启动不纳入工作循环靠按钮控制时才有此按钮）；紧急停车按钮，在出现紧急情况时使用，按下后，所有程序中断，并向真空室导入大气，打开真空室盖，检查处理故障。重新启动前，需使紧急停车按钮复位，否则不能正常启动。

（2）工艺参数的选择与调整　主要有真空度、充气量、热封时间与温度、冷却时间等。

① 真空度。根据包装工艺要求而定，一般使用 1.3kPa 即可。对粉状或含液汁的物品可降为 20kPa 左右。对充气包装或包装后还需进行杀菌处理的，亦可适当降低真空度。调整方法是：若使用的为电接点式真空表，只需将上限指针拨至所需真空度即可；若使用时间继电器间接控制真空度，则应让时间稍微滞后一些，使包装袋的真空度能与真空室的真空度趋于一致。

② 充气量。根据包装袋的大小和包装要求而定。因袋内充气量与充气时间、充气后真空室内的压力有较稳定的对应关系，故可通过调整充气时间，改变充气后真空室的压力来调整充气量。具体做法是：在满足包装袋充气量的前提下，使充气后真空室压力尽量低些，通常将此压力值控制在不超过 20kPa；若使用电接点式真空表，可直接把下限压力调至选定值；若使用时间继电器控制，则需反复调整几次，直至达到要求为止。

③ 热封时间与温度。常用包装材料的封口温度在 90～230℃之间，通过改变热封电压来改变温度。热封时间一般为 1～3s，不超过 5s。对时间和温度这两个参数应配合调整。热封电压由电压选择开关控制，电压选择由低到高，时间选择由短到长，根据封口质量作最后判断。在保证封口质量的前提下，优先选择电压高一点、时间短一点的参数以提高工效。在工作一段时间之后，参数可能会有所变化，应再作相应的调整。

④ 冷却时间。电热带停止加热后需继续加压数秒，使封口处平整牢固，也就是说封口应在受压状态下冷却，这段时间即为冷却时间，一般为 2～3s，最长不超过 5s。时间过长会影响生产效率。冷却时间与季节、环境温度、热封条散热速度、冷却方式，以及包装材料性质等有关，亦需调整选择最佳值，通常可由时间继电器控制。封口质量测试应符合真空充气包装机通用技术条件 GB 9177—88 的有关规定。

（3）充气　可充单一气体，也可充混合气体，充气种类及配比根据包装物品的性质确定。

① 气源。充单一气体可用瓶装气、管道气。氮气可用碳分子筛制氮机制取，也可将制氮装置与主机融为一体。充混合气体时需使用气体混合装置，按定比混合后再充入包装袋。有时这种装置是作为整机的一部分，有时又是作为配套设备。注意混合气体种类一般不超过三种，如有多台机器同时使用同种混合气体，可集中混合后，再分别输入各包装机。

② 纯度。不同包装物品对气体纯度有不同的要求，例如茶叶包装，氮气纯度要求在 99.9%以上，对食品包装要求符合食品卫生，例如氧气应为医用级，二氧化碳应为食品添加剂级。

③ 压力。输入气体的压力应在保证充气量的前提下尽量小，否则会使热封压力下降，影响热封质量。压力大小可通过减压阀调整，有压力表显示。一般为 0.1～0.15MPa，最大不超过 0.2MPa。

④ 节约气体。因充一种气体前需将管道中的混合气体抽掉，先充入的气体被抽出的次

数就更多些，即损耗大些，故应将贵重气体后充入。此外，气嘴要插入包装袋，当充气嘴数多于包装袋数时，多余气嘴应关上或封堵，这样可节约气体。

(4) 其余操作注意事项

① 垫板的使用。腔室式真空包装机通常都带有许多垫板，其作用是将包装袋垫到便于封口的最佳高度。此外，垫板还可减少真空室体积。故在确保包装操作方便和质量可靠的前提下，可尽量多放一些垫块以缩短抽真空的时间。但对有液汁的，应注意袋口不能太低，否则液汁会溢出，应使包装袋封口处略高于包装物品。

② 盖子轻度变形。真空室盖因种种原因可能有轻度翘曲变形，致使关闭不严，抽气时真空室压力不降低。这时可用手按一下翘起的部位，压力开始下降后即可松手。但若压力不下降，则表明变形太大，需修理或更换。

③ 手动阀的使用。若真空泵出口处有手动阀，可用于降低抽速，防止粉状、含液汁的物品溢出。

④ 及时清理。每操作一段时间后，要及时对真空室进行清理，一可确保包装质量，二可确保清洁卫生。因真空及充气包装只能抑制细菌的生长，并不能杀菌，严格注意清洁卫生对延长食品保存期是非常重要的。此外，包装袋内的封口处要防止粘上被包装物品，以保证封口质量。

⑤ 对操作人员的要求。操作人员要熟知设备性能、操作要求及程序，使用前应认真阅读“使用说明书”，最好经过培训取得合格证再上岗。另外，操作人员的身体要定期检查，必须健康方可上机；每次工作前，要洗手、消毒，严格注意清洁卫生；并保持工作环境的卫生整洁，减少污染。

2. 维护

真空包装机的维护应以产品说明书为准，现就其重要内容加以介绍，主要是真空泵、真空系统、真空室和热封装置四个方面。

(1) 真空泵　真空包装机广泛使用单级旋片泵，其维护工作有以下几个方面。

① 泵油。泵油的油量、油质对泵的工作有很大影响，要注意以下几点：每天检查油位，如油位下降到油标的1/4高度时，应补充到3/4高度；每隔50h检查油质，如变质应换新油，换油前至少运行15min，停泵后立即放油更换；当包装物水分多时，可引起泵油的皂化，对皂化油要及时更换，换出的油经脱水后仍可使用；运转500h或三个月后应更换泵油，如包装物品中水分多或有其他易污染泵油的物质存在时，周期还得再短些；如泵油污染严重需清洗时，可用新油或清洗油清洗，即注油后开泵30min，停泵后立即放油。若效果仍不佳，则需重复几次，至达到要求为止；若泵长期不用，应放油清洗，注入新油，关闭吸气口，运转1～2min使新油充分进入泵内各部分，对泵起保护作用。

② 排气过滤器。它的维护要求为：在包装物品较清洁，每天只工作8h的情况下，更换周期为半年至一年；若包装物品含杂质较多，或每天工作时间延长，则应增加清洗和更换次数；若经清洗后油雾仍不能消除，说明清洗已不起作用，必须予以更换。

③ 进气口过滤器和过滤网。其维护方法和原则基本同上，进气口处有一金属丝滤网，应保持清洁状态，若堵塞将引起抽速下降。

(2) 真空系统　维护对象是真空系统中除泵之外的所有阀、管道、接头及其连接处、密封件、密封面等。

① 真空阀。所有的阀都应在干燥、清洁的环境中工作，其配合面、滑动面、密封面及外壳均应定期清洗，防止黏附灰尘和油污，保持清洁。

② 密封。真空系统各部分必须保持良好的密封，否则会因泄漏直接影响使用。要

经常检查密封件是否老化、是否有划痕或损伤及破缺等，发现有这些现象时应及时更换；各螺纹连接处，凡拆卸再装配时须缠以聚四氟乙烯塑料薄膜，对密封区域再涂以密封胶。

③ 其他。若系统中有空气滤清器，须定期清洗；若还有分水滤气器，须定期放水。

(3) 真空室　除保持清洁、班后清洗之外，还需注意保持干燥，防止电热带短路。如发现使用中真空度不稳定，有缓慢下降的现象时，应检查盖子与室体的密封。真空室盖上的橡胶密封圈是保证真空密封性的关键件，一定要防止划伤、断裂和腐蚀。若已有损坏，须及时更换。另一种可能是盖子有变形，引起密封不良，也需修理矫正。

(4) 热封装置　热封装置的维护十分重要，要注意以下几个方面。

① 电热带。首先特别要强调不能空载加热，其次是在真空室压力大于0.05MPa时，也不得加热。此外还要防止电热带产生折痕，有折痕将会引起过热，影响封口质量和使用寿命，当发现有折痕时应及时取下用木槌轻轻敲平，然后再装上使用。

② 纤维布。覆盖在电热带上的聚四氟乙烯玻璃纤维布应保持清洁，可涂以硅脂保护，防止粘袋。若纤维布出现焦化、断裂、破损时，应及时更换，更换时应注意粘接平整，贴合可靠、牢实。

③ 其他。内有水冷却的密封装置，必须保持水源畅通才能工作，要每班进行检查。与包装袋封口处相接触的耐热橡胶垫也应保持清洁，防止腐蚀和老化。若已出现老化现象时，务必及时更换。

六、设备常见故障及分析

真空包装机的每一个组成部分均有发生故障的可能，这里主要介绍真空包装机特有的真空系统、充气系统和热封装置的故障分析及排除方法，具体见表6-1及表6-2，对一般的机械、电气故障则不再赘述。

表6-1　真空系统故障原因及分析

故障现象	产生原因	解决方法
真空泵不能抽真空	泵未启动	详见表6-3
	真空室盖未合拢	用力按一下
	真空时间继电器损坏	修理或更换
	泵至真空室之间的阀未开启	详见表6-4
真空室达不到极限真空度	泵达不到极限真空度	详见表6-3
	管子泄漏	更换
	管接头处松动	拧紧、箍紧
	小气室(或气囊)处泄漏	堵漏
	真空室大密封圈破损或划伤	更换
	真空室大密封圈或真空室上平面不平	适当调整机身下的支承螺栓
	有关电磁阀泄漏，如主管道的阀、充气阀、导入大气阀	详见表6-4
	抽真空时间不够	调长
真空室盖打不开，真空室不能导入大气	放气电磁阀未开启	详见表6-4
真空室真空度正常，但袋内始终残留气体	热封条复位不好，开档距离过小	修至能复位到开档距离正常

表 6-2 热封装置故障原因及分析

故障现象	产生原因	解决方法
不能封口	热封选择开关旋转不到位	旋转到热封位置
	热封熔断器烧坏	更换
	电热带断	更新
	电热带短路	检查线路,保持干燥
	封口接触器故障	修复
	小气室电磁阀未动作	见表 6-4
	热封条卡住不动作	使其能灵活运动
袋封口处布纹不匀	电热带松动	调紧
袋封口处不平整	热封压力不够	见本表下达相关内容
	冷却时间短	调长
封口不牢	封口处不清洁	注意保持清洁
	封口时间不适合	调整
	热封电压选择不当	调整档次
	电网电压变化	调整档次
	热封压力不够:	
	① 充气时间过长使真空室压力过高	调短
	② 热封条卡住或运动不灵活	修至灵活
	③ 小气室(气囊)阀开启不灵活	见表 6-4
	④ 小气室(气囊)或其管路泄漏	堵漏
	聚四氟乙烯绝缘布焦化、破损	更换
	包装袋质量不好	换用质量好的
抽真空时爆袋	热封条复位不好,开档距离小,空气来不及排出,在袋内产生压力	修至复位灵活

表 6-3 单机旋片式真空泵故障原因及排除

故障现象	产生原因	解决方法
泵达不到规定的极限真空	润滑油变质	换油后重新测量极限真空
	油箱内油量不足	加油到规定的油位
	油管泄漏	更换或重新装配油管
	吸气管道密封不严	检查管道及连接处密封情况,消除泄漏
	进气口滤网堵塞	清洁进气口滤网
	进气阀片卡住	检查进气阀片动作是否灵活
	油封渗漏	更换油封
	叶片变形,滑动不畅顺	更换叶片
	内部磨损	修复磨损的部位或重新调整装配
泵不能启动	电压不足或保险丝烧断	核对电压,检查保险丝
	泵或电动机卡住	除去风扇罩,用手试转电动机,找出卡住的原因
泵启动电流或工作电流过大	泵油过满或牌号不对	核对油位和油的牌号
	气温较低时,润滑油的黏度过高	换用运动黏度值较低的油。当环境温度低于5℃时,将油预热后再启动
	排气过滤器堵塞	清洗或更换过滤器
泵运转时温度过高	泵油过多或过少	检查并调整油位
	散热不良	清洁泵和电动机的散热片,改善环境的通风条件
泵在运转中被卡死	长时间在错误转向下运转	纠正转向,同时对泵作一次全面检查
	叶片折断或变形	检查并更换叶片
	摩擦表面缺油	疏通油道,检查间隙,找出缺油原因
泵的运转噪声异常	传动零件严重磨损或松动	找出有毛病的部位并及时修复
排气口冒烟或排出油滴	泵油太多	放出过多的泵油
	排气过滤器安装位置不正确或材料破裂	重新安装或更换排气过滤器
	排气过滤器堵塞	清洗或更换过滤器

表 6-4　电磁真空阀故障原因及排除

故障现象	产生原因	解决方法
密封不良	密封区有污物附着 密封面损坏 密封橡胶件损坏	清除 修整或更换 更换
启闭不灵活或不能启闭	电线接触不良 熔断丝烧坏 硅整流二极管击穿 线圈烧坏 衔铁升降部位有污物 弹簧生锈或断裂卡死 电压过低	接牢 更换 更换 更换 清除 更换

第二节　热成型-充填-封口机

热成型-充填-封口包装又称拉伸膜包装，是在加热条件下，对热塑性片状包装材料进行深冲，形成包装容器，在装填物料后再以薄膜或片材进行封口的包装方式。完成这种包装工作的机器为热成型-充填-封口机，又称拉伸膜包装机。

一、热成型-充填-封口机的工作原理与特点

1. 热成型包装的形式

热成型包装的形式多种多样，如图 6-11 所示为较常用的托盘包装、泡罩包装、贴体包装和软膜预成型包装。

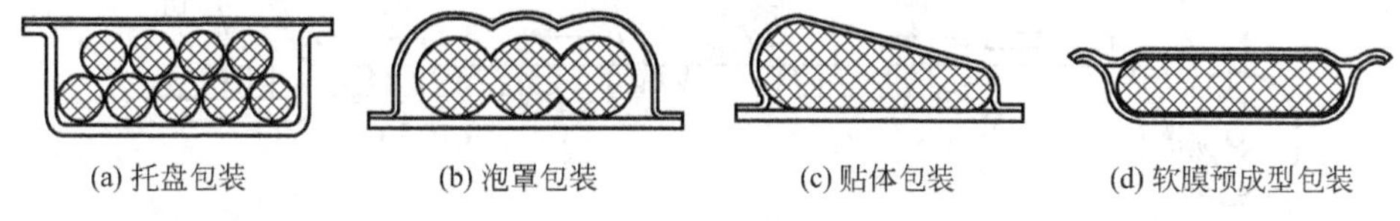

(a) 托盘包装　(b) 泡罩包装　(c) 贴体包装　(d) 软膜预成型包装

图 6-11　热成型包装的形式

① 托盘包装是先将一定尺寸的塑料片材在成型模具中经过加热成型、冷却定型后脱离模具，形成为包装物品的装填容器，充填物料后用软质上膜封合。比较适合流体、半流体、软体物料及易碎物料的包装。

② 泡罩包装是将塑料片材拉伸成与包装物外形轮廓相似的泡罩，使用有热封性能的纸板或复合薄膜为上膜进行封合。这种包装不抽真空，以透明的仿形泡罩和印刷精美的底板衬托出物品的美观，普遍适用于儿童小食品、药品、玩具、日用品、电子元件等的包装。

③ 贴体包装是使用浅盘或涂布黏合剂的纸板作为底板，上膜使用较薄的软质膜，如同包装物的一层表皮，包装后底板托盘形状不变。常适用于鲜肉、熏鱼片的包装。

④ 软膜预成型是底膜与上膜均使用较薄的软质薄膜。包装时，底膜经预成型，以便于装填物料，可进行真空或充气包装。软膜包装比较适合于包装那些能保持一定形状的物体，如香肠、火腿、面包等食品。特点是包装材料成本低，包装速度快。当采用耐高温 PA/PE 材料时可作高温灭菌处理。

2. 热成型包装的特点

热成型包装的容器可以作成多种形状，除适用于食品的包装外，还广泛用于药品、文具、日用品、电子元器件等的包装。主要特点表现为：①包装适用范围广，可以用于冷藏、微波加热、生鲜和快餐等各类食品的包装，可以满足食品储藏和销售对包装的密封和高阻隔

性能的要求，也可实现真空包装和充气包装；②容器成型、物料充填和封口可一机完成，包装生产效率高；③容器大小、形状可按包装需要设计，且透明可见，外形美观；④热成型法制成的容器壁薄，可减少材料用量，而且容器对内装物品有固定作用，可减少物品受震动、碰撞所造成的损伤，装箱不需另加缓冲材料。

热成型设备已很成熟，种类型号也较多，包括手动、半自动和全自动各种机型。其中，全自动热成型真空包装机是近年开发使用的一种多功能多用途包装机型，它集薄膜拉伸成型、装填物料、抽真空、充气、热封、分切等功能于一体，在一台机械设备上具备了一条包装生产线的功能。这类机型的性能强，适用性广，包装形式多样，可广泛应用于各种食品包装和非食品包装领域。对食品生产等使用厂家来说，无需事先制盒或向制盒厂订购包装盒，可把多个工序集中在一起一次完成。

3. 工作原理

热成型包装材料应满足对商品的保护性、成型性、透明性、真空包装的适应性和封合性等。该类包装一般使用两层卷料：一层是“成型”卷料，另一层是“盖封”卷料。“成型”卷料经过热成型制成包装容器，由人工或自动充填装置装填物料后，再将“盖材”覆盖在容器上，用加热的方式与容器四周凸面密封，再由冲裁装置冲裁成单个的包装盒。

如图 6-12 所示，塑料片卷 1 放出的片材，经加热装置 2 加热软化，然后移至成型装置 3 制成容器，容器冷却后脱模，随送料带送到计量充填装置 4 进行物料的充填灌装；薄膜卷 5 放出薄膜将连续输送过来的容器口覆盖（视包装需要可进行抽真空或充入保护气体的处理），并送至热熔接封口装置 6 加热盖封；再输送到冲切装置 7，切刀将盖封周围的多余片材切除，废料由废料卷取装置 8 卷收；包装成品 10 由输送机 9 送出。

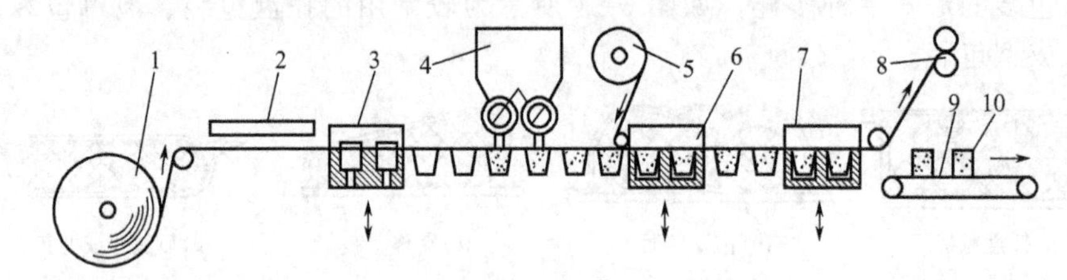

图 6-12 热成型-充填-封口机工作原理

1—塑料片卷；2—加热装置；3—成型装置；4—计量充填装置；5—薄膜卷；6—热熔接封口装置；7—冲切装置；8—废料卷取装置；9—输送机；10—包装成品

二、热成型-充填-封口机的结构组成

如图 6-13 所示为全自动热成型真空包装机外形图。全机大致可以分为底膜预热区、热成型区、装填区、热封区、分切区，主要由热成型系统、封合装置、分切装置、薄膜牵引系

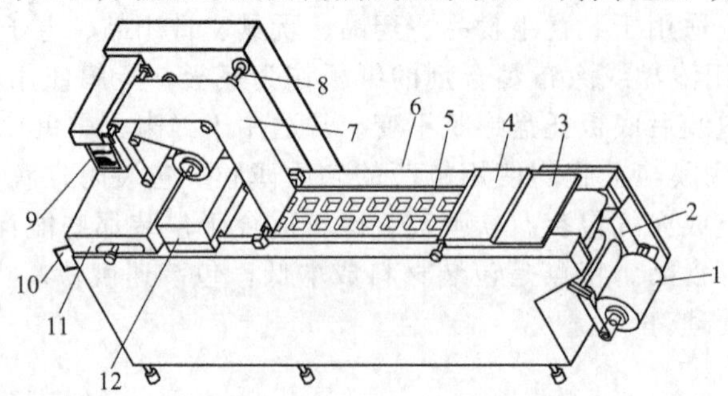

图 6-13 全自动热成型真空包装机外形图

1—底膜；2—底膜导引装置；3—预热区；4—热成型区；5—输送链；6—装填区；7—上膜；8—上膜导引装置；9—控制屏；10—出料槽；11—裁切区；12—热封区

统、色标定位系统、边料回收装置和控制系统等组成。

1. 热成型系统

热成型系统是全自动热成型真空包装机的主要系统，包装薄膜在此实现热成型，形成可充填物料的容器，为整个包装提供先决条件。热成型系统由预热装置及加热成型装置组成。

(1) 预热装置　预热装置如图 6-14 所示，其由罩体和发热板组成。底膜在薄膜牵引系统的作用下实现步进，首先停留在预热区接受加热。薄膜运行时平贴在其发热面下，通过螺杆可调节发热板与薄膜表面的距离，从而达到理想的加温效果。预热的作用是为下一步热成型工序做准备，并且起到提高热成型效率的作用。

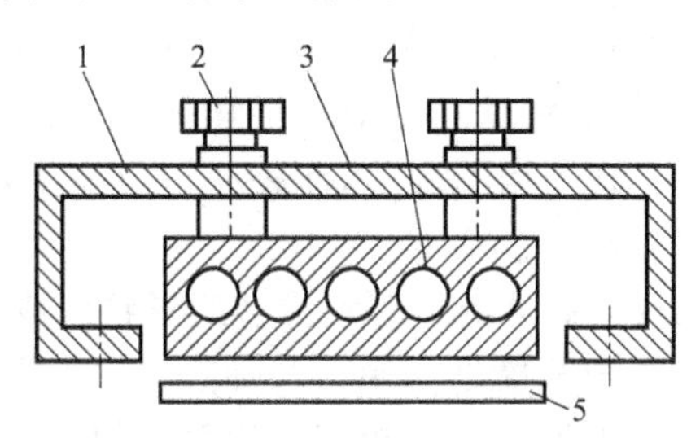

图 6-14　预热装置

1—罩体；2—螺杆；3—发热体；4—电热管；5—底膜

(2) 加热成型装置　加热成型装置按成型时施加压力方式的不同，可分为差压成型法、机械加压成型法和助压成型法三种。应用于全自动热成型真空包装机上的成型方式主要为差压成型法。

① 差压成型。就是使加热片材两面具有不同的气压而获得成型压力，使塑料片材变形成型。使片材两面具有不同气压的方法有三种：其一是从模具底部抽真空；其二是从加热室顶部通入压缩空气；其三是两者兼用。在压差的作用下，片材向下弯垂，与成型模腔贴合，经充分冷却后成型。再用压缩空气自成型模底吹入，令成型片材与成型模分离。采用抽真空成型的方法，其最大压差通常为 0.07～0.09MPa，这样的压差只适于较薄的片材成型。当这个压差不能满足成型要求时，就应采用压缩空气加压。在热成型包装机中使用的成型压力一般在 0.35MPa 以下。与真空成型相比，采用压缩空气成型不仅可以对付较厚的片材，而且可以使用较低的成型温度，同时成型效率将提高，当然，相应的成型模具及设备的坚实程度要求更高。用于差压成型的模具以采用单个阴模为多，这是热成型方法中最简单的一种。它所制成的成品的主要特点是：结构较鲜明亮丽，与模面贴合的一面较精细且光洁。

如图 6-15 所示，差压成型法热成型装置主要由上下两部分组成，上部分是加热部件，下部分是成型部件。

加热部件的主体由加热室 1 和发热板 2 以及调整装置等组成。底膜运行时贴近发热板通过，使已预热的薄膜继续升温并达到适宜的成型温度。在热成型系统中，加热装置起到重要

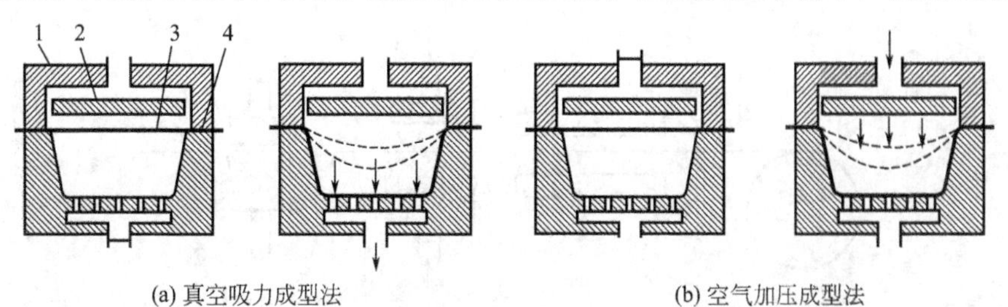

(a) 真空吸力成型法　　(b) 空气加压成型法

图 6-15　真空吸力成型法和空气加压成型法的工作原理

1—加热室；2—发热板；3—片材；4—成型模

的作用，也是热成型的关键。常用的片材加热方法主要有两种，即热板紧贴直接加热及红外线辐射加热。在全自动热成型真空包装机中，前者常用于预热装置；而后者因其热效率较高，常用于热成型装置。

加热器一般采用电热丝发热，电热丝贯穿于石英或瓷套管内。加热器表面温度一般为370～650℃，功率约为3.5～6.5W/cm^2，其温度变化可通过温控器控制。待加热的片材一般不与加热器接触，以辐射方式进行加热。加热器与片材的距离可调，其调节范围可为10～56mm。通过调节加热器与片材的距离可控制加热效果。

片材成型后应马上冷却，使其定型。为提高生产效率，冷却应越快越好。金属模的冷却方式以循环水冷为主，通过模具的冷却面导热使制品降温。在成型中，模具的温度一般保持在45～75℃，因此，只要用温水循环流动于成型模底预设的通道，即可达到保持模具温度及冷却制品的效果。对于塑料模具，由于传热性较差，只能采用时冷时热的方法保持其温度，即红外线辐射加热结合风扇冷却的方式。

成型部件的主体为成型模4，它决定了薄膜成型的形状。成型模在汽缸的作用下上升直至与上部加热部件的室座压合，成型模框上周边与加热室框下周边贴合，形成一个密封的加热成型室。当薄膜被加热到适宜温度时，电控气阀通气，使密封室内形成气压差，迫使薄膜成型。

用作制模的材料除了钢材外，较多采用合金铝以及酚醛、聚酯等工程塑料。设计成型模时，需注意以下几点。

a. 成型制品的表面粗糙度与模具表面的粗糙度有密切关系。一般情况下，高度抛光的模具可制得表面光泽的制品，闷光的模具则制得无光泽的制品。

b. 成型模深度和宽度的比值通常称为拉深比，它是区别各种热成型方法优劣的一项指标。一般情况下，使用单个阳模成型时，其拉伸比不能超过1。而用阴模成型时，拉伸比通常不大于0.5。通过热成型制成的制品，收缩率约为0.002～0.009mm/mm。设计和制造模具时应对收缩率加以考虑，才能制得尺寸精确的制品。

c. 成型模上的棱角和隅角应设计为圆角，以避免成型制品形成应力集中，从而提高冲击强度。模内圆角半径最好等于或大于片材厚度，但不小于1.5mm，模壁应设置斜度以便脱模。阳模的斜度一般为2°～7°，而阴模为0.5°～3°。

另外，在成型模上设置有气孔，用于成型时通入或排出气体，气孔直径的大小随所处理片材的种类和厚度略有不同。当压制软聚氯乙烯和聚乙烯薄片时，气孔直径约为0.25～0.6mm；其他薄片约为0.6～1mm；对于厚硬片材则可大至1.5mm。气孔直径不能过大，否则会使成型制品表面出现赘物。通气孔设置的部位大多数平均分布在成型模较大平面的中心以及偏凹部位或隅角深处。

② 机械加压成型。如图6-16所示，塑料片材加热到所要求的温度后，送到上下模（阳模和阴模）间，上下模在机械力作用下合模时将片材冲压成模腔形状的容器，冷却定型后开

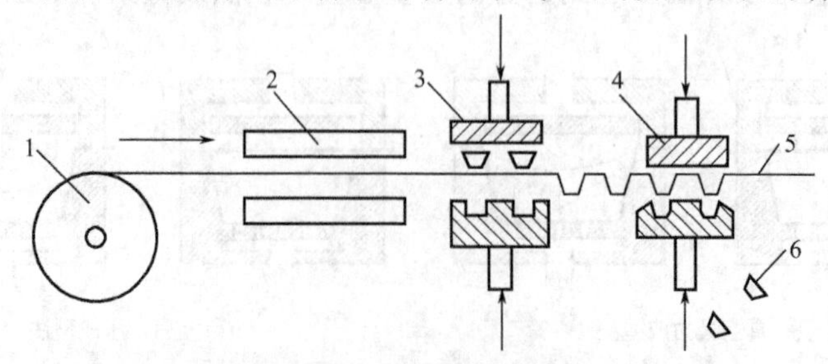

图6-16 机械加压成型

1—塑料片卷；2—加热器；3—成型模具；4—切边；5—废料卷；6—成品

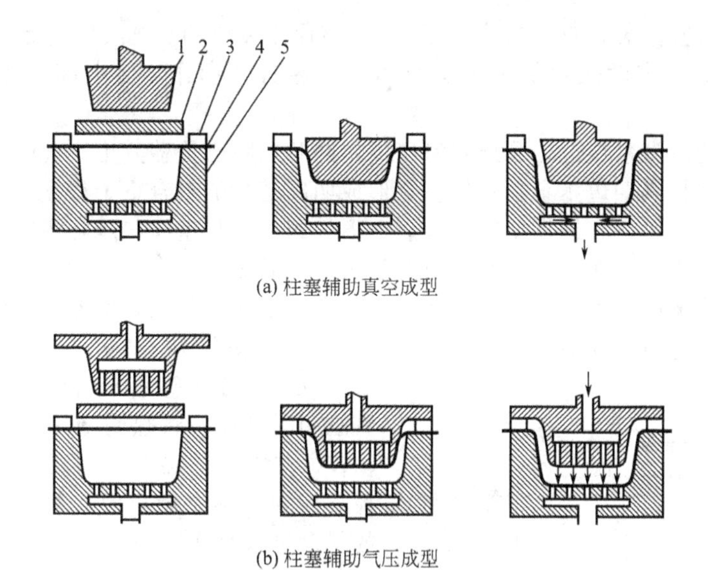

(a) 柱塞辅助真空成型

(b) 柱塞辅助气压成型

图 6-17　柱塞助压成型

1—柱塞；2—发热板；3—压框；4—片材；5—成型模

模取出。成型过程中，模腔内的空气由模上气孔排出。这一成型法具有容器尺寸准确稳定，表面字迹、花纹清晰等特点，可成型复杂的结构，但对模具加工要求较高。

③ 柱塞助压成型。此法是上述两种热成型方法相结合的一种成型方法，如图 6-17 所示为柱塞助压成型的结构原理图。该成型过程可以分为两个阶段：第一阶段，塑料片材被夹持加热后压在阴模口上，在模底气孔口封闭的情况下，柱塞将片材压入模内，封闭在模腔内的空气被压缩产生压力，使片材紧包冲模而不与成型模接触，冲模压入的程度以不使片材触及成型模底为宜。第二阶段，在冲模停止下降的同时，开启相关气阀，开始真空成型或气压成型。当采用真空成型时，则从成型模的底部抽气使片材与成型模面完全贴合；当采用气压成型时，则从冲模上通入压缩空气以使片材与成型模面完全贴合，但此时必须令冲模周边与成型模口相扣密封，压缩空气才能起作用。在片材成型后，冲模提升复位，成型的片材经冷却脱模成为预制品。采用这种方法，制品的质量在很大程度上取决于冲模片材的温度以及冲模下降的速度。在条件许可的情况下，冲模下降的速度越快，成型质量越好，这种成型方法可获得壁厚均匀的容器。

不论采用何种热成型方法，容器的壁厚总要变薄，尤其是底部，在拉伸比小于 0.7 的情况下，容器底部壁厚一般只有平均壁厚的 60％。为了保证强度，容器棱角应采用圆角过渡，容器底部更应加大圆角，一般圆角半径为 1～3mm。

2. 封合装置

底膜经热成型制盒并接受充填物料后，在牵引装置的牵引下进入封合室。在封合室内，成型盒将被覆盖上膜并进行封合。图 6-18 是封合装置示意图。

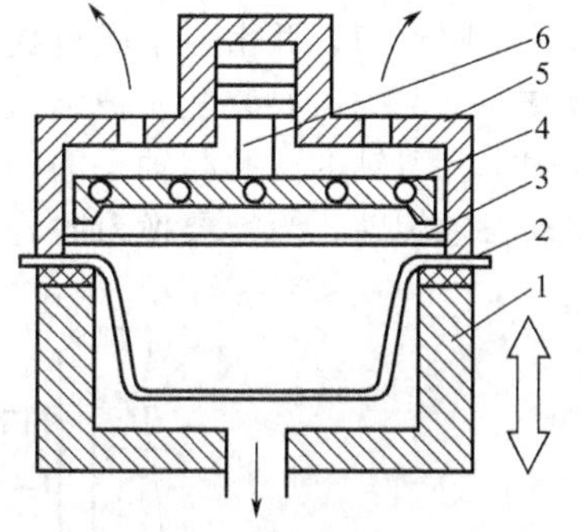

图 6-18　封合装置

1—承托模；2—成型盒；3—上膜；4—热封板；5—上室座；6—汽缸

封合装置主要由上下两部分组成，上面是一个压封室座，下面是一个承托模部件，两者组合成一个封合室。承托模 1 的内腔形状与成型盒 2 基本一样，尺寸以能合适套入成型盒为宜。承托模能够轻易拆卸并更换，以适应不同形状的成型盒。工作时，在驱动汽缸的带动下，承托模可沿导杆上下升降，上升到最高点将与上室座 5 的室框扣合形成密封室。封合室内装置有一块热封板 4，在室座上安装有汽缸 6，这是热封合的驱动装置。当汽缸动作时，带动热封板上下运行，完成热封合动作，使上膜与底盒热融压合在一起。

当盛载物料的成型盒步进送到压封室座下，同时上膜已覆盖其上。此时，承托模被汽缸顶升，套住料盒并将其四边压合在室框下，形成四周密封的封合室。根据工艺要求，可对料盒实行抽真空及充气工序。抽真空时，开启上下气阀，压封室座与承托模同时抽气，即料盒的上下均需抽气，否则存在压差，影响封合质量。若需充气，在抽气后可转换气阀，充入保护性气体。上下膜宽度并不一样，上膜比下膜稍窄。承托模与压封室座扣合时只将下膜边缘压合，而上膜两边却留下空隙，这个空隙用作盒内排气及充气的通道。一般要求下膜比上膜宽 20mm。当料盒完成真空及充气工序后，上汽缸同时动作，将热封板压下，完成热融封合动作。热封板的温度由测温头测定，并通过温控表控制。完成封合后，承托模下降，封合后的料盒进入裁切工序。

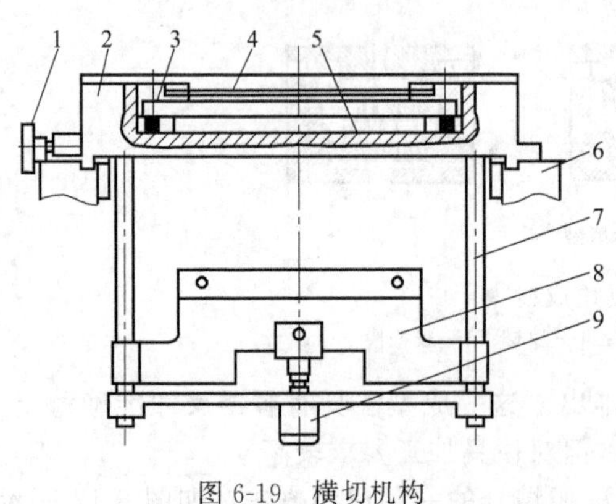

图 6-19 横切机构

1—调整轮；2—冲切座；3—导杆；4—气囊；5—切刀；6—机架；7—导柱；8—底刀；9—汽缸

3. 分切装置

片材经热成型、装料及封合后，形成了一排排连体的包装，必须经分切整形才能成为单个完美的包装体。分切装置包括横切机构、切角机构、纵切机构等，每一个机构均可作为独立的模块，按需装配到包装机上。

横切机构的作用是将封合的多排料盒横向切断分离。如图 6-19 所示，整个机构由冲切座 2、导柱 7 和汽缸安装架连接成一个刚性的框架。通过汽缸可带动底刀 8 上升和下降。冲切座 2 内安装有切刀 5，由左右导杆 3 定位，可上下运动，通过弹簧复位。切刀的运动由其上部的气囊 4 驱动。当封合后的料盒进入横切位置并定位后，横切机构开始工作。

横切刀一般比底膜宽度稍短，以不碰到两侧链夹为限，因此，横切后，沿机器纵向每排的料盒并未完全分离，依靠两侧未切断的边缘相连，由链夹牵引带到纵切工位。旋动调整轮 1，通过横向转轴可带动冲切座两侧齿轮旋转，并沿固定在机架两侧的齿条滚动，从而使整个横切机构沿机器纵向移动，达到调整切断位置的目的。

切角机构的工作原理与横切机构一样，切角机构的作用是冲切圆角及修整盒边缘等。

纵切机构一般作为后道工序，将单个包装体完全分离。经横切后，料盒已形成一排排带横切缝的包装体，经纵向切断即可分离。纵切机构的结构如图 6-20 所示，纵切机构装置有若干把圆盘刀，并由一个微电机驱动。圆盘刀的数量由每排成型盒数确定，例如一排成型盒数有 3 个，则需要装配 4 把圆盘刀。圆盘刀的刀座可在刀轴 4 上滑动，调整位置后由紧固螺钉固定。刀轴的两端与轴头的凹凸卡位连接，通过滑套 3 套合固定。因此，电机可通过轴头驱动刀轴旋转。当需要换刀时，将左右滑套松开并向内拨动，令滑套脱离轴头，则可顺利将

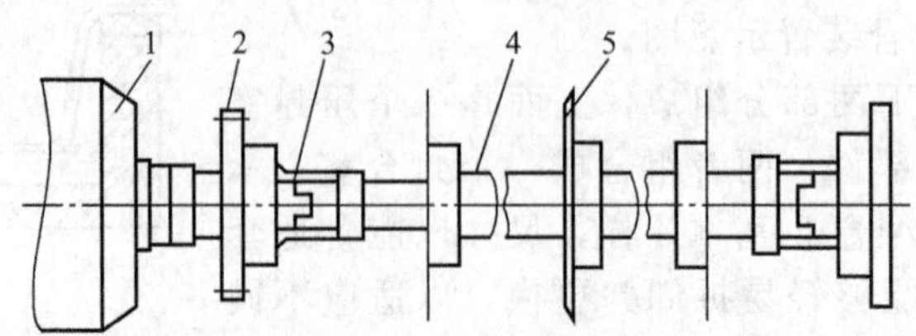

图 6-20 纵切机构

1—电机；2—轴承座；3—滑套；4—刀轴；5—圆盘刀

刀轴连同刀座刀片取出。经纵切之后分离出单个包装个体，切除的两边剩余边料由收集装置加以收集。

4. 薄膜牵引系统

薄膜牵引系统主要包括链夹输送装置、薄膜导引装置等。包装机的纵向两侧分别装配有一条长链条，链条每一节距均装配有弹力夹子。底膜的传送正是依靠两侧链夹的夹持牵引。底膜从导入到完成包装、分切、输出的全过程均被夹子夹持。由于夹子在链条纵向分布，数量众多，因此可将底膜平展输送。即使在成型和充填工序，底膜也能保持平整。

链夹的结构如图 6-21 所示，由卡子 2、卡座 3、弹簧 4 和紧定片 5 组成。卡子为带圆头的销轴形，穿入卡座上下轴孔，由紧定片 5 定位内套弹簧 4，然后整体装配在链节上。当卡子销轴底部受到向上作用力时，卡子上升并通过紧定片压缩弹簧。此时，卡子与卡座顶面间露出间隙，足以插入薄膜边缘；当卡子销轴底部作用力取消时，卡子受弹簧力作用复位，夹紧薄膜。工作中，链夹的开合是由偏心轮套控制的。链条由动力装置驱动步进运行，链夹在进入偏心轮套之前及脱离偏心轮套之后，其卡子和卡座均处于夹紧状态。当链夹进入偏心轮套中，其卡子销轴底与偏心轮外圆接触。在环绕偏心轮套运行的半圆中，受偏心轮的作用，卡子顶起使链夹张开，到顶为最高点。底膜在顶点导入，脱离顶点后，链夹闭合，将底膜夹紧。工作初时，由人工将底膜导入，当底膜前端被链夹夹持后，即可连续自动输送。

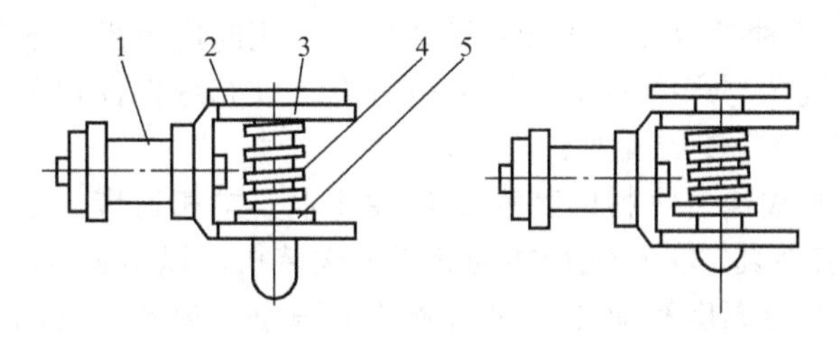

图 6-21　链夹结构

1—链节；2—卡子；3—卡座；4—弹簧；5—紧定片

5. 色标定位系统

在热成型包装机中底膜用于成型，一般采用无色标的空白膜，而上膜则采用有色标带图案的印刷薄膜。为保证包装质量，在包装过程中必须保证底膜成型盒的定位和上膜图案的定位。当片材由成型模成型后步入热封区，必须要被承托模准确承托才能顺利完成封合。如果成型盒步进后不能准确定位在承托模上，在封合动作时将会被承托模压坏。设承托模与成型模间的距离为 L，则有 $L=nl$，其中 l 为输送链运行步距，n 为正整数。成型模与承托模间距离 L 可通过手动调整准确。而薄膜输送的步距 l 根据选择的驱动方式不同，有多种控制形式，其中，步进电机控制系统可达到精确灵活的定位。

在底膜成型盒进入热封区后，上膜随即覆盖其上，为使印刷图案完整美观，必须保证每一次上膜图案能准确定位在盒面正中位置，这个过程主要通过光电检测控制系统来完成。由于上膜与下膜封合后并不马上切断，而是黏合在一起受链夹牵引前行。因此，一般采用单向补偿的光电检测控制系统定位上膜。

在全自动热成型真空包装机中，先进的控制系统均采用可编程序控制器或微电脑控制，各包装工序可通过编程输入达到协调动作，精确控制机器各工序的执行机构主要以气动为主，再以少量电动机构配合，形成一个复杂的气动系统。

6. 边料回收装置

分切过程中的边条薄膜由收集器收集。根据薄膜的软硬和分切方法的不同可采用真空吸出、破碎收集或缠线绕卷的方式。

7. 控制系统

全自动热成型包装机多采用模块化组合式结构设计，每一模块为一相对独立的整体。在包装过程中，各模块结构之间的运动关系有着极严格的要求，需要相互精确定位、协调衔接。因此，机器的自动控制非常重要。电控系统可采用编程控制器或微处理器。机器启动后，控制器根据储存的程序来控制机器的运作。一些主要数据如压缩空气压力、真空度、成型温度、批量号等均可轻易修改以适应工作状态的变化。

三、热成型-充填-封口包装机的选用原则

1. 包装材料的选用

热成型-充填-封口机常用的塑料膜有聚氯乙烯、聚乙烯、聚丙烯、聚偏二氯乙烯等；复合膜有聚氯乙烯/聚偏二氯乙烯、聚氯乙烯/聚乙烯、聚氯乙烯/聚偏二氯乙烯/聚乙烯等。盖材常用铝箔、玻璃纸和复合材料，商标图案和有关说明文字可预先印在盖膜上。选用材料的厚度视热成型容器的尺寸大小而定，小而浅的容器可选用薄一些的材料；大而深的包装容器则应选用厚一些的材料。根据包装物品的种类和要求不同，选用包装材料时还应考虑材料的抗拉强度、延伸率、加热变形温度、透光率、透湿系数等有关技术参数及其带静电性、是否易老化等特性。

2. 设备的选用

热成型-充填-封口机种类较多，功能各不相同，选用时应考虑以下几个方面。

① 设备的包装速度应与产品的生产规模相适应，以充分发挥包装机的效率。生产批量大的产品宜选用高速连续运转的机型。

② 设备的功能应与被包装物料的特性及包装技术要求相适应。如热狗、香肠等易变质的食品，最好选用具有抽真空、充气功能的热成型包装机，以延长食品的保质期。

③ 设备加热器的加热温度和加热时间的调节范围应与包装材料的种类、厚度及热成型性能相适应。包装材料种类不同，热成型温度也不同，一般在120～180℃。塑料片加热到热成型温度所需要的时间则取决于材料的品种和厚度，一般加热时间随材料的比热容和厚度的增大而增长，随材料的导热系数和传热系数的增大而减短。加热器的加热功率应按塑料片材在单位时间内、单位面积所吸收的能量即功率密度（kW/m^3）进行选择，常用热成型材料的功率密度为10～25kW/m^3。

④ 采用自动上料机构的高速热成型包装机应配备缺料检测装置，如有漏装，包装机应能检测出来而报警，并能在冲裁后自动将空包剔除。

四、热成型-充填-封口机故障分析及使用维修

1. 常见故障

(1) 热成型容器不合格，出现成型不完整、烧焦、变色或起皱、厚薄不均、棱角开裂、翘曲变形等缺陷　主要是由于热成型工艺不合理或模具设计不合理等原因所致，应合理调整热成型温度和加热时间或改进模具设计。为防止成型时容器边角厚度骤减，可在凸模边角上加散热衬垫，使与其接触的材料温度降低，从而减少边角部位的拉伸率。

(2) 容器口盖封不严。可能是由于热封温度过低、热封压力过小或加热时间过短所致；也有可能是热封模封接面不平整所致。对于前者应适当调高热封加热温度、延长加热时间、增大热封压力；对于后者可修配上、下封盖模封接面至平整，或更换封盖模具。

(3) 容器边冲裁不整齐、封边宽度不匀称。出现这种情况可能是由于容器定位不准和冲裁模模口不直所致，应检查包装机各工位的调整是否合适，冲裁模模口是否平直，并采取适当的措施予以解决。

2. 使用维修

热成型-充填-封口机的操作应严格按照使用说明书上的操作规程进行，并应定期对机器进行维修和保养。维修和保养的内容主要包括清理、润滑、调整、检查和维修。

① 清理。对机器在使用过程中产生的一些灰尘和余屑应及时进行清理，否则会干扰机器的正常工作。清理的重点应是辊子、热封和成型部件，因为这些部件最容易粘接熔化的塑料膜和灰尘。如果辊子上沾有熔化的薄膜或其他尘埃，会使包装材料黏附在辊子上无法前进；如果热封和成型部件黏上熔化的薄膜，会降低成型和热封效率及包装封合质量，因此应经常对这些部件进行清理。此外，光电传感器的镜头上蒙有灰尘会导致其灵敏度下降；污垢也易吸附在风扇或鼓风机的罩壳上；链条、链轮上常涂有一层薄油，也极易黏附灰尘，对这些部位要定期进行清理和擦拭。

清理时应注意：清洗应在机器停止工作的情况下进行；清洗时应切断电源、关闭真空，并排除压缩空气系统过滤器和真空系统各管道内的积水；充填装置要单独护理，以免杂物落入充填腔；要检查清洗剂是否符合规定的要求，用于模具和充填头的清洗剂应是无害的；所有辊子和其他与包装材料接触的表面都应予以检查，清洗干燥后方可穿绕包装材料。

② 润滑。润滑对机器的正常运转是非常重要的。应严格按照机器的润滑表或说明书的要求，使用规定的润滑剂定期进行润滑。经常摩擦的部位，应每天滴 1～2 滴润滑油；链轮和链条应保持有一层薄油；轴承应定期补充油脂。各润滑油池要保持一定的油面高度，并按规定定期更换润滑油。有些机器备有自动加油装置，对这些装置要经常进行检查，以避免由于喷嘴堵塞、油管损坏或其他原因导致的运动机构卡死现象。

③ 调整。机器调整正确与否与机器的正常运转和包装质量的保证有很大关系。热成型温度、加热时间将直接影响成型容器的质量及生产效率，必须根据塑料膜的种类和厚度仔细进行调整。一般在实际操作时，先进行试验，观察塑料片在确定的加热条件下能成型具有较锐棱角的正方形容器，而没有可见的缺陷出现时所需的加热时间为最短的加热时间。对于非接触式加热，还可以通过调整塑料片材与加热器之间的距离达到控制成型温度的目的。盖封时的加热温度、加热时间和施加压力对容器的封口质量有很大影响，同样也要调整适当。传感器的灵敏度和机器的运转部件都要适当调整，只有良好的调整，机器才能平稳高效地运行。

④ 检修。在机器运转期间，应经常进行检查，以及时发现故障并随时排除。如机器有不正常的噪声和撞击声，应及时停机检查；发现螺钉松动、链条松弛，应及时紧固和张紧；冷却系统工作不正常或有漏水现象，应及时维修。特别是在清理和润滑时，可以认真检查机器各运动部件的磨损情况，并及时更换磨损件。

【本章小结】

真空包装机一般具有充气的功能，台式的常用单室式和双室式，其主要结构相同，由上真空室、下真空室、机身、电气、真空系统五大部分组成，依次完成抽真空、压紧、加热封口、冷却、真空室解除真空、抬起真空室盖等动作，传送带式真空包装机可以实现连续生产，在操作真空包装机时，要控制好热合温度、热合时间及真空度；拉伸包装机是底膜经过热成型制成包装容器，由人工或自动充填装置装填物料后，再将面膜覆盖在容器上，密封、冲裁成单个的包装盒，分为底膜预热区、热成型区、装填区、热封区、分切区，主要由热成型系统、封合装置、分切装置、薄膜牵引系统、色标定位系统、边料回收装置和控制系统等组成，集薄膜拉伸成型、装填物料、抽真空、充气、热封、分切等功能于一体，在一台机械设备上具备了一条包装生产线的功能。

【思考题】

1. 真空包装机具有哪些功能？
2. 台式真空包装机的工作原理是什么？
3. 传送带式真空包装机的工作原理是什么？
4. 如何操作双室真空包装机？
5. 台式真空包装机操作时，应注意什么？
6. 全自动拉伸包装机的工作原理是什么？
7. 使用全自动拉伸包装机，造成容器边缘冲裁不整齐、封边宽度不匀称的原因是什么？如何解决？

第三篇　果蔬及饮料加工机械与设备

第七章　果蔬加工机械与设备

学习目标

1. 了解果蔬加工现状、典型产品及工艺流程；
2. 了解预处理设备的分类，掌握其用途、结构与工作原理；
3. 掌握打浆机的结构组成与工作原理，熟练掌握其操作与维护；
4. 了解榨汁机的分类，掌握其结构组成与工作原理；
5. 了解果汁分离的方法、分离机的特点及分类，掌握各种分离机的结构组成与工作原理；
6. 了解真空油炸的特点及真空油炸设备的分类，掌握各种真空油炸设备的结构组成与工作原理，熟练掌握其操作与维护；
7. 了解冷冻干燥的特点，掌握冷冻干燥设备的结构组成与工作原理，熟练掌握其操作与维护。

第一节　典型果蔬产品加工工艺流程

新鲜的水果蔬菜经过加工后，消灭或抑制了果蔬中存在的有害微生物，延长了保存时间，使得区域性食品能有效地供应任何缺乏此产品的地方。另外，季节性很强的产品经过加工以后，可以有效地调节淡旺季供应，使得消费者能在不同的季节均可以选择到自己需要的商品。果蔬经过加工以后，还可以保持或改善果蔬的食用品质，满足消费者的不同需求。

目前，果蔬加工在我国取得了较大发展，已从传统的新鲜果蔬、腌制品、干制品、罐头制品，发展到脱水蔬菜、速冻果蔬、果蔬汁、果蔬粉等深加工产品。但与国外发达水平相比，我国果蔬加工业在技术、设施和产业水平上仍存在巨大差距。

近年来，生物技术、膜分离技术、高温瞬时杀菌技术、真空浓缩技术、微胶囊技术、微波技术、真空冷冻干燥技术、无菌储存与包装技术、超高压技术、超微粉碎技术、超临界流体萃取技术、膨化与挤压技术、基因工程技术及相关设备等已在果蔬加工领域得到普遍应用。先进的无菌冷灌装技术与设备以及冷打浆技术与设备等在美国、法国、德国、瑞典、英国等发达国家的果蔬深加工领域得到应用，并不断提升。这些技术与设备的采用提高了发达国家果蔬深加工业的加工增殖能力。

虽然果蔬原料不同，加工的产品也不同，但加工中所用的机械设备基本上可以分为原料清洗、分级分选、切割、分离、杀菌、果汁脱气、真空油炸及冷冻干燥等设备。把这些机械设备按照一定的工艺要求用输送设备连接起来，就组成了不同的果蔬制品生产线，可以生产出不同的果蔬制品。

一、果蔬汁加工工艺流程

果蔬汁是指将新鲜水果、蔬菜经挑选、洗涤、榨汁或浸提等预处理制成的汁液，装入包装容器中，经密封杀菌，得以长期保存的果蔬饮料。

1. 果蔬汁的分类

① 原果汁。用机械方法从水果中获得的100％水果原汁或用浸提方法提取水果中的汁液后，用物理方法除去浸提时加入的水分而制成的汁液。

② 蔬菜汁。新鲜蔬菜汁或冷冻蔬菜汁加入食盐或糖等配料调制而成的制品。

③ 原果浆。以水果可食部分为原料用打浆工艺制成的，没有去除汁液的浆状产品或是浓缩果浆的复水制品。

④ 浓缩果汁和浓缩果浆。用物理分离方法从原果汁或原果浆中除去部分天然水分，并具有该种果汁或果浆应有特征的制品。

⑤ 果汁饮料。在果汁或浓缩果汁中加入水、糖液、酸味剂等制成的果汁含量不低于10％的饮料。如果制品中含有两种或两种以上原果汁，则称为混合水果汁。

2. 加工工艺

果蔬汁的大致加工流程如下。

原料 → 预处理（挑选、分级、清洗、热处理、酶处理等）→ 取汁 → 均质、脱气 → 杀菌 → 灌装冷却 → 成品

① 原料的选择和清洗。选择新鲜、成熟、香气浓郁、色泽稳定、汁多、酸度适当的原料。榨汁前原料应送入洗果机中清洗干净，以除去果蔬表面附着的尘土、沙子、部分微生物、农药等，带皮榨汁的原料更要重视清洗。注意洗涤用水的清洁，不能用循环水清洗。

② 原料的破碎和压榨。为了获得最大出汁量，果品在榨汁前必须进行破碎。破碎能增加果汁的产量，但如果破碎得太细而成为稀浆汁会影响出汁率。一般要求果浆粒度在3～9mm之间。

果蔬破碎采用破碎机或磨碎机，破碎时间尽量短，以免氧化变色。经过破碎即可以进行榨汁，常用的榨汁机有带式榨汁机和卧式螺旋榨汁机。

③ 过滤。新榨出的果汁一般都含有大量的悬浮物质，需要进行过滤，通常分为粗滤和细滤两步。粗滤常用振动式过滤机，此种过滤只会滤掉较大的悬浮物质，果蔬汁的色泽、营养、风味保留比较好，适合制成浑浊果蔬汁；细滤一般在粗滤之后进行，使用超滤装置，适合制得澄清果蔬汁。

④ 均质脱气。浑浊果蔬汁为了保持其稳定的外观，一般要利用均质机对其进行均质处理。利用真空脱气机脱气的目的是去除果汁中的气体，以免果汁营养成分被氧化损失，也可减轻果汁色泽和风味的变化。

⑤ 营养成分调整。为了使果蔬汁符合一定的标准，常需要进行调整。一般来说，果蔬汁只进行糖酸调整，同时也可以添加适量的食用香精和食用色素等。

⑥ 杀菌、灌装、包装。现在一般采用的是果蔬汁先在灭菌机内杀菌，再在无菌条件下使用无菌包装机进行冷却、包装。

二、果蔬干制工艺流程

果蔬干制是借助热力作用，将果蔬中的水分减少到一定程度，从而使制品中的可溶性物质提高到不适于微生物生长的程度。与此同时，由于水分下降，酶活性也受到抑制，这样制品就可得到较长时间地保存，以便于延长供应季节，满足消费者不同时期的需求。

食品干制是一种具有很长历史的干制方法，传统的干制方法以自然干制为主。自然干制不仅受自然条件的影响，关键在于产品质量很难得到保证，随着社会的进步，自然干制越来越难以满足人们的需求。人工干制是指在人工控制下干制的方法，人工干制与自然干制相比

具有时间短、效率高、过程容易控制、产品品质能得到保证等优点。但是人工干制需要设备，且消耗能源，所以一般技术复杂，成本较高。

工艺流程为：

原料选择与预处理→清洗→去皮→切分→热烫→干制→回软压块→包装→储藏

三、果蔬速冻工艺流程

果蔬速冻就是将经过处理的果蔬原料在－35～－25℃的温度下迅速冻结，然后在－20～－18℃的低温下保存待用。果蔬速冻最大的特点就是能最大限度地保存原有果蔬的风味和营养物质。

工艺流程为：

原料选择→预冷→清洗→切分→烫漂→沥水→速冻→包装→冻藏

四、果蔬罐藏工艺流程

果蔬罐藏属于食品罐藏的一部分。食品罐藏是将经过一定处理的食品装入一种包装容器中，经过密封杀菌，使罐内食品与外界环境隔绝而不被微生物污染，同时杀死罐内有害微生物（即商业灭菌）并使酶失活，从而获得在室温下可长期保存的食品的保藏方法。凡用密封容器包装并经过杀菌而在室温下能够较长期保存的食品称为罐藏食品，俗称罐头。

工艺流程为：

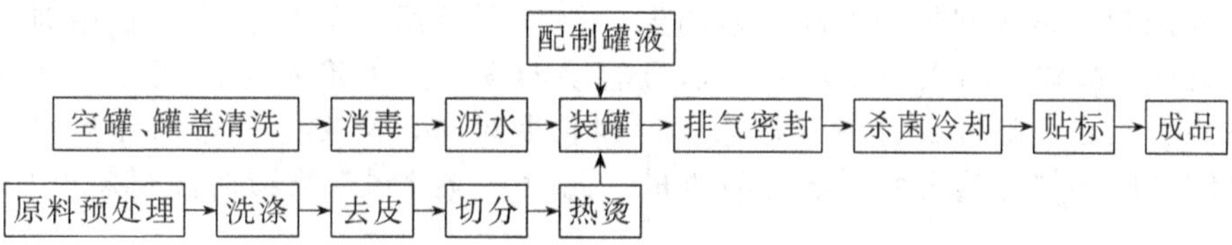

配制罐液↓

空罐、罐盖清洗→消毒→沥水→装罐→排气密封→杀菌冷却→贴标→成品

原料预处理→洗涤→去皮→切分→热烫↑

第二节 预处理设备

一、输送设备

1. 带式输送机

（1）特点 带式输送机是一种利用连续而具有挠性的输送带连续输送物料的设备，是食品工厂中最广泛采用的一种连续输送机械。它适用于块状物料、粉状物料及整件物品在水平或倾斜方向的输送，可用作向其他加工机械及料仓加料卸料的设备，还可作为生产线中检验半成品或成品的输送装置。

带式输送机的工作速度范围广（0.02～4.00m/s），输送距离长，生产效率高，所需动力不大，结构简单可靠，使用方便，维护检修容易，无噪声，能够在机身中的任何地方进行装料和卸料。主要缺点是输送轻质粉状物料时易飞扬，倾斜角度不能太大。

（2）带式输送机的组成 如图 7-1 所示，带式输送机是具有挠性牵引构件的运输机构的一种形式，它主要由封闭的环形运输带、托辊和机架、驱动装置、张紧装置所组成。

其各部分的主要结构和作用介绍如下。

① 输送带。常用的输送带有：橡胶带；各种纤维编织带；塑料、尼龙、强力锦纶带；板式带；钢带和钢丝网带。其中用得最多的是普通型橡胶带。

a. 橡胶带。橡胶带是由 2～10 层棉织品或麻织品、人造纤维的衬布用橡胶加以胶合而成。其外表面附有覆盖胶作为保护层，称为覆盖层。橡胶带中间的衬布可给予输送带以力学

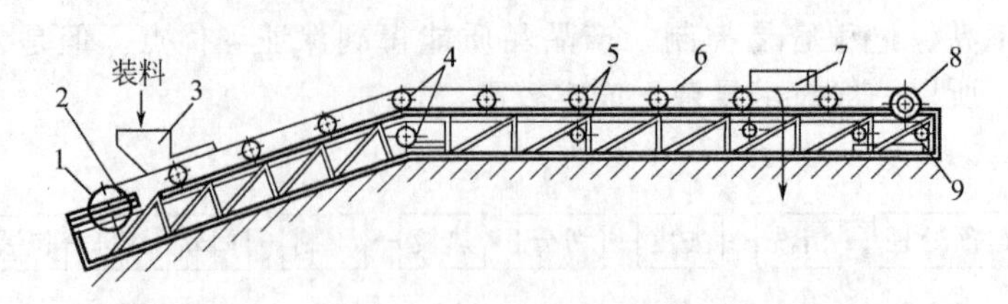

图 7-1 带式输送机

1—张紧滚筒；2—张紧装置；3—装料漏斗；4—改向滚筒；5—支撑滚柱；
6—环形带子；7—卸载装置；8—驱动滚筒；9—驱动装置

强度，并用来传递动力。覆盖层的作用是连接衬布，保护其不受损伤及运输物料的磨损，并防止潮湿及外部介质的侵蚀。

橡胶带按其用途不同分为强力型、普通型和耐热型三种。相对于普通型橡胶带而言，强力型能承受更大的载重，而耐热型能用于比室温高些的温度环境。

目前国产橡胶带的品种及规格可查阅机械设计手册（GB 523—74）。

b. 钢带。钢带的厚度一般为 0.6～1.5mm，宽度在 650mm 以下。钢带的机构强度大，不易伸长，耐高温，因而常用于烘烤设备中。但钢带的刚度大，与橡胶带相比，需要采用直径较大的滚筒。钢带容易跑偏，其调偏装置结构复杂，且要求所有的支撑及导向装置安装较准确。钢带采用强度和挠性较好的冷轧低碳钢制成，造价较高，一般黏着性较大，只有在灼热的物料不能用胶带时才考虑使用。

c. 钢丝网带。钢丝网带强度高，耐高温。钢丝网带用于烘烤食品设备中时，由于网带网孔能透气，故烘烤时食品生坯底部水分容易蒸发，其外形不会因胀发而变得不规则或发生油滩、洼底、黏带及打滑等现象。但因长期烘烤，网带上积累的面屑炭黑不易清洗，致使制品底部粘上黑斑而影响食品质量。此时，应对网带涂镀防黏材料（如泰富龙）来解决。

d. 塑料带。塑料带具有耐磨、耐酸碱、耐油、耐腐蚀和适用于温度变化大等优点，所以它已被逐渐推广使用。

e. 帆布带。帆布带主要用于饼干成型前的面片和饼胚的输送，如面片叠层、加酥辊压、饼干成型过程中均用帆布作为输送带。帆布带除具抗拉强度大的特点外，其主要特点是柔性好，能经受多次反复折叠而不疲劳。

f. 板式带。板式带即链板式传送带，它与其他带式传动装置不同之处是：其他带式传送装置用来移动物品的牵引件为各式传送带，传送带同时又作为承载被送物品的构件；而链板式传送装置中，用来移动被送物料的牵引件为板式关节链，而支撑被送物品的构件则为托板下固定的导板，即链板是在导板上滑行的。在食品工业中，这种输送带常用来输送未装料和已装料的包装容器，如玻璃瓶、金属罐等。

② 机架和托辊。带式输送机的机架多用槽钢、角钢和钢板焊接而成。可移式输送机的机架装在滚轮上以便移动。

托辊在输送机中对输送带以及其上的物料起承托的作用，使输送带运行平稳。板式带不用托辊，因它靠板下的导板承托滑行。

托辊分上托辊（即载运段托辊）和下托辊（即空载段托辊）。上托辊有如图 7-2 所示的几种形式。槽形托辊是在带的同一横截面方向接连安装 3 条或 5 条平型辊，底下一条水平，旁边的倾斜而组成一个槽形，主要用于输送量大的散状物料。

定型托辊的总长度应比带宽大 100～200mm。

③ 驱动装置。带式输送机的驱动装置主要由电动机、减速装置和驱动滚筒等组成。在

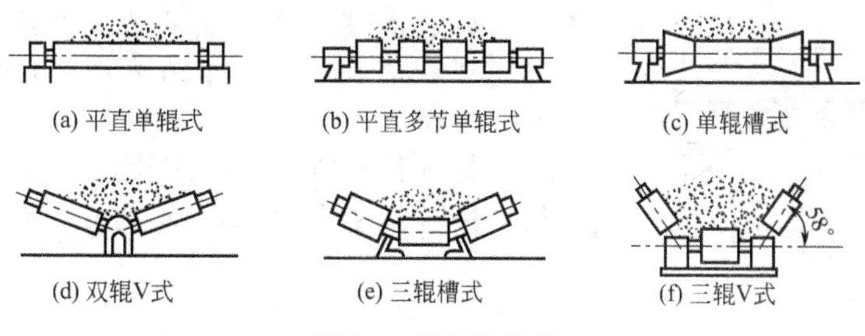

图 7-2 托辊的形式

倾斜式输送机上还有制动装置或停止装置。除板式带的驱动滚筒为表面有齿的滚轮外，其他输送带的驱动滚筒通常为直径较大、表面光滑的空心滚筒。驱动滚筒作成鼓形，即中间部分直径较两端直径稍大，这样能自动纠正胶带的跑偏。

④ 张紧装置。在带式输送机中，由于输送带具有一定的延伸率，在拉力作用下，其本身长度会增大。这个增加的长度需要得到补偿，否则与驱动滚筒间不能紧密接触而打滑，使输送带无法正常运转。常用的张紧装置有重锤式、螺旋式和压力弹簧式等几种。

（3）带式输送机的使用维护

① 加料要均匀。料应加在输送带的中心线附近，防止带的振动或走偏。尽量使加料的初速度方向与带的运动方向相同，减小加料高度，以减轻对带的冲击。

② 输送散物料时，注意清扫输送带的正反两面，保持带与滚筒及托辊间的清洁，减少磨损。

③ 定期检查各运动部分的润滑，及时加注润滑剂，以减小摩擦阻力。

④ 向上输送物料的倾角过大时，最好选用花纹输送带，以免物料滑下。

⑤ 对于倾斜布置的带式输送机，给料段应尽可能设计成水平段。

⑥ 经常检查和调整带的张紧程度，防止带过松而使输送带产生振动或走偏。

⑦ 发现输送带局部损伤，应及时修理，以防损伤过大。

2. 斗式提升机

在食品连续化生产中，有时需将物料沿垂直方向或接近于垂直方向进行输送。由于采用带式输送机时倾斜输送的角度必须小于物料在输送带上的静止角，输送物料方向与水平方向的角度不能太大，所以在此时应该采用斗式提升机。如酿造食品厂输送豆粕、散装粉料，罐头食品厂把蘑菇从料槽升送到预煮机，以及番茄、柑橙制品生产线中也经常采用。

斗式提升机的主要优点是占地面积小，可把物料提升到较高的位置（30～50m），生产率范围较大（3～160m^3/h）。缺点是过载敏感，必须连续均匀地供料。

斗式提升机按输送物料的方向可分为倾斜式和垂直式两种；按牵引机构的不同，又可分为皮带式和链条式（单链式和双链式）两种；按输送速度来分有高速和低速两种。

（1）斗式提升机的结构和工作原理 如图 7-3所示为倾斜式斗式提升机。为了改变物料升送的高度，以适应不同生产情况的需要，料斗槽中部有一可拆段，使提升机可以伸长也可以缩短。支架也是可以伸缩的，用螺钉固定。支架有垂直的也有倾斜的，倾斜支架固定在槽体中部。有时为了移动方便，机架装在活动轮子上。

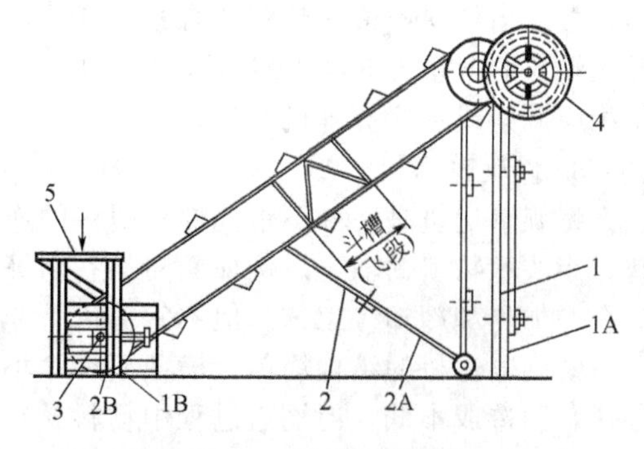

图 7-3 倾斜式提升机

1，2—支架；3—张紧装置；4—传送装置；5—装料口

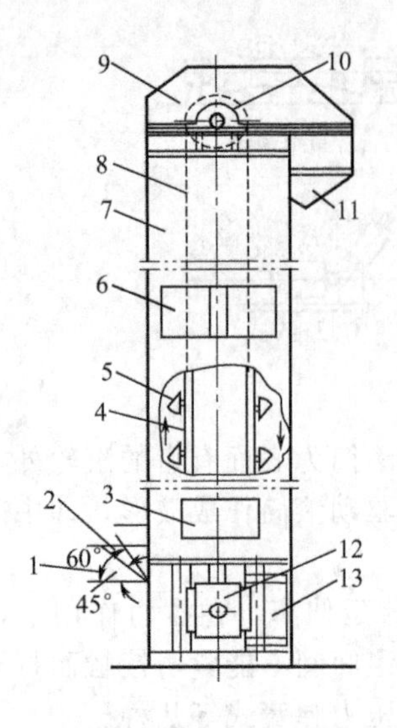

图 7-4 垂直式提升机

1—低位装载套管；2—高位装载套管；3，6，13—孔口；4，8—带子；5—料斗；7—外壳；9—上鼓轮外壳；10—鼓轮；11—下料口；12—张紧装置

如图 7-4 所示为垂直式斗式提升机，它主要由料斗、牵引带（或链）、驱动装置、机壳和进料口及卸料口组成。

物料装入料斗后，提升到上部进行卸料。卸料时，可以采用离心抛出、靠重力下落和离心与重力同时作用等三种形式。靠重力下落称为无定向自流式；靠重力和离心力同时作用的称为定向自流式。

（2）斗式提升机的主要构件

① 料斗。料斗是提升机的盛料构件，根据运送物料的性质和提升机的结构特点，料斗可分为三种不同的形式，即圆柱形底的深斗、浅斗及尖角形斗。

深斗的斗口呈 60°的倾斜，斗的深度较大。用于干燥的、流动性好的、能很好地撒落的粒状物料的输送。

浅圆底斗的斗口呈 45°倾斜，深度小。适用于运送潮湿的和流动性差的粉末或粒状物料。

深斗和浅斗在牵引件上的排列要有一定的间距，斗距通常取为（2.3～3.0）h（h 为斗深）。

尖角形料斗与上述两种斗不同之处是斗的侧壁延伸到底板外，使之成为挡边。卸料时，物料可沿一个斗的挡边和底板所形成的槽卸料。它适用于黏稠性大和沉重的块状物料的运送，斗间一般没有间隔。

② 牵引件。斗式提升机的牵引件可用胶带和链条两种，胶带和带式输送机的相同。料斗用特种头部的螺钉和弹性垫片固接在牵引带上，带宽比料斗的宽度大 35～40mm。

（3）斗式提升机的使用维护

① 新安装的斗式提升机一般要进行不少于 2h 的空载试车，空载试车合格后还应进行不少于 16h 的负荷运转。

② 因斗式提升机对过载较敏感，所以加料要均匀，防止卡死。

③ 斗式提升机应在空载下启动，所以在停车前应将机内物料全部卸出。

④ 通过孔口定期观察和调整牵引件的张紧程度，以防发生振动或跑偏。

⑤ 被输送物料中的最大料块尺寸应满足下面条件：

$$d_{\max}=A/M \tag{7-1}$$

式中，$d_{\max}$表示最大料块尺寸，m；A 表示料斗口宽度，m；M 是根据物料粒度而确定的系数，当物料中最大颗粒的含量为 10%～25%（质量分数）时，$M=2\sim2.5$；当物料中最大颗粒的含量为 50%以上时，$M=4.25\sim4.75$。如果不满足上式条件，应将料斗口尺寸作相应调整或更换提升机型号。

3. 螺旋输送机

螺旋输送机是一种不带挠性牵引件的连续输送机械，主要用于各种干燥松散的粉状、粒状、小块状物料的输送。例如面粉、谷物等的输送。在输送过程中，还可对物料进行搅拌、混合、加热和冷却等工艺。但不宜输送易变质的、黏性大的、易结块的及大块的物料。

螺旋输送机的结构简单，横截面尺寸小、密封性能好，便于中间装料和卸料，操作安全方便，制造成本低。但输送过程中物料易破碎，零件磨损大，消耗功率较大。螺旋输送机使用的环境温度为－20～50℃，物料温度＜200℃，一般输送倾角 $\beta\leqslant20°$。

螺旋输送机的总体结构如图 7-5 所示。

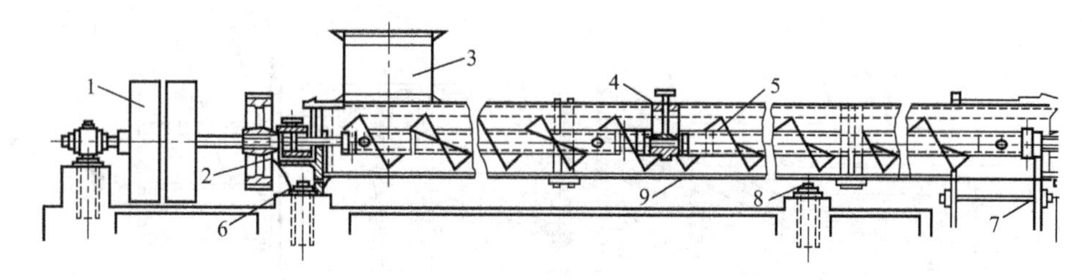

图 7-5　螺旋输送机

1—传动轮；2—轴承；3—进料口；4—中间轴承；5—螺旋；6，8—支座；7—卸料口；9—料槽

螺旋输送机由一根装有螺旋叶片的转轴和料槽组成。转轴通过轴承安装在料槽两端的轴承座上，一端的轴头与驱动装置相连，机身如较长再加中间轴承。料槽顶面和槽底分别开进、出料口。

物料的输送是靠旋转的螺旋叶片将物料推进而进行的（物料似不旋转的螺杆沿螺杆平移）。使物料不与螺旋叶片一起旋转的力是物料自身重量和料槽及叶片对物料的摩擦阻力。

螺旋输送机的使用与维护：

① 安装时要特别注意各节料槽的同轴度和整个料槽的直线度。否则，会导致动力消耗增大，甚至损坏机件。

② 开机前应检查各传动部件，确保其运转灵活且有足够的润滑油，然后空载运转，如无异常方可添加物料。

③ 加料应当均匀，否则会在中间轴承处造成物料堵塞，使阻力急剧升高而导致完全梗塞。

④ 定期检查螺旋的工作情况，发现部件磨损过大时应及时修复或更换。

⑤ 要特别注意转动部件的密封，严防润滑油外溢污染食品和原料进入转动部件而导致磨损加剧。

⑥ 停机前应先停止进料，待物料排空后再停机。

⑦ 停机后应及时清洁机器并加油，以备下次使用。

二、清洗设备

清洗设备包括原料的清洗和包装容器的清洗两部分。清洗设备有连续式和间歇式两种，前者一般为大型连续化生产设备，后者常为中小型设备。

1. 果蔬原料清洗设备

果蔬原料在生长、运输、储藏过程中，会受到环境的污染，包括残留的农药、附着的尘埃、泥砂、微生物及其他污物的污染。因此果蔬原料再加工前必须进行清洗以清除这些污染物，保证产品的质量。

（1）鼓风式清洗机　鼓风式清洗机是在空气对水的剧烈搅拌下，使得黏附在物料表面的污染物加速脱离下来。由于剧烈的翻滚是在水中进行的，因此物料不容易受到损伤，是最适合果品蔬菜原料清洗的一种方法。

鼓风式清洗机的结构如图 7-6 所示，主要由清洗槽、输送机、喷水装置、空气输送装置和传动系统等组成。

原料送入清洗槽，放置在输送带上。输送带的形式视原料而异，块茎类原料可选用金属网带，水果类原料常用平板上装有刮板的输送带。

原料的清洗分三段进行。第一段为水平输送段，该段处于清洗槽之上，原料在该段进行检查和挑选；第二段为水平浸洗输送段，该段处于清洗槽水面之下，用于浸洗原料，原料在此处被空气在水中搅动翻滚，洗去泥垢；第三段为倾斜输送段，原料在该段接受清水的喷

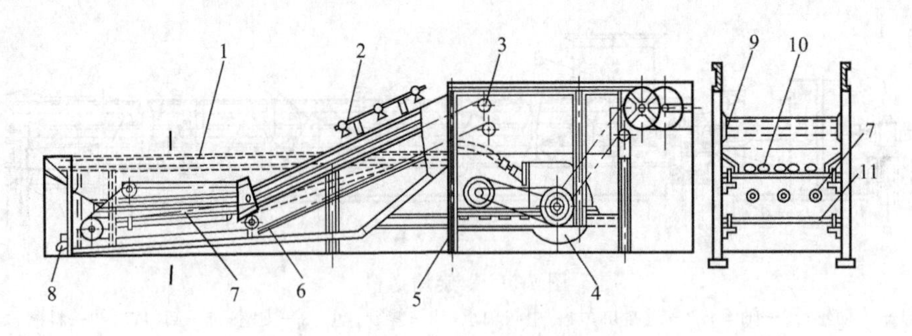

图 7-6 鼓风式清洗机
1—清洗槽；2—喷水装置；3—压轮；4—鼓风机；5—支架；6，11—金属网带输送机；7—吹泡管；8—排污水管；9—斜槽；10—物料

洗，从而达到工艺要求。污水由排水管排出。

鼓风式清洗机在使用前应根据被清洗的原料选择相应的输送链带。原料被泥砂类污染，直接用水清洗；被有毒药剂污染，则应用化学药品洗涤。对于不同的原料，应采用不同的喷水压力和水雾分布形式。工作结束后，把槽中的泥砂冲洗干净。对传动部件要定期润滑。

（2）刷洗式清洗机　刷洗式清洗机是一种以浸泡、刷洗和喷淋联合作业的洗果机，适用于苹果、柑橘、梨、番茄等果蔬原料的清洗。刷洗式清洗机效率高，清洗效果好，洗净率达99%，对物料损伤不超过2%，生产能力可达2000kg/h，结构紧凑，造价低，使用方便，是目前国内一种较为理想的果品清洗设备。

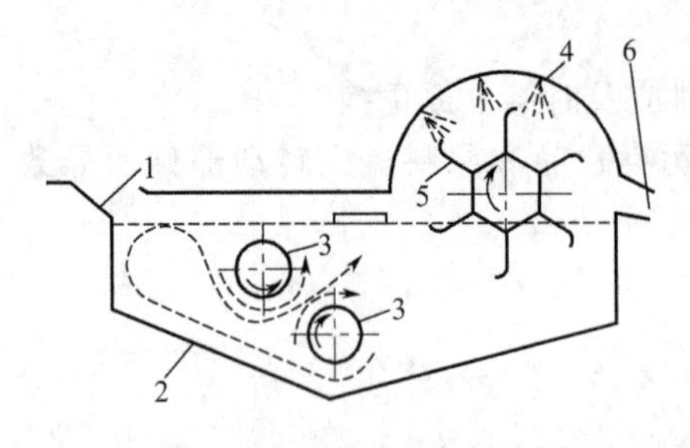

图 7-7 刷洗式清洗机
1—进料口；2—清洗槽；3—刷辊；4—喷水装置；5—出料翻斗；6—出料口

刷洗式清洗机的结构如图 7-7 所示，主要由清洗槽、刷辊、喷水装置、出料翻斗及传动装置等组成。

工作时，物料由进料口进入清洗槽，两个装有毛刷的刷辊相对向内旋转，一方面可将清洗槽中的水搅动形成涡流，使物料在涡流中得到清洗；同时又由于两刷辊之间水流流速较高而使压力降低，在此压力差的作用下，物料自动向两刷辊间流动而被刷洗。物料被刷洗后上浮，由出料翻斗翻上去，沿圆弧面移动，再被高压水喷淋冲洗，由出料口流入集料箱中。

使用时，应注意调整刷辊的转速，使两刷辊前后造成一定的压力差，以迫使被清洗的物料通过两刷辊刷洗后，能继续向上运动到出料翻斗处，从而被捞起出料。

（3）滚筒式清洗机　滚筒式清洗机具有结构简单、生产效率高、清洗彻底、对物料损伤小的特点。在食品工厂中多用于清洗苹果、柑橘、马铃薯、豆类等质地较硬的物料。

滚筒式清洗机的结构如图 7-8 所示。其主要由清洗滚筒、喷水装置、排水装置、传动装置和电动机等构成。

滚筒是滚筒式清洗机的主要工作部件，其直径一般为 1000mm、长度约 3500mm。滚筒两端的两个金属滚圈用支撑滚轮支撑，与地面成 50°的倾角。工作时，由电动机带动皮带轮和齿轮转

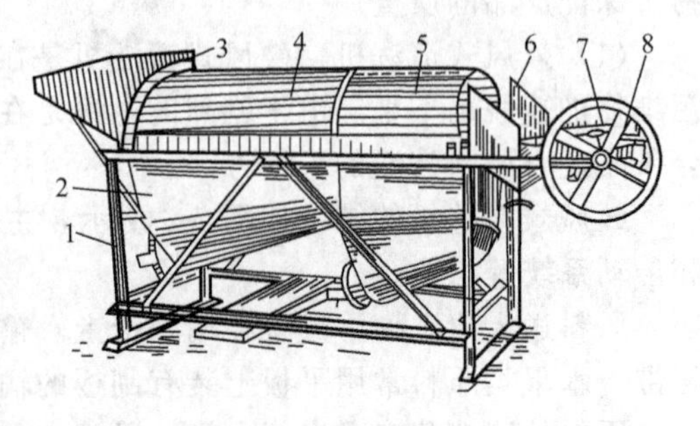

图 7-8 滚筒式清洗机
1—机架；2—水槽；3—喂料斗；4，5—栅条滚筒；6—出料口；7—传动装置；8—皮带

动。滚筒的转速为8r/min左右。

为了保证物料能充分地翻转，滚筒根据物料的不同而设计成不同型式：有的是在金属板上冲出筛孔；有的用钢条排列成圆形；还有的是在滚筒内部装设阶梯或制造成多角形。有的滚筒式清洗机为了增加对物料的摩擦，还在滚筒中部安置了上、下、左、右皆可调节的毛刷辊。

滚筒式清洗机一般都设有喷淋装置，喷水嘴一般沿滚筒轴向分布，以使物料在整个翻转移动过程中都能受到冲洗。一般喷头间距离为150～200mm，喷洗的压力为0.15～0.25MPa。

物料被均匀地送入滚筒后，由于滚筒的转动使物料不断地翻转，物料与滚筒表面以及物料与物料表面之间，均相互产生摩擦。与此同时，由喷头喷射高压水来冲洗物料表面，清洗后的污水和泥砂透过滚筒的孔隙流入清洗机底槽，再从底部的排污口排入下水道。

(4) 螺旋式清洗机　螺旋式清洗机是一种将浸泡和喷淋联合作用的小型洗果机。它适用于水果及块根、块茎蔬菜类的清洗。螺旋式清洗机构造如图7-9所示。主要由喂料斗、螺旋推进器、喷头、电动机等组成。

工作时螺旋推进器将物料向上输送，在此过程中物料与螺旋面、外壳以及物料之间产生摩擦从而使污物松动或除掉污染物。在清洗机的上、中部有多个喷头，由此喷出的高压水流冲洗物料。污水通过推进器下部的滤网漏入到水槽。有的清洗机上部还装有滚刀，可将物料切成小块。

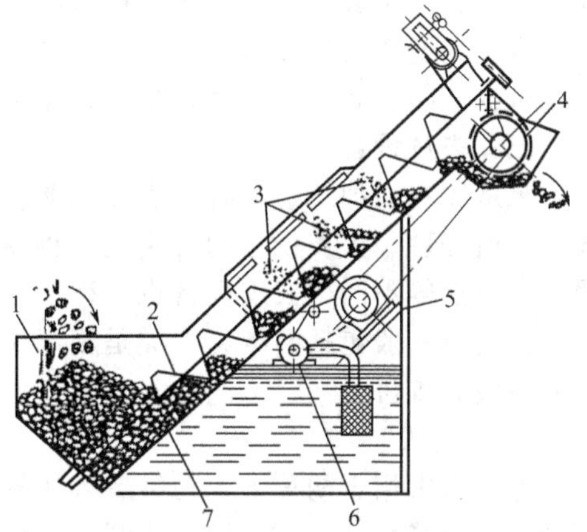

图7-9 螺旋式清洗机
1—喂料斗；2—螺旋推进器；3—喷头；4—滚刀；5—电动机；6—泵；7—物料

2. 包装容器清洗设备

包装果蔬产品所用的玻璃瓶、马口铁罐等容器，在生产、运输及储放过程中，都会受到污染。因此在灌装前必须对包装容器进行清洗。常用的包装容器清洗机械有旋转圆盘清洗机、机械式洗瓶机、全自动洗瓶机等。

(1) 旋转圆盘清洗机　旋转圆盘清洗机具有结构简单、生产率高、占地少、易操作、水及蒸汽用量少，但对不同罐型适应性差的特点。该机是以热水冲洗和蒸汽杀菌联合作业的清洗设备，其结构如图7-10所示，主要由机壳、旋转星形轮、喷嘴及传动装置等组成。

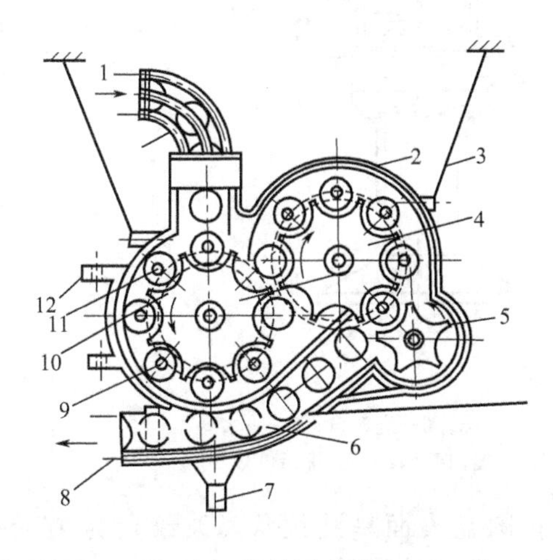

图7-10 旋转圆盘清洗机
1—进罐槽；2—机壳；3—连接杆；4，5，10—星形轮；6—下关坑道；7—排水管；8—出罐口；9—喷水嘴；11—固定环；12—机架

工作时空罐从进罐槽进入逆时针旋转的星形轮10中，热水通过星形轮中心轴上的8个分配管将水送到喷嘴，喷出的热水对空罐内部进行冲洗。当星形轮转过315°时，空罐进入星形轮4中，同时各罐通入蒸汽进行消毒。当星形轮转过约225°时，空罐由星形轮5拨入出罐槽。空罐在回转清洗中应稍有倾斜，以使罐内水流出。污水由排水管排入下水道。空罐从进罐到出罐的清洗时间约为10～12s。

操作时应注意空罐必须连续均匀进入，而且

全部罐口对准喷嘴。摩擦部位应经常做好润滑工作。定期检查各密封装置，防止水、汽泄漏。根据清洗要求，随时调节送水量和送汽量。

(2) 半机械式洗瓶装置 半机械式洗瓶装置在小型果汁厂广泛用于回收瓶的清洗。其主要由浸泡槽、刷瓶机、冲瓶机、沥干器等组成，每一部分都可以独立使用。

由人工将瓶子倒置于冲瓶机圆盘架的圆锥孔中，喷嘴伸入瓶口部。冲瓶时，喷水嘴与圆盘一起缓慢转动，并在分配器的控制下使喷嘴在一定的转动角度范围对瓶进行喷射冲洗。瓶子在冲洗干净后人工取出。

冲净的瓶子倒置于沥干器上，使瓶内残留水分控制在一定的范围。

(3) 全自动洗瓶机 全自动洗瓶机是靠多次洗液和多次喷射，或者间隔地多次浸泡和喷射来获得满意的洗净效果，其外形多为箱式。瓶子一般经过预浸泡、洗液喷射、热水喷射、温水喷射、冷水及净水喷射等过程清洗干净。

全自动洗瓶机按照瓶子在机器中的运动情况分为连续式和间歇式两种类型。其主要由进出瓶机构、喷射装置、水净化装置、滤标装置、传动装置等组成。

三、去皮设备

果蔬原料在加工前，必须去掉不能食用和不适合加工的部分。去掉的部分可作综合利用或作废渣处理。去皮设备的功用就是将原料的食用部分与不可食部分分开。由于原料和加工用途及方法等不同，去皮设备也多种多样。常用的去皮设备为去皮机。

去皮机一般包括两类，一类是用于块根类原料去皮的擦皮机，另一类是用于果蔬原料去皮的碱液去皮机。

1. 擦皮机

擦皮机常用于胡萝卜、马铃薯等块根类原料的去皮。但利用擦皮机去皮后，原料的表面不光滑，仅能用于切片、切丁或制酱的罐头生产中，不能用于整块蔬菜罐头的生产。

擦皮机的结构如图 7-11 所示，由料桶、旋转圆盘及传动系统等部分组成。

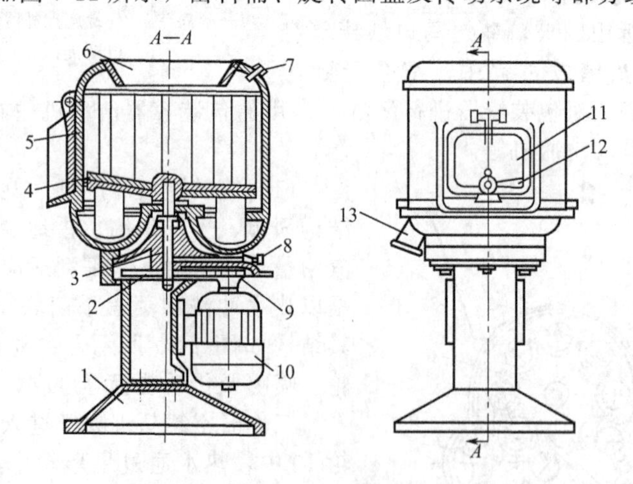

图 7-11 擦皮机

1—机座；2，9—齿轮；3—主轴；4—旋转圆盘；5—料桶；6—进料口；7—喷水嘴；8—加油孔；10—电动机；11—出料舱门；12—舱门手柄；13—排污口

其料桶是内表面粗糙的圆柱形不锈钢桶。旋转圆盘表面呈波纹状，波纹角为 20°～30°，采用金刚砂黏结表面。旋转圆盘波纹状表面除有擦皮功能外，主要是用来抛起物料。当物料从加料斗落到圆盘波纹状表面时，因离心作用被抛向四周，与桶壁的粗糙表面产生摩擦，从而达到去皮的目的。擦去的皮被喷水嘴喷出的水从排污口冲走，而去过皮的物料利用本身的离心力，从打开的舱门自动排出。为了保证机器的正常工作，擦皮机在

工作时，既要能将物料抛起，使物料在桶内呈翻滚状态，又要保证物料被抛至桶壁，使物料表面被均匀擦皮，因而旋转圆盘必须保持较高的转速，料桶内物料也不能过多，一般物料填充系数为0.5～0.65。

工作时，先用手柄封住出料舱口，然后启动电动机，当转速正常后，由进料口加入物料，同时通过喷水嘴向料桶内喷水。擦完皮后，先停止喷水，然后扳动手柄，打开出料舱口，靠离心力卸出物料。卸完料后，重复上述过程。在装料和卸料过程中，电动机一直在运转。

2. 碱液去皮机

碱液去皮机广泛应用于桃、李、巴梨等水果的去皮中。碱液去皮是将原料在一定温度的碱液中处理适当的时间，果皮即被腐蚀，取出后立即用清水冲洗或搓擦，使外皮脱落，并洗去碱液，达到去皮的目的。碱液处理后的果实不但果皮容易去除，而且果肉的损伤较少，可提高原料的利用率。缺点是碱液去皮用水量较大，去皮过程中产生的废水较多，尤其是会产生大量含有碱液的废水。碱液去皮机常用的有喷淋去皮机和干法去皮机。

（1）喷淋去皮机　喷淋去皮机的结构如图7-12所示，主要由输送带、淋碱装置、淋水装置和传动系统等组成。输送带有网状带和履板带两种，用不锈钢制造。喷淋去皮机总体分为进料段、热稀碱喷淋段、腐蚀段和冲洗段。该机的特点是碱液隔离效果较好，去皮效率高，结构紧凑，操作方便，但需人工进料。

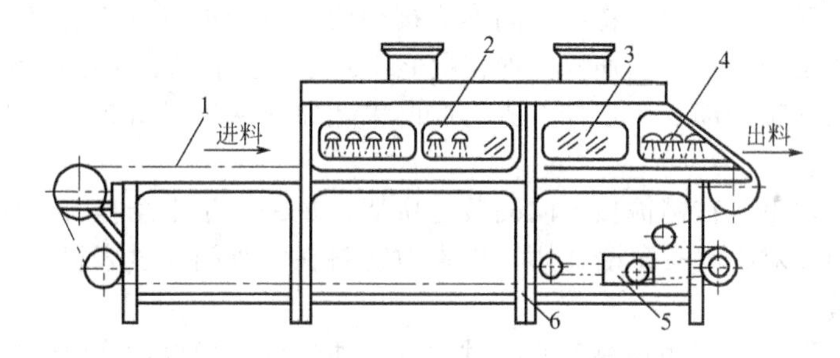

图7-12　喷淋去皮机

1—输送带；2—淋碱段；3—腐蚀段；4—冲洗段；5—传动系统；6—机架

喷淋去皮机的碱液均要进行加热和循环使用。将适当浓度的碱液放入碱液池内，由循环（防腐）泵送到加热器中进行加热。随后具有一定温度的碱液被送入喷淋去皮机的淋碱段。与原料接触后的碱液从喷淋去皮机流回碱液池循环使用。

喷淋去皮机在使用前，要根据去皮物料配置碱液，碱液的浓度可由试验确定。工作一段时间后，碱液浓度下降，要及时补充烧碱，调整浓度。工作结束后，及时清洗设备，尤其是接触碱液的部位。对传动部件要定期进行润滑。

（2）干法去皮机　干法去皮机适用于经碱液或其他方法处理后表皮松软的桃子、杏、巴梨、苹果、马铃薯及红薯等多种果蔬原料的去皮。同喷淋去皮机相比，其具有结构简单、去皮效率高、节约用水及减少污染等优点。

干法去皮机结构如图7-13所示。去皮装置用铰链和支柱安装在底座上，呈倾斜状。工作时去皮机的倾斜角以30°～45°较合适。可通过调整支柱的长度而改变去皮装置的倾斜度。

去皮装置的两侧为一对侧板，在侧板上安装多根主轴。每根主轴上均装有随轴旋转的数对夹板，每对夹板之间夹着由薄橡胶制成的柔软而富有弹性的圆盘。每根轴上的圆盘与相邻轴上的圆盘错开排列，即一根轴上的圆盘处于另一轴上的两个圆盘之间。电动机通过三角皮带和传动皮带带动摩擦传动轮转动，使一系列主轴旋转。传动皮带与摩擦传动轮之间用压紧轮压紧。

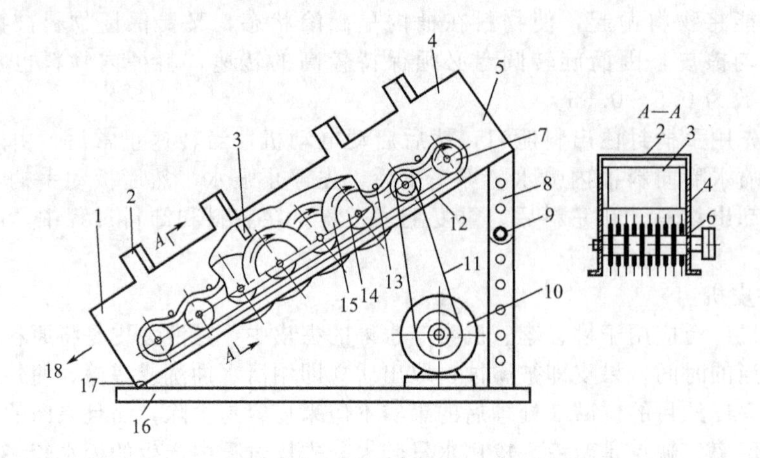

图 7-13 干法去皮机

1—机体；2—桥架；3—挠性挡板；4—侧板；5—进料口；6—主轴；7—摩擦传动轮；8—支柱；9—调节螺栓；10—电动机；11—三角皮带；12—传动皮带；13—压紧轮；14—夹板；15—橡胶圆盘；16—底座；17—铰链；18—出料口

由碱液处理后表皮松软的果蔬原料从进料口进入去皮装置。物料靠自身的重力向下移动，将圆盘压弯。在圆盘表面与物料之间形成接触面，由于物料下落的速度低于圆盘旋转速度，因而产生揩擦运动，在不损伤果肉的情况之下可去皮。随着物料的下移，其与圆盘接触位置不断变化，最后将全部表皮去掉。去皮后的果蔬原料从出料口卸出，皮则从装置中落下收集于盘中。

为了增强去皮效果，在两侧板上间隔装有桥架，每一桥架上悬挂有挠性挡板，用橡胶或织物制成。这些挡板对物料有阻滞作用，以强迫物料在圆盘间通过来提高去皮效果。

四、预煮设备

在食品加工过程中，有些物料需要经过预煮、油炸等处理以达到物料脱水，从而抑制或杀灭微生物、调制食品的目的。

大多数不经过高温热处理（如正常装罐所达到的温度）的蔬菜在加工和储藏（即使是冷冻）之前，必须加热至足以使酶失去活性的温度，这种以失活酶为目的的热加工被称为预煮。

预煮时的温度很重要，温度太低是无效的，而太高的温度又会因过度蒸煮而损害蔬菜的营养，当采用冷冻法保持蔬菜的新鲜品质时更是如此。对将要冷冻的蔬菜进行预煮是必要的，因为冷冻只能减缓酶的作用，而不能破坏或完全中止它的作用。如果在冷冻前不进行预煮，那么蔬菜在冷冻几个月后，将会慢慢产生异味和异常颜色，还将产生许多其他种类的酶促变质。

蔬菜中有两种耐热性较强的酶，即过氧化氢酶和过氧化物酶。如果加热可以破坏这两种酶，那么其他会导致变质的酶必定也会失活。人们已经了解了许多不同的蔬菜中的过氧化氢酶和过氧化物酶所需要的有效热处理条件，并且也建立了多种灵敏的化学方法来检测预煮处理后可能残余的酶活力。

用来进行预煮的设备有夹层锅、预煮机等，后者又分为链带式连续预煮机和螺旋式连续预煮机两种。

1. 夹层锅

夹层锅又名二层锅，是罐头食品调味煮汁的主要设备，常用来热烫、预煮各种原辅材料。该设备结构简单、使用方便。

常用的夹层锅为半球形，按其操作方式的不同，可分为固定式夹层锅（图 7-14）和可倾式夹层锅（图 7-15）。固定式夹层锅的蒸汽进管 4 安装在与锅体中心线成 60°角的壳体上，出料通过底部接管，利用落差排料，或在底部接口处安装抽料泵，把物料用泵抽至其他高位容器。因此固定式夹层锅常用来调配汤汁等液体物料。当容器大于 500L 或用作加热稠性物料时，常带有搅拌器，搅拌器的搅拌叶片有桨式和锚式两种，转速一般为 10～20r/min。

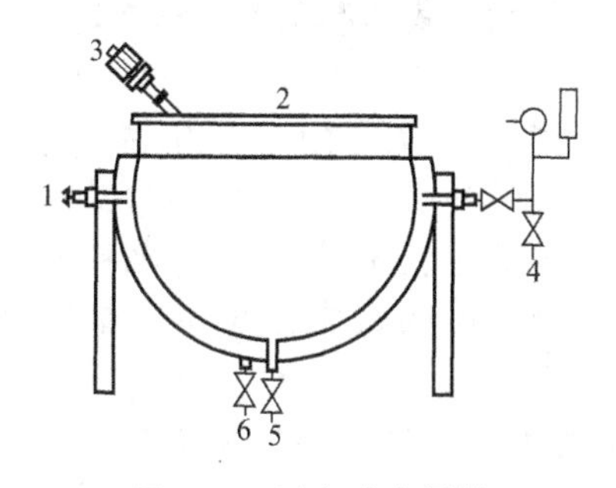

图 7-14　固定式夹层锅

1—不凝气体出口；2—锅盖；3—搅拌器；4—蒸汽进管；5—物料出口；6—冷凝水出口

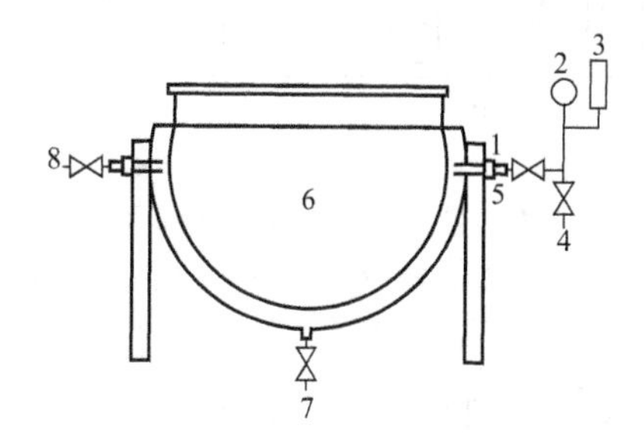

图 7-15　可倾式夹层锅

1—蜗轮；2—压力表；3—安全阀；4—蒸汽进管；5—手轮；6—锅体；7—冷凝水出口；8—不凝气体出口

可倾式夹层锅的蒸汽进管 4 从安装在支架上的填料盒中接入夹层。锅体 6 由两层球形壳体组成，内层材料是 3mm 厚的不锈钢板，外层材料是 5mm 厚的普通钢板，内外两层壁板相互焊接。由于夹层加热室要承受 0.4MPa 的压力，其焊缝应有足够的强度。

操作时可先将物料倒入锅内，夹层里通入蒸汽，通过锅体内壁进行热交换，从而加热物料。加热结束后，转动手轮 5，驱动蜗轮 1 使锅体倾斜，倾斜角度可在 0°～90°的范围内任意改变，以倒出物料为准。可倾式夹层锅即因此得名。

夹层锅锅体两侧焊制轴颈，支撑于支架两边的轴承上，轴颈一般采用空心轴，蒸汽管从这里伸入夹层中。为防止漏气，周围加填料制成填料盖（或称填料盒）密封。但对可倾式锅体，因倾倒时轴颈绕蒸汽管回转而容易磨损，故此处仍易泄漏蒸汽。

机架用槽钢或两个具有 T 形断面的铸铁支架和一根连接两个支架的螺杆组成。

进气管在夹层锅装有压力表 2 的一端，不凝气排出管在另一端。压力表旁装有一个安全阀 3，生产中如果排汽端因故受阻或因其他原因引起压力升高，超过允许压力时，安全阀可自动排汽，以确保夹层锅的安全生产。

利用锅内蒸汽加热物料时，由于蒸汽通过锅内壁与物体进行热交换，必然有冷凝水产生，一部分冷凝水停留在夹层内，积累到一定量后，可听到夹层内水的冲击声，并影响蒸煮物料的速度，此时应及时打开接在冷凝水出口 7 上的旋塞放出冷凝水。为提高热效率，在冷凝水排出口可装一只疏水阀，以便冷凝水经常排放。每次使用完毕后，要将夹层内的冷凝水放净，以便下次使用。

夹层锅内壁球体部分用不锈钢板焊接而成，焊缝部分要经受长时间、高浓度的盐溶液或酸溶液等物料的腐蚀，因此在生产结束后，必须及时清洗，避免将此类物料长时间存放于锅中。

蜗轮蜗杆和锅体两边的轴承油杯处要经常加润滑油，并始终保持润滑，这样既便于操作，也能延长设备的使用寿命。

夹层锅是一种压力容器，使用时要定期进行耐压试验，若发现焊接部分过薄甚至漏气时，则要停止使用，进行维修，以防事故发生。

2. 链带式连续预煮机

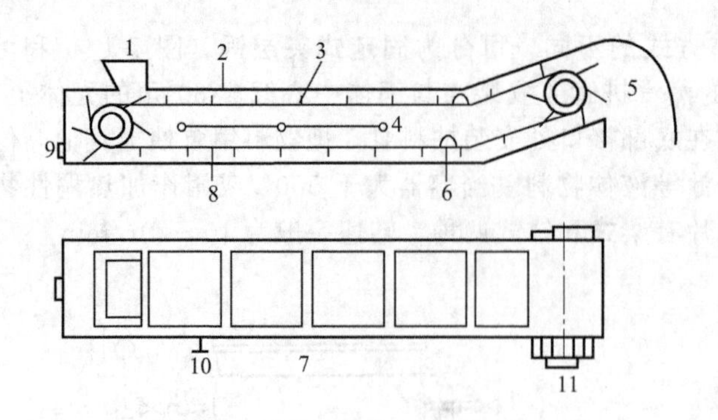

图 7-16 刮板式连续预煮机

1—进料斗；2—盖；3—刮板；4—蒸汽管；5—卸料斗；6—压轮；7—钢槽；8—链带；9—排污口；10—溢流口；11—传动系统

链带式连续预煮机用链带作为牵引构件，在链带上装上斗槽即为斗槽式，如青刀豆连续预煮机；在链带上装上刮板即为刮板式预煮机，如蘑菇连续预煮机。如图 7-16 所示为刮板式连续预煮机示意图。

预煮机外部是个很大的钢槽 7，用一定厚度的不锈钢板焊接而成。钢槽的钢板应焊接平整，在链带的驱动轮、尾轮以及由水平面过渡到倾斜段的链带压轮处，都要加强钢板的刚度和强度，以利支撑。整个钢槽焊接在由型钢制成的支架上，里面装入一定液位的水，液位的高低用溢流口 10 控制。钢槽的底面向排污口 9 倾斜，以便排放污水。钢槽的顶部有数块盖 2，安放在钢槽边缘的水封槽内，预防蒸汽泄漏。钢槽的前端装置有进料斗 1，物料用提升机连续供应，后端装有卸料斗 5，用于预煮后的物料及时冷却。

预煮机的另一个重要部分是输送链带，链带由电动机和传送系统 11 驱动，物料预煮时间通过调节链带速度控制。链带由链板构成，刮板焊在链板上。为了减少刮板在水中的运行阻力，刮板上钻许多小孔，孔径大小以不能通过原料为准。压轮 6 使链带从水平段过渡到倾斜段，并能起到张紧链带的作用。刮板、压轮、链带全部浸在钢槽的水中，故必须都用不锈钢制造。

钢槽中的水通过蒸汽管 4 直接加热，蒸汽管 4 上开有许多小孔，小孔的总截面积应等于加热管的纵截面积，小孔的分布原则是靠近进料斗处多些，靠近卸料斗处少些，这样可使刚进预煮机的原料温度迅速升高到预煮温度。为了不使蒸汽直接冲击物料，小孔大多开在两侧，这样还可以加快钢槽内水的循环，使槽内水温比较一致。一般加热蒸汽压力要求大于 0.45MPa。

这种预煮机的特点是能适应多种物料的预煮，物料经预煮后被机械损坏的也很少。缺点是清洗非常困难，占地面积较大，同时一旦链带在槽内卡死，检修很不方便。

3. 螺旋式连续预煮机

螺旋推进式连续处理设备供经过洗涤后的蘑菇进行预煮，经过调速也适合部分其他果蔬品种。螺旋式连续预煮机的结构如图 7-17 所示。

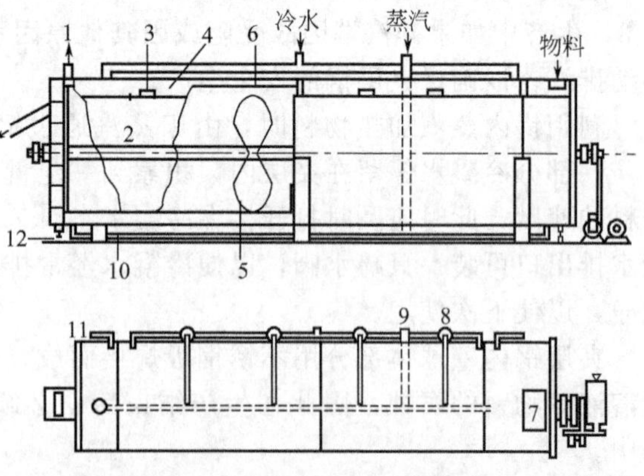

图 7-17 螺旋式连续预煮机

1—排气口；2—螺旋轴；3—铰带；4—机壳；5—螺旋叶片；6—筛网圆筒；7—进料口；8—重锤；9—进水管；10—蒸汽进管；11—溢流管；12—排水管

预煮时，首先在进水管 9 加入冷水至溢流水位，开启蒸汽进管 10 通入蒸汽，将冷水加热至 96～100℃。接通电源，使螺旋轴 2 转动，然后由提升机将蘑菇送到进料口 7 连续进料，这时蘑菇在筛网圆筒 6 内边预煮边由螺旋叶片 5 推进至出料转斗中，出料转斗随螺旋轴一起转动，将预煮后的蘑菇带入出料斜槽，由斜槽滑入冷却槽冷却。靠近出口处有排气口 1，可将预煮液中的不凝气放掉。加热蒸汽从预煮机底部进入，从两根喷管的喷口中喷出蒸汽直接对水加热。预煮机两边各有一溢流管 11，将设备内超过规定水位的水和浮在水面的杂物排放出去，底部有排水口（排水管，12），可将预煮机内脏水全部排掉，便于设备清洗。

筛网圆筒由不锈钢板辊压而成，圆筒上钻有许多小孔，孔的排列为正三角形。筛网圆筒固定在机壳上。螺旋轴贯穿筛网圆筒，支撑在机壳轴承上，由电动机和传动系统驱动。螺旋轴上焊有不锈钢制成的螺旋叶片 5，螺旋叶片与筛筒内壁之间的距离为 2mm 左右。

出料口有出料转斗，出料转斗沿圆周分布有许多斗室，一般以 12 个为宜，这样可以保证卸料连续均匀。出料转斗与螺旋轴固接，转速与螺旋轴转速相同。当物料由螺旋叶片推至出料转斗时，旋转的转斗将物料捞进斗室中，当已进料的斗室转到最高位置时即把物料倾倒至出料斜槽中，斗室一个接一个回转并从水中捞起预煮后的物料，再转到最高处卸料。出料转斗的出料能力要稍大于螺旋叶片的输送能力才能保证物料不会在预煮机中停留时间太长，从而避免超过预煮要求。出料转斗能保证在水位不变的情况下，把物料连续从预煮机内送到出料口的斜槽，然后滑送到冷却槽中。

第三节 打 浆 机

打浆机适用于新鲜的果品和蔬菜打浆分离之用。可将果品（如橘肉、葡萄、猕猴桃、桑果、杨梅、水蜜桃等）打成果酱汁，把果核、果籽、薄皮分离出来；也能将青菜（切断）、番茄、辣椒、芹菜（切断）等打成浆汁，把蔬菜筋分离出来，其是制作果酱、果汁以及蔬菜汁的理想设备。

一、打浆机的工作原理

打浆机是果蔬品加工的重要设备之一，其工作原理是：果蔬在料筒内随刮板旋转，在离心力作用下经与筛网挤压、刮磨而破碎，把果核、果籽、薄皮或菜筋、番茄籽皮、辣椒籽分离后从出渣口排渣，浆汁经料筒内筛网过滤后从出料斗流出。从而一次达到打浆和分离的目的。

在果蔬品的打浆加工过程中，打浆机的生产能力、物料在打浆机内的停留时间以及打浆机的功率是生产者选择打浆机的重要依据。

打浆机生产能力是指单位时间内物料通过筛孔的量，它取决于筛筒的直径、长度、刮板的转数、导程角的大小及筛筒的有效截面积。

二、打浆机的结构组成

打浆机采用刮板滤浆式结构，如图 7-18 所示，主要由下列几部分组成，即进料斗、螺旋推进器、桨叶、刮板、圆筒筛、机壳、出浆口和出渣口等。

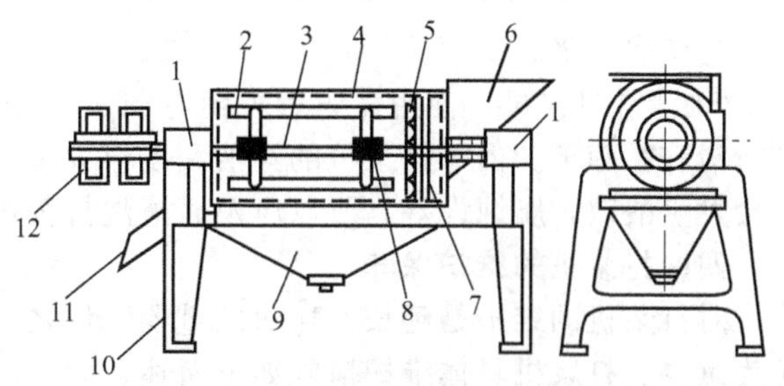

图 7-18 打浆机

1—轴承；2—刮板；3—转轴；4—筛筒；5—破碎桨叶；6—进料斗；7—螺旋推进器；8—夹持器；9—收集料斗；10—机架；11—出渣口；12—传动系统

(1) 螺旋推进器 其作用是把来自料斗的物料按一定的速度推进破碎桨叶中。

(2) 破碎桨叶 其作用是把物料用摩擦、挤压的方法先行粗碎。

(3) 刮板 又称棍棒，其结构为几块长方形的不锈钢板，以回转中的离心力与破碎桨叶联合擦破物料。有时为了保护圆筒筛，在不锈钢板上装有耐酸橡胶板。刮板是用螺栓与安装在轴上的夹持器相连的，这样通过螺栓可以调节刮板与圆筒筛之间的距离。刮板对称安装于轴的两侧，与打浆机轴线有一夹角，称为“导程角”。

(4) 圆筒筛 圆筒筛是渣汁分离的装置，是用0.35～1.20mm厚的不锈钢弯曲成圆筒后焊接或者先造成两个半圆体连接而成。圆筒上开孔的直径通常为0.1～1.5mm，根据加工要求可调换不同孔径的筛筒，开孔率约为50%。

三、打浆机的操作

1. 工作过程

打浆机的工作过程为：物料从料斗进入后经螺旋推进器推进筛筒并破碎，由于刮板的回转作用和导程角的存在，物料沿着圆筒向出料口端移动，移动轨迹为一条螺旋线，物料在刮板与圆筒筛之间移动的过程中受到刮板冲击和挤压作用而被擦碎，汁液和浆状肉质从筛孔中漏到收集料斗中并送出。果皮和籽等物则从圆筒另一开口端排出。果蔬品在打浆时需要注意：部分果蔬品需经加热软化（灭酶）后才能打浆。

物料被打碎的程度一方面与物料本身的性质有关，如易破碎的果蔬品在打浆过程中破碎程度较高，如猕猴桃、番茄等；而一些不易破碎、较为坚硬的蔬菜、水果在打浆过程中破碎度则相对较低，如马铃薯、茄子等。另外物料的破碎程度还与打浆机轴的转速、筛孔直径、筛孔总面积占筛筒总面积的百分率、导程角的大小及刮板和筛筒内壁之间的距离等有关。打浆机筛孔直径通常为0.1～1.5mm，根据加工要求可调换不同孔径的筛筒，筛孔总面积为筛筒面积的50%左右。打浆机导程角为1.5°～2.0°，棍棒与圆筒内壁间距为1～4mm。打浆机的主轴转速、导程角大小和棍棒与内壁间距，是三个互为影响的重要参数，如轴的转速快，物料移动速度快，打浆时间就少；如若导程角大，物料移动速度也快，打浆时间也少。打浆机速度调整比较烦琐，只调整导程角同样也能起到理想的打浆效果。如果导程角或间距过大，废渣的含汁率就会较高，反之亦然。为了达到较好的效果，可以同时调整导程角和间距，有些情况下只调整一个参数亦可达到理想的效果。

2. 打浆机的操作步骤

打浆机结构简单，操作方便，其具体操作方法如下。

① 首先对长期未使用的打浆机进行清洗，以保证打出的果蔬品浆汁不被污染，延长产品的保质期。

② 根据含汁率选择合适的筛筒，工作中检查导程角与间隙是否合适，可通过含汁率来检验。若发现废渣中含汁率高（用手使劲捏渣，仍有汁液流出，说明含汁率高），则需根据原料的不同和工艺要求调整导程角。

③ 将圆筒筛固定到机架上。

④ 回收产品及废渣。可以根据废渣的含汁率调整导程角、传动速度或刮板与筛壁间距以进行二次打浆。

⑤ 清洗打浆机。使用完毕后关闭电源，并对打浆机的筛筒、储液桶、出料漏斗等设备进行清洗，晾干。由于打浆机的汁液和废料大多含有大量的有机物和碳水化合物，不及时清洗会发生酸败，腐蚀设备，所以应及时清洗打浆机。

四、打浆机的维护保养

对打浆机的维护是延长其寿命的重要工作之一，而使用正确的维护方法对果蔬品加工者尤为重要。打浆机具体维护措施如下所述。

① 每次工作结束后，应立即拆洗打浆机，不能留有污垢及杂质。清洗结束后对各零部件需加入90℃以上的热水进行清洗，清洗时间约为10min，以达到杀毒灭菌的效果。每次使用前也要经过相同的清洗工作。

② 零部件重新安装时，要有坚固平坦的底座，避免各零部件有装配应力出现。

③ 打浆机宜经常使用，以保持电机干爽。

④ 如长期不用，应保存在干燥通风处，以防电机受潮发霉。

⑤ 主机座严禁用水冲洗，应用湿布擦拭干净。其他部件可直接放入水中以食物洗涤剂冲洗。

⑥ 应每月将打浆机的破碎桨叶、刮板、筛筒等拆下清洁干净，再在传动系统和轴承内放入少量润滑油，以保证其润滑使用。

⑦ 清洁筛筒和破碎桨片时，在圆筒内加入适量温水和几滴食物洗涤剂，按下开关，搅拌 10s 左右即可，或者将其浸入水中用软刷清洗。

⑧ 投入物料时，物料中不得含有杂物、石料，以免损坏筛板和桨片。

五、打浆机常见故障及分析

① 打开开关，设备不能正常运转。可能存在的问题有如下几种。

a. 电源出现故障。检查电源是否接通，如果电源接通，检查电压是否在预定电压范围内。

b. 各部件连接不当。各零部件接触不良时，电机就得不到预定的电压，打开打浆机电源，机器将无法运转。

c. 设备电机损坏。应找专业维护人员进行维修或更换电机。

d. 一次性投料过大，负荷过重，导致电机无法启动，应尽量减少投料量。

② 打浆过程中，打浆机破碎声音异常，破碎桨叶损坏。可能是由于物料中含有杂料、石块所致。

③ 出浆率低，浆渣含汁率高。可能是由于设备使用时间过长，破碎桨片受损严重，应更换破碎桨片；另外，如果筛筒堵塞严重，也可能导致上述结果，应及时对其进行清洗。

④ 跑料。打浆过程中，物料突然从出料口溢出。可能存在的原因如下所述。

a. 进料量过多。启动操作时，一次性投料过多，使筛筒内物料过多，结果造成进料量大于出料量，使物料从进料口溢出。

b. 出料中断。出料口、出渣口或筛孔被堵塞，造成浆汁、渣子无法排出，会使物料面上升而溢出。

c. 电压不稳。当电压不稳定时，电机工作不正常，物料在筛筒内跳动严重而外溢。

第四节　榨　汁　机

在果蔬破碎及提取汁液的工艺中，有机械榨取、理化提取和酶法提取三种方法。但理化提取和酶法提取因其适应性的局限以及副作用的产生而在使用上受到限制。机械榨取果蔬汁液的方法则广泛应用在番茄、菠萝、苹果、柑、橙的压榨上。

机械法榨汁的机械与设备主要有：①螺旋式榨汁机，该机是以螺旋的推进力使果蔬在其中产生挤压等运动而榨取汁液；②锥盘式压汁机，如图 7-19 所示，该机是利用两个相对同向的锥形圆盘在旋转中逐渐减少间隙以挤压浆料；③辊带式压榨机，该机是以辊压的作用压榨物料而提取浆料；④活塞式压榨机，用泵产生的压力榨汁。

一、螺旋式压榨机

1. 结构和工作过程

螺旋式压榨机的结构简单，其主要由螺杆、顶锥、料斗、圆筒筛、离合器、传动装置、汁液收集器及机架组成，如图 7-20 所示，其主要用于葡萄、番茄、菠萝、苹果、梨等果蔬的压榨。

工作时，物料由料斗进入螺杆，在螺杆的挤压下榨出汁液，汁液自圆筒筛的筛孔流入汁液收集器，而渣则通过螺杆锥形部分与筛筒之间形成的环状空隙排出。环状空隙的大小可以

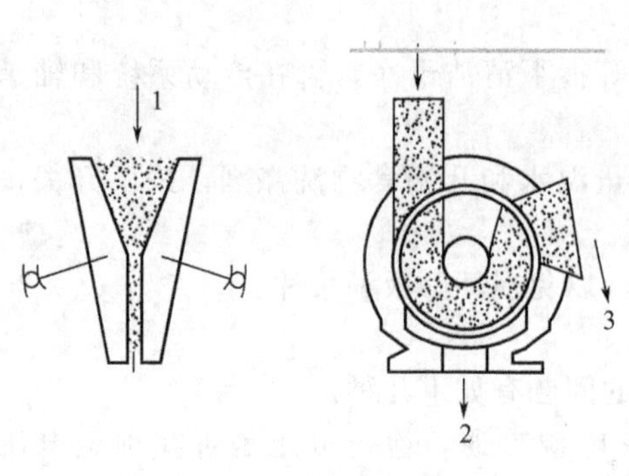

图 7-19 锥盘式压汁机

1—入料；2—果汁；3—渣

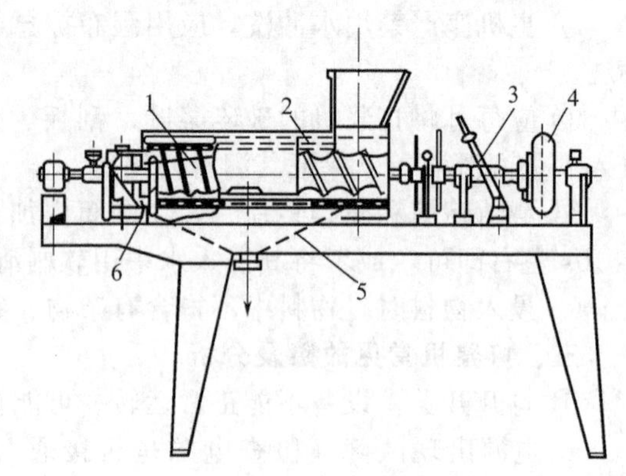

图 7-20 螺旋式连续榨汁机

1—螺杆；2—圆筒筛；3—离合器；4—传动装置；5—汁液收集器；6—出渣口

通过调整装置调节。其空隙改变，螺杆压力也改变。空隙大，出汁率小；空隙小，出汁率大，但汁液变浊。

2. 主要零部件结构

(1) 圆筒筛 一般用不锈钢板卷成，外加加强环。为便于清理及检修，最好剖分成上下两半，然后用螺栓接合。为方便制造，对较长的筒筛，也可以分成二段或三段。圆筛的孔径一般为 0.3～0.8mm。开孔率可以从两个方面考虑：一是榨汁的要求，二是强度。由于螺杆挤压产生的压力可达 1.2MPa 以上，筛筒应能承受这个压力。

(2) 压榨螺杆 为了使物料进入榨汁机后可尽快地受到压榨，螺杆槽的容积要根据浆料的性质有规律地逐渐缩小。缩小容积有三种做法：一是改变螺杆的螺距；二是改变螺旋槽的深度；三是既改变螺距又改变螺旋槽的深度。螺杆容积缩小的程度可以用压缩比表示，压缩比就是进料端第一个螺旋槽的容积与最后一个螺旋槽容积之比，如国产 GT6G5 的螺旋连续榨汁机的压缩比为 1∶20。

改变螺杆螺距的大小对于一定直径的螺旋来说也就是改变螺旋升角的大小。采用较小的螺距则物料受到的轴向分力增加，周向分力减小，有利于物料的推进。

GT6G5 螺旋连续榨汁机螺杆设计成两段。第一段叫喂料螺旋，其直径不变而螺距逐渐变小，主要用作输送物料相并对物料进行初步挤压。第二段为压榨螺旋，其根茎带有锥度，螺距逐渐减小，因而不断增加对物料的挤压程度。喂料螺旋与压榨螺旋之间的螺旋是断开的，使物料经过第一段螺旋初步挤压后发生松散，然后才进入第二段经受更大压力的挤压，同时，第一段和第二段螺旋的转速相同而方向相反，因而物料经松散后进入第二段螺旋时向着反方向翻转。由于分成两次挤压，并且经第一段挤压后物料翻转并进入第二段时受到的压力更大，提高了压汁效率。结构上，两段螺杆分别连接于内、外轴上，外轴是空心的，与第一段螺旋连接；内轴从外轴空心中通过，与第二段螺旋连接。动力通过行星减速机构，获得两个转速相同而方向相反的动力输出。由于第一段与第二段螺旋的轴转向相反，因此螺旋的旋转亦应相反，物料在第一段与第二段螺旋中运移的方向才会一致。

(3) 调整装置 具有一定压缩比的螺旋压榨机，虽然会对物料产生一定的挤压力，但出渣口中的顶锥与筛筒之间形成的间隙对榨汁机的工作压力会产生更大的影响。间隙的大小用手轮调整，使螺杆沿轴线方向运动而获得。

二、带式榨汁机

带式榨汁机的工作原理是利用两条张紧的环状网带夹持果糊后绕过多级直径不等的榨

辊，使得绕于榨辊上的外层网带对夹于两带间的果糊产生压榨力，从而使果汁穿过网带排出。其结构如图 7-21所示。

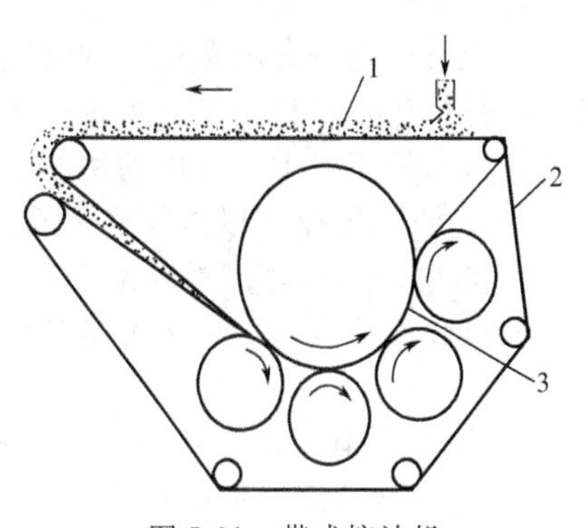

图 7-21　带式榨汁机
1—果浆汁；2—压榨槽；3—主动辊

带式榨汁机具有结构简单、工作连续、生产率高、通用性好、造价适中等特点，可制造带宽 2m 以上，处理能力 20t/h 以上的超大型榨汁机。带式榨汁机对果糊产生的最大压榨力为 0.3MPa 左右。采用普通的带压工艺，新鲜国光苹果的出汁率可达 75%以上，采用浸提工艺出汁率可达 85%以上，因此，带式榨汁机是大型果汁加工厂常采用的榨汁设备。

带式榨汁机的主要缺点是榨汁作业开放进行，果汁易氧化褐变，卫生条件差；整个受压过程物料相对网带静止，排汁不畅；网带为聚酯单丝编织带，张紧时孔隙度较大，果汁中的果肉含量较高；网带孔隙易堵，需随时用高压水冲洗；果胶含量高及流动性强的物料易造成侧漏，布料宽度较窄，生产率下降；采用浸提压榨工艺得到的产品固形物含量下降，后期浓缩负担加重。

三、活塞式榨汁机

1. 结构

如图 7-22 所示，活塞式榨汁机是由连接板、筒体、活塞、集汁-排渣装置、液压系统和传动机构组成。

2. 工作过程

这种榨汁机是由连接板与活塞用挠性导汁芯连接起来，水果经打浆成浆料经连接板中心孔进入筒体内，活塞压向连接板，果汁经导汁芯和后盖上的伸缩导管进入集汁装置。为了充填均匀和压榨力分布平衡，在压榨过程中筒体处于回转状态。完成榨汁，活塞后退，弯曲了的导汁芯被拉直，果渣被松散。然后筒向后移，果渣落入排渣装置排出。其全部操作可以实现自动化，按拟定工艺程序工作。其基本工作过程如图 7-22 所示。而且，活塞式榨汁机把过滤和压榨组合在一起，可以较好地使浆料中的液-固分离。其出汁率及机械自动化程度均优于其他榨汁机。

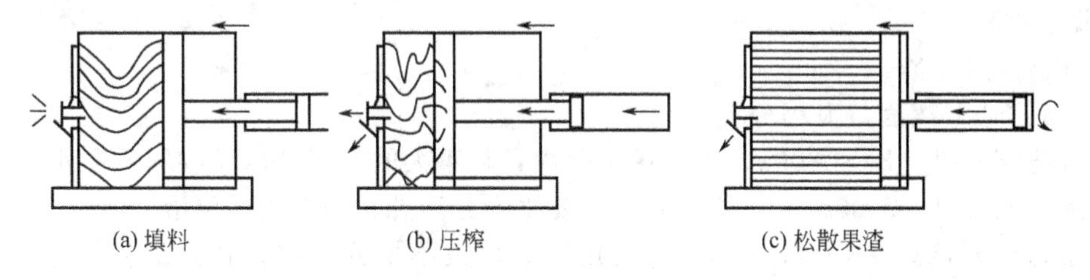

图 7-22　活塞式榨汁机基本工作过程原理示意图

第五节　分　离　机

工业生产中经常需要将液-固、液-液、液-液-固相组成的混合物加以分离的操作，这种操作称为非均相系分离操作。非均相混合物是由具有分界面的两相所组成，凡是用以分离非均相混合物的机械统称为分离机械。本节所涉及的分离机械，主要是用于固-液和液-液系统（包括悬浮液和乳浊液）的分离。其分离的目的不外是：回收有价值的固相；回收有价值的液相；固相和液相都回收；固、液两相都排掉，如污泥脱水。

一般来说，在果蔬及饮料加工生产中，分离过程的投资要占到生产过程总投资的50%～

90%，用于产品分离的费用，往往要占到生产总成本的70%，甚至更高。因此可以看出分离过程是果蔬及饮料加工过程中一个非常重要的操作步骤。

在食品加工业中，常用的机械分离方法有以下几种。

① 过滤、压榨（根据截留性或流动性）。

② 沉降（根据密度或粒度差）。沉降分离又可分为重力沉降和离心沉降分离。后者包括离心分离和旋流分离，分离设备分别为离心机和旋流分离器。

③ 磁分离（根据磁性差）。

④ 静电除尘、静电聚集（根据电特性）。

⑤ 超声波分离（根据对波的反应特性）。

在以上分离方法中，过滤、离心分离是果蔬及饮料加工过程中最常用的。所用的设备主要有离心机、过滤机及膜过滤设备等。

一、离心分离机

1. 工作原理

离心机是利用惯性离心力进行固-液、液-液或液-液-固相离心分离的机械。离心机的主要部件是安装在竖直或水平轴上的快速旋转的转鼓。鼓壁上有的有孔，有的无孔。料浆送入转鼓内随鼓旋转，在惯性离心力的作用下实现分离。在有孔的鼓内壁面覆以滤布，则流体甩出而颗粒被截留在鼓内，称为离心过滤。对于鼓壁上无孔，且分离的是悬浮液，则密度较大的颗粒沉于鼓壁，而密度较小的流体集中于中央并不断引出，此称为离心沉降。对于鼓壁上无孔且分离的是乳浊液，则分离的两种液体按轻重分层，重者在外，轻者在内，各自从适当位置引出，称为离心分离。分离因数是用来表示离心机分离性能的主要指标，其定义是物料所受的离心力与重力之比值，也等于离心加速度与重力加速度之比值。即前面章节介绍的

$$K_C = Rw^2/g \tag{7-2}$$

式中，K_C 表示分离因数（无量纲）；R 为转鼓半径，m；w 表示转鼓回转角速度，rad/s；g 表示重力加速度，m/s^2。

离心机的分离因数由几百到几万，也就是说离心分离的推动力——离心力为重力的几百倍到几万倍。分离因数的大小要根据不同的分离物料性质和不同的分离要求来选取。

离心机在果蔬品及饮料加工业中应用较多，如啤酒、果汁、饮料澄清，以及脱水蔬菜制造的预脱水过程。

2. 离心机的分类

(1) 按离心分离因数大小分类

① 常速离心机。$K_C<3000$，主要用于分离颗粒不大的悬浮液以及物料的脱水。

② 高速离心机。$3000<K_C<50000$，主要用于分离乳状和细粒悬浮液。

③ 超高速离心机。$K_C>50000$，主要用于分离极不易分离的，超微细粒的悬浮系统和高分子的胶体悬浮液。

(2) 按操作原理分类

① 过滤式离心机。此机的鼓壁上有孔，它是借离心力作用实现过滤分离，其转速一般在1000～1500r/min范围，分离因数不大，适用于易过滤的晶体悬浮液和较大颗粒悬浮液的分离以及物料脱水。

② 沉降式过滤机。其鼓壁上无孔，但也是借离心力作用来实现沉降分离。其典型设备有螺旋卸料沉降式分离机，常用于分离不易过滤的悬浮液。

③ 分离式离心机。该机鼓上也无孔，但转速极大，约4000r/min，分离因数在3000以上，主要用于乳浊液的分离、悬浮液的增浓及澄清。

(3) 按操作方式分类　分为间歇式离心机、连续式离心机。

（4）按卸料方式分类　分为人工卸料离心机、重力卸料离心机、刮刀卸料离心机、活塞卸料离心机、螺旋卸料离心机、离心卸料离心机、振动卸料离心机、进动卸料离心机等。

（5）按转鼓主轴位置分类　分为卧式离心机、立式离心机。

（6）按转鼓内流体和沉渣的运动方向分类　分为逆流式、并流式两种。

（7）按分离工艺操作条件分类　分为常用型、密闭防暴型两种。

3. 卧式离心机

（1）卧式螺旋卸料过滤离心机　卧式螺旋卸料过滤离心机能在全速下实现进料、分离、洗涤、卸料等工序，是连续卸料式离心机。其结构如图 7-23 所示。圆锥转鼓和螺旋推料器分别与驱动的差速器轴端连接，两者以高速同一方向旋转，并保持一个微小的转速差。悬浮液由进料口输入螺旋推料器内腔，并通过内腔料口喷铺在转鼓内衬筛网板上，在离心力的作用下，悬浮液中液相通过筛网孔隙、转鼓孔被收集在机壳内，从排液口排出机外，滤饼滞留在筛网内。在差速器的作用下，滤饼由小直径处滑向大端，随转鼓直径增大，离心力递增，滤饼加快脱水，直至推出转鼓。

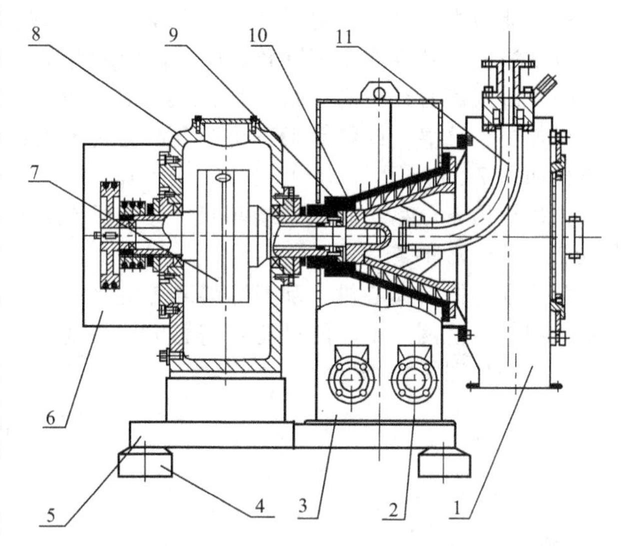

图 7-23　卧式螺旋卸料过滤离心机

1—出料口；2—排液口；3—壳体；4—防震垫；5—机座；6—防护罩；7—差速器；8—箱体；9—圆锥转鼓；10—螺旋推进器；11—进料管

该机型带有过滤型锥形转鼓，利用差速器调节螺旋推料器的转速，以控制卸料速度，并有过载保护装置，可实现无人安全操作。其运转平稳，噪声低，操作和维护方便，与物料接触零件均采用耐腐蚀不锈钢制造，适用于腐蚀介质的物料处理。

（2）卧式螺旋卸料沉降离心机　卧式螺旋卸料沉降离心机是用离心沉降的方式分离悬浮液，以螺旋卸除物料的离心机。其结构如图 7-24 所示。

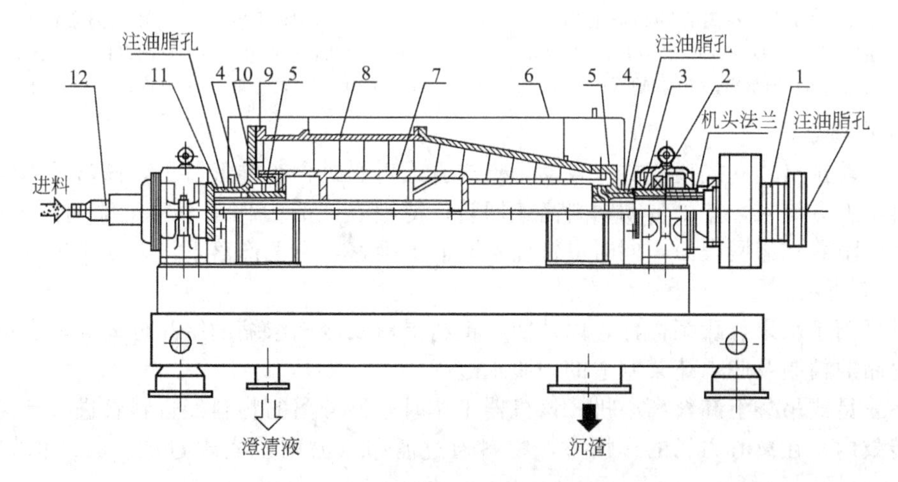

图 7-24　卧式螺旋卸料沉降离心机

1—差速器；2—柱轴承；3—油封一；4—左、右铜轴瓦；5—油封二；6—外壳；7—螺旋；8—转鼓；9—油封三；10—轴承；11—油封四；12—进料管

该机在高速旋转的五孔转鼓8内有同心安装的输料螺旋7，二者以一定的差速同向旋转，该转速差由差速器1产生。悬浮液经中心的进料管12加入螺旋内筒，经初步加速后进入转鼓，在离心力作用下，较重的固相沉积在转鼓壁上形成沉渣层，由螺旋推至转鼓锥段进一步脱水后经小端出渣口排出；而较轻的液相则形成内层液环由大端溢流口排出。

该离心机可在全速运转下实现连续进料、分离和卸料，适用于含固相（颗粒粒度为0.005～2mm）浓度为2%～40%悬浮液的固-液分离、粒度分级、液体澄清等。具有连续操作、处理能力大、单位耗电量小、结构紧凑、维修方便等特点。尤其适合过滤布再生有困难，以及浓度、粒度变化范围较大的悬浮液的分离。

(3) 卧式离心卸料离心机　卧式离心卸料离心机为连续操作、自动卸料的过滤式离心机，对加料、分离、卸料等工序均在全速运转下连续进行，所以分离效率高、生产能力大，其结构如图7-25所示。

该机适用于分离含固相（结晶状、无定形或短纤维状）浓度为40%～80%、粒度范围在0.25～10mm的悬浮液。

(4) 刮刀卸料离心机　刮刀卸料离心机是一种连续运转，循环实现进料、分离、洗涤、脱水、卸料、洗网等工序的过滤式离心机。在全速运转下各工序均能实现全自动或半自动控制，其结构如图7-26所示。

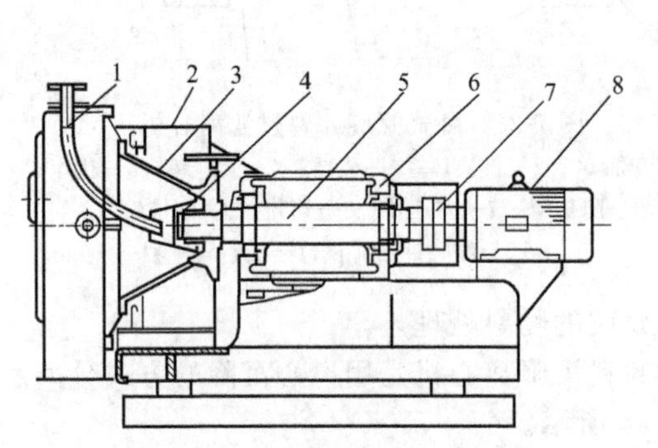

图7-25　卧式离心卸料离心机

1—进料管；2—机壳；3—转鼓；4—布料斗；5—主轴；6—轴承箱；7—联轴器；8—电机

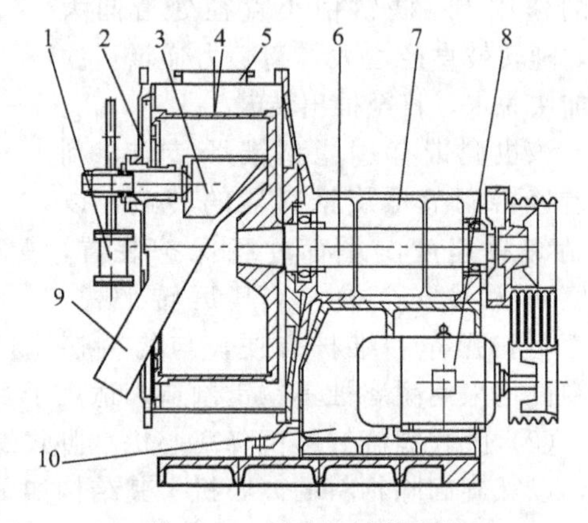

图7-26　刮刀卸料离心机

1—刮刀油缸；2—门盖；3—刮刀；4—转鼓；5—机壳；6—主轴；7—轴承箱；8—电机；9—下料斗；10—机座

4. 立式离心机

(1) 自动排出式立式离心机　自动排出式立式离心机含有锥形篮子，该篮子周围设有筛网，物料由上方流入，篮子带动物料高速回转，滤液在离心力作用下穿过筛网由下部排出。而固形物则附着在篮网表面，同时沿锥面不断向上推移，由上部落下，自动排出机外。其结构如图7-27所示。

该机可用于水果、蔬菜榨汁，以及回收植物蛋白及冷冻浓缩的结晶分离等，也可用于糖类结晶食品的精制及脱水蔬菜制造的预脱水过程。

(2) 三足式吊袋上卸料离心机　该机器工作时，待分离的物料经进料管进入高速旋转的离心机转鼓内，在离心力场的作用下，物料通过滤布（滤网）实现过滤。其结构如图7-28所示。

(3) 三足式刮刀下卸料自动离心机　该机属于下部卸料、可间歇操作、程序控制的过滤式自动离心机，因此可按使用要求设定程序，由液压、电气控制系统自动完成进料、分离、

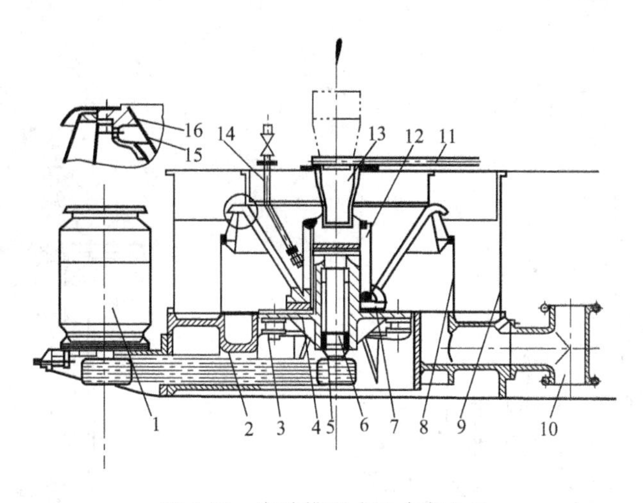

图 7-27 自动排出式立式离心机

1—电机；2—机座；3—吸振圈；4—传动座；5—轴承；6—主轴；7—转鼓；8—内机壳；9—外机壳；10—排液孔；11—蒸气管；12—布料器；13—进料管；14—洗水管；15—花篮；16—筛网

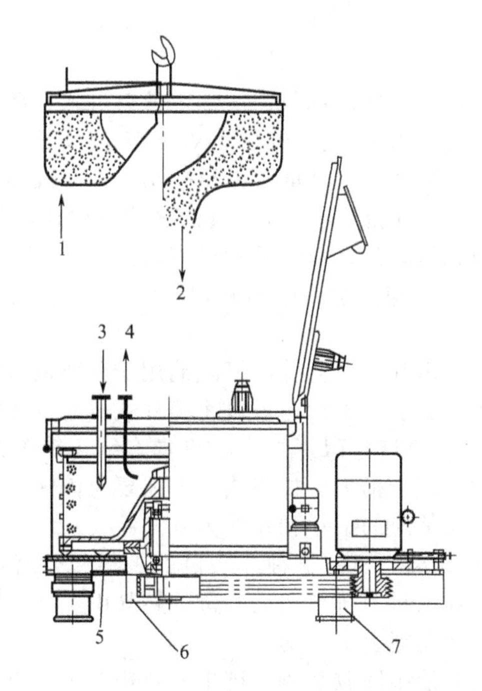

图 7-28 三足式吊袋上卸料离心机

1—滤饼提升；2—卸料；3—进料；4—洗涤；5—在线喷淋系统；6—皮带罩壳；7—液态阻尼

洗涤、脱水、卸料等工序，可实现远近距离操作。其结构如图 7-29 所示。

此机器具有自动化程度高、处理量大、分离效果好、运转平稳、操作方便等优点，除广泛用于含粒度为 0.05～0.15mm 固相颗粒悬浮液的分离外，特别适宜热敏感性强、不允许晶粒破碎、操作人员不宜接近的物料的分离。

(4) 高速管式离心机 高速管式离心机主要由转鼓、机架、机头、压带轮、滑动轴承组和驱动体六部分组成，其结构如图 7-30 所示。电动机装在机架上部，带动压带轮及平带转动，从而使转鼓旋转，电动机通过传送带、张紧轮将动力传送给被动轮，从而使转鼓绕自身

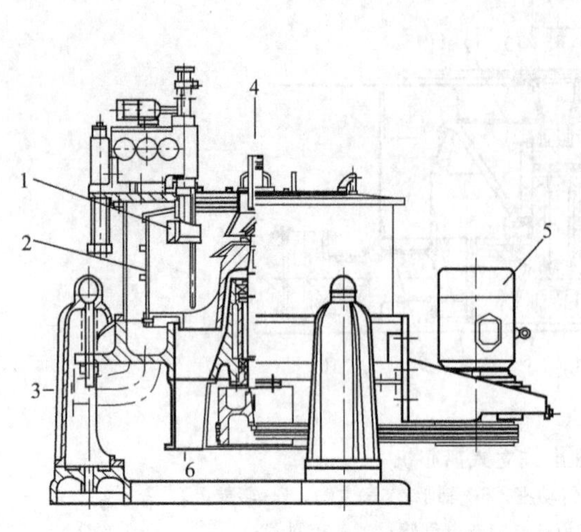

图 7-29 三足式刮刀下卸料自动离心机

1—刮刀；2—转鼓；3—滤液；4—进料口；5—电动机；6—滤渣

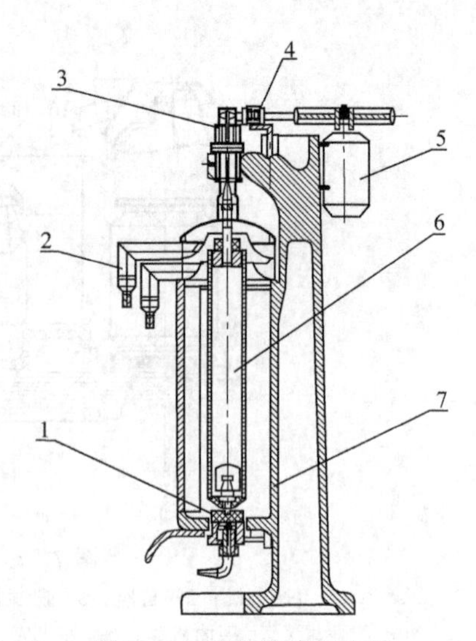

图 7-30 高速管式离心机

1—滑动轴承组；2—接液盘；3—主轴皮带轮；4—压带轮；5—电动机；6—转鼓；7—机架

轴线超速旋转，形成强大的离心力场。物料由底部进液口进入，离心力迫使药液沿转鼓内壁向上流动，且因料液不同组分的密度差而分层。对于液-液物系，密度大的液相形成外环，密度小的液相形成内环，流动到转鼓上部的排液口排出，微量固体沉积在转鼓壁上，待停机后人工卸出。对于液-固物系，密度较大的固体微粒逐渐沉积在转鼓内壁形成沉渣层，待停机后人工卸出，澄清后的液相流动到转鼓上部的排液口排出。

高速管式分离机主要用于生物医学、中药制剂、保健食品、饮料、化工等行业的液-固分离或液-液-固三相分离。

(5) 碟片式离心分离机　碟片式离心分离机既能用于分离低浓度的悬浮液，又能用于分离乳浊液。根据分离固体排出方法的不同，可以将碟片式离心分离机分为以下两大类。

① 喷嘴型碟片式离心机。喷嘴型碟片式离心机具有结构简单、生产连续、产量大等特点。排出固相为浓缩液，为了减少损失、提高浓度，需要对固体进行洗涤；喷嘴易磨损，需要经常调换；喷嘴易堵塞，能适应的最小颗粒约为 0.5μm。

② 自动分批排渣型碟片式离心机。这种离心机的进料和分离液的排出是连续的，而被分离的固相浓缩液则是间歇地从机内排出。离心机的转鼓由上下两部分组成，上转鼓不做上下运动，下转鼓通过液压的作用能上下运动。

该种离心机适用于从发酵液中回收菌体、抗生素及疫苗的分离，也可以应用于化工、医药、食品等工业。

二、过滤机

过滤是利用混合物内相的截留性差异而进行分离的操作。其操作原理是利用一种能将悬浮液中固体微粒截留，而液体能自由通过的多孔介质，在一定的压力差的推动下，达到分离固、液两相的目的。按固体颗粒的大小和浓度来分类，悬浮液分粗颗粒悬浮液、细颗粒悬浮液或高浓度悬浮液、低浓度悬浮液等。悬浮液的粒度和浓度对选择过滤设备非常重要。一般的过滤技术的缺点是过滤介质易堵，连续性差，特别是食品、生物类物料，其形成的滤床具有很大的可压缩性，以至于过滤操作不能正常地进行。遇到这种问题，一般需要用助滤剂对过滤进行改善。另外，对于低浓度的物料虽然可以用过滤器来处理，但这种处理方法是不经济的。遇到这种情况，往往要用其他方法对物料进行预浓缩。

1. 过滤机的工作过程及分类

(1) 过滤机的工作过程 过滤操作过程一般包括过滤、洗涤、干燥、卸料四个阶段。

① 过滤。悬浮液在推动力的作用下，克服过滤介质的阻力进行固-液分离；固体颗粒被截留，逐渐形成滤饼，且不断增多，因此过滤阻力也随之不断增加，致使过滤速度不断降低。当过滤速度降至一定程度后，必须停止过滤。

② 洗涤。停止过滤后，滤饼的毛细孔中包含许多滤液，要用清水或其他液体洗涤以得到纯净的固体颗粒产品，或得到尽量多的滤液。

③ 干燥。用压缩空气吹或真空吸的方法，把滤饼毛细管中存留的洗涤液排走，得到含湿量较低的滤饼。

④ 卸料。把滤饼从过滤介质上卸下，并将过滤介质洗涤干净，以备重新进行过滤。

(2) 过滤机的分类 按过滤推动力可分为重力过滤机、加压过滤机和真空过滤机；按过滤介质的性质可分为立状介质过滤机、滤布介质过滤机、多孔陶瓷介质过滤机和半透膜介质过滤机等；按操作方法可分为间歇式过滤机和连续式过滤机。

间歇式过滤机的四个操作工序在不同的时间内，在过滤机的同一部分上依次进行，该种过滤机结构简单但生产能力较低，劳动强度较大。间歇式过滤机有重力过滤器、板框压滤机、厢式压滤机、叶滤机等。

连续式过滤机的四个操作工序则在同一时间内在过滤机的不同部位上进行。连续过滤机多采用真空操作，常见的有转筒真空过滤机、圆盘真空过滤机等。圆盘真空过滤机实际上是真空过滤机和压滤机的集成，其一方面实现了连续操作，另一方面由于驱动力的成倍增加，使过滤效果比真空过滤明显改善，但这种过滤机结构复杂、投资较大。

2. 板框压滤设备

板框式压滤机是间歇式过滤机中应用最广泛的一种，其原理是利用滤板来支撑过滤介质，滤浆在加压下强制进入滤板的空间内，并形成滤饼。

(1) 结构 板框压滤机是由许多块滤板和滤框交替排列而成，板和框都用支耳架在一对横梁上，可用压紧装置压紧或拉开，其结构如图 7-31 所示。

滤板和滤框数目由过滤的生产能力和悬浮液的情况而定，一般有 10～60 个，形状多为正方形。过滤机组装时将滤框与滤板用过滤布隔开，且交替排列，借手动、电动或油压机构将其压紧。因板、框的角段均开有小孔，此时就构成供滤浆或洗水流通的孔道。框的两侧覆以滤布，空框与滤布围成了容纳滤浆及滤饼的空间。滤板的作用是支撑滤布，并提供滤液流出的通道。为此板面制成各种凹凸纹路。滤板又分成洗涤板与非洗涤板两种，为了辨别，常在板、框外侧铸有小钮或其他标志。每台板框压滤机均有一定的总框

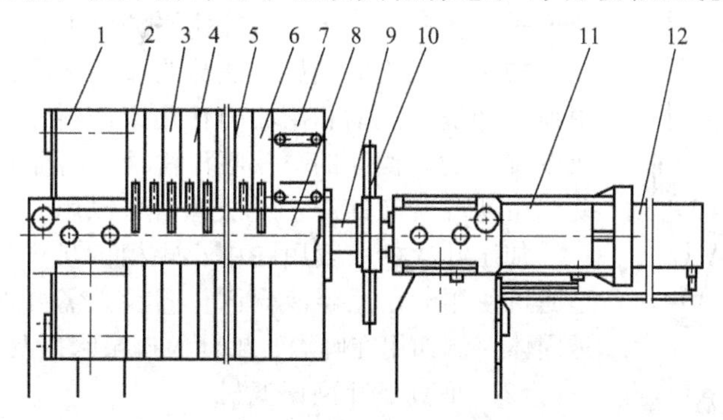

图 7-31 板框压滤机简图

1—止推板；2—头板；3—滤板；4—滤框；5—滤布；6—尾板；7—压紧板；8—横梁；9—活塞杆；10—锁进螺母；11—液压缸座；12—液压缸

数，最多达60个，当所需滤框不多时，可取一盲板插入，以切断滤浆流通的孔道，后面的板和框就失去作用。

（2）工作原理 滤浆由滤框上方通孔进入滤框空间，固体粒子被滤布截留，在框内形成滤饼，滤液则穿过滤布流向两边的滤板，然后沿滤板的沟槽向下流动，由滤板下方的通孔排出。排出口处装有旋塞，可观察滤液流出的澄清情况。如果其中一块滤板上的滤布破裂，则流出的滤液必然浑浊，可关闭旋塞，待操作结束时更换。上述结构中滤液排出的方式称明流式。另一种称为暗流式的压滤机滤液是由板框通孔组成的密闭滤液通道集中流出。这种结构较简单，且可减少滤液与空气的接触。

当滤框内充满滤饼时，其过滤速率大大降低或压力超过允许范围，此时应停止进料，进行滤饼洗涤。在洗涤板的左上角有一小孔，该小孔有与之相同的暗孔，专供洗涤水输入之用，此孔是洗涤板与过滤板的区分之处，它们在组装时，必须按顺序交替排列。即滤板-滤框-洗涤板-滤框-滤板……，过滤操作时，洗涤板仍起过滤板的作用，但在洗涤时，其下端出口被关闭，洗涤水穿过全部滤布和滤框，向过滤板流动，并从过滤板下部排出。洗涤完成后，除去滤饼，并进行清理及重新组装，进入下一循环操作。

（3）特点与应用 板框压滤机的特点是结构简单、制造方便、造价低、过滤面积大、无运动部件、辅助设备少、动力消耗低、过滤推动力大（最大可达1MPa，一般在0.3～0.5MPa）、管理方便、使用可靠、便于检查操作情况、适应各种复杂物料的过滤，特别适于黏度大、颗粒度较细、可压缩、具腐蚀性的各种物料。缺点是装卸板框的劳动强度大、生产效率低、滤饼洗涤慢、不均匀、滤布磨损严重等。

板框压滤机在食品工业中有广泛运用，特别适用于低浓度悬浮液、胶体悬浮液、分离液、黏度大或接近饱和状态的悬浮液的过滤。

3. 加压叶滤机

加压叶滤机是由一组并联滤叶装在密闭耐压机壳内组成。悬浮液在加压下送进机壳内，滤渣截留在滤叶表面上，滤液透过滤叶后经管道排出。加压叶滤机可以作为预敷层过滤机来使用。

（1）概述

① 滤叶。滤叶是加压叶滤机的重要过滤元件，一般滤叶由里层的支撑网、边框和覆在外层的细金属丝网或编织滤布组成；也有的滤叶由配置了支撑条的中空薄壳，外面覆盖滤网组成。滤叶用接管镶嵌固定在滤叶排出管上，在接头处多用“O”形圈密封。

② 加压叶滤机的分类及应用。常见的加压叶滤机有以下几种类型：垂直滤槽垂直滤叶型；垂直滤槽水平滤叶型；水平滤槽垂直滤叶型；水平滤槽水平滤叶型。

加压叶滤机的加压方法分为湿法和干法两种，基本上是利用喷淋冲洗、振动和离心力作用来卸料。湿法卸料是用固定的或者旋转的、摆动的喷头喷淋洗液，将滤渣冲掉；或者喷头不动，由滤叶旋转卸渣。干法卸料可以用人工或机械方法进行。

加压叶滤机一般用在中小规模的生产厂，当它作为预敷层过滤机使用时，悬浮液含固体量少，需要保留的是液体，而不是固体。例如用在啤酒、果汁、矿泉水以及各种油类的净化中。

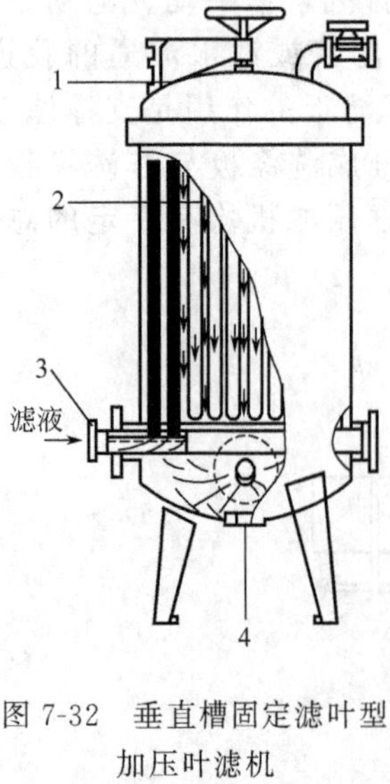

1
2
3
滤液
4

图7-32 垂直槽固定滤叶型加压叶滤机

1—快开顶盖；2—滤叶片；3—滤液排出口；4—滤饼排出口

（2）垂直滤叶型压滤机

① 振打卸料垂直槽垂直滤叶型叶滤机。该叶滤机具有密封加压、多滤叶、微孔精密过滤的特点。其结构如图7-32所示。在一个密闭的机壳内，垂直装有多片不锈钢滤叶，用来支

撑和贴敷，起主要过滤作用。底部平法兰上装有不锈钢平面滤网，其作用是使壳体内液体完全过滤，无残液。过滤时，先循环过滤进行预涂，使滤叶表面形成一层预涂层，待滤叶清亮后即可进行正常过滤。

② 冲洗卸料垂直槽垂直滤叶型叶滤机。该机型通过在密闭的容器内，垂直或水平放置多片滤叶作为过滤元件，进行加压或真空过滤。根据过滤的不同要求，有时还要求在滤叶上预敷硅藻土、珍珠岩等助滤剂，助滤剂也可以采用掺浆过滤的方法加入，以提高过滤效率。采取冲洗方式卸料，一般是正清洗机构，也可根据要求实现反冲洗及反吹的功能，其操作简单方便，洗涤效果好。在密闭条件下，对滤饼进行洗涤，以回收有用的物料，回收率高。

(3) 卧式滤叶型叶滤机　施德兰叶滤机是一种卧式滤叶型压滤机，多片圆形滤叶组合体置于由上下两个半圆构成的圆形机壳内，上半机壳固定，下半机壳用铰链连接借以开启。该机容易解体，用少量洗涤液即能洗净，滤布损耗也少。

4. 真空过滤机

真空过滤机以抽真空为推动力，其过滤介质的上游压力为大气压，下游为负压。推动力限制在一个工程大气压之下（一个工程大气压约等于 98.1kPa)，所以一般均为连续式操作，是一种连续式生产和机械化程度较高的过滤设备。以下介绍两种常见的真空过滤机。

(1) 转鼓真空过滤机　如图 7-33 所示为该机的操作原理图，其主要构件为低速旋转的转鼓，表面用多孔板或特殊的排水构件构成，滤布覆盖其上。转鼓内墙被隔成若干个扇形格室，每个格室由吸管与空心轴内的孔道相通，而孔道沿轴向通往轴端的旋转控制阀。转鼓内腔借控制阀分别与真空管道、洗液储槽及压缩空气管路相通。

转鼓真空过滤机适宜过滤悬浮液颗粒中等、黏度不太大的物料，操作过程中可用调节转鼓转速来控制滤饼厚度以及洗涤效果，并且滤布损耗少。但过滤推动力小、设备费用高是其主要特点。

(2) 转盘真空过滤机　转盘真空过滤机由一组安装在水平转轴上并随轴旋转的转盘（滤盘）构成。其结构和操作原理与转鼓真空过滤机相同。转盘的各个扇形格室由管道与空心轴的孔道相通，当各转盘连接在一起时，各转盘的同相位转盘格室形成连同孔道，并与轴端的旋转控制阀相连。

转盘真空过滤机的优点是：过滤面积非常大；与其他过滤机比较，单位过滤面积占地面积小；滤布更换容易且耗量少；能耗低。其缺点是滤饼洗涤不良，洗涤水易与悬浮液在滤槽中相混。

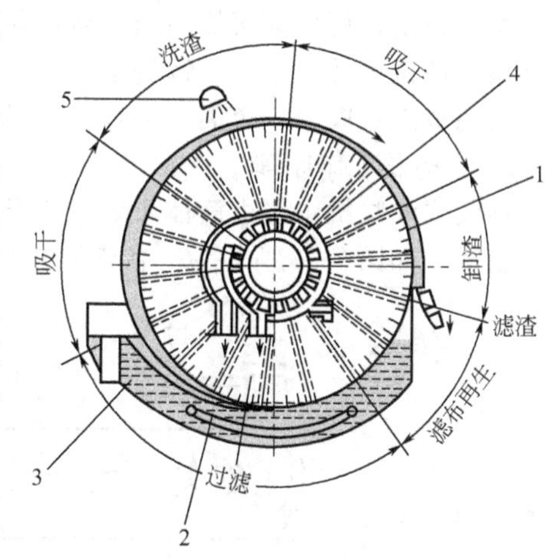

图 7-33　转鼓真空过滤机操作原理图
1—转鼓；2—搅拌；3—滤浆槽；
4—控制阀；5—喷头

第六节　真空油炸设备

真空油炸技术是 20 世纪 60 年代末 70 年代初发展起来的一种新型食品加工技术。它将油炸和脱水作用有机地结合在一起，广泛地应用在各种果蔬产品加工中，如水果类的苹果、猕猴桃、柿子、草莓、葡萄、香蕉等，蔬菜类的胡萝卜、南瓜、番茄、四季豆、甘薯、马铃薯、大蒜、青椒、洋葱等。

一、间歇式真空油炸设备

1. 结构及工作原理

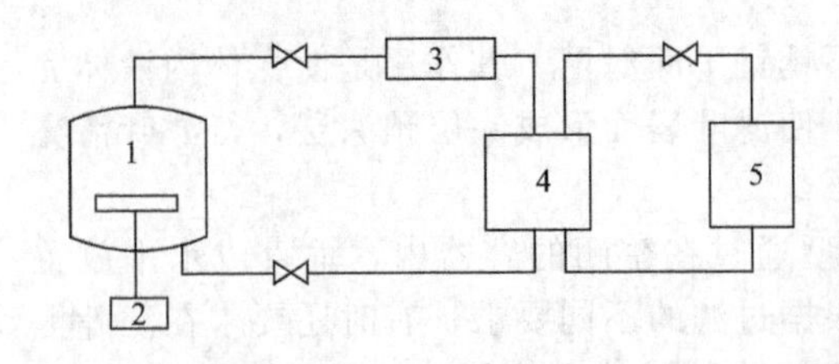

图 7-34 间歇式真空油炸装置
1—油炸釜；2—电机；3—真空泵；
4—储油箱；5—过滤器

如图 7-34 所示是一套低温真空油炸装置的系统简图，内设离心脱油装置的油炸釜 1 为密闭器体，上部分与真空泵 3 相连，其中真空泵是用来控制油的运转；脱油装置由电机 2 带动，当油炸结束后油位低于油炸产品时，开动电机进行分离脱油，结束后取出产品，再进行下一周期的操作。过滤器 5 的作用是过滤炸过的油，及时去除其中的渣物，防止油被污染。

2. 特点

油炸温度低，营养成分损失少，油耗少；水分蒸发快，干燥时间短；能提高产品的复水性；油脂的劣化速度慢。

二、连续真空油炸设备

1. 工艺特点

其工艺特点为：改变传统油炸机结构，采用油水一体的方式。油炸过程中产生的残渣全部沉入水中，不产生烧焦的问题，下层水分又能不断地产生水蒸气以给高温的炸油补充微量水分，以保证炸油不变黑，从而延长换油周期。

连续式油炸机有的安装有自动恒温器，操作者只需要设定温度即可实现自动控温，温度自调，无过热干烧现象。方便、高效、节能，大大减少大气污染。该机内下层水分能自动过滤油中的杂质，可保证所炸制的食品不互相串味，色泽鲜亮，且无致癌物质，有利于食用者的健康。该机设计采用全不锈钢结构，机械化生产，工艺精湛、坚固耐用。

适用范围：肉串、鱼类、扒鸡、鸡腿、豆腐、虾片、薯条、蔬菜等。

2. 结构及工作原理

连续式油炸机主要由筒体系统、油温自动控制系统、输送系统、闭风系统、自动补油系统等组成，如图 7-35 所示为一台连续式真空油炸设备的结构示意图。

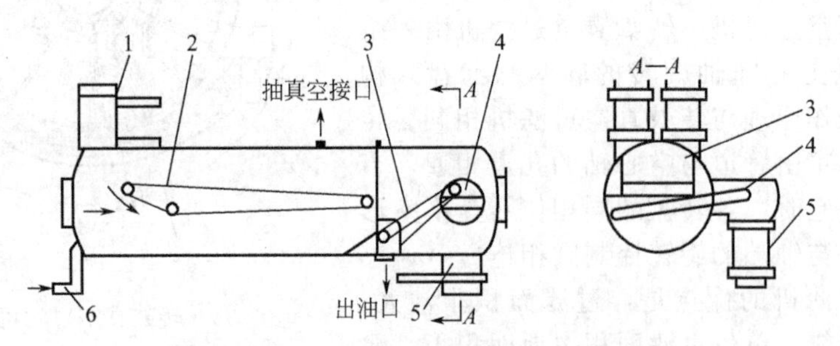

图 7-35 连续式真空油炸设备
1—闭风器；2—输送器；3，4—无油区输送带；5—出料闭风器；6—油管

设备的主体为卧式筒体，其通过接口与真空系统连接得以保持一定的真空度。从闭风器 1 进入的待炸坯料落入筒内进行油炸，筒内具有一定深度的油，由输送器 2 带动输送，其速度由油炸的具体工艺要求而定，炸好的产品再由输送器 2 带动，进入无油区输送带 3 和 4，一边输送一边滤油，由出料闭风器 5 排出最后的产品。其中由油管 6 输送进入筒体的油，从出油口排出，过滤后再循环使用。闭风器的好坏直接关系到能耗等经济技术指标，以下介绍闭风器的结构及工作原理。

闭风器的结构如图 7-36 所示，主要由气动装置、落料系统、隔板等组成，其中隔板的运动受气动装置的控制。

其使用过程为：经预处理后的物料连续不断地进入进料斗中，进料器驱动装置带动进料器旋转，使物料分批进入缓冲室中，上下层落料斗之间有一隔板 1，其中隔板 1 的运动被气动装置 5 控制，进料时下挡板阀关闭、上挡板阀打开，物料进入储料室，随后上挡板阀关闭、下挡板阀打开，物料由储料室进入微波真空工作室，此时下挡板阀再次关闭，完成一次进料。抽出隔板 1，坯料落入下层落料斗 2 中，然后重新插回，此时下层落料斗 2 与外界隔绝，然后抽出隔板 3，物料落入筒内油炸，隔板 3 重新插回准备下一周期的操作，其中隔板 3 的抽出与重新插入由气动装置 4 控制。

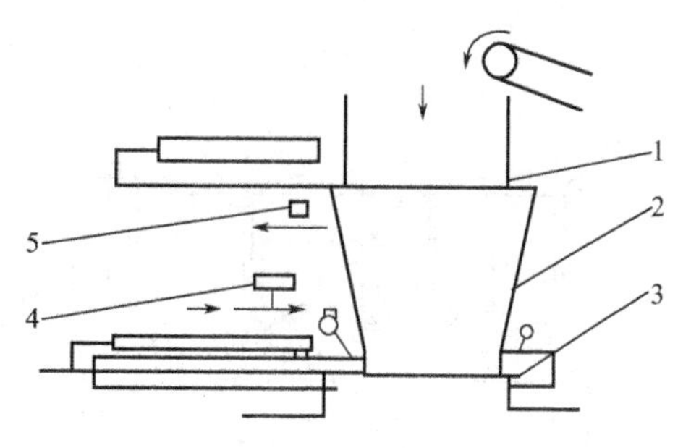

图 7-36　闭风器的结构
1，3—隔板；2—落料斗；4，5—气动装置

干燥后的物料进入缓冲室中，此时下挡板阀和上挡板阀都处于关闭中，当缓冲室堆积一定物料后，上挡板阀打开，物料进入储料室中，随后上挡板阀关闭，下挡板阀打开，物料由储料室排出，下挡板阀再次关闭，完成一次出料。

其特点是：进出料系统的上挡板阀和下挡板阀均粘有食品工业专用橡胶制成的密封垫，以保证气密性，进出料系统与微波真空工作室进出料接管采用法兰连接，各连接处均采用橡胶密封圈进行真空密封。

三、双室真空油炸机

1. 双室真空油炸机结构特点

① 加热、油炸、储油、脱油、脱水、油过滤都采用一体化设计，在真空环境中能连续完成，产品含油量低，且处于负压状态，在这种相对缺氧的条件下进行食品加工，可以减轻甚至避免氧化作用（例如脂肪酸败、酶促褐变和其他氧化变质等）所带来的危害。在负压状态，以油作为传热媒介，食品内部的水分（自由水和部分结合水）会急剧蒸发而喷出，使组织形成疏松多孔的结构。

② 自动控制温度和压力（真空度），无过热，无过压，能确保产品质量和安全生产。

③ 脱油采用变频调速，适合含油率低和含油率高的所有产品。

④ 油水分离系统可将蒸发的水、油冷却分离，减少水循环的污染，提高水的反复使用率，减少油的损耗。

⑤ 油过滤系统可使油脂始终保持清洁，且减少了油的浪费。

⑥ 该机采用不锈钢材料制成，具有工效高、性能稳定、安装使用方便等特点。

2. 工艺特点

① 真空油炸是在低温（80～120℃）下对食品进行油炸、脱水，从而可以有效地减少高温对食品营养成分的破坏。

② 真空油炸脱油有独特效果。目前主要应用于：a. 水果类。苹果、猕猴桃、香蕉、木菠萝、柿子、草莓、葡萄、桃、梨等；b. 蔬菜类。番茄、红薯、马铃薯、四季豆、大蒜、胡萝卜、青椒、南瓜、洋葱等；c. 干果类。大枣、花生等；d. 水产品及畜禽肉类等。

③ 低温真空油炸可以防止食用油脂劣化变质，不必加入其他抗氧化剂就可以提高油的反复利用率，降低成本。一般油炸食品的含油率高达 40%～50%，而真空油炸食品的含油率在 10%～20%，可节油 30%～40%，节油效果显著。食品脆而不腻，可储性能良好。

④ 在真空状态下，果蔬细胞间隙中的水分急剧汽化、膨胀，从而使得间隙扩大、膨化效果好、产品酥脆可口，且具有良好的复水性能。

3. 设备组成

双室真空油炸设备（图 7-37）包括：油炸和脱油系统（含双锅体、加热装置、盛料网篮和脱油搅拌机构）；油过滤及输油系统（含过滤器和油泵）；抽真空系统（含真空泵、冷凝器及气液分

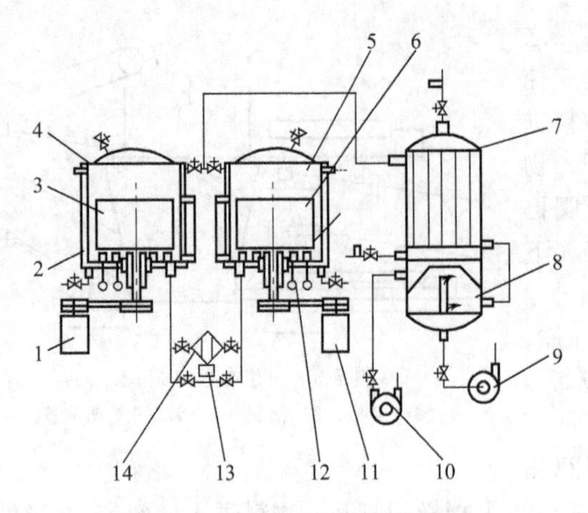

图 7-37 双室真空油炸设备示意图

1—网篮电机Ⅰ；2—电加热管Ⅰ；3—网篮Ⅰ；4—油炸锅Ⅰ；5—油炸锅Ⅱ；6—网篮Ⅱ；7—冷凝器；8—气液分离器；9—冷凝水泵；10—真空泵；11—网篮电机Ⅱ；12—电加热管Ⅱ；13—油泵；14—油过滤器

离器)；控制系统。

4. 特点

该设备在控制系统的控制下，油炸锅Ⅰ和油炸锅Ⅱ两个锅体可以同时实现抽真空或者交替抽真空以及油滤和输油系统对两锅的同时供油；按照温度要求可以自动启闭电加热器；在一定范围内盛料网篮的转速可以实现无级调速。

5. 使用方法

当油炸锅Ⅰ处于油炸状态时，油位高于盖，网篮以低速开始转动，电加热器通电加热，封闭盖抽成真空；此时网篮高于油炸锅Ⅱ的油位，在真空条件不变的情况下高速转动，对油炸物料进行脱油，随后消除真空，打开锅盖，取出盛料网篮，并装入新料，然后将盛料网篮装上，盖好盖，抽真空后等待下一步操作，从而实现了脱油-卸料-装料操作。当油炸锅Ⅰ油炸工作完成后，滤油及输送泵系统将油炸锅Ⅰ中的油输送到油炸锅Ⅱ中，直至油炸锅Ⅰ油面低于Ⅱ，网篮低于油炸锅Ⅱ的油面。此时，油炸锅Ⅱ开始脱油-卸料-装料操作。如此周而复始交替循环进行。

四、设备的维护保养

工作前必须清洗机器，检查各装置是否处于良好状态。机器应保证正常的维护保养，各运转部位应定时加注润滑油，每班都要加油。应将机器擦干净，各运动部位不允许留有原料。

五、设备常见故障及分析

真空油炸设备常见故障及处理办法见表 7-1。

表 7-1 真空油炸设备常见故障及分析

故障	原因	处理办法
泵漏油	1. 液压系统接头、螺旋塞或圆筒塞松动； 2. 轴密封垫破损； 3. 过滤器堵塞，产生负压	1. 用清洗剂清洗漏区，发现泄漏处，固紧松动的液压系统接头、螺旋塞或圆筒塞； 2. 更换轴密封垫； 3. 用 O 形环更换新的过滤器元件
泵冒烟，从废气中带出油滴	1. 泵倾斜，不能放油； 2. 加错了油； 3. 油单向阀漏油或堵塞	1. 进口阀打开，让泵运转大约 2min； 2. 放油，换上指南手册上建议用的油； 3. 拆开油单向阀，检查其功能，当油流进时，检查阀门应该是密封的；当油满以后，检查阀门是打开的，如果不是这样，则更换单向阀
电机转而泵不转	连接轴磨损或损坏	更换连接轴、垫圈
泵失灵，电机不转	1. 泵(没油)空转； 2. 叶轮损坏； 3. 进口检查阀门没有密封，当泵关了时，导致油进入泵体而引起叶轮启动时损坏	1. 联系生产商； 2. 更换叶轮； 3. 更换进口，检查阀门，更换叶片
泵中油 ① 黑色； ② 水样和牛奶样乳化作用； ③ 黏性不适合，产生油粘	1. 换油间隔时间太长，用错了油；泵过热，燃烧油； 2. 水和水蒸气进入泵内； 3. 用错了油型号	建议立即放油，用 50% 的油和 50% 的汽油清洗泵，关闭进口转 30min。情况严重时，必须反复冲洗几次，放出混合油，更换过滤器，加入说明书中建议用的油型号

第七节 冷冻干燥设备

在常压下的各种加热干燥方法，因物料受热，其色、香、味和营养成分均受到一定损失。若在低压条件下对物料加热进行干燥，则能减少品质的损失，此种方法即称为真空干燥。若先将物料冻结，然后在真空条件下加热进行干燥，物料的品质和性状几乎不受损失，可获得最优质产品，这种方法称冷冻或升华干燥。

冷冻干燥的特征为：①物料在干燥过程中的温度要低、避免过热。水分容易蒸发，干燥时间短，同时可使物料形成多孔状组织，产品的溶解性、复水性、色泽和口感均较好；②能将物料干燥到很低的水分；③可用较少的热能得到较高的干燥速率，热量利用经济；④适应性强，对不同性质、不同状态的物料，均能适应；⑤与热风干燥相比，设备投资和动力消耗较大，产量较低。

一、冷冻干燥装置的工作原理

冷冻干燥是利用冰晶升华的原理，将已冻结的食品物料置于高真空度的条件下，使其中的水分从固态直接升华为气态，从而使食品干燥。该方法又称为真空冷冻法或升华干燥法。

1. 特点

冷冻干燥法常用于肉、蛋、水产、果蔬、速溶饮料、香料等食物的干燥，其特点如下所述。

① 能最大限度地保存食品的色、香、味。如蔬菜的天然色素保持不变，各种芳香物质的损失可减少到最低限度。

② 特别适合于热敏性物质的干燥，能保存食品中的各种营养成分，尤其对维生素 C，能保存到 90%以上。

③ 干制品质量轻、体积小，储藏时占地面积小，运输方便。各种蔬菜经冷冻干燥后，质量减少许多，体积缩小到几十分之一。由于体积减小，相应的包装费用也少得多。

④ 干制品复水快，食用方便。因为被干燥物料含有的水分是在结冰状态下直接蒸发的，故在干燥过程中，水汽不能带动可溶性物质移向物料表面，不会在物料表面沉积盐类，也不会使物料干燥后因收缩引起变形，故极易吸水恢复原状。

⑤ 因在真空操作中，氧气极少，因此一些易氧化的物质（如油脂类）得到了保护，微生物和酶的活动受到了抑制。

⑥ 冷冻干燥后能失去 95%～99%以上的水分，产品能长期保存而不变质。

2. 冷冻干燥的主要过程

冷冻干燥的基本过程分为三个阶段。

第一阶段：预冻。为了防止干燥产品发泡气膨而使组织内部产生较多的孔洞，在抽真空前产品首先要预冻。预冻的速度一般控制在每分钟降低 1～4℃，时间为 2h 左右，要求预冻的温度低于食品的共熔点 5℃，一般为－30℃左右。

第二阶段：升华。预冻的产品在高真空度下开始升华过程，由于水分的升华要吸收热量，产品本身的温度会随之降低，为了防止干燥速度下降，此时需要对产品加热，使产品的温度始终保持接近而又低于物料的共熔点。同时为保持干燥室内的真空度，应不断排出因升华而形成的大量水蒸气，一般设备为了经济，采用冷凝法去除水蒸气，即用冷凝器的冷却表面凝结水蒸气，使之在冷冻器表面形成冰霜。

第三阶段：加热蒸发结合水分。产品中未冻结的结合水分需要靠加热蒸发除去，在高真空度条件下，一般加热温度不超过 40℃。食品水分降低到预定值后即可破坏真空，结束干燥，并对冷凝器进行除霜。

二、冷冻干燥装置的主要组成

冷冻干燥装置主要由干燥室和制冷系统、真空系统、加热系统和控制系统等组成。

1. 干燥室

冷冻干燥室是冷冻干燥装置的主要部分，有圆筒形和矩形两种。矩形干燥室虽然有效使用空间较大，但在真空状态下，箱体受外压较大，为了防止受压变形，需采用槽钢、角钢或工字钢在箱体外加固。小型冷冻干燥常采用矩形干燥室，大中型食品冷冻干燥设备的干燥室以圆筒形居多，圆形干燥室在直径比较小的情况下能承受较大的外压，周边可不用加强肋，因而用料少。

由于干燥室要求能制冷到－40℃或更低温度，又能加热到＋50℃左右，也能被抽成真空，所以一般在室内要做成数层搁板，干燥室的门及视镜等在制作时要求十分严密，以保证室内达到需要的真空度。

2. 制冷系统及冷凝器

制冷系统主要由压缩机、冷凝器、干燥过滤器、膨胀阀、蒸发器、气液分离器、热交换器、气水分离器、自动排水器以及电器控制装置等构成，以承担食品预冷冻和冷冻干燥过程中凝结水蒸气这两部分冷负荷。冷冻机可以是互相独立的两套，即一套制冷冷冻干燥室，一套制冷冷凝器，也可以合用一套冷冻机。冷冻机可根据所需要的不同低温，采用单级压缩、双级压缩或者复叠式制冷机。制冷压缩机可以采用氨或氟里昂制冷剂，在小型冷冻干燥系统中也有采用干冰和乙醇的混合物作制冷剂的。

冷凝器可设在冷冻干燥室内与其制成一体，也可放置在干燥室与真空室之间。冷凝器应该有足够的冷凝表面，其表面温度应该在－50～－40℃或更低。冷凝器的结构有螺旋盘管式，其放置方式应该保证盘管或平板表面结霜均匀且对不凝结气体的流动阻力要小。冷凝器设有除霜装置。

3. 真空系统

真空系统由冷冻干燥室、冷凝器、真空阀门和管道、真空设备及真空仪表构成，其任务是在一定时间内抽除水蒸气和不凝结气体，以维持干燥室内食品水分升华和解决所需的真空度。目前在冷冻干燥设备中使用的真空设备有两种。

① 多级蒸汽喷射器。水蒸气喷射器工作原理如图 7-38 所示。采用这种结构是为了能得到更高的真空度。其工作原理是水蒸气和不凝气体能被一并抽除，利用通过喷嘴的高压蒸汽所形成的低压高速气流将干燥室中的水蒸气和不凝气体带走，水蒸气进入冷凝器冷凝成水，冷凝器一般为混合式冷凝器，以减少后一级喷射器的负荷，不凝气体经过多级蒸汽喷射器抽除。其中影响喷射器工作性能的因素有制度因素和结构因素，前者包括工作条件、操作条件、工业措施等的变化；后者指几何尺寸和形状等影响因素。

其特点为：水蒸气喷射器和其他类型相比，不仅结构简单可靠、工作性能稳定、无需机械动力、操作维修方便、抽气能力大，而且对被抽介质无严格要求，能够排除有毒性、易燃易爆、腐蚀性强及含有杂质的各种气体，加快了工艺过程进行的速度，有效地提高了加工产品的质量。因此研究开发高效、低耗蒸汽喷射式真空加工技术，对轻化工行业设备的更新改造以及提高产品的市场竞争力具有重要的意义。

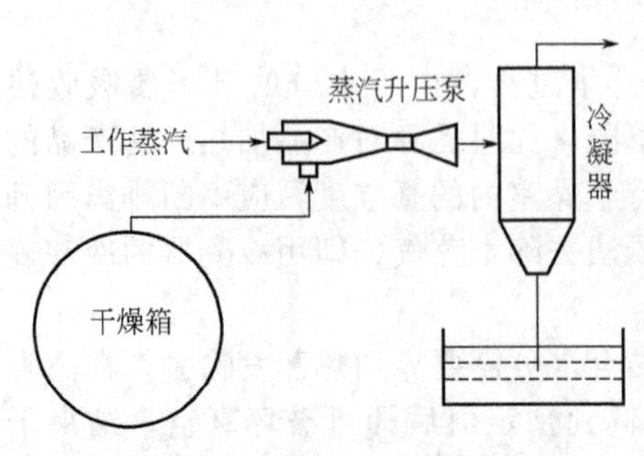

图 7-38 水蒸气喷射器工作原理

② 组合式真空系统。为了保护真空泵且减少所需真空泵台数，组合式真空系统将一个冷凝器设置在真空泵前，可将水蒸气重新冷凝成冰。组合的形式有：干燥室＋冷凝器＋油封式机械真空泵；干燥室＋冷凝器＋罗茨泵＋油封式机械真空泵；干燥室＋冷凝器＋罗茨泵＋双级水泵等。

4. 加热系统

它是加热干燥箱内的隔板即加热隔板，其作用是促使产品中的水分升华。加热隔板的形式有直热式和间热式两种，如图 7-39 所示。

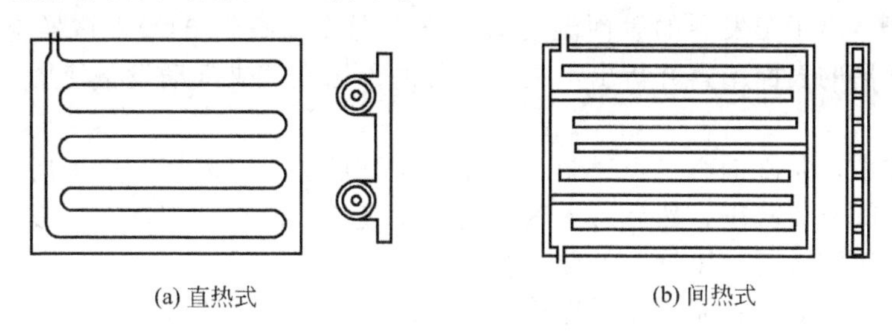

(a) 直热式　　(b) 间热式

图 7-39　加热隔板的形式

直热式采用将外包装绝缘材料和金属保护套的电热丝直接放入有一定厚度的隔板中加热。隔板有一定的厚度是为了获得均匀的温度和防止向后发生翘曲。直热式的特点是结构简单，易实现自动控制，但易产生局部过热。间热式是利用加热热源于冷冻干燥室外将热媒加热，再将其通入隔板的栅格或流动通道间。加热热源有电、煤、气等，传热介质有水蒸气、水矿物油、乙二醇和水的混合液等。

三、冷冻干燥装置的形式

食品冷冻干燥机有间歇式和连续式两种。

1. 间歇式冷冻干燥设备

(1) 结构特点及工作原理　间歇式冷冻干燥设备是一种可单机操作的冷冻干燥设备，适用于多品种、小批量的食品生产。采用单机操作，灵活多变，如一台设备发生了故障，不会影响其他设备的正常运行；设备的加工制造和维修保养简便；操作时便于控制物料干燥时不同阶段的加热温度和真空度的要求。其缺点是由于装料、卸料和启动等预备性操作，使设备的利用率低，能量浪费大；若要满足一定量的生产要求，往往需要多台单机，且各单机均需配以整套的附属系统，使设备投资和操作费用增加。

目前先进的间歇式冷冻干燥机设有完整的集中控制系统，在各个干燥箱之间可实现顺序启动或交替工作的方式，实现多台机组的系统优化，从而可提高设备利用率，降低能量消耗。其中箱式冷冻干燥设备是典型的间歇式冷冻干燥机，其结构如图 7-40 所示。它是在传统的冷冻式空气干燥机制造技术基础上采用高新技术研究开发出的新型冷冻式压缩空气干燥机。冷冻式压缩空气干燥机严格按 ISO 9001 认证体系标准制造，处理空气符合国际标准组织对压缩空气制定的品质标准 (8573.1)。

其特点是：干燥箱内设有的多层隔板既可以用来搁置被干燥的食品，也可以在食品冷冻时提供冷量，或在干燥时提供升华热量和解吸热量。

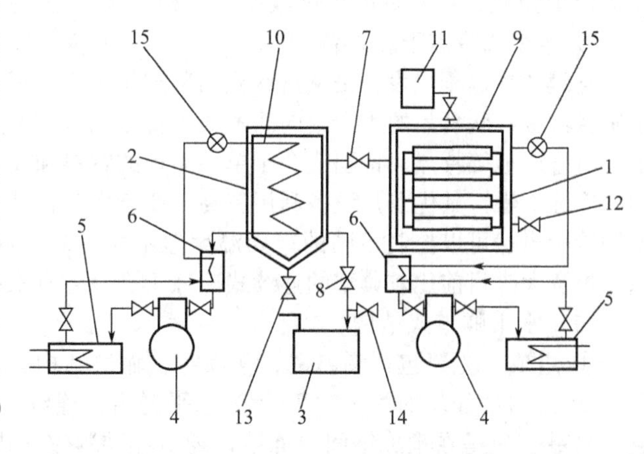

图 7-40　箱式冷冻干燥设备

1—冷冻干燥箱；2—冷凝器；3—真空泵；4—制冷压缩机；5—水冷却器；6—热交换器；7—冷凝器阀门；8—真空泵阀门；9—板温指示；10—冷凝温度指示；11—真空计；12—放气阀；13—冷凝器放气出口；14—真空泵放气阀；15—膨胀阀

冷冻式干燥机是根据空气冷冻干燥原理，利用制冷设备将空气冷却到一定的露点温度后析出相应所含的水分，并通过分离器进行气液分离，再由自动排水器将水排出，从而使空气获得干燥。空气经过滤后被压缩机压缩，进入前置冷却器预冷，预冷后的空气再进入空气热交换器及蒸发器，由于蒸发器的表面温度低于露点温度（高于0℃），这样空气中含有的水分和油分在蒸发器的表面结露并析出，失去水分的干燥空气供气动设备使用，其中制冷剂常采用R-22。

在制冷系统中，制冷剂蒸气经过制冷压缩机压缩后进入冷凝器，冷凝后的液体经干燥过滤器并通过膨胀阀节流降压，然后进入蒸发器蒸发吸热，制冷剂液体本身吸热蒸发成的气体经热交换器后被压缩机再次压缩，如此往复循环。

（2）使用过程　如果食品是在干燥箱外预冻结，在食品托盘移入干燥箱之前，必须对冷凝器和干燥箱进行空箱降温，以保证冻结食品移入干燥箱后能迅速启动真空系统，避免已冻食品融化。如果食品在干燥箱内预冻结，当食品温度达到共熔点温度以下，冷凝器温度达到约－40℃时，开启真空泵使干燥箱真空度达到工艺要求值，将需烘干的物料放入活动料盘中，当接通电源运行时，强力风轮启动迫使由进风口进入的空气吹向电热管，携带了水分的空气将由顶部的排湿风机抽出烤箱之外，随着食品表面升华，隔板开始对食品加热，直至冷冻干燥结束，完成预冻-升华-加热三个阶段。

实践证明，干燥空气是所有工业生产所必需的。空气在其自然状态下含有油、灰尘和水汽等，当空气被压缩时，这些物质会产生潜在的危害。通常人们用高效过滤器除去油或灰尘等杂质，但过滤不掉气态的水，它会与压缩空气混合在一起流向压缩空气系统的下游，从而导致系统腐蚀，管道、控制装置及机械内形成渣质沉积，产品污染。最终造成设备维修的巨大花费，增加生产成本，直接影响企业经济效益。

（3）使用范围　其广泛适用于任何塑料原料的烘干，并可同时烘干不同材质、颜色的材料；尤其适合烘干对温度精度要求高、用量少、多种颜色的材料；也适合于食品、制药、电子、电镀等行业预热或干燥处理时使用。采用PID温度控制，精确控制干燥温度；集温度、时间控制于一体，方便各物料的干燥参数设定；采用优质保温材料、高密封设计，避免不必要的能量损耗；以及具电机过载保护、相序保护等。

2. 连续式冷冻干燥设备

连续式冷冻干燥设备是从进料到出料连续操作，适用于单品种、大批量的生产，尤其适用于浆状或颗粒状食品的生产。同间歇式设备相比，该设备具有生产效率高、节约能源、设备紧凑、节省产地等特点，特别适合于单一品种的物料和大产量的生产需求，尤其适合于汤类及粉类的冷冻干燥。其优点是设备利用率高，便于实现自动化生产，劳动强度低。缺点是在干燥的不同阶段虽然可以控制不同的干燥温度但不能控制不同的真空度；设备复杂，制造精度要求高，投资大。目前比较典型的连续式冷冻干燥设备有水平隧道式和垂直螺旋式两种。

（1）水平隧道式结构

① 组成。主要包括隔离室、干燥室、输送结构、加热系统、清洗装置、抽气系统等。

② 使用过程。如图7-41所示为水平隧道式连续式冷冻干燥机简图。该机一般为水平放置，食品首先是在预冻结间内冻结，随后在装料室2内装盘，当装料隔离室4的真空度达到隧道干燥室的真空度时，打开干燥室与装料隔离空间的隔离闸阀7，使料盘进入干燥室。这时关闭闸阀7，解除装料隔离室的真空度，并准备接受另一批物料进入。卸料隔离室与装料隔离室的工作过程相辅相成，从装料隔离室进入隧道隔离室一组料盘的同时，已干燥好的一组料盘将从隧道隔离室的另一端进入卸料隔离室，此时，卸料隔离室的真空度已被抽空到隧道隔离室的真空度。当关闭卸料隔离室与隧道干燥间的隔离闸阀后，破坏卸料隔离室的真空，将干燥好的食品移送到下一工序。如此反复进行，使每一次开闭闸阀都将有一批物料进

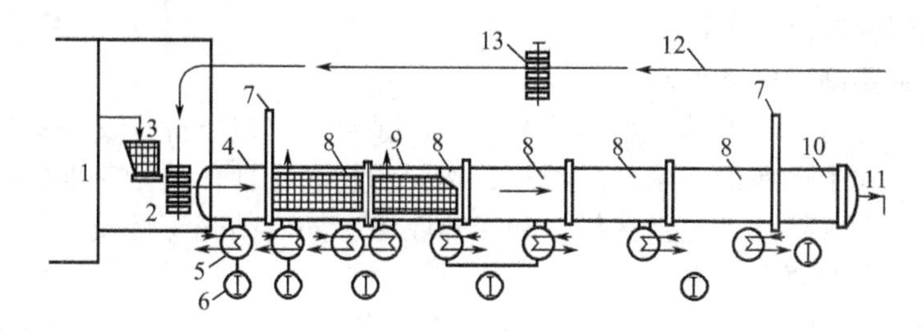

图 7-41　水平隧道式连续式冷冻干燥机简图

1—冷冻室；2—装料室；3—装盘；4—装料隔离室；5—冷阱；6—抽气系统；7—闸阀；8—冷冻干燥隧道；9—带有吊装和运输装置的加热板；10—卸料隔离室；11—产品出口；12—传送运输器的吊车轨道；13—吊装运输器

出，形成连续操作。其中装盘 3 即为料盘而用于盛装待干燥物料，冷阱 5 是制冷系统中的蒸发器，有螺旋盘管式和平板式等。

③ 特点。水平隧道式结构的特点是将冷冻室、装料室、冷冻干燥隧道、卸料室等连成一线水平布置，装料室与卸料室在与冷冻干燥隧道连接时，分别加设一间隔离室，两隔离室与冻干隧道间又安装了闸阀，以保证冻干隧道中的真空度和满足连续进料、出料的生产要求。

(2) 垂直螺旋式结构

① 组成及原理。这种装置主要用于颗粒状食品的冷冻干燥，其结构与工作原理如图 7-42(a)和 (b) 所示，该机一般为垂直放置。中间干燥室上部有两个交替开启的密封进料口，下部也有两个交替开启的出料口，两侧各有一个相互独立的冷凝器，通过大型的开关阀门与干燥室相通，从而实现交替融霜的目的。

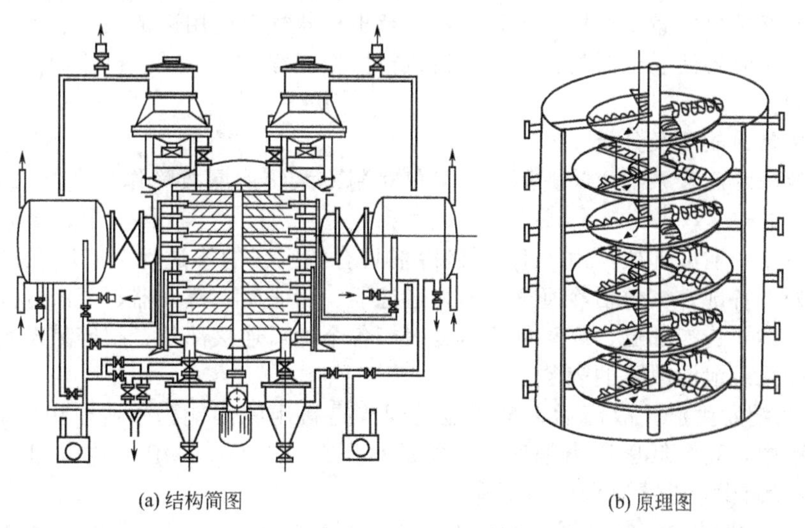

(a) 结构简图　　(b) 原理图

图 7-42　垂直螺旋连续式冷冻干燥机

② 冻干过程。已经冻结好的颗粒状食品从上部两个进料口落入顶部加热圆盘上，干燥室中央立轴上装有带料铲的搅拌臂，立轴旋转时，料铲搅动食品从加热圆盘外缘落入下一个直径较大的加热圆盘，在这一加热圆盘上，料铲迫使食品从圆盘中心落入第三块加热盘，这块加热圆盘的直径与第一块的直径相同，物料如此逐盘落下，直至出料口，完成这个螺旋运动的干燥过程。

③ 特点。物料从顶部落下到底部排出的运动轨迹实际上是一个螺旋线，而且颗粒在各

个加热盘上所受到的温度也不同。

四、选型前需要确定的条件和要求

（1）当地的资源与自然条件 如热源和动力，原料，自然条件，交通运输等。

（2）物料性能及干燥特征 物料的形态；物料的物理特性，包括密度、黏附性和含水量及其结合状态等；干燥特性，包括热敏性和受热收缩、表层结壳等性质。

（3）对干燥产品的要求

① 对产品产量的要求。按单位时间的成品产量或原料处理量或水蒸发量计量。

② 对产品形态的要求。包括几何形状、结晶光泽和结构（如多孔组织）等。

③ 对产品水分高低的要求。

④ 对产品干燥均匀性的要求。

⑤ 产品符合卫生标准。

五、选型的步骤

① 首先按湿物料的形态、物理特性，以及对产品形态、水分等的要求，初选干燥器类型。

② 按投资能力和处理量的大小，确定设备规模、操作方法（连续作业或间歇作业）及自动化程度等。

③ 根据物料的干燥特性和对产品品质的要求，确定采用常压干燥或真空干燥、单温区干燥或多温区干燥。

④ 根据热源条件和干燥方法，确定加热装置。

⑤ 按处理量估算出干燥器的容积。

⑥ 按原料、设备及作业等费用，估算产品成本。

六、设备的维护保养

操作机器必须要熟悉安全操作规程，不能超出机器规定的用途范围。启动前要对机器进行安全检查，平时要注意机器的保养，严格执行操作规程，尽量延长机器的使用寿命，防止意外事故的发生。

七、设备常见故障及分析

常见的故障为制冷系统故障，所以这里仅对制冷系统泄漏故障作一介绍（以 R-22 制冷剂为例）。

（1）制冷系统泄漏部位 由于 R-22 制冷剂具有特别强的渗透性，所以在机组系统管道的各个焊接处，各部件（包括冷凝器、干燥过滤器、膨胀阀、蒸发器、气液分离器、回热器等）与管道的纳子连接部位，高、低压压力表等各个丝口连接部位，很容易发生泄漏现象。

（2）制冷系统泄漏故障的表象

① 制冷系统发生泄漏故障后，最明显的现象是机组除湿能力下降。由于制冷剂缺少，机组运行过程中，高、低压压力偏低（正常的高压在 0.8～1.2MPa 左右，低压在 0.4MPa 左右），制冷量减少，造成除湿能力下降。

② 由于制冷剂缺少，制冷系统的蒸发压力（温度）下降，如果蒸发温度降低使得蒸发器的表面温度低于 0℃，那么蒸发器的表面就会结霜，随着霜层的增厚，蒸发器的管间（翅片式蒸发器的翅间）就会造成堵塞现象，从而影响机组的除湿。

③ 泄漏处有明显的油迹。因为 R-22 制冷剂与冷冻油能相互溶解，所以当制冷剂泄漏后，就会在泄漏处留下油迹。

④ 系统制冷剂缺少后，从视液镜的视窗中可以观察到制冷剂的流动不连续，有气泡出现。

（3）制冷系统泄漏故障的检查方法

① 表面观察法。上面已经提及 R-22 制冷剂与冷冻油能相互溶解，因此有冷冻油渗出的地方必定有泄漏处，据此可以判断出泄漏处。

② 肥皂水检查法。这是一种常规的检漏方法。检漏时，先把被检处的油滴擦拭干净，然后把配制好的肥皂水涂抹在需要检查的地方，认真观察，如果发现有肥皂泡出现，则可以断定被检处有泄漏。

③ 卤素灯（电子检漏仪）检查法。用卤素灯或电子检漏仪检漏是一种比较方便的检漏方法。检漏时把卤素灯或电子检漏仪的采样口靠近被检处，若卤素灯的火焰由黄色变成绿色，或者电子检漏仪发出报警声，据此可以初步判断出漏点。

（4）制冷系统泄漏故障的处理方法

① 如果泄漏发生在各部件与管道的纳子连接部位或高、低压压力表的丝口连接部位，则只要用活动扳手紧固该处螺母即可以排除故障。如果连接部位的喇叭口已经损坏，紧固该处螺母不能解决问题，则必须重新制作喇叭口，上紧纳子前需排尽管道内的空气。

② 若泄漏发生在系统低压部分的各部件或管道的焊接部位，则需回收系统管道内的制冷剂并存储于系统高压部分的冷凝器中，使需要焊接的部位接通大气，恢复至常压状态，然后将泄漏点补焊。若泄漏发生在系统的高压部位，则需将系统内的制冷剂回收至系统外的钢瓶内，恢复至常压状态后才能补焊。补焊后应对系统进行试压检漏并经过真空处理，最后加注制冷剂。

（5）加注制冷剂的方法　补焊后，应该对制冷系统补充适量的制冷剂。制冷剂可以在两个地方加注，一个是在低压端，位置在制冷压缩机回气管的加注阀处；另外一个是在高压端，在冷凝器的出液修理阀处。具体方法是：用加液管把制冷剂钢瓶与加注阀连接好，排空加液管内空气。加注制冷剂时应该注意的是：在低压端进行时，钢瓶上的阀门不能开启过大、过快，以防发生湿冲程现象；在高压端进行时，必须关闭或关小冷凝器出液修理阀，这样才能把制冷剂加注到系统内。加注量不应超过系统最大循环量，否则会导致系统压力升高、功耗增加。

（6）传动电机不工作　可能是电源没接好或保险丝熔断，应检查电源或更换保险丝。

（7）温升过高　主要原因是动、静环中润滑油太少，油路堵塞，热量无法通过润滑油带走，应检修油路。

（8）冷凝压力太高　找出原因，采取相应措施。

（9）轴承过热　可能滚珠轴承磨损或发生故障，应更换。

【本章小结】

果蔬加工机械与设备主要有预处理设备、打浆机、榨汁机、分离机、真空油炸设备及冷冻干燥设备等果蔬加工的关键设备。预处理设备主要用于对原料进行初加工，主要有输送设备、清洗设备、去皮设备和预煮设备等。打浆机适用于新鲜的果品和蔬菜打浆分离之用。果蔬在打浆机料筒内随刮板旋转，在离心力作用下经与筛网挤压、刮磨把果蔬破碎，把果核、果籽、薄皮及菜筋、番茄籽皮、辣椒籽分离后从出渣口排渣，浆汁经料筒内筛网过滤后从出料斗流出。

在果蔬破碎、提取汁液的工艺上，有机械榨取、理化和酶法提取三种方法。但理化和酶法提取因其适应性的局限和副作用的产生而在使用上受到限制。机械法榨汁的机械与设备主要有螺旋式压榨机、锥盘式压汁机、辊带式压榨机和活塞式压榨机等，在果蔬汁生产中均有广泛的用途。过滤、离心分离是果蔬及饮料加工过程中最常用的分离方法。所用的设备主要有离心机、过滤机、膜过滤设备等。果蔬加工过程中脱水的方法主要有油炸和干燥，为了保证产品的质量，常用的设备是真空油炸设备及冷冻干燥设备。

【思考题】

1. 果蔬加工的先进技术及涉及到的先进设备有哪些？
2. 企业使用的果蔬输送机主要有哪几类，各有什么优缺点？
3. 果蔬清洗设备有哪几类，它们的用途和结构有什么异同？
4. 马铃薯去皮主要使用什么设备，去皮的原理是什么？
5. 简述夹层锅的用途、分类、结构组成及操作与维护方法。
6. 打浆机的常见故障有哪些，如何排除？
7. 机械法榨汁的设备有哪几类，有何异同？
8. 机械式果汁分离的方法有哪些，所用的设备有哪些，各有何优缺点？
9. 真空油炸与冷冻干燥技术的先进性体现在哪里，所用的设备有哪些？

第八章　饮料加工机械与设备

学习目标

1. 了解饮料加工现状、典型产品及工艺流程；
2. 了解水处理设备的分类，掌握其用途、结构与工作原理；
3. 了解碳酸化设备的用途，掌握其结构组成与工作原理；
4. 了解饮料灌装和封口设备的分类，掌握其结构组成与工作原理。

第一节　概　　述

广义地讲，饮料包括含醇饮料、无醇饮料和其他饮料三大类。含醇饮料基本属于酿酒学科的范畴，本章中的饮料专指无醇饮料和其他饮料，即所谓的软饮料，也称为清凉饮料，包括碳酸饮料、果汁饮料、蔬菜汁饮料、茶饮料、含乳饮料、植物蛋白饮料、瓶装饮用水、保健饮料、固体饮料及特殊用途饮料等。其中碳酸饮料、果汁饮料和瓶装饮用水在当前饮料消费结构中处于主流位置。

一、典型饮料产品加工工艺流程

1. 碳酸饮料

碳酸饮料是指饮料中含有二氧化碳气体的饮料，因其中的二氧化碳溶于水时，与一定的水结合形成碳酸而得名。二氧化碳溶于水的过程是在密闭容器内完成的，此称为碳酸化过程。碳酸饮料的生产工艺主要包括糖浆调制系统、碳酸化混合系统、制冷系统和灌装系统等。

根据饮料调制方式不同，碳酸饮料生产工艺可分为现调式和预调式两种。现调式工艺也叫“二次灌装法”，即先将加味糖浆灌入容器内，然后再灌入碳酸化的冷却水调制成汽水。预调式也叫“一次灌装法”，是将水和加味糖浆按一定比例调制好，再经冷却和碳酸化，然后将达到一定含气量的成品一次灌入容器中。典型的现调式和预调式碳酸饮料工艺流程分别如图 8-1 和图 8-2 所示。

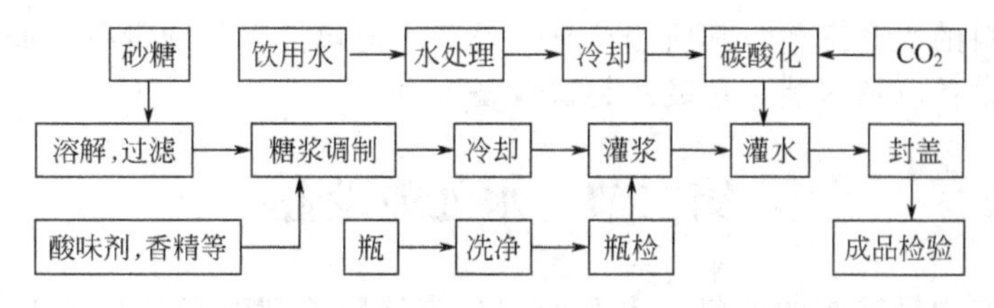

图 8-1　现调式碳酸饮料生产工艺流程

2. 果蔬汁饮料

果蔬汁饮料包括果汁饮料和蔬菜汁饮料，在饮料中含有果汁或蔬菜汁，因其加工工艺基本相同，故合并介绍。其生产过程中需要对水果及蔬菜进行清洗、分选、去杂、压榨、离心分离、浓缩及脱气等前处理而得到浓缩的果汁或蔬菜汁，主要生产设备包括原料前处理设备、分离设备、脱气设备、均质设备、浓缩设备等，已在前述果蔬加工机械与设备中介绍。果蔬汁饮料以浓缩的果汁或蔬菜汁为基料，与经过处理的净化水、各种呈味剂及其他添加剂等按预定的方法和比例调制而成，并经均质、脱气、灭菌和灌装等过程得到最终产品。如图 8-3所示为果蔬汁类饮料的生产工艺流程简图。

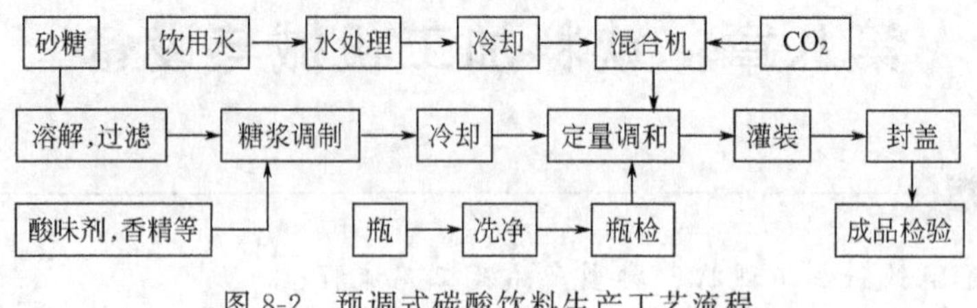

图 8-2 预调式碳酸饮料生产工艺流程

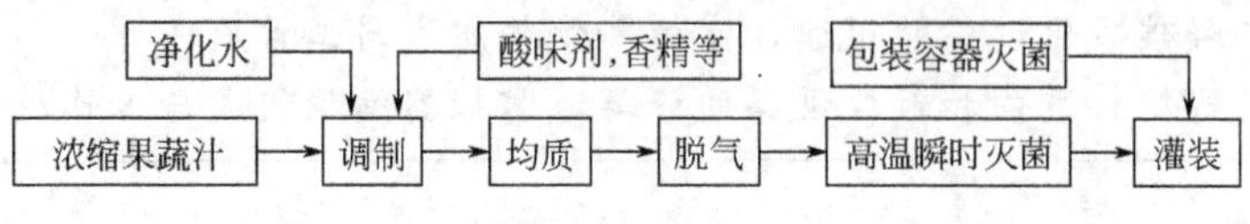

图 8-3 果蔬汁饮料生产工艺流程

3. 植物蛋白饮料

植物蛋白饮料包括大豆蛋白饮料和花生蛋白饮料，如果蔬汁饮料一样，其生产过程中需要对大豆、花生原料进行清洗、分选、去杂、压榨、离心、脱气、均质、浓缩等处理。其生产工艺与果蔬汁饮料基本相同。

4. 瓶装饮用水

瓶装饮用水的生产过程主要是水处理，其典型的生产工艺如图 8-4 所示。

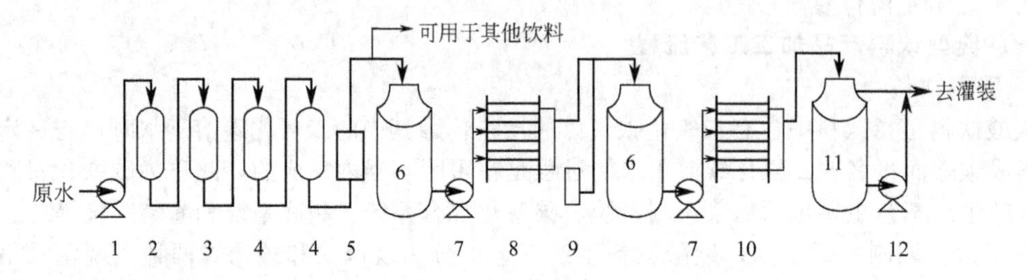

图 8-4 瓶装饮用水的典型生产工艺

1—原水泵；2—多介质过滤器；3—活性炭过滤器；4—离子交换器；5—精滤器；6—中间水箱；7—增压泵；8—一级反渗透装置；9—加药装置；10—二级反渗透装置；11—精制水箱；12—纯水泵

二、机械与设备

根据各类饮料的生产工艺，其所用机械与设备主要包括水处理设备、糖浆调制设备、制冷设备、碳酸化设备以及灌装、包装及封口设备等。

第二节 水处理设备

水是饮料生产中最重要的原料，水质的优劣直接影响到饮料的品质以及人们的身体健康。然而，自然界中很难得到纯净的水。生产饮料的水源包括城市自来水、地下水、地表水等，无论哪种水源都会含有矿物质、有机物质、微生物、寄生虫及虫卵等杂质，这些杂质不仅影响水的味道和外观，而且严重影响产品质量。因此，在生产前必须对其进行处理，以满足生产工艺要求。饮料生产用水的处理过程分为三个阶段：第一阶段是去除水中的固体悬浮物、沉降物、有机物、浮游生物及部分微生物等，其主要方法是过滤，常用设备有砂石过滤器、活性炭过滤器、砂滤棒过滤器和各种微孔膜过滤器等；第二阶段是去除水中的各种离子，也即对水进行软化处理，常用的设备有电渗析装置和离子交换装置等；最后是水的杀菌处理，用臭氧、紫外线、反渗透等方法去除水中的微生物，从而制得无菌水。

一、水的过滤装置

1. 砂石过滤器

砂石过滤器也叫做多介质过滤器，其过滤介质是由不同颗粒度的砂石作为过滤材料并按一定方式铺设成层状的过滤床层，典型结构如图 8-5 所示。过滤床层的顶层由最轻也是最粗品级的砂石材料构成，自上而下砂石的密度增加而颗粒度降低，最重和最细品级的材料铺放在过滤床层的底部。砂石过滤器的过滤为深层过滤，原水自上而下流过过滤床层，较大的颗粒在其顶层被除去，较小的颗粒在其较深处被除去，滤出的水从滤床下面排出。

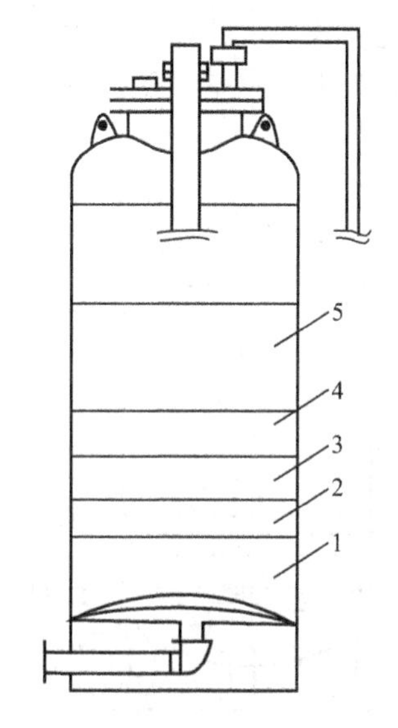

图 8-5　砂石过滤器过滤床层结构
1—砂子；2—特细砂石子层；3—细砂石子层；4—中低效率砂石子层；5—粗砂石子层

该设备在各种水处理工艺中，广泛用于水的除浊、软化水、电渗析、反渗透等的前级预处理，以降低水的污泥密度指数（SDI），从而使水质达到粗过滤后的标准，满足深层净化的水质要求。也可用于地表水、地下水的除泥砂等。其造价低廉，运行费用低，操作简单；过滤材料使用寿命长，经过反冲洗可多次使用。

过滤床层必须定期进行反洗，以除去所集的泥渣，否则会形成大面积难以清除的泥块，使设备过滤能力下降，压头损失增大。当过滤床层污染严重、出水达不到要求时，即达不到预定的压头损失限度（一般 2.5～3.0m）时也应停止过滤并进行反洗。反洗可以有许多不同的措施，绝大多数是借反洗水将过滤床层冲成悬浮状态后，由过滤材料间高速水流所产生的剪切力把吸附物冲下成悬浮物，并由反洗水带走。有的设备在反洗水把过滤床层冲起的同时，在滤层上辅以带有喷嘴的表面冲洗设备，其喷嘴处压力约有 400kPa，可向滤层喷出表面冲洗水，使砂粒得到很好的搅动，这不仅可以减少反洗水的用量，同时也可增强反洗的效果。在过滤床层下面安装一套压缩空气管路系统，借压缩空气把过滤材料搅动起来，同时反洗水把悬浮物冲走，也可节省反洗的用水量。一般反洗水占过滤水的 1%～3%。砂石过滤器的过滤和反洗操作的切换可通过其所附带的管路系统来完成。

2. 活性炭过滤器

活性炭过滤器借助活性炭巨大的表面吸附作用和一定的机械过滤作用以除去水中的多种杂质。在饮料生产水处理中多采用固定床式活性炭过滤器，以活性炭为主要过滤介质，由活性炭和一定颗粒度的砂石按一定方式铺设成过滤床层，其过滤作用是活性炭的吸附作用及过滤床层的深层过滤的共同结果。

活性炭过滤器的主要结构、布置形式和操作方法与前述的砂石过滤器相似，如图 8-6 所示为其典型的过滤床层结构。一般活性炭层的高度为 1.0～2.0m，砂石层的高度约为 0.2～0.3m。下部的砂石层为活性炭的承托层，集水管和冲洗管在承托层下。水流自上而下，在床层深层过滤作用和活性炭吸附作用的双重作用下，得以除去其中的有机物杂质和胶体状的微小颗粒杂质。

活性炭过滤器在使用时，要求所处理的水无大颗粒杂质，水质清澈透明，否则易堵塞微孔，一般用在砂石过滤器之后。否则进入活性炭层的悬浮物过多，其吸附效果将会降低甚至恶化。同砂石过滤器一样，要对过滤床层按要求定期进行反洗。此外，在砂石里会生长细菌，活性炭层也易因此而失效，所以通常通入蒸汽处理，以灭菌和还原失效的活性炭层。

活性炭过滤器常用于电渗析法、离子交换树脂法水处理工艺的前处理过程，也可用于水的脱氯。

3. 砂滤棒过滤器

砂滤棒过滤器也称为砂芯棒过滤器，如图 8-7 所示。其外壳为一锅形密封容器，锅身由铝合金铸成或由不锈钢板卷、焊、铆而成，上下封头盖为半椭球形，盖与锅身之间用密封垫通过螺栓连接成一体。容器内装有一至数十根砂滤棒。过滤器内装有隔板，与砂滤棒一起把容器内部分为污水室（待过滤水室）和净水室（滤过水室）。

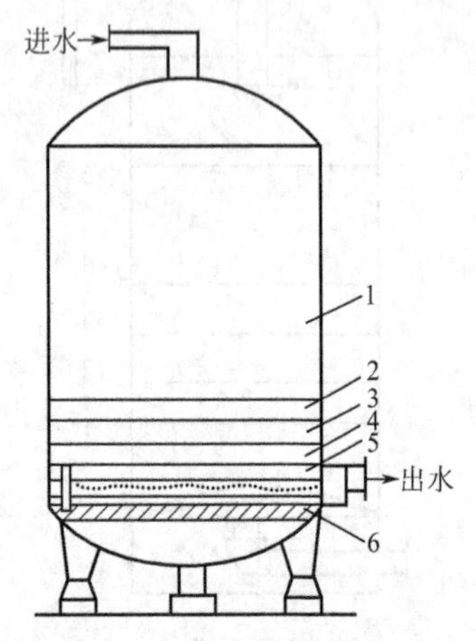

图 8-6 活性炭过滤器的结构

1—活性炭层；2—细砂；3—粗砂层；4—细石层；5—粗石层；6—支撑板

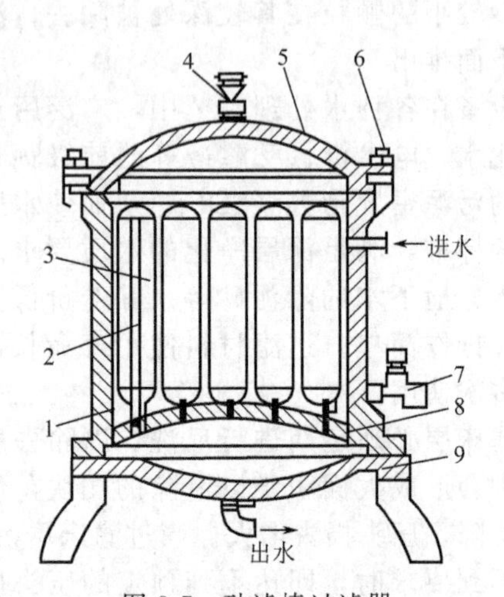

图 8-7 砂滤棒过滤器

1—外壳；2—砂滤棒；3—固定螺杆；4—放气阀；5—上封盖；6—紧固螺栓；7—排污嘴；8—下隔板；9—下封盖

砂滤棒是采用细微颗粒的硅藻陶土和骨灰等可燃性物质做成一端封闭一端开口的空心圆柱形砂棒，在高温下焙烧，使其中的可燃性物质变为气体逸出，而在其壁面形成大量直径为 0.16～0.41μm 的小孔，待滤水在外压作用下，通过砂滤棒壁的微小孔隙时，水中存在的少量有机物和微生物被微孔吸附和截留在砂滤棒的外表面，滤过的水进入砂滤棒的空心腔内，在净水室汇集后引出。

砂滤棒使用一段时间后，砂滤棒外壁逐渐挂垢而滤水量降低，这时须停机，取出砂滤棒进行处理。方法是堵住其出水嘴，浸泡在水中，用水砂纸轻轻擦去其表面的污染层，至砂滤棒恢复原色，再经消毒处理，即可安装重新使用。消毒处理一般用 75%的酒精、0.25%的新洁尔灭或 10%的漂白粉溶液，注入滤棒内，堵住出水口，使消毒液和内壁充分接触，数分钟后倒出。安装时，凡与净水接触的部分都要消毒。

砂滤棒过滤器主要适用于水处理量较小，水中只含有有机物、细菌及其他杂质的水处理，滤过的水可达到基本无菌。

4. 微孔过滤器

微孔过滤器是新兴的膜分离设备，其外壳为全不锈钢制成的圆筒形结构，内装微孔膜折叠式滤芯。筒体下端有供安装滤芯的定位孔，有 1 芯、3 芯、5 芯、7 芯、9 芯、11 芯、13 芯，15 芯等。微孔膜折叠式滤芯可由聚乙烯、聚丙烯、尼龙、聚醚砜、聚四氟乙烯、醋酸纤维等材料制成，其过滤精度介于微滤和超滤之间，能滤除液体、气体中的 0.01μm 以上的微粒和细菌。微孔滤芯也可由陶瓷、不锈钢等材料特殊烧制而成。如图 8-8 所示为微孔筒式过滤器的外观及 PP 微孔膜折叠式滤芯的结构。

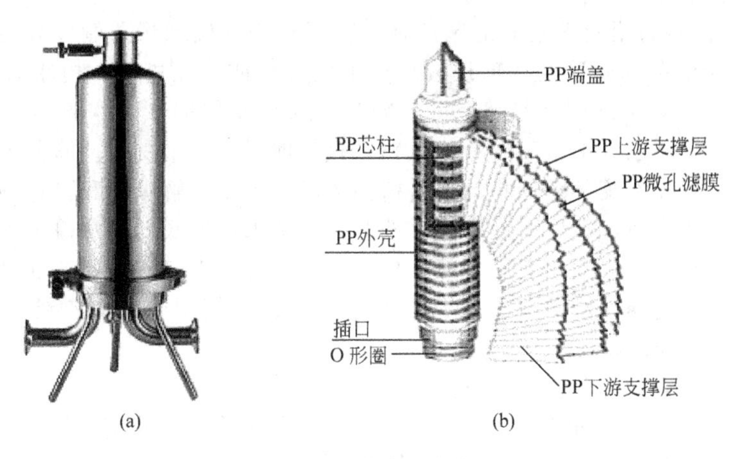

图 8-8 微孔过滤器

（a）筒形微孔过滤器；（b）PP 折叠式微孔膜滤芯

折叠式滤芯不能经受过大流量的冲击，也不能反向受压。安装时，首先要彻底清洗过滤器外壳并与过滤器系统相连接；打开折叠式滤芯开口一端的聚乙烯袋，检查 O 形圈是否清洁完好，然后平放在清洁容器中，用蒸馏水浸泡数分钟。用工艺液体润湿 O 形圈，以聚乙烯袋作为保护，握住滤芯靠近开口的一端，将滤芯牢牢压入外壳上的定位孔中，盖上壳体之前将外包装塑料袋取下。开始运行时，打开外壳顶部的放气阀，微启入口阀，使液体缓慢进入外壳并充满，直到从放气阀溢出，关闭放气阀。缓慢打开下游出口阀，然后打开入口阀，在一定流量下冲洗数分钟（对每 10″滤芯用 250L/h 的流量冲洗 5～10min），即可转入正常运行。如过滤的压差大于 0.15MPa，或流量明显下降，则须进行反洗。如折叠式滤芯暂不运行，不应将其干燥，而应将其保存在过滤器外壳内，内放入含抗菌剂的水，重新使用时须再冲洗干净。

微孔过滤器捕捉能力强，过滤面积大，过滤速度快，过滤阻力小，使用寿命长，过滤精度高，机械强度大，无介质脱落，抗酸碱能力强，且带反洗功能使用方便，广泛应用于水处理的精滤和除菌工艺，已有定型产品。微孔过滤器只用作最后阶段的精密过滤，进水须先经活性炭或砂滤棒过滤器的粗过滤，否则易堵塞滤膜。

二、水的软化设备

除去或降低水中的钙、镁等离子的过程称为水的软化。目前工业生产中常用的方法有离子交换法、电渗析法和反渗透法等。

1. 离子交换设备

（1）离子交换法原理　离子交换器是目前水处理中广泛使用的一种去离子装置，利用离子交换树脂把水中需要去除的离子暂时固着而去除。被固着的离子用再生液洗脱释放出来，树脂又可重新使用，其实质是树脂上的可交换离子与溶液中的其他同性离子的交换反应。离子交换树脂是一种具有网状立体结构，且不溶于酸、碱和有机溶剂的固体高分子化合物，其单元结构由不可移动的立体网络骨架和其中可移动的活性离子组成，活性离子可在网络骨架和溶液间自由迁移，当树脂处在溶液中时，其活性离子可与溶液中的同性离子产生交换。如果树脂释放的是活性阳离子，它就能和溶液中的阳离子发生交换，称为阳离子交换树脂；如果树脂释放的是活性阴离子，则能和溶液中的阴离子发生交换，称为阴离子交换树脂。当溶液中存在多种离子时，树脂对离子的交换作用具有选择性。

（2）常用离子交换设备　目前用于水处理的离子交换设备有正吸附及反吸附的固定床离子交换罐等。

① 正吸附离子交换罐。正吸附固定床式离子交换罐设备简单、操作方便，其结构如

图 8-9所示。其罐体多为用钢板制成的圆筒体，上下封头为椭球形。制作高径比一般为 2～3，最大为 5。树脂的装卸通过设在罐顶或罐壁上的人孔或手孔进行，树脂床层高度约为筒体高度的 50%～70%，上部留有足够空间以备反冲时树脂层的膨胀。树脂层靠其下的多孔板、筛网及滤布支持，也可用石英砂石或鹅卵石直接铺于罐底来支持。筒体上部设有液体分布装置，使进水、解吸液及再生剂均匀通过树脂床层。进水、解吸液和再生剂可共用一个进口和出口，进口设在罐顶，出口在罐底。反洗时，反洗水从罐底的出水口进入设备，压缩空气进口也可用罐底出水口。罐顶有压力表、排气口和反洗水出口。设备外部设有附属管道和阀门，用于交换、再生和冲洗等各种操作的切换，管路多使用硬聚氯乙烯管，阀门可用塑料、不锈钢或橡皮隔膜阀。

该离子交换罐的运行周期包括以下四个阶段。

a. 交换阶段：原水自上而下通过树脂床层，水中的离子被树脂交换固着；

b. 反洗阶段：树脂床层被反洗水自下而上反冲膨胀；

c. 再生阶段：再生液自上而下通过树脂床层，树脂释放出所固着的离子而再生；

d. 清洗阶段：清洗水自上而下流过树脂床层除去残留的再生剂。

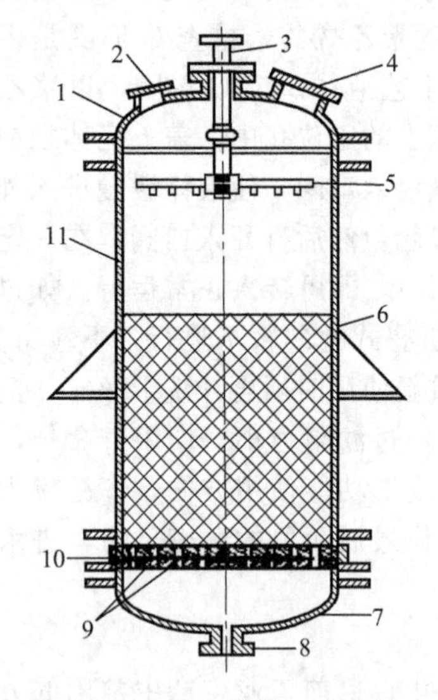

图 8-9 离子交换罐（正吸附）

1—顶盖；2—视镜；3—进水口；4—手孔；5—液体分布器；6—树脂层；7—底盖；8—出水口；9—多孔支撑板；10—尼龙滤布；11—罐体

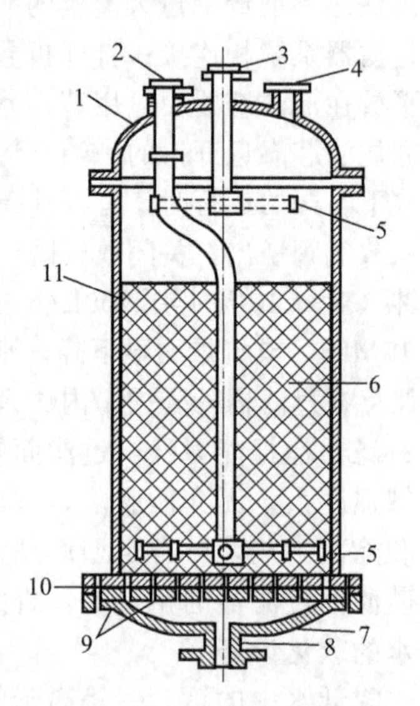

图 8-10 离子交换罐（反吸附）

1—顶盖；2—硬水进口；3—淋洗水、解吸液及再生剂进口；4—软水出口管；5—液体分布器；6—树脂层；7—底盖；8—淋洗水、解吸液及再生剂出口；9—多孔支撑板；10—尼龙滤布；11—罐体

② 反吸附离子交换罐。反吸附离子交换罐的结构如图 8-10 所示，待软化水通过进水管以一定流速导入树脂床层的底部，再自下而上流过树脂床层，使树脂在罐内呈沸腾状态，软化水从罐顶的出口水溢出。罐体的上部可设计成扩口形，以降低液体流速，减少液体对树脂的夹带。树脂再生时，淋洗水、解吸液及再生剂均从罐顶进口管进入，从罐底出口管排出。

反吸附可使树脂和液体接触充分，并使液体在树脂层均匀分布，增强传质效果。但反吸附时树脂的饱和度不及正吸附时的高。理论上讲，正吸附时离子的交换作用可达到多级平衡，而反吸附时由于返混现象，使交换平衡级数大为减少。同时，罐内树脂床层高度须比正吸附时低，以防树脂从出水口溢出。

2. 电渗析装置

(1) 工作原理　电渗析装置是通过具有选择透过性和良好导电性的离子交换膜，在外加直流电场的作用下，使水中的阴、阳离子做定向移动，并分别通过阴、阳离子交换膜而除去，其工作原理如图8-11所示。

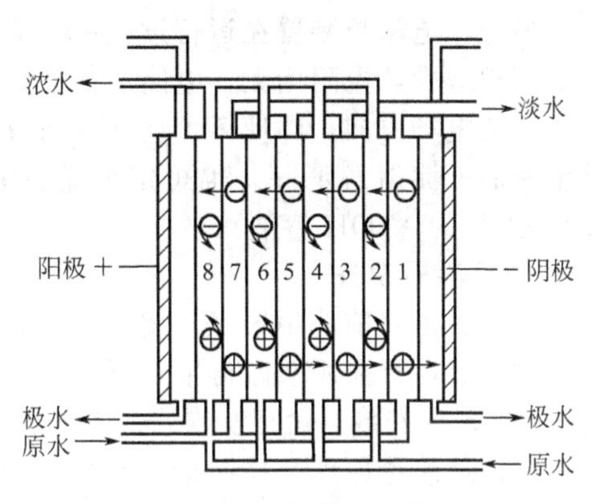

图8-11　电渗析装置工作原理

进入1、3、5、7室的水中的离子在直流电场的作用下，阳离子向阴极移动，透过阳离子交换膜，阴离子向阳极移动，透过阴离子交换膜，结果使在1、3、5、7室中的水中的离子除去而被淡化。相反在2、4、6、8室中的水，其中的离子也在直流电场的作用下作定向移动，但阳离子向阴极方向移动时受到阴离子交换膜的阻挡而不能透过，而阴离子向阳极方向移动时受到阳离子交换膜的阻挡也留在室内，并且从相邻隔室中不断迁入离子，结果在这些室中的水离子浓度增高而被浓缩。从各淡水室和浓水室流出的水分别汇集，从装置的总淡水管及总浓水管引出。

(2) 电渗析装置的结构　电渗析装置由交替排列的一系列阴、阳离子交换膜固定在电极之间构成，其基本部件有离子交换膜、电极、隔板、极框和锁紧装置等，有立式和卧式两种形式。卧式电渗析装置如图8-12所示。

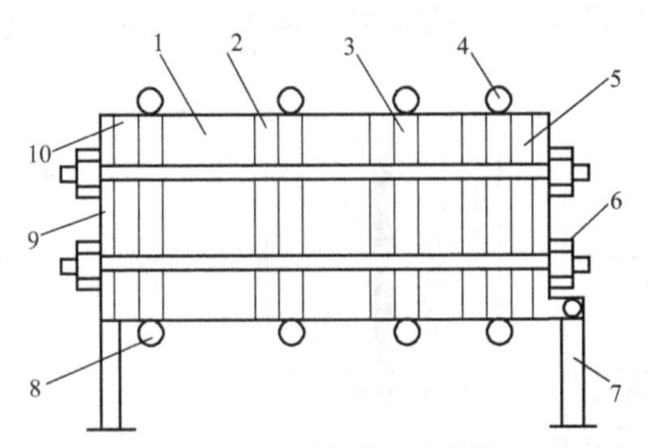

图8-12　电渗析装置的结构
1—膜堆；2—分段隔板；3—导水极；4—集液管；5—阴极室；6—锁紧装置；7—支架；8—给水管；9—压板；10—阳极室

离子交换膜是一种由具有离子交换性能的高分子材料制成的薄膜，按其透过性能分为阳离子交换膜和阴离子交换膜。阳离子交换膜带负电荷，能吸收水中的正离子并让其透过，而阻止负离子透过。阴离子交换膜带正电荷，能吸收水中的负离子并让其透过，而阻止正离子通过。目前常用的阳离子交换膜为磺酸型，阴离子交换膜为季铵基型。阴阳离子交换膜交替排列组成膜堆组件。

隔板用厚度为1.5～2mm的聚氯乙烯硬板制成，也有用橡胶材料的，其上有进水孔、出水孔、布水槽、流水槽和过水槽。隔板放在阴、阳离子交换膜之间，成为水流通道，并隔开两膜，分为淡水室隔板、浓水室隔板和极室隔板。

电极通电后形成外加电场，使水中的正负离子定向移动。电极的极室中只有极水通过，极水参与电极反应，在阳极进行氧化反应，在阴极进行还原反应，阳极呈酸性，阴极呈碱性。所以阳极必须采用耐腐蚀材料如石墨、铅、二氧化铅等制造，阴极多用不锈钢。极框是极水的通道，用来保持电极与离子交换膜之间的距离，分别位于阴、阳极的内侧，从而构成阴极室和阳极室。极水要保持分布均匀和水流通畅，以带走电极反应所产生的气体和腐蚀性沉淀物，其厚度宜小不宜大，为5～7mm。

压紧装置把交替排列的膜堆和极区压紧，使组装后不漏水，一般用不锈钢板，用工字钢或槽钢固定四周，用分布均匀的螺钉拧紧。

(3) 电渗析装置的使用　电渗析法对原水水质有一定的要求，应符合下列条件：浊度＜2mg/L，色度20度，含铁量0.3mg/L，含锰量0.1mg/L，有机氧耗量3mg/L（$KMnO_4$法）。不符合条件的水要进行适当的预处理才能收到良好的效果。若原水中悬浮物过多，会造成隔板的沉淀结垢，使阻力增加，流量降低。

另外，电渗析装置在运行过程中，浓水室一侧的离子交换膜表面会出现结垢现象，使有效膜面积减少，电阻增大，电能消耗增加，膜的使用寿命降低。为此在操作中常定期倒换电极，改变电场方向，即使离子迁移方向改变，淡水室变为浓水室，浓水室变为淡水室，可使已生成的沉淀溶解消除。也可定期进行酸洗（浓度为1%～2%的盐酸）或碱洗（浓度为0.1mol/L的NaOH溶液）。

3. 反渗透设备

反渗透是目前使用较多、技术相对成熟的膜技术。反渗透设备的优点是连续运行，产品水水质稳定，无需用酸碱再生，节省了反洗和清洗用水，可以高产率生产超纯水（产率可高达95%），且安装、运行及维修成本低。

（1）反渗透原理　反渗透原理如图8-13所示。反渗透半透膜把水池隔断开成两部分，半透膜上众多的孔的大小与水分子的大小相当，只能选择性地让水分子通过，水中的大部分有机污染物和水合离子均比水分子大得多，因而不能透过。如膜的两侧为同一液面高度的纯水和盐水，则水分子将在浓度差的作用下，从水一侧透过膜迁移到盐水中，这个过程称为渗透。渗透使盐水侧的液面不断升高，最终达到平衡，这时水透过膜的净迁移为0，两侧的液面将不再变化。渗透平衡时膜两侧的液面差所代表的压力即渗透压，其大小与盐水浓度有关。如果在达到渗透平衡的以上渗透装置中，在盐水一侧液面上施加超过该盐水渗透压的压力，水分子就会反着渗透的方向透过半透膜从盐水一侧向水一侧迁移，从而得到纯水。溶剂分子在压力作用下由浓溶液向稀溶液迁移的这个过程称为反渗透，特殊精制的半透膜和一定的反渗透压是反渗透技术的关键。

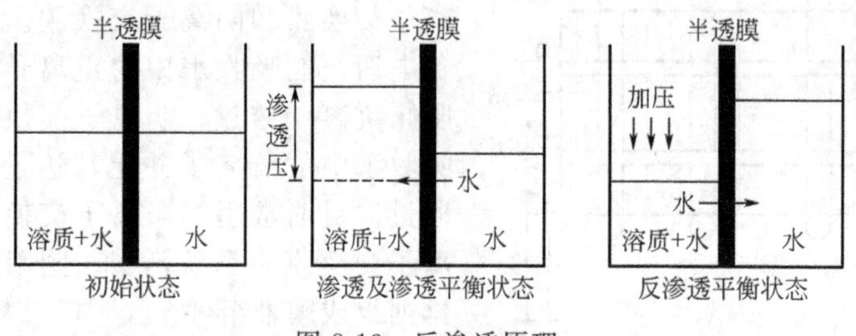

图8-13　反渗透原理

（2）反渗透半透膜　在膜技术中用到的各种膜主要是由高分子材料制成的聚合物膜。根据膜的来源可分为天然膜和合成膜。合成膜是主要使用的膜，又分为无机膜和有机膜。从相态上膜可分为固态膜和液态膜，固态膜根据外形特点又有平板膜、管状膜、卷状膜和中空纤维膜等。根据膜断面的物理形态又可分为对称膜、不对称膜和复合膜，而按使用功能又可将其分为超滤膜、反渗透膜、渗析膜、气体渗透膜和离子交换膜。目前用于制膜的材料有各种纤维素酯、脂肪族和芳香族聚酰胺、聚砜、聚丙烯腈、聚四氟乙烯、聚偏氟乙烯、聚乙烯、聚丙烯和硅胶等。其中最重要的是纤维素酯类膜，其次是聚砜膜和聚酰胺膜。反渗透半透膜的制作主要用醋酸纤维素材料。

（3）膜组件和膜装置　将膜与其支持体及辅助部件可按一定方式制成膜组件或膜装置，按结构特点有板框式、管式、螺旋卷式、毛细管式等类型。

① 板框式。板框式膜组件是反渗透装置中最早使用的一种膜组件，其结构类似于板框式过滤机，如图8-14所示。所用膜为平板式膜，设备由膜框、膜、多孔支撑板、膜、膜框交替重叠排列组成，多孔支撑板和膜框之间的周边叠合处用垫圈密封（未示出），用中央螺栓或四周紧固螺栓锁紧。膜的厚度为50～500μm，固定于多孔支撑板上，支撑板为具有内空间的多孔结构，对流体阻力小，对预分离的混合物呈化学惰性，还应具有一定的柔软性和刚性。原水在支撑层的内空间流动，透过膜向两侧迁移，进入每对膜之间被膜框分隔成的空

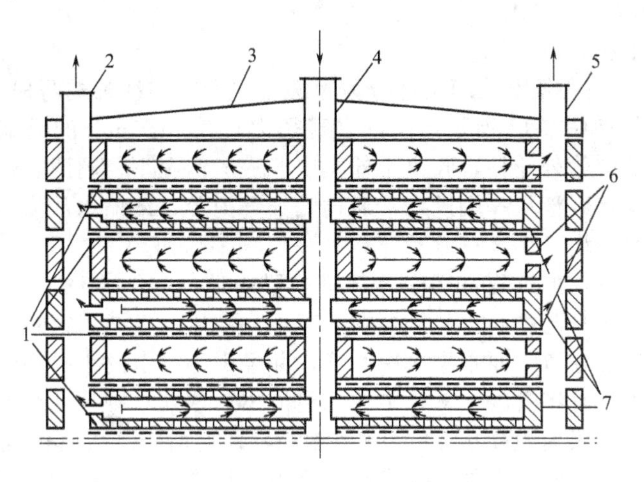

图 8-14 板框式膜组件

1—膜；2—浓缩水出口总管；3—端板；4—原水进口管；5—淡水出口总管；6—膜框；7—多孔支撑板

间，再经膜框外圈的孔道向外流动而被收集。

② 管式。管式反渗透膜组件的结构类似于管式换热器，有支撑的管状膜，可以制成单管、排管、盘管、管束等形式，分为外压式和内压式，外压式由于需要耐压的外壳，且进水流动状况差，较少用。如图 8-15 所示为内压式列管膜组件，其管状膜装在多孔的不锈钢管或用玻璃纤维增强的塑料承压管式的外壳内，经加压的原水从管内流过，透过膜的水收集于管外侧壳体内。

③ 螺旋卷式。螺旋卷式结构就像卷压起来的板框，在两片反渗透膜中间夹入一层多孔支撑材料，组成板膜，再铺上一层隔网，然后在钻有小孔的中心管上卷绕而成一个单元组件，如图 8-16 所示。将一组卷式膜组件串联起来，装在耐压容器中，便成了螺旋卷式反渗透装置。原水沿轴向进入膜包围成的通道，淡化水呈螺旋状流动至多孔中心管进而流出系统。

螺旋卷式膜过滤器在反渗透中广泛应用，与板框式相比，其填充密度高，有效膜面积大，

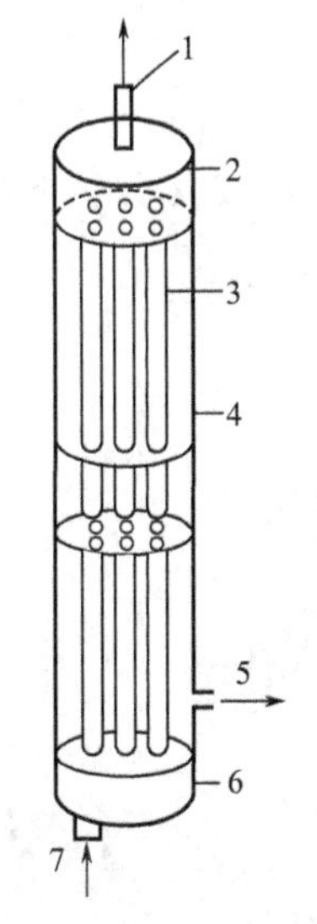

图 8-15 内压式列管膜组件

1—浓缩水；2，6—耐压端盖；3—玻璃钢强化管式膜；4—外壳；5—淡化水；7—原水

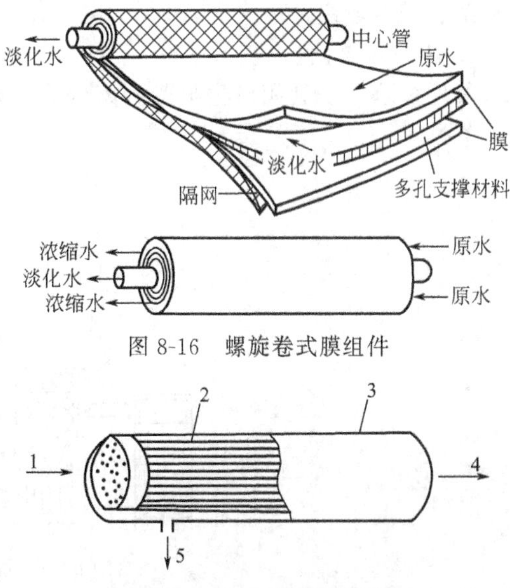

图 8-16 螺旋卷式膜组件

图 8-17 毛细管式膜组件

1—原水；2—毛细管；3—外壳；4—浓缩水；5—淡化水

但清洗不便，更换不易。

④ 空心纤维式。空心纤维式膜组件分为毛细管式和中空纤维式两种。

毛细管式膜组件如图 8-17 所示，由许多直径为 0.5～1.5mm 的毛细管组成，原水从毛细管内流过，透过液向管外迁移，收集于外壳中。一般情况下，超滤、微滤等操作压力差小的过程可用毛细管式，料液从一端进入，通过毛细管内腔，浓缩水从另一端排出，透过液通过管壁在管间汇合后排出。

反渗透等压力差较大的过程宜用中空纤维式膜组件，如图 8-18 所示。其由几十万甚至几百万根中空纤维组成，与中心进料管捆在一起，一端用环氧树脂密封固定，但需留有纤维孔道作为透过液流出的通道。原水进入中心管，并经中心管上的小孔均匀地流入中空纤维的间隙，淡化水进入中空纤维管内，从纤维的孔道流出，浓缩水则从纤维的间隙流出。中空纤维式膜组件设备紧凑，膜面积高达 16000～30000m^2；但由于纤维管内径小，阻力大，易堵塞，其膜面去污染困难，对原水处理要求高，且中空纤维一旦破损无法更换。

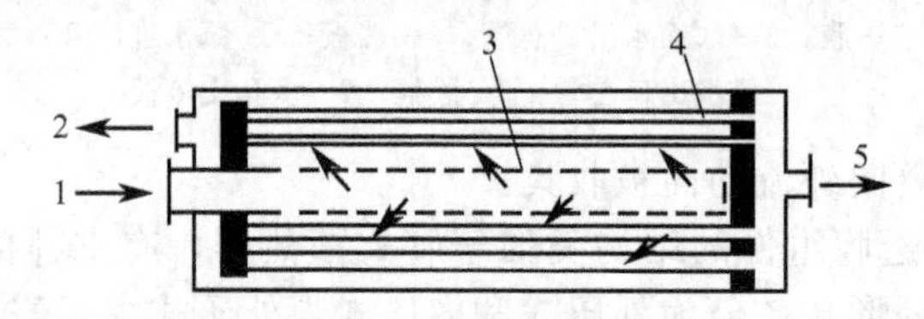

图 8-18　中空纤维式膜组件

1—原水；2—浓缩水；3—中心管；4—纤维束；5—淡化水

三、杀菌装置

目前在饮料生产中，水处理工艺中常用的杀菌方法有臭氧杀菌和紫外线杀菌等。

1. 臭氧杀菌

臭氧（O_3）杀菌是利用臭氧的强氧化性氧化破坏水中微生物的原生质，从而杀死微生物，同时可除去水臭、水色及铁、锰等。臭氧的杀菌作用比氯高 15～30 倍，在一定浓度下作用 5～10min，对各种菌类都可以达到杀灭的程度。使用时采用喷射式臭氧混合器以使臭氧与水充分接触，加强其杀菌效果。臭氧杀菌工艺及设备如图 8-19 所示，其不足之处是设备复杂、成本较高。

2. 紫外线杀菌

紫外线杀菌是利用微生物受到紫外光照射后，其蛋白质和核酸吸收紫外光谱能量变性而

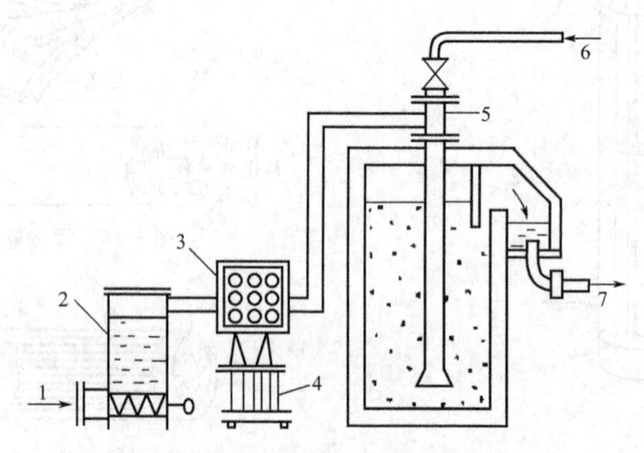

图 8-19　臭氧杀菌流程图

1—空气进口；2—空气净化干燥塔；3—臭氧发生器；4—变压器；
5—空气混合器；6—原水进口；7—无菌水出口

使其死亡，最终达到杀菌的目的。紫外线杀菌不改变水的理化性质，杀菌速度快，效率高，无异味，因此得到广泛应用。

饮料厂所用紫外线杀菌器多为灯管式的汞灯，一般水上杀菌多用低压汞灯，沉浸于水中多用高压汞灯。汞灯按水流状态和灯管位置有多种形式，其中水上反射式和隔水套管式的结构如图 8-20、图 8-21 所示。

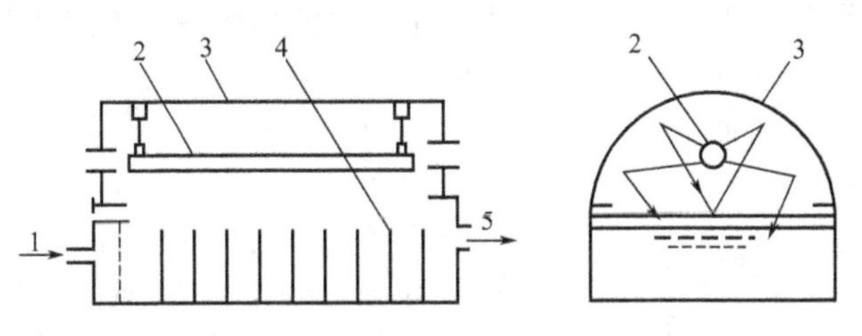

图 8-20　水上反射式紫外灯杀菌装置

1—进水口；2—灯管；3—反射罩；4—隔板；5—出水口

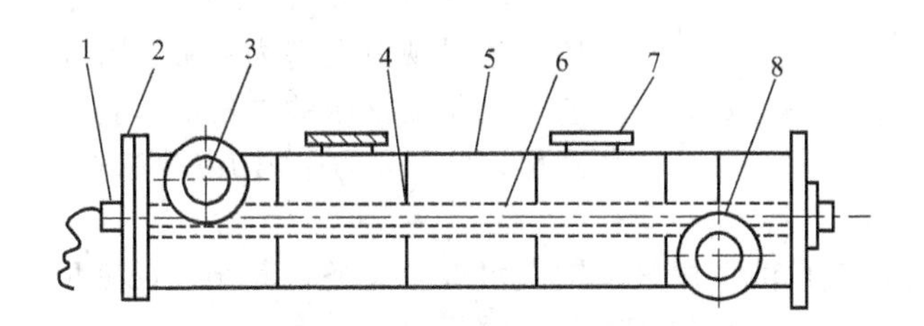

图 8-21　隔水套管式紫外灯杀菌装置

1—紫外灯管；2—密封头；3—进水管；4—孔板；5—外壳；6—石英套管；7—观察孔；8—出水管

影响杀菌效果的因素较多，主要有灯管周围介质温度、处理水量、照射半径和时间、水的浊度等。当介质温度较低时杀菌效果差，紫外线高压汞灯为隔水套管式，使灯管与套管间形成一环状的空气夹层，从而使得紫外灯的能量能充分发挥。杀菌装置的选用应根据处理水量大小来确定，一般按用水量的 2～3 倍来选用。如采用紫外线低压汞灯杀菌，水的浊度会影响紫外线的穿透能力，从而影响杀菌效果。当使用高压汞灯时，应定时抽查杀菌情况，定期清洗石英套管，保持其透明度，以免影响紫外线通过。经常检查灯管，当灯管紫外线发射率低于初期的 70%或灯管发红时，应更换。如连续生产，常用两台紫外灯杀菌器交替使用，以延长灯的寿命。

第三节　碳酸化设备

碳酸化过程是指碳酸饮料生产中二氧化碳溶解于水的过程，这个过程是在密闭容器内完成的。在实际生产中对碳酸化设备的设计，要求缩短碳酸化过程的时间同时保证二氧化碳在水中的溶解度，方法是扩大两相的接触面积、降低水温和提高二氧化碳的压力。较大幅度地提高二氧化碳的压力是不现实的，降低水温更易控制。同时，还要考虑糖浆和水的配比混合。

气水混合机根据二氧化碳和水的混合方式，有薄膜式、填料式、喷雾式及喷射式等类型。在实际生产中较多使用的是后两种。

一、喷雾式混合机

喷雾式混合器为一密闭的压力容器，如图 8-22 所示。其外壳为双层圆筒形，外筒由钢

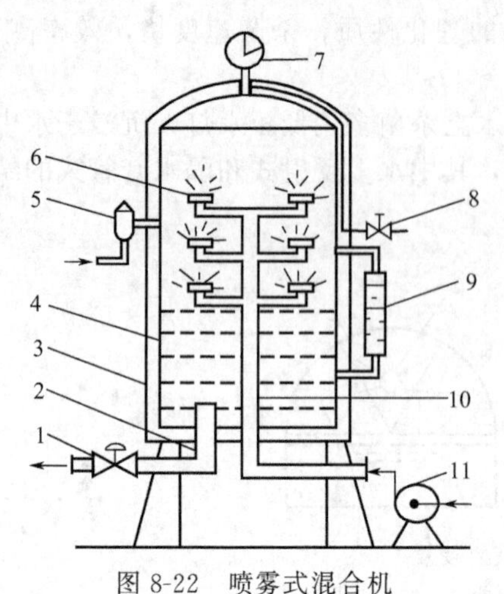

图 8-22 喷雾式混合机
1—碳酸水安全阀；2—碳酸水出口管；3—外筒；4—内筒；5—二氧化碳止逆阀；6—喷嘴；7—压力表；8—放空阀；9—液位计；10—中心进水管；11—冷冻水泵

板按严格的工艺和技术要求焊接而成，内筒为不锈钢胆，要求有足够的耐压及耐酸强度，内、外筒之间的夹层中填有隔热材料。筒体上装有二氧化碳止逆阀、液位指示器、放空阀、压力表、碳酸水出口阀等。二氧化碳止逆阀由优质黄铜制成，作用是阻止二氧化碳气体逆流，保证筒内一定的二氧化碳压力。放空阀用来排放筒内的空气，以保证碳酸化效果。冷冻水通过冷冻水泵的加压和加速，从带喷嘴的中心进水管进入。喷嘴可为一层或多层，用以将水喷射成雾滴状，以增加其与二氧化碳气体的接触面积。容器内的压力一般不超过 0.8MPa，在碳酸水的出口处另接有安全阀。在每次开机之前，要先向设备内通入二氧化碳气体，把其内的空气通过放空阀排放干净，生产过程中也要经常打开放气，以保证二氧化碳的溶解度。另外还要随时观察设备内的液位和压力，压力可以通过调整二氧化碳钢瓶的减压阀来控制，液位的控制可通过液位计和泵的联合作用来实现。

二、喷射式混合机

喷射式气水混合机是目前使用最多的气水混合设备，其结构同喷射式配比器，由一个文氏喷射管和与其节流孔（咽喉）相通的节流阀组成。

经过处理和冷冻的水由泵加压至 1.0MPa 左右，进入文氏管，流经文氏管的节流孔时，由于流通通道收缩而流速加快、压力降低，形成一个低压区，二氧化碳气体就从这里不断地被吸入，与水混合。然后随着文氏管中流通通道的增大，压力增大，在文氏管的出口处，由于环境压力和水的内压形成较大的反差，为了维持平衡，水爆裂成细小的雾滴，从而有较好的碳酸化效果。

三、碳酸化装置联合机组

在碳酸饮料生产线中，常把饮料水的冷冻、水糖配比及气水混合等装置有机地组装成联合机组。联合机组整体结构紧凑、点地面积减少、自动化控制方便，因而生产效率较高，且成本较低。

1. 冷冻-混合-碳酸化联合机组

这种装置主要用于一次灌装生产线中，其组成如图 8-23 所示。糖浆和水经准确计量后进入混合槽，混合后经离心泵进入喷射式混合器，在这里与二氧化碳气体混合，然后进入冷冻混合罐。冷冻混合罐内装有制冷系统的蒸发蛇管或排管，在这里可对饮料液冷冻降温，以增加二氧化碳的溶解度。在冷冻混合罐中充分碳酸化后的饮料液即可送往灌装机进行灌装。

2. 脱气-冷冻-混合-碳酸化联合机组

如图 8-24 所示为带脱气和二级冷冻的脱气-冷冻-混合-碳酸化联合机组。脱气是指碳酸化前对水进行真空脱气，以确保二氧化碳的含量。脱气的方法有真空脱气法和二氧化碳置换法，前者较常用。其工艺过程为：经过净化处理的水进入真空脱气罐，被一个喷头喷成雾状，以充分脱除空气。脱气后的水用离心泵送至制冷机组的蒸发器中冷冻至 2～4℃后，与糖浆在喷射式配比器中混合。混合后的糖水由防腐蚀的糖水泵送往喷射式碳酸化器中与二氧化碳气体混合，然后进入碳酸化罐。碳酸化罐的作用，一是进一步碳酸化，二是作为缓冲罐。从碳酸化罐出来的产品再次进入制冷机组的蒸发器进行冷冻，以确保其低温，然后送往

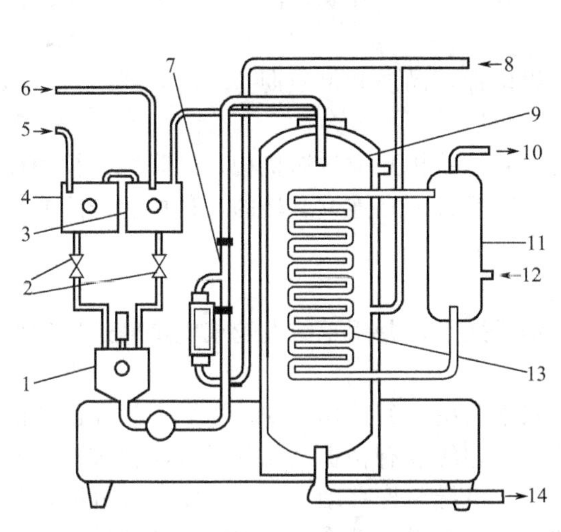

图 8-23　冷冻-混合-碳酸化联合机组

1—混合槽；2—计量阀；3—糖浆槽；4—水槽；5—水；6—糖浆；7—喷射混合器；8—二氧化碳；9—冷冻混合罐；10—制冷剂蒸气；11—气液分离器；12—制冷剂液体；13—蒸发器；14—冷冻碳酸饮料

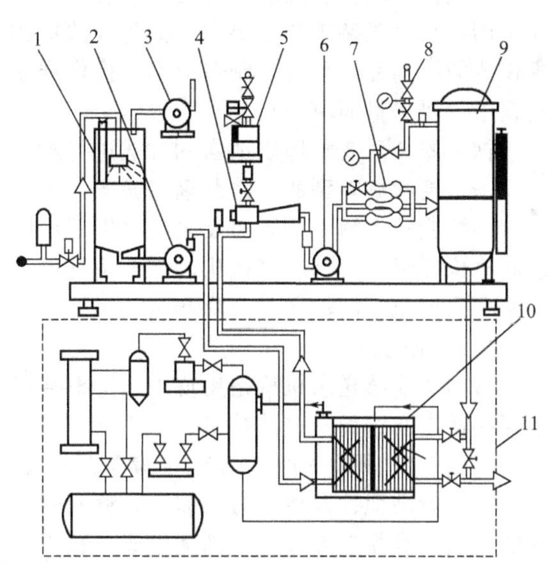

图 8-24　脱气-冷冻-混合-碳酸化联合机组

1—真空脱气罐；2—水泵；3—真空泵；4—喷射式配比器；5—糖浆罐；6—防腐糖水泵；7—喷射式碳酸化器；8—二氧化碳钢瓶减压阀；9—碳酸化罐；10—制冷蒸发器；11—制冷机组

灌装机进行灌装。

机组中可配置就地清洗装置，更换产品品种或开机前，可以不打开设备而对整个系统进行彻底清洗和消毒。

第四节　灌装及封口设备

灌装（包装）是整个饮料生产线的关键工序之一，根据操作压力的不同，可分为等压法、常压法和负压法等。

饮料生产中，等压灌装法一般是指在压力大于一个大气压，且储液缸及待灌容器的压力相等的条件下，使饮料液靠自重流入容器的灌装方法。常压灌装法是指在储液缸和待灌容器内的压力均为常压的条件下，使饮料液靠自重流入容器内的灌装方法。负压灌装法是储液缸的压力可以大于、小于一个大气压或为常压（一般为常压），在灌装时对待灌容器预先抽真空，然后使饮料液快速流入其内。等压灌装方法适用于碳酸饮料的灌装，因为二氧化碳的溶解度和压力有关，加压可保证饮料的含气量。常压法主要用于非碳酸饮料或碳酸饮料二次灌装工艺中糖浆的灌装。负压灌装法因为对待灌容器抽真空，可减少产品与空气的接触，延长保存期，但也会损失产品中的某些挥发性芳香物质，其主要用于非碳酸饮料，不适用于碳酸饮料的灌装。

常用的灌装容器有玻璃瓶或塑料瓶、金属易拉罐、纸盒等。一般碳酸饮料用玻璃瓶、聚酯塑料瓶（PET 瓶）或金属易拉罐灌装，非碳酸饮料可用各种容器，果汁类饮料多使用塑料瓶或无菌纸盒等容器。

目前饮料生产中使用较多的灌装（包装）设备主要有两类。一类是用于瓶装或金属罐灌装的连续旋转型瓶、罐装灌装设备，可在等压、常压或负压下灌装，可使用不同的灌装阀机构。另一类是适用于纸盒装的各种纸盒无菌包装设备。

在选择灌装方法及灌装容器时，要考虑饮料液的物性（如黏度、含气性及挥发性等）以及不同产品对灌装工艺的要求（如含气饮料的含气量、果汁饮料的防氧化等），同时还要考虑设备的结构复杂程度、制造成本及操作维修费用等。总之，在满足灌装工艺和卫生要求的前提下，要尽量简单易行。

饮料灌装后要立即以适当的方式进行封口，以确保其品质和保质期。

一、连续旋转型瓶、罐装灌装设备

连续旋转型瓶、罐装灌装设备（以下统称为瓶装灌装机）由送瓶机构、升降瓶机构和灌装阀机构等组成。灌装阀机构的灌装头是以一定的间距排列且连续旋转的，送瓶和升降瓶机构必须保证瓶子的输送、升降和灌装阀同步。

1. 送瓶机构

常用的连续送瓶机构是用皮带和链板装置来输送瓶子，并用爪式拨轮或螺旋输送器使瓶子保持适当间距而送进灌装机。

如图 8-25 所示为回转圆盘-变螺距螺杆-拨轮式送瓶机构的工作原理。瓶子存放在回转的圆盘上，借助惯性及离心力的作用，移向圆盘边缘，边缘设有挡板挡住瓶子以防脱掉。在圆盘的一侧装有弧形导板，与挡板组成导瓶槽，使瓶子沿导瓶槽移动，经变螺距螺杆分隔整理成等间距排列，再用爪式拨轮拨瓶进入灌装机的工作台而进行灌料。变螺距螺杆的前段采用等螺距以使进瓶平稳，后段采用变螺距以便通过等加速办法逐渐增大进瓶的速度和间距，并在与拨轮的衔接处达到与拨轮完全地同步。拨轮一般由上下两片组成，片间距及缺口半径以能平稳地输送瓶子为原则。为了防止送瓶机构过载而挤坏瓶子，常在螺杆上安装爪式安全离合器和微动开关，当瓶子直径超过允许值时，将侧向导板顶开，碰动微动开关，传送将立即停止。也可在拨轮轴上安装爪式安全离合器和微动开关，一旦过载则离合器脱开，碰动微动开关，使拨轮也停止转动。

如图 8-26 所示为链板-拨轮式送瓶机构的工作原理。瓶由链板式输送机构送入，由拨轮整理分隔排列，沿定位板进入灌装机工作台，灌装后再由四爪拨轮拨出。

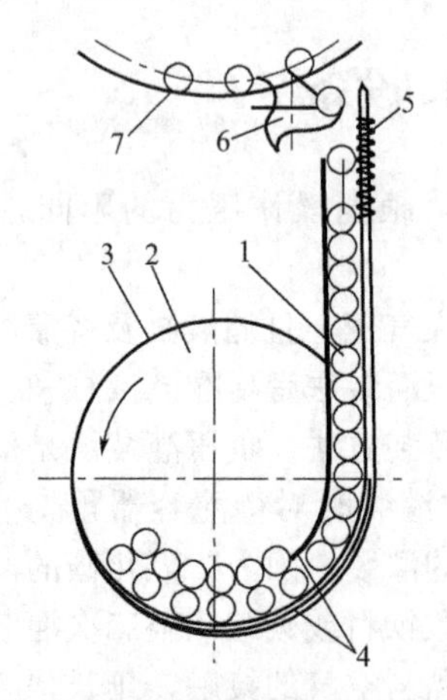

图 8-25　回转圆盘-变螺距螺杆-拨轮式送瓶机构
1—瓶子；2—回转圆盘；3—挡板；4—导板；
5—变螺距螺杆；6—拨轮；7—灌装机

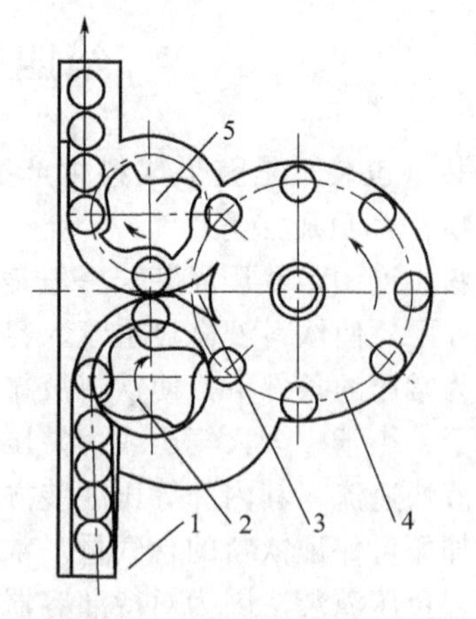

图 8-26　链板-拨轮式送瓶机构
1—链板；2—进瓶拨轮；3—定位板；
4—灌装机；5—出瓶拨轮

2. 升降瓶机构

在自动灌装机中，瓶子由送瓶机构送到回转圆盘的托瓶台的瓶托上，升降瓶机构按设定的程序先将瓶托上升，将灌装阀中的灌注嘴插入瓶内灌注液体，灌注完毕后使瓶子随瓶托下降，再使瓶子和灌装嘴脱离，随送瓶装置运转到卸瓶工位后，被相应的装置从瓶托上卸下，输送去封口。升降瓶机构要求运转平稳、迅速、准确、安全。常用的升降瓶机构有凸轮式、气动式和凸轮-气动综合式等。

(1) 凸轮式升降瓶机构　凸轮升降瓶机构通过圆柱形凸轮机构来控制托瓶台的升降。这种升降机构结构简单、行程准确、可靠性好，且易于制造。它们的结构是凸轮推杆上端顶着托瓶台，下端为滚轮，灌装时滚轮沿凸轮轮廓形表面滚动，凸轮轮廓形的变化促使推杆顶着托瓶台作升降运动。图 8-27 为凸轮升降瓶机构工作原理示意图。

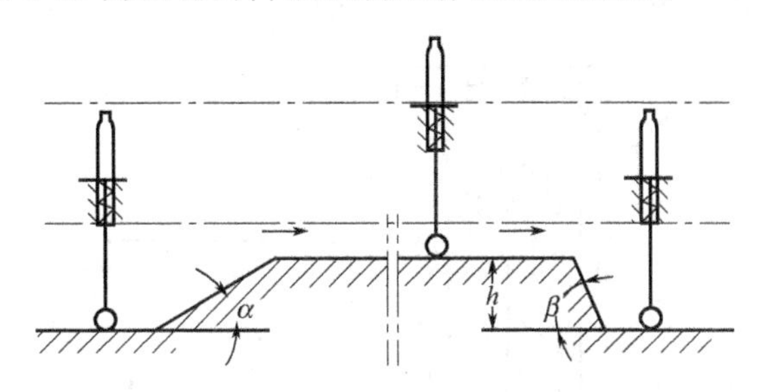

图 8-27　凸轮升降瓶机构工作原理示意图

整个凸轮由四个区段组成，即最低行程区段、上升行程区段、最高行程区段和下降行程区段。当推杆滚轮与凸轮的最低区段接触时，托瓶台处于回转盘上的最低位置，此时灌装机进瓶或出瓶。当滚轮在凸轮的上升行程区段时，托瓶台上的瓶子上升，到达最高行程区段时灌装嘴进入瓶内，开始灌装，到达最高行程的末端或下降行程区段开始时灌装完毕，然后随下降行程区段降到最低位置出瓶。凸轮轮廓的高度差由灌装工艺要求的瓶子升降的高度决定，最高行程区段的长度则决定于灌装所需的时间和灌装的速度。为使瓶子的升降运动平稳，凸轮廓线的升程角和降程角都要适宜，一般升程角取 30°，降程角不超过 70°。通常在托瓶台下面还要安装螺旋弹簧作为缓冲，以减少碎瓶。

(2) 气动式升降瓶机构　这种升降瓶机构利用压缩空气来完成托瓶台的升降，压缩空气的压力一般为 0.25～0.4MPa，图 8-28 所示为其工作原理 (a) 和结构 (b)。

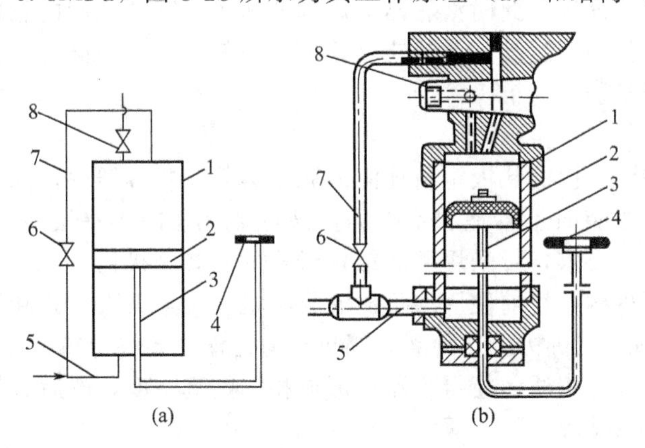

图 8-28　气动式升降瓶机构

1—气缸；2—活塞；3—连杆；4—托瓶台；5—下部进气管；6—阀门；7—上部进气管；8—排气管

当阀门 6 关闭同时排气阀门 8 开启时，压缩空气自下部进气管进入气缸中活塞的下部，活塞在下部气体压力作用下向上运动，通过连杆带动托瓶台及其所承托的瓶子向上升起，灌装阀的灌装嘴在此相对运动中插入瓶中。灌装完毕后，排气阀门 8 关闭，阀门 6 开启，压力气体自活塞的上部进入气缸，活塞上部压力大于下部压力，加上活塞、连杆、托瓶台及瓶子等的重力作用，托瓶台迅速下降到灌装机转盘平面的高度上，由卸瓶装置把瓶子卸出输送去封盖。阀门 6 和 8 的开和关通常用设置程序的凸轮式碰块及转柄机构来控制。

气动式升降瓶机构升降快速，耗费时间较短，气体的可压缩性可以缓冲其运行的不平稳，因而使用相当广泛。

（3）凸轮-气动式升降瓶机构　这种升降瓶机构利用气动机构托瓶上升，又利用凸轮推杆机构将已灌装的瓶子下降。它具有气动式机构托瓶上升的自缓冲功能，托升平稳快速，同时又具有凸轮推杆机构平稳地控制运动的特点。其结构也相对复杂一些，如图 8-29 所示。

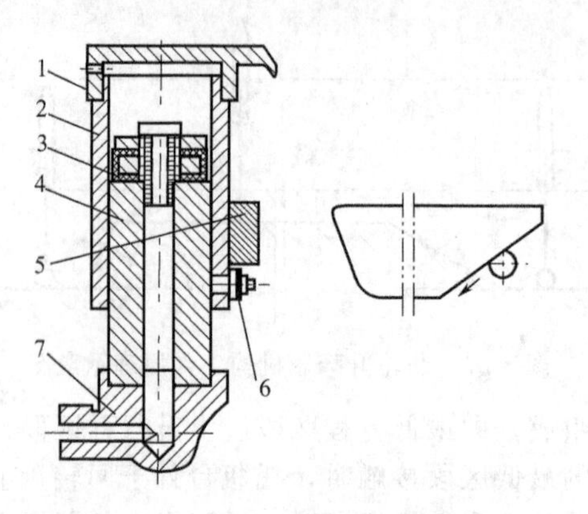

图 8-29　凸轮-气动式升降瓶机构

1—托瓶台；2—气缸；3—密封塞；4—柱塞；5—下降凸轮；6—滚轮；7—封头

活塞部件为一空心套筒结构的柱塞，上端装有密封塞，下端固定在封头上，封头连接压缩空气输送管和减压排气阀。托瓶台安装于气缸的上端，缸体下部装有滚轮，组成气缸部件。活塞部件在气缸内固定不动，而气缸部件则是托瓶上升的运动部件。当机构运转时，压缩空气自封头进入，经柱塞的中心孔进入其上部空间，使气缸部件以活塞部件为导柱托瓶向上升起，并维持到完成灌装。此时滚轮已运动到使瓶子下降的凸轮的轮廓形面，受下降凸轮的制约而带动气缸部件向下运动。此时应停止压缩空气供给，视凸轮结构的不同安装减压排气阀，以使托瓶下降平稳。

3. 灌装阀机构

灌装阀机构把储液缸内的料液定量地灌入瓶或罐等饮料容器中，同时还要保证工艺和操作上的一些要求，如灌装时不冒泡、不喷涌，破瓶或无瓶时不灌装等。对于不同性质的料液、不同的工艺条件和要求，可采用不同结构形式的灌装阀机构。

（1）负压灌装阀机构　目前使用的负压灌装阀机构有重力真空式和压差真空式。

① 重力真空式灌装阀机构。这种灌装阀机构的储液缸始终保持一定的真空度，灌装前，将待灌容器与储液缸气室相通，使得容器也形成相同的真空度，然后，物料在自重的作用下流入容器，如图 8-30 所示。

料液经进液管由进液孔进入储液缸中，缸内液面由浮子液位控制器控制使液位基本恒定，液面的上方由真空泵抽真空，使储液缸保持一定的真空度。当瓶子上升至预定位置时，气阀打开，使瓶子与储液缸上部空间相通，瓶内空气被抽走，瓶子继续上升打开液阀进行灌装，瓶内的气体持续被抽走。料液的定量灌装是通过对瓶子升降机构来控制气阀和液阀开启时间来实现的。这种灌装阀机构因储液缸的上部作为真空室，使得整个液面成为易挥发物质的扩散面，所以只适用于不含芳香性物质的非碳酸饮料的灌装。

② 压差真空式灌装阀机构。这种灌装阀机构的真空室与储液缸分开，但通过两根回流管连接，在灌装时只对瓶子抽真空，料液在压差的作用下流入瓶中。图 8-31 所示为压差真

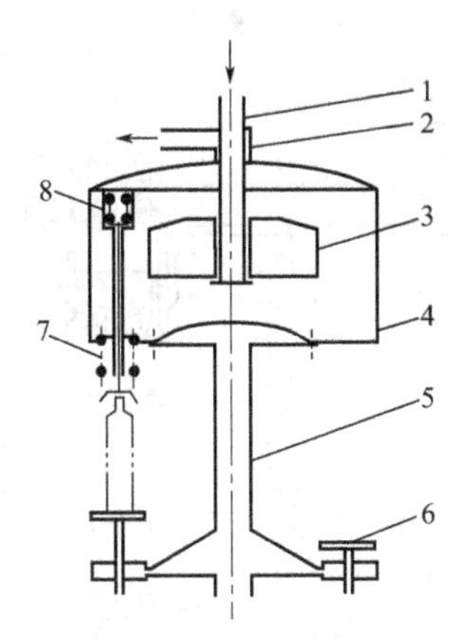

图 8-30　重力真空式灌装阀机构
1—进液管；2—抽真空管；3—浮子液位计；4—储液缸；5—立柱；6—托瓶台；7—液阀；8—气阀

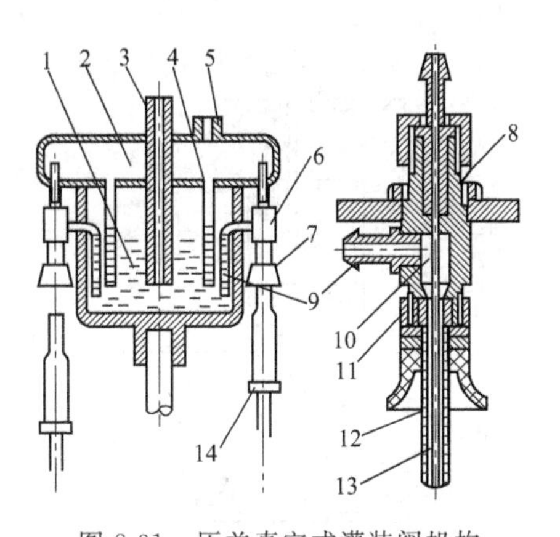

图 8-31　压差真空式灌装阀机构
1—储液缸；2—真空室；3—进料管；4—回流管；5—抽气管；6—灌装阀；7—密封碗；8—阀体；9—吸液管；10—吸气管；11—调整垫片；12—输液管；13—吸气口；14—托瓶台

空式灌装阀的原理简图。

当瓶子在升降机构的作用下，被托瓶台托升并紧贴密封碗时，吸气管的吸气口进入瓶内，对空瓶及阀的吸液管路抽真空。当达到一定的真空度时，常压状态下的储液缸内的液体便在压差的作用下，经吸液管、阀体和输液管流入瓶内。当瓶内液面上升到吸气口时，液体就被吸入吸气管内，直到吸气管内液面与回流管内液面等高时，灌装停止。然后瓶子在升降机构控制下下降一定高度，此时输液管仍插在瓶内，吸气管所吸入的液体被吸入到真空室中，并通过回流管流回到储液缸中，而阀内的存液一部分随同吸液管回流，另一部分经输液管流入瓶内，这部分液量较少，约占总灌装量的 3%～5%，这时瓶内的液面就是灌装所要求的液面。饮料的灌装量可通过输液管插入瓶内的深度进行调节，改变调整垫片的厚度可实现这一调节。这种灌装阀机构对于瓶子有严格的要求，因为它的定量是由灌装嘴深入瓶子的深度来确定的，瓶的容积直接影响定量的准确性。但因为调整容易，仍被广泛应用。

(2) 常压灌装机构　常压灌装阀机构是在储液缸和待灌容器均为常压的条件下，使料液靠自重灌入容器内。这种灌装阀结构简单，维修方便，可用于非碳酸饮料或碳酸饮料二次灌装工艺中糖浆的灌装。

图 8-32 所示为六头灌装机的定量灌装阀机构。

糖浆从储液缸中经支撑体中的糖浆通道和糖浆管流入定量杯中，达到预定的定量后，支撑体中糖浆的进口正好与储液缸中的出液口错开。同时，待灌容器在升降机构的作用下上升，并顶紧密封碗，使阀芯上的进液口进入定量杯中，糖浆靠自重灌入瓶中，瓶内的空气由排气口排出。

定量杯中的糖浆量是由排气管的下端口高度决定的。糖浆流入定量杯的同时，杯中的气体由排气管排出。当液面上升到排气管下端时排气管被堵住，使定量杯中压力上升，直至糖浆不再灌入。所以调节排气管的下端口高度，就可调节定量杯中糖浆的量。

图 8-33 为目前在易拉罐灌装线上常用的常压灌装机构的工作原理。

在传动系统作用下，转轴带动转盘和定量杯一起回转，液体从储液筒靠自重流入定量杯中。在凸轮的作用下，瓶托带动瓶子上升。当瓶口顶着压盖盘上升时弹簧被压缩，此时滑阀就在活动量杯的内孔向上滑动。随着转轴的回转，已定量好的量杯已转离进料管的下方，进入灌装位置。当滑阀上升使进液孔打开时，液料流入瓶内，瓶内气体从压盖盘下表面的四条小槽排出，完成一个瓶子的灌装。随着转盘转动，八个定量杯依次进入进料管正下方，完成

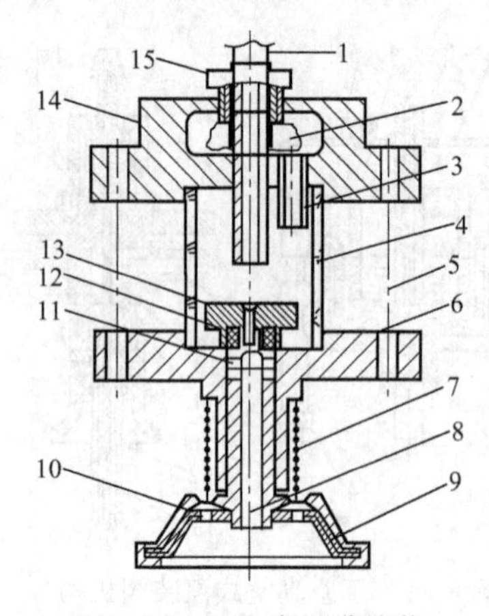

图 8-32 六头常压灌糖浆

1—排气管；2—糖浆通道；3—糖浆管；4—定量杯；5—紧固螺栓；6—阀座；7—弹簧；8—阀芯；9—密封碗；10—排气孔；11—进液口；12—橡皮圈；13—压紧螺帽；14—支撑体；15—排气管螺母

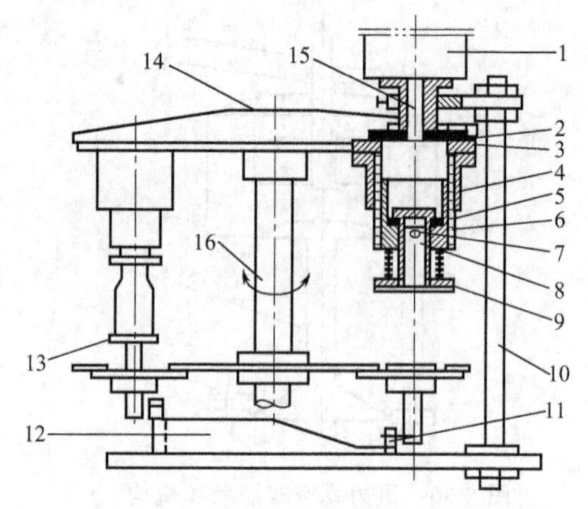

图 8-33 常压灌装机

1—储液缸；2—密封盘；3—转盘；4—固定量杯；5—密封圈；6—活动量杯；7—进液孔；8—滑阀；9—压盖盘；10—撑杆；11—滚轮；12—凸轮；13—瓶托；14—机罩；15—进料管；16—转轴

定量工作，然后转离定量位置，进入灌装位置进行灌装。定量杯的容量可通过调整活动定量杯的高低来实现。这种定量机构定量准确，结构简单，高速方便，密封良好，适用多种规格罐的灌装。

(3) 等压灌装阀机构 等压灌装阀机构在灌装的时候，储液缸的压力大于一个大气压。在灌装时，先对瓶子充气至与储液缸等压，然后液体靠自重流入瓶中。

等压灌装阀有多种结构和形式，图 8-34 所示为一种气阀式等压灌装阀结构示意图。灌装阀机构由充气阀、液阀、排气阀、瓶口定位密封头及控制装置等部分构成，通过其阀座固定安装在储液缸底部。控制装置包括控制气阀启闭的回转拨叉、控制排气阀开闭的顶销及程序运动的挡块等，挡块（未示出）的运动按照灌装工作程序的要求设置，以控制回转拨叉及顶销的运动。

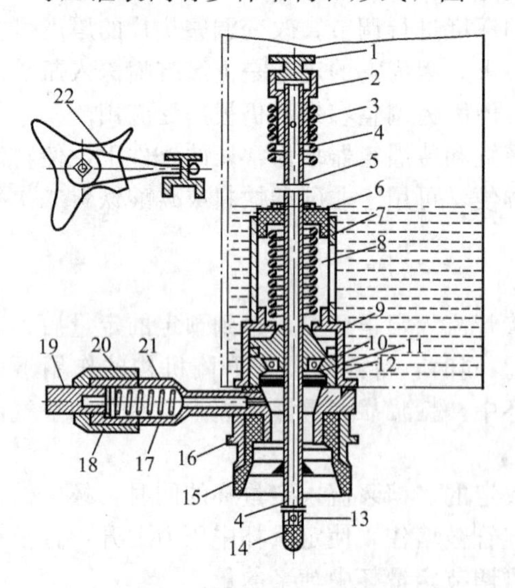

图 8-34 气阀式等压灌装阀机构

1—气门套柄；2—气门套；3—上气孔；4—气阀弹簧；5—通气管；6—挡圈；7—阀套；8—液阀弹簧；9—阀座；10—阀芯；11—密封圈；12—阀芯座；13—下气孔；14—堵头；15，18—密封碗；16—外套；17—排气阀弹簧；19—顶销；20—螺母；21—排气阀座；22—回转拨叉

在无瓶或瓶与储液缸之间未能建立等压条件时，液阀在储液缸内气体压力、液体压力、本身自重、弹簧压力等作用下，其阀芯上的密封圈与阀芯座保持密封，处于关闭状态。当瓶子由升降机构托升，至瓶口与灌装阀上的密封碗构成密封时，回转拨叉在挡块的作用下，将气门套往上提升，打开充气阀的气门通道，储液缸中的压力气体通过上气孔沿通气管进入瓶内。待瓶内压力升高到于与储液缸等压时，液阀挡圈受到向上的反压力，使液阀弹簧所受压力减少，阀芯受力平衡被破坏而向上移动，液阀被打开，储液缸中的液体在等压状态下靠自重流入瓶中。随着液体的流入，瓶内的压力气

体经下气孔沿通气管，向上经上气孔回到储液缸中。当瓶中液体高度上升到浸没通气管的下气孔时，瓶内液面不再增加，但由于连通作用，液面沿气管上升至一定高度，此时挡块顶迫排气阀上的顶销向内移动，打开排气阀，排出瓶中残留的压力气体至大气压，液阀阀芯因下方的平衡压力减小而向下移动，同时，回转拨叉也在挡块的作用下，使气门套往下压，关闭气阀，加速液阀阀芯的向下运动，使液阀快速关闭。

二、封口设备

饮料液灌入瓶子后需立即封口，以防因饮料液染菌和接触空气氧化，而影响保质期。玻璃瓶装饮料多采用轧盖式封口，完成这一工序的设备称为皇冠盖压盖机，因目前玻璃瓶装饮料已逐渐退出主流市场，故本教材不再讲述轧盖设备。金属罐装饮料的封口是通过二重卷边法封罐机来进行的。PET 塑料瓶装饮料的封口常用旋盖式封口设备。先进的饮料技术常将封口设备与灌装设备等设计成集灌装和封口为一体的自动化生产线。在非碳酸饮料的包装中广泛应用到纸盒无菌包装设备，主要有卷材纸盒无菌包装设备和纸盒预制无菌包装设备等类型，已在本书乳制品设备中讲述，这里不再重复。

1. 封罐机

封罐机有多种类型，金属易拉罐装液体饮料的封罐机，多采用罐体固定而卷边滚轮旋转的封罐机，利用两个钩槽形状不同的卷边滚轮（分别叫做头道滚轮和二道滚轮），先后对罐体及底盖接合边缘重复地做相对运动，使二者边缘的弯曲面紧密钩合，形成二重卷边以实现封口作业。为了提高密封程度，在钩合部分中还常加入密封弹性填料，使其因受挤压而充塞于卷边全部的缝隙中。

图 8-35 所示为一种自动真空封罐机的结构，它由自动送罐系统、自动配盖装置、卷边机头、卸罐装置和电气控制系统等部分组成，应用于国内各马口铁罐饮料的生产中。

封罐机的驱动和传动机构由 V 形带轮（d_1、d_2）、齿轮（Z_1～Z_{12}）、传动轴（Ⅰ～Ⅶ）以及偏心凸轮（4、6、7）、摆杆（P_1、P_2）等组成。封罐过程中，星形拨盘在偏心轮 4 和进罐拨轮的作用下，作间歇式回转运动，定时地从进罐送盖机构接入罐身与罐盖，转送到下

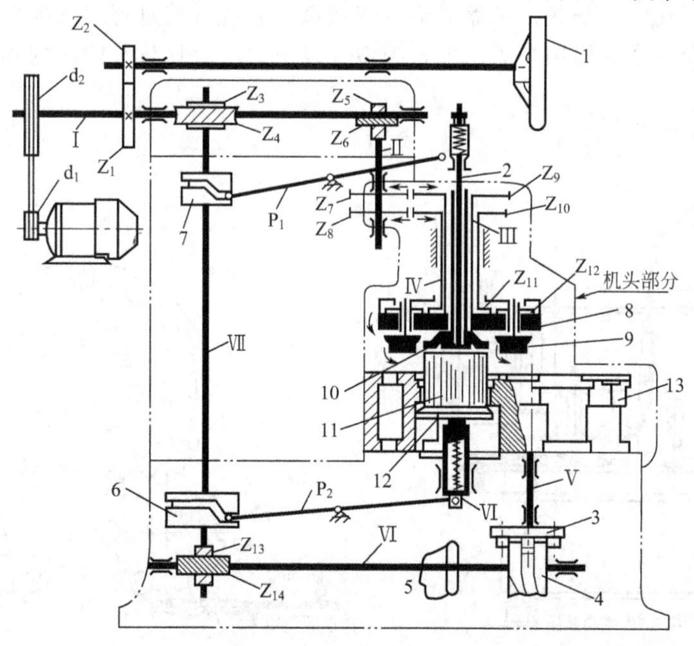

图 8-35 自动真空封罐机

1—手轮；2—打杆；3—进罐拨轮；4，6，7—偏心凸轮；5—链条；8—机头盘；9—封罐滚轮；10—上压头；11—罐体；12—下托盘；13—星形拨盘

托盘上。下托盘在偏心凸轮 6 和摆杆 P_1 的作用下把罐托起夹压于上压头之间。为使罐体与罐盖稳定上升，在罐刚开始上升一段距离后，摆杆在偏心凸轮 7 的作用下，与下托盘一起把罐身夹住，往上升送，直到被固定不动的上压头顶住为止。罐体被夹紧后，卷边机头绕罐体与罐盖作切入卷封作业。卷封完毕后，卷边滚轮退离，处于静止状态的摆杆又在凸轮 7 的作用下，在下托盘之前先行降下，并通过上部弹簧作用，给罐体施加压力，使其脱离上压头，随同下托盘一起下降到工作台面上。此时星形拨盘转动，一方面把已封好的罐送出，另一方面又接入新的罐体和罐盖，进行下一次封口作业过程。

2. PET 瓶装饮料旋盖机

以某 YF01 型全自动回转式旋盖机为例来讲述 PET 瓶旋盖机的结构和工作原理。

(1) 结构　某全自动回转式旋盖机主要由进出瓶机构、供盖装置、旋盖机头、机架及传动装置、气动系统、润滑系统及电气系统等部分构成，如图 8-36 所示。

(2) 工作原理　全自动回转式旋盖机的工作原理见图 8-37。带变频调速电机的减速器通过齿轮传动分别带动主轴和进出瓶星形拨轮转动，旋盖机头由主轴带动旋转，在机头四周安装有多个旋盖头。旋盖头上装有滚轮沿着凸轮导轨转动，下行程时完成取盖和旋盖工序。包装用瓶由输送瓶装置（如平顶输送链）推送至送瓶螺杆前，被分隔成一定的间距后，由进瓶拨轮将瓶依次送至旋盖工位。当无瓶（少瓶）和无盖（少盖）时接近开关会发出信号，通过气缸动作带动挡瓶和挡盖机构动作，挡住供瓶和供盖。当瓶和盖积聚到足够数量时，接近开关发出信号，通过气缸动作放开挡瓶和挡盖机构，继续供瓶和供盖。供盖装置将盖整理后，由滑道滑入接盖盘，然后由拨盖轮拨送到取盖工位。旋盖头下降取盖后，再转到旋盖工位，此时旋盖头已和下面的瓶口对准，抱瓶带压紧瓶身防止其转动，旋盖头夹带住瓶盖边旋转边下降，将盖旋紧在瓶口上。旋盖头的旋盖力矩通过特制的磁力耦合控制，既保证了瓶盖的密封性，又防止了因旋盖太紧而损伤瓶口。旋盖后的瓶由出瓶拨轮拨入平顶链上输出。平顶输送链的输送速度应略快于进罐拨轮的线速度。平顶输送链出瓶端应装有感应开关，当后工序发生故障时，出瓶会发生堵塞现象，感应开关通过电气系统使主机停机，并使进瓶端的挡瓶装置动作，挡住继续来瓶。供盖滑道可连接蒸气系统对盖进行蒸气喷射加热消毒。旋盖机的进出瓶机构及输送瓶机构与灌装设备类似，以下介绍旋盖机头的结构和工作原理。

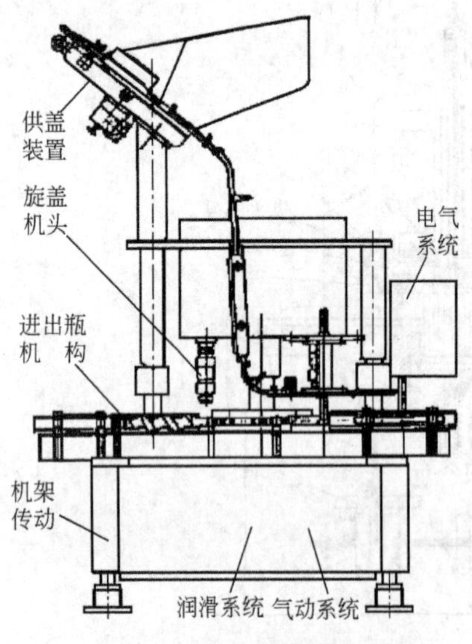

图 8-36　全自动旋盖机外形图

图中所示气动系统及润滑系统均在机体内部

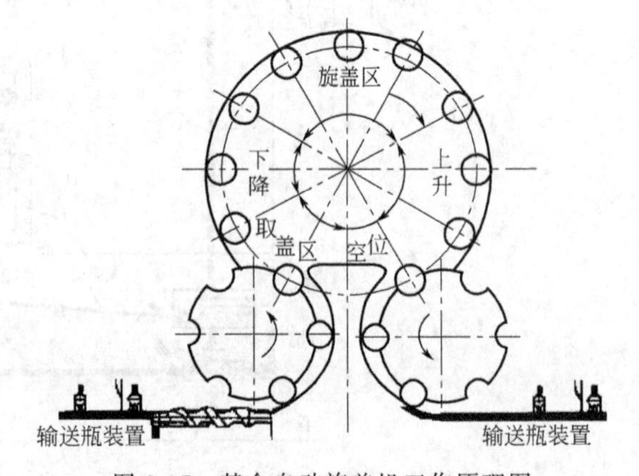

图 8-37　某全自动旋盖机工作原理图

3．旋盖机旋盖头的结构和工作原理

如图 8-38(a)、(b) 所示分别为某旋盖机头的传动原理简图和其磁力旋盖头的结构简图。工作时力矩由输入轴 1、传动轴 10 传给主动磁力旋盘 9，被动磁力旋盘 12 通过轴承与主动磁力旋盘 9 之间可相对转动，二者间轴向间距可调，在二者相对的端面上均匀地镶嵌有 16 块小永磁体，这些永磁体按极性相反相间分布。旋嘴 7 与被动磁力旋盘 12 相联结，用来卡紧瓶盖。因此主动磁力旋盘 9 与被动磁力旋盘 12 构成一磁力传动器，在磁力作用下，被动磁力旋盘和旋嘴获得力矩，将由旋嘴夹住的瓶盖旋紧。

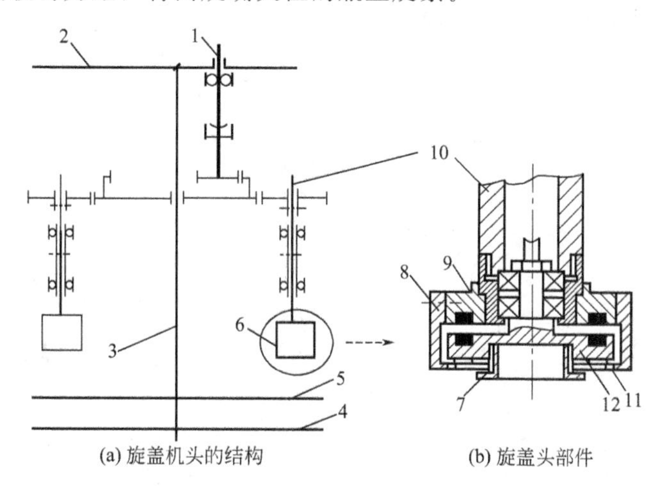

图 8-38 旋盖机旋盖头的结构和工作原理

1—扭力输入轴；2—顶板；3—立轴；4—底板；5—瓶体托板；
6—旋盖头部件；7—旋嘴；8—护罩；9—主动磁力旋盘；
10—扭力传动轴；11—永磁体；12—被动磁力旋盘

此旋盖头最显著的特点是能根据不同种类、尺寸的瓶盖方便地设定和调整旋紧力矩，即通过主动磁力旋盘 9 和传动轴 10 上的螺纹及定位螺钉，调整主动磁力旋盘 9 和被动磁力旋盘 12 之间的间隙，即调整了磁力传动器间的气隙长度，因而磁力传动器所能传递的极限扭力矩得到了调整。当瓶盖已旋紧，而主动磁力旋盘仍在回转，致使输入扭力矩超过磁力传动器所能传递的最大扭力矩时，主动磁力旋盘 9 与被动磁力旋盘 12 产生滑脱，前者可以继续回转，而后者则与瓶盖一起静止不转，而旋盖头给瓶盖施加的旋紧力矩即为磁力传动器所能传递的极限力矩，并不会因传动输入轴 10 和主动磁力旋盘 9 的继续回转而增加旋紧力矩，不会因此而损坏瓶嘴、瓶盖和旋盖头。

【本章小结】

饮料加工机械与设备主要包括水处理设备、碳酸化设备、灌装和封口设备等。水的处理过程可分为三个阶段：第一阶段是过滤，常用设备有砂石过滤器、活性炭过滤器、砂滤棒过滤器和各种微孔膜过滤器；第二阶段是软化，常用的设备有电渗析装置、离子交换装置和反渗透设备等；第三阶段是杀菌，常用的是臭氧和紫外线杀菌。碳酸化设备主要用来使二氧化碳溶解于水，混合方式主要有薄膜式、填料式、喷雾式及喷射式等类型，在实际生产中较多使用的是后两种。瓶装灌装机是目前饮料生产中使用较多的灌装设备，主要由送瓶机构、升降瓶机构和灌装阀机构等组成。灌装阀机构的灌装头是以一定的间距排列且连续旋转的，送瓶和升降瓶机构必须保证瓶子的输送、升降和灌装阀同步。饮料灌装后要立即以适当的方式进行封口，金属罐装饮料的封口是通过二重卷边法封罐机来进行的。PET 塑料瓶装饮料的封口常用旋盖式封口设备。

【思考题】

1. 饮料包括哪几类，常用的设备有哪些？
2. 水处理在饮料加工过程中的重要性体现在哪些方面？
3. 水处理包含哪些阶段，各有什么作用，需要哪些设备？
4. 如何提高碳酸化的效率，需要的设备有哪些，各有何优缺点？
5. 瓶装灌装机主要由哪些装置组成，各自的工作原理是什么？
6. 试述 PET 瓶旋盖机的结构和工作原理。

第四篇　方便食品加工机械与设备

第九章　焙烤食品加工机械与设备

学习目标

1. 了解焙烤食品加工现状、典型产品及工艺流程；

2. 了解调粉机的分类，掌握卧式调粉机的结构与工作原理，熟练掌握其操作与维护；

3. 掌握立式打蛋机的结构与工作原理，熟练掌握其操作与维护；

4. 了解远红外加热的原理以及烤炉的分类，掌握烤炉的结构组成，熟练掌握其操作与维护。

第一节　概　　述

焙烤食品是指面食制品中采用焙烤工艺生产的一类产品，所用设备相应的称为焙烤食品加工机械与设备。一般说来，焙烤食品具有下列特点。

① 焙烤食品均以谷物类为基础原料；

② 大多数焙烤食品是以油、糖、蛋等作为主要辅料制作；

③ 焙烤食品的定型或成熟均采用焙烤工艺；

④ 焙烤食品是不需要再调理即可食用的方便食品；

⑤ 焙烤食品均为固态食品。

由此可见，面包、饼干、糕点、膨化食品等均属于焙烤食品，其中面包和饼干是生产规模最大的焙烤食品，也是最传统和典型的焙烤食品。

一、饼干生产工艺与设备

饼干是以面粉为主要原料，加入糖、油脂、乳类、蛋类、香精、膨松剂等辅料，经面团调制、压片、成型、焙烤、冷却、包装等加工而成。其是一种含水量较低、松脆、易于保藏、食用方便的食品。饼干一般分为4大类：甜饼干（酥性、韧性饼干）、发酵饼干（苏打饼干）、夹心饼干、花色饼干（威化饼干、杏元饼干、蛋卷）等。

饼干生产过程一般包括原材料处理、面团调制、压片、成型、焙烤、冷却、包装等工序，并以由单机组成的生产线加工为主。

饼干生产工艺流程如图9-1所示。

根据以上工艺流程进行生产的配套设备如图9-2所示。

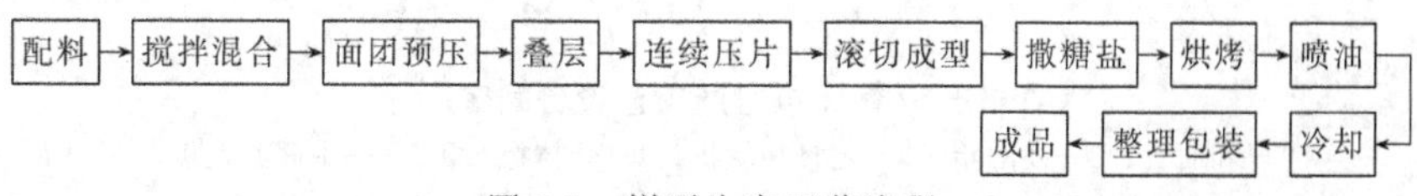

图9-1　饼干生产工艺流程

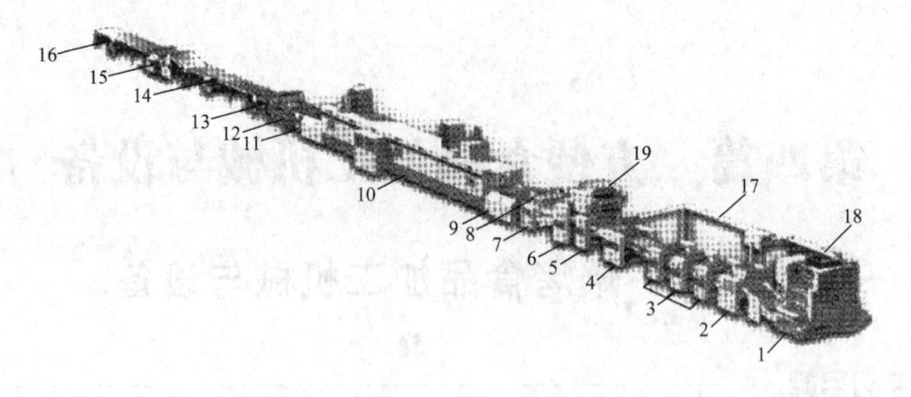

图 9-2 饼干生产工艺流程配套设备

1—叠压机；2—制皮辊或三色机；3—轧辊；4—摇摆冲印成型机；5—辊切式成型机；6—辊印式成型机；7—动力架及入炉部分；8—糖盐撒布机；9—进炉端输送带；10—远红外烤炉；11—出炉端输送带；12—喷油机；13—滤油机；14—冷却输送带；15—理饼机；16—包装台；17—回头机；18—往复送料装置；19—辊印送料料斗

二、面包生产工艺与设备

面包的主要原料是面粉，辅料有糖类、酵母、食盐、油脂等。面包生产过程可分为原辅

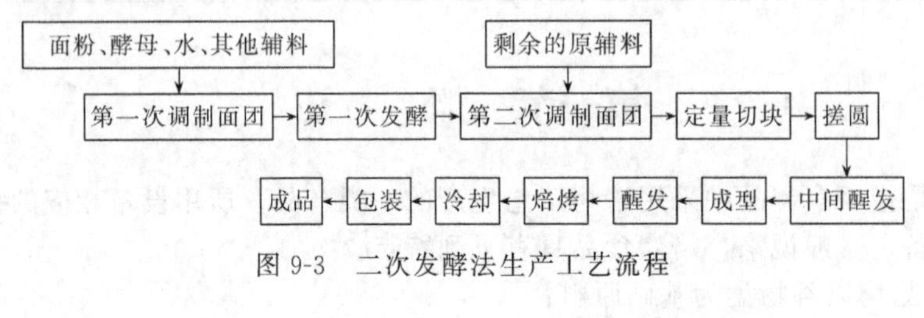

图 9-3 二次发酵法生产工艺流程

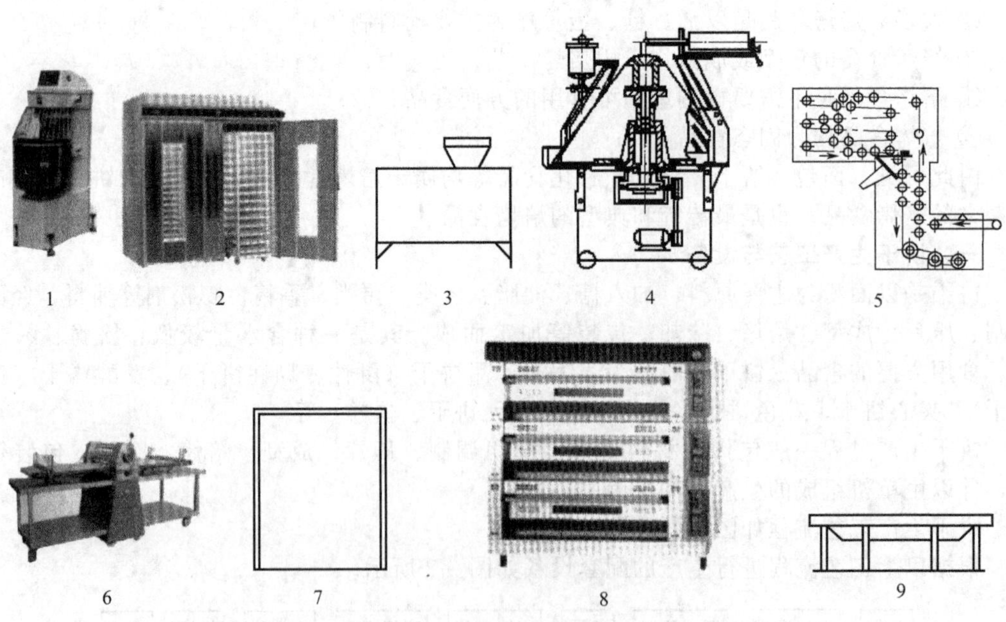

图 9-4 面包生产工艺设备配套

1—和面机；2—发酵箱；3—定量切块机；4—伞体搓圆机；5—中间醒发机；6—压片机；7—醒发室；8—烤箱；9—冷却、包装机

材料处理、面团调制、发酵、整形、醒发、烘烤、冷却和包装等工序。流行的工业化面包烘烤工艺是二次发酵法。

二次发酵法的生产工艺流程如图 9-3 所示。

根据以上工艺流程进行生产的配套设备如图 9-4 所示。

本章重点介绍焙烤食品加工过程中的关键设备，即调粉机、打蛋机和烤炉。

第二节　调　粉　机

一、概述

调粉机在面类食品加工中，主要用来调制各种性质不同的面团。所以也被称为和面机。由于面团的黏度很大，流动极为困难，使得调粉机部件的结构强度较大，工作转速较低，通常在 20～80r/min 范围以内，所以也常被称为低速调和机。在搅拌机械中，调粉机属于较重型的机械设备，它广泛应用于面包、饼干、糕点及一些饮食行业的面食生产中。

调粉机基本有两种分类方法。一是按搅拌容器轴线所在位置，将调粉机分为卧式结构和立式结构；二是按搅拌轴的数量，将调粉机分为单轴式结构与双轴式结构。

二、卧式调粉机的结构

卧式调粉机的搅拌容器轴线与搅拌器回转轴线都处于水平位置。其结构简单，制造成本一般较低，卸料、清洗方便，但占地面积较大。卧式调粉机的生产能力即一次调粉容量范围较大，通常在 25～400kg/次左右。它是目前国内外各种规模的食品厂应用最普遍的调粉设备。其结构如图 9-5 所示。

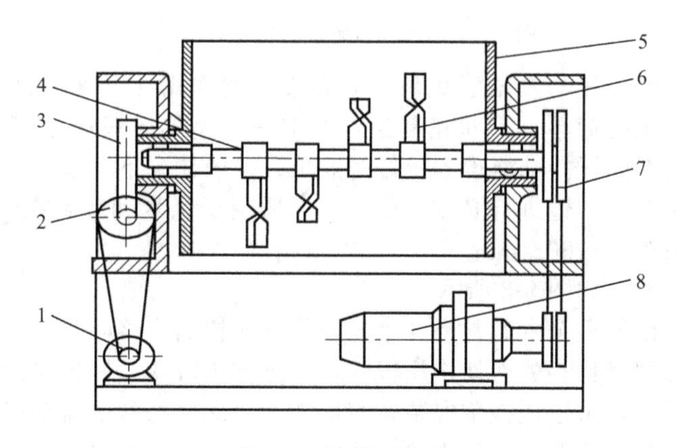

图 9-5　卧式调粉机

1—副电动机；2—蜗杆；3—蜗轮；4—主轴；5—筒体；6—桨叶；7—链轮；8—主电动机

卧式调粉机主要由搅拌器、搅拌容器、传动装置、容器翻转机构及机架等组成。

1. 搅拌器

搅拌器即搅拌桨，是调粉机的重要部件。卧式调粉机的搅拌轴，按数目分类，一般有单轴式和双轴式两种。

单轴式调粉机的结构简单、紧凑，操作维修简便，目前在我国面食制品生产中普遍应用。由于该机只有一个搅拌器，所以每次调粉搅拌的时间稍长，生产效率较低。

双轴式调粉机有两组相对反向的搅拌桨。按其相对位置关系可分为切分式与重叠式两种结构，如图 9-6 所示。

切分式调粉机如图 9-6(a) 所示，它的两只回转搅拌桨在公切线位置是分离布置的。两桨的运动相互独立，无干涉，各桨的速度可以任选。这相当于将两台单轴式调粉机合并在同

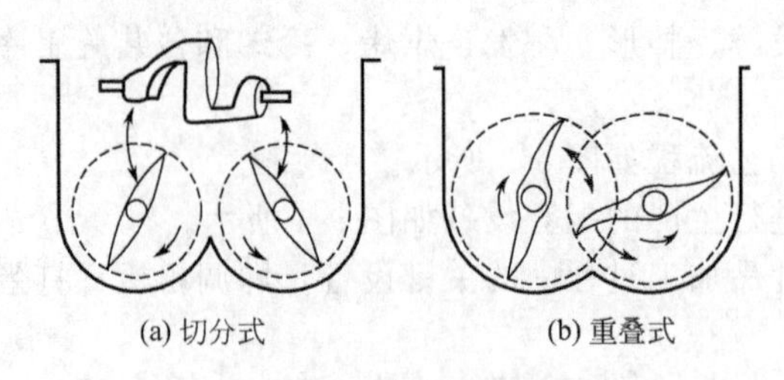
(a) 切分式　(b) 重叠式

图 9-6 双轴卧式调粉机简图

一容器中。

重叠式调粉机如图 9-6(b) 所示，它的两只搅拌桨是交叉布置的。由于桨间运动轨迹重叠，因此，设计搅拌桨叶的结构、形状与选择相对运动的相位及速度关系时都应以确保两桨互不干涉为前提。通常两桨的相对速度比为 1∶2 或 1∶1。当选择 1∶2 时，即可产生快速桨追慢速桨的运动现象，从而使两桨间的物料受到充分的折叠、拉伸、揉捏等。

卧式调粉机搅拌器的结构形状根据调制物料性质和要求的差别，设有各种不同的类型。

(1) Σ形、鱼尾形与 Z 形搅拌器　如图 9-7 所示为各种形式的搅拌桨。

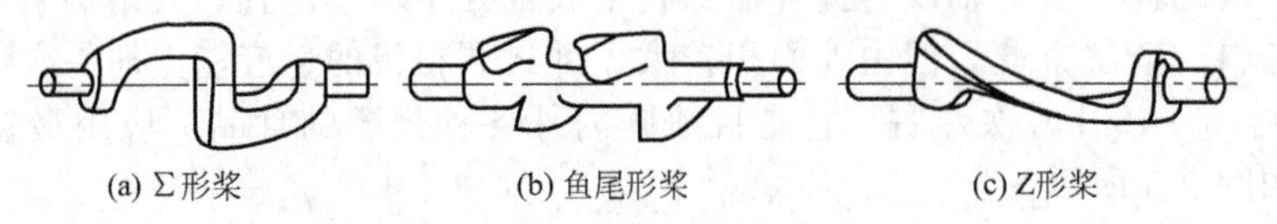
(a) Σ形桨　(b) 鱼尾形桨　(c) Z形桨

图 9-7 Σ形、鱼尾形与 Z 形搅拌桨

这种搅拌器的桨叶母线与其轴线偏斜一定角度，此作用在于增加物料的轴向和径向流动，以促进混合。其结构简单，形状稍复杂，大都是由整体铸锻成型。它们的适用范围较广，对各种高黏度物料的搅拌都能得到较好的效果。一般情况下多采用Σ形；鱼尾形适用于高黏度食品物料的边捏合、边进行真空干燥；Z 形适用于色素和颜料在食品中的均匀分散。桨叶转速较低，一般为15～60r/min。

(2) 桨叶式搅拌器　如图 9-8 所示。

桨叶式搅拌器是由若干个（通常是 6 个）直桨叶或扭曲直桨叶与搅拌轴组成。在面团调和过程中，这种搅拌器对物料的剪切作用很强，拉延作用较弱，因此对面筋网络的形成具有一定的破坏作用。另外，由于搅拌轴安装在容器中心，此处物料的流动速度较低，若操作不当，很容易产生面团抱轴及调粉不均现象。桨叶式搅拌器结构简单，制造成本低，适用于酥性面团的操作。

(3) 滚笼式搅拌器　如图 9-9 所示。

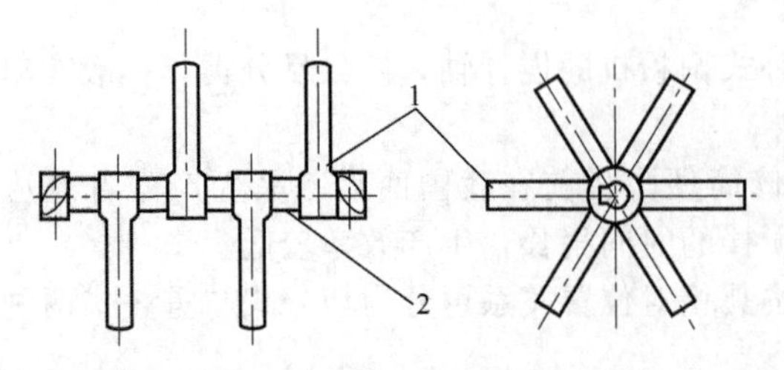

图 9-8 桨叶式搅拌器结构

1—叶片；2—搅拌轴

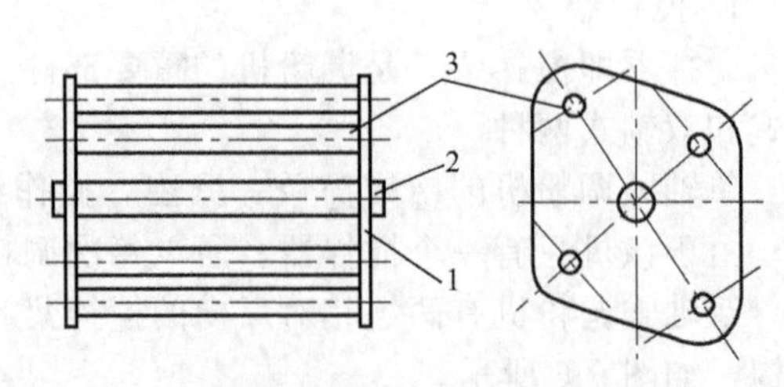

图 9-9 滚笼式搅拌器结构

1— 连接板；2—搅拌轴；3—直辊

滚笼式搅拌器主要由4～6个直辊3，连接板1及搅拌轴2组成。其中，直辊有加活动套管与不加套管两种。加套管的作用在于压延、拉伸面团时，减少直辊与面团间的摩擦及硬性挤压，以降低功耗和减少面筋网络的破坏。

直辊的安装位置与搅拌轴线的关系有平行与倾斜两种形式，倾角一般为5°左右。其作用在于促进面团在调和时增加轴向流动。直辊在连接板上的分布有Z形、Y形及X形等，其中各辊对回转轴线的半径位置也不尽相同。而且Y形结构的搅拌器还将两连接板间的中心轴去掉，以避免产生面团抱轴或中间调粉不均的现象。采用滚笼式搅拌器调和时，对面团的突出作用是兼有打、压、揉、拉等操作，如图9-10所示，这十分有助于面团面筋网络的形成。还可利用搅拌器反转，将调制完毕的面团由容器内自动抛出。这种卸料方式可省去一套容器翻转机构，使设备成本降低。由实验得知，滚笼式搅拌器对面团的作用力缓和，面团形成较慢，当调和容量为25～50kg面粉时，理想面团的形成时间约为7～8min。另外，从面团拉伸图中看到，滚笼式搅拌器对面团的输入功较大，对面筋机械降解作用较弱，这十分有利于面筋网络的生成。

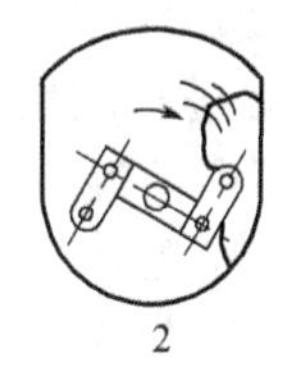

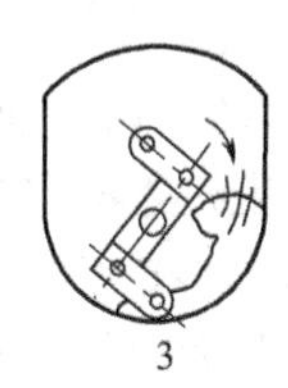

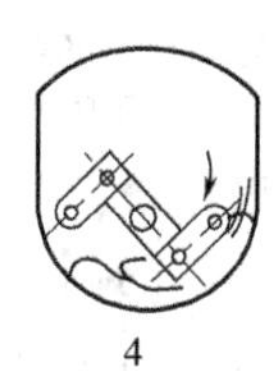

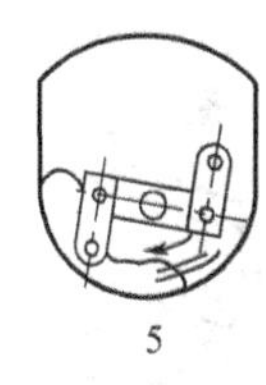

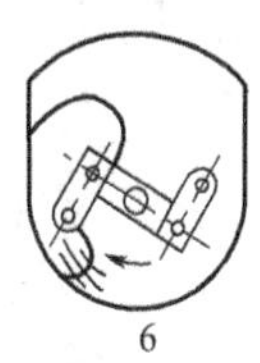

图9-10 滚笼式搅拌器调和面团操作流程示意图

1—举；2—打；3—折叠；4—揉；5—压；6—拉

滚笼式搅拌器结构简单、制造工艺简便，促进面筋生成能力强，但操作时间略长，适用于调和水面团、韧性面团等面筋含量较大的发酵与不发酵面团。

（4）其他形式的搅拌器 如图9-11所示为叶片式搅拌器（a）、花环式搅拌器（b）以及椭圆式搅拌器（c）。这些搅拌器的共同特点是它们都为整体结构，其中心位置都没有搅拌轴，因而也就不存在面团抱轴问题。它们桨叶的外缘母线都与调和容器内壁形状相似，并且距离很近，这样有利于清除死角，驱使全容器范围内的物料均匀地受到搅拌，它们促进面筋生成的能力比滚笼式搅拌器稍低。

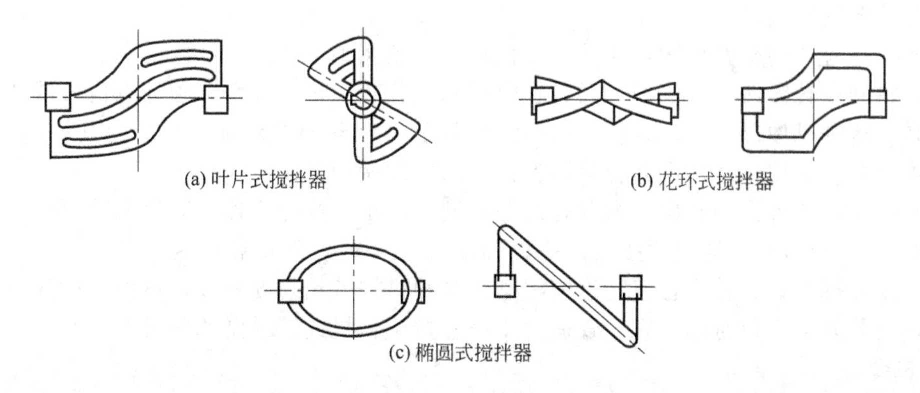

图9-11 三种搅拌器

花环式搅拌器中部叶片后倾，以造成被搅拌的物料向中部集聚的趋势，从而加快调和速度。此搅拌器的制造工艺较简单，常采用整体焊接成型。

叶片式搅拌器是在花环式的基础上加大了叶片截面的宽度，即增加了叶片有效作用面积。这有助于散体状物料作整体流动，因而加快了面团形成速度。此搅拌器桨叶形状较复杂，通常由铸锻成型。

椭圆式搅拌器的结构简单，制造方便，但综合性能不如前两种搅拌器。

由实验得知，花环式与叶片式搅拌器对面团的作用力较大，面团的形成速度较快。另外由于这两种搅拌器对面团的输入功较小，面筋机械降解作用较强，随着调制面团时间的延续，面团内形成的面筋网络易被搅拌器破坏。为此，操作时要适当控制调粉时间。当容量为50kg以下时，装有花环式及叶片式搅拌器结构的调粉机，理想面团的形成时间约4～5min左右。

安装花环式、叶片式及椭圆式搅拌器的调粉机，容量一般在75kg以内。它们适合于调制饺子、馒头等饮食类制品所使用的水面团、韧性面团的操作。

2. 搅拌容器

卧式调粉机的搅拌容器（或称搅拌槽）的结构形状如图9-12所示。容器一般由不锈钢焊接、铆接或螺栓连接而成。容器的几何尺寸取决于调粉机的容量，即一次调和物料的质量，它一般分为25kg、50kg、75kg、100kg、200kg、400kg等级等。

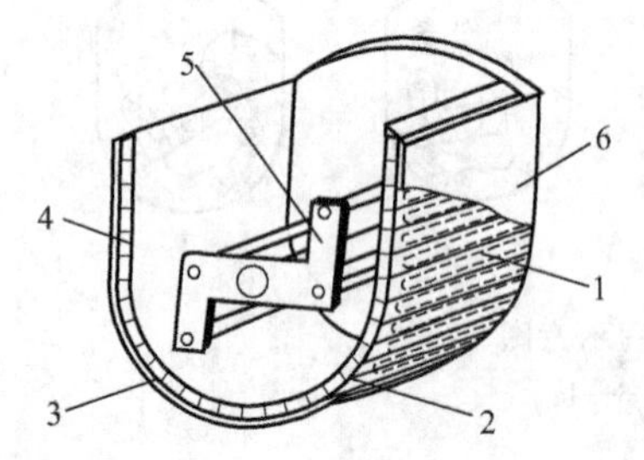

图9-12 搅拌容器示意图
1—冷却介质；2—隔板；3—隔热夹层；4—内壁；5—搅拌器；6—外壁

调和面团操作时，温度直接影响着面团形成的质量，而性质不同的面团又各有其不同的温度要求。因此对于高功效的调粉机，常在容器壁处设置夹套冷却装置。如图9-12所示，搅拌器为双层结构，冷却介质通过夹套内焊接的各个隔板使容器内的物料得到均匀冷却，在隔板外还填装隔热材料，以避免外界环境的干扰。

目前国内生产的调粉机大都不安装调温装置，而是通过降低某些物料调和前的温度等途径来达到食品加工工艺的要求。

卧式调粉机的容器与搅拌轴之间的密封性要求较高，以防止操作时物料与润滑油在容器与轴承间相互泄漏，污染食品，影响机器正常工作。由于搅拌轴转数较低，工作载荷变化较大，轴封处的间隙易发生变化，因此在选择密封装置时，应以变形范围较大的弹性元件为主，如J型无滑架橡胶密封圈等。也可选用其他一些可靠的密封型式。国外资料介绍空气端面密封装置是卧式调粉机较为理想的密封型式。

对于搅拌容器的翻转机构，通常分为机动与手动两种形式。

(1) 机动翻转容器的机构　一般是在容器侧壁装有齿轮，并由单独的电机及减速机带动实现翻转。这种机构调和操作方便，劳动强度较低，机器外形对称美观，但其结构较复杂，设备成本较高，它比较适用于大容量调粉机或高功效调粉机。

(2) 手动翻转容器的机构　大致有两种类型。一是在搅拌容器上装设蜗轮（或不完整齿轮）及蜗杆（或齿轮），通过用手转动蜗杆轴使其与蜗轮啮合并带动容器翻转。另一种则是直接依靠人力翻转，翻转位置由定位销限制。这种机构劳动强度较大，然而结构简单，设备成本低，机器外形不很对称。它比较适用于小容量调粉机或简易型调粉机。

3. 机架

调粉机操作时的工作阻力很大，但其转速较低，因而产生的振动和噪声都比打蛋机小。对小容量调粉机（容量为25kg），可以不设固定的基础。

调粉机的机架结构形式较多，对普通的卧式结构，容器两侧的机墙板及电机或减速器底座通常采用铸造框架，然后用型材连接而组成整体机架。对容量偏大或偏小的调粉机，还可采用全部铸造框架结构及全部型材焊接框架结构。

4. 传动装置

调粉机的传动装置比打蛋机简单，主要由电机、减速器及联轴节等组成，也有的机器还设有皮带传动机构。

调粉机工作转速较低，其减速比较大，故一般采用蜗轮减速器或行星减速器（行星减速电机）。前者传动效益低，摩擦磨损大，但构件成本较低。后者结构紧凑，传动效率高，能耗小，然而构件成本偏高。在调粉机的主传动系统中，尽量少采用蜗轮蜗杆传动机构。

调粉机工作转速变化范围大多在两种以内，这可通过采用双速电机或简易变速机构来实现，当前广泛应用的调粉机多为单一转速的设备，其工作转数多为25～35r/min左右。

调粉机电机功率的确定，目前国内普遍应用实验类比法设计，这种方法带有一定的局限性。商业部有关调粉机的标准规定为：

① 调粉机的空载功率不得超过额定功率的25%。

② 调粉机每调制25kg面粉的耗电量不允许大于0.2kW/h。

三、调粉机的操作与维护

1. 和面操作要求

根据和面的基本原理及影响和面效果的因素，为了获得具有良好加工性能的面团，应当精心操作，做到以下几个方面。

了解本厂本班所用小麦面粉中湿面筋的数量和质量、含水的多少，以便确定和面工艺参数，如加水量、加盐量等。因而方便面生产厂家必须建立质量检验部门，把原料面粉的有关指标及时通知生产车间。

根据所掌握的原料面粉的情况和季节气候的变化，随时灵活地调整加水率、加盐率和水的温度。具体操作还要做到“四定”，如下所述。

① 原料定量每次加入和面机中的面粉量要稳定，不能忽多忽少。加料太少，机内空隙大，料与料之间的碰撞机会少，面团不易搅拌均匀；加入料太多，则阻力过大，容易使电机超载，严重时甚至烧毁电机。

② 加水定量同一批原料，每次和面的加水量应基本保持一致。加水要求一次定准，一次加足，以利于小麦面粉能吸水均匀，如果一次加水不足，搅拌一段时间后发现水分不足再分次补加，由于加水时间有先后，小麦面粉吸水不均匀。如果一次加水过多，搅拌后再添加小麦面粉，后加入的小麦面粉吸水就不均匀，这两种情况都会影响面筋质的形成。所以，能否正确估算加水量，做到一次加足、干湿均匀，是衡量一个和面工人技术水平高低的重要指标之一。

③ 确定和面时间。和面时间应严格控制，卧式双轴和面机的和面时间应不少于15min，不能为片面追求产量而减少和面时间。国内用于方便面生产的和面机几乎都是卧式双轴和面机，其和面时间为15～20min。

④ 确定水温。和面用水的温度应严格控制，一般要保证和面温度为25～30℃，用温水和面不但对面团加工性能的改善有利，而且也易于溶解水溶性的添加剂。

2. 和面操作方法

① 首先根据工艺要求将食盐定量，盐水罐中放入水后按要求放入食盐。若需加热，打开蒸汽阀门加热，并搅拌，使食盐及其他添加剂溶解。

② 开车前检查和面机内有无异物，底部的卸料闸门是否已关闭，防护装置是否牢靠，电源电压是否正常。

③ 检查盐水定量罐的出口阀门是否处于关闭状态，检查盐水输送设备和原料输送设备是否正常。启动盐水泵，定量罐中加入盐水。

和面机开车前须先启动搅拌轴空转 3～5min，检查有无异常现象和杂音；如设备完好，再停机人工倒入面粉或启动进料装置进料。

面粉加入后应先启动和面机搅拌轴，然后再加水，以减少搅拌的动力负荷。喷水要均匀，加水总时间掌握在 1～2min 为宜。

面粉加水后，一般搅拌时间应控制在 15～20min。在控制时间内，和面机最好不要中途停机，如确需停机，时间最好不要超过 10min，如确需停机 10min 以上，必须将机内面料卸完后再启动试机。不同的添加剂应根据其特性溶解后一次加入和面机中。

在设备正常运行的情况下，为保证和面质量，最好采用自动控制。控制台上和面时间信号灯亮时，表示已到规定时间，立即按放料开关，开启出料闸门卸料，在卸料时不能停止搅拌，待全部面团卸完后，停止转动，关闭卸料阀门，放入下一批面粉后，再按正常操作程序进行。

若电动卸料装置失灵，可改用手动卸料。当电动卸料装置修复重新使用时，应及时将手动卸料门的手轮拆下，以防止启动电动卸料时，手轮随之旋转而发生人身事故。

在正常开机过程中，控制好每一次进料量。经常观察电压电流表读数和设备运行情况、轴承发热情况以及皮带运动情况，发现问题及时处理。在生产中，不得把手伸入料筒内。

和面质量的测定主要靠人的感观和经验来确定。

和面机内壁、搅拌轴、桨叶粘粉，每班清理 1～2 次，和面机与熟化机之间的下料溜筒每隔一段时间彻底清理一次。铲除下的变质、污染原料不得再作生产原料。工作完毕后，必须把黏附在搅拌机内壁、轴、桨叶上的面块彻底清理干净，避免细菌的繁殖和设备腐蚀。

传动防护装置在和面机正常运行时严禁打开或拆除，确需打开时，应先停机。

3. 和面机常见故障及分析

和面机常见故障及分析见表 9-1。

4. 和面机的维护保养

和面机的维护保养内容与周期见表 9-2。

表 9-1　和面机常见故障及分析

故　障	产生原因	排除方法
和面机加料后，搅拌速度明显减慢	1. 皮带过松； 2. 原料和水超量，电机负荷过重； 3. 电压低于 380V	1. 收紧传送带； 2. 检查面粉和水是否过多，检查电机是否缺相运转； 3. 检查电压是否正常
搅拌时，和面机内有部分物料不运动	搅拌齿紧固螺丝松动	拧紧搅拌齿的紧固螺丝
和面机运转后突然停车	1. 负荷过重，熔断丝烧断； 2. 磁力启动器脱扣； 3. 卡有异物	1. 检查电路接触部分是否良好； 2. 更换熔断丝； 3. 取出异物
和面机发生异响	1. 皮带与轴齿键的配合过松； 2. 轴承损坏、偏位； 3. 机内有异物	1. 键的配合按标准重新配制； 2. 将已坏轴承换下； 3. 停机取出异物

表 9-2　和面机维护保养内容与周期

序号	维护保养内容	周期	序号	维护保养内容	周期
1	出口的漏粉情况	每日	11	清扫出口，特别是出口与本体接触之处	每日
2	调整皮带的松紧	每周			
3	出口驱动状态(以速度控制器调整)	每日	12	空气排管是否泄漏	每日
4	搅拌叶的松弛情况	每周	13	调整器油量补给	每日
5	搅拌叶的平衡	每日	14	调节喂料器的清扫	每周
6	搅拌叶是否损伤	每日	15	油的更换(减速机)	3个月或半年
7	油量	每日	16	定时皮带是否损伤	每日
8	螺母的松弛	每周	17	螺丝阀门的操作	每日
9	异音	每日	18	各螺帽的松弛	每周
10	核对电流	每周	19	润滑油的消耗	两周

第三节　打　蛋　机

打蛋机在食品生产中常被用来搅打各种蛋白液，由此得名为打蛋机或蛋白车。该机搅拌物料的对象主要是黏稠性浆体，如生产软糖、半软糖的糖浆，生产蛋糕、杏元的面浆以及花式糕点上的装饰乳酪等。由于这些物料的黏度一般均低于调粉机搅拌的物料，故打蛋机的转速比调粉机高，通常在 70～270r/min 范围之内，所以也常被称为高速调和机。

打蛋机操作时，通过自身搅拌器的高速旋转，强制搅打，使得被搅拌物料充分接触与剧烈摩擦，以实现对物料的混合、乳化、充气及排除部分水分的效应，从而满足某些食品加工工艺的特殊要求。如生产砂型奶时，通过搅拌可使蔗糖分子形成微小的结晶体，俗称“打砂”操作。又如生产充气糖果时，将浸泡的干蛋白、蛋白发泡粉、明胶溶液及浓糖浆等混合搅拌后，可得到洁白、多孔性结构的充气糖浆。

打蛋机有立式与卧式两种结构，常用的多为立式打蛋机。近年来，随着食品工业的发展，又涌现出一些小型轻便的台式打蛋机。

一、立式打蛋机结构与工作原理

如图 9-13 所示为典型立式打蛋机的结构简图，它通常由搅拌器、调和容器、传动装置及容器升降机构等组成。

打蛋机工作时，动力由电动机经传动装置传至搅拌器，依靠搅拌器与容器间的具有一定规律的相对运动，使物料得以搅拌。搅拌效果的优劣受搅拌器运动规律的限制。

1. 搅拌器

立式打蛋机的搅拌器包括搅拌头和搅拌桨两部分组成。搅拌头的作用在于使搅拌桨在容器中形成一定规律的运动轨迹，而搅拌桨则直接与物料接触，通过自身的运动完成搅拌物料的任务。

(1) 搅拌头　对于固定容器的搅拌头，常见的是由行星运动机构组成。其传动系统如图 9-14(a) 所示。内齿轮 4 固定在机架上，当转臂 3 转动时，行星齿轮 2 受内齿轮 4 与转臂 3 的共同作用，既随转臂外端轴线旋转，形成公转，同时又与内齿轮啮合，并绕自身轴线旋转，形成自转，

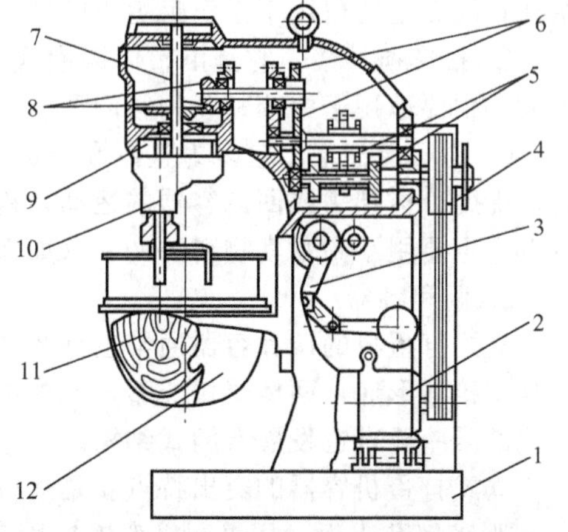

图 9-13　立式打蛋机结构简图

1—机座；2—电机；3—蜗架升降机构；4—皮带轮；5—齿轮变速机构；6—斜齿轮；7—主轴；8—锥齿轮；9—行星齿轮；10—搅拌头；11—搅拌桨；12—搅拌容器

从而实现行星运动。行星运动使搅拌桨在容器内产生如图 9-14(b) 所示的运动轨迹，这恰好满足了调和高黏性物料的运动要求。

对于具有回转容器的打蛋机来说，其搅拌头则是简单的定轴传动机构。这种结构通过容器回转产生相对于搅拌桨的公转运动，从而也能实现如图 9-14(b) 所示的运动轨迹。

对于立式打蛋机，由于搅拌头位于容器之上，打蛋机运转时，搅拌轴受随机径向偏载的影响易与其轴封间产生间隙变化，使得润滑油脂泄漏而污染容器内的食品。因此，对搅拌头的密封性要求很高，通常可采用下述措施克服。

① 采用圈形间隙式结构，即把搅拌轴与行星转臂机架的下端盖安装成一体。在机架下轴孔端部加工出一段凸缘，将其插入端盖的凹腔之内，并使两侧壁间存有一定间隙。当间隙处含油后，利用液压封闭防止泄漏。

② 采用高可靠性的密封装置如 J 型橡胶圈及机械密封等。不过采用 J 型圈密封的摩擦功耗较大，对轴有一定磨损，而用机械密封的结构复杂，成本较高。

③ 采用封闭轴承或含油轴承以减少润滑剂的加入量。

④ 采用耐高温的食品机械润滑剂也可使泄漏得到改善。

(2) 搅拌桨　打蛋机的搅拌桨结构根据被调和物料的性质及工艺要求而定。搅拌桨有多种型式，通用性较广的典型结构有以下三种，如图 9-15 所示。

(a) 传动示意图　(b) 运动轨迹示意图

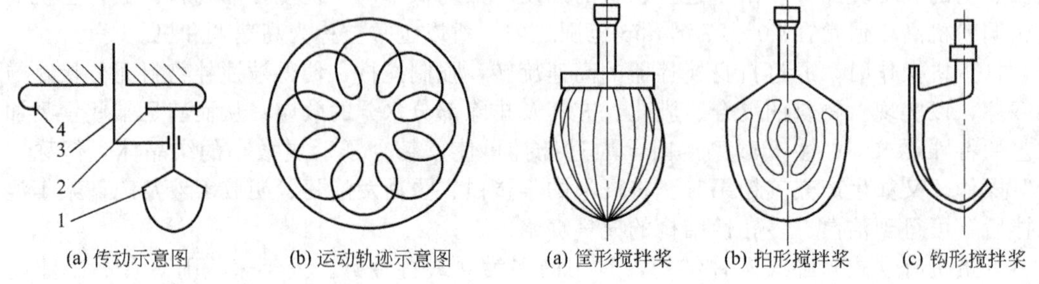

图 9-14　搅拌头示意图

1—搅拌桨；2—行星齿轮；3—转臂；4—内齿轮

(a) 筐形搅拌桨　(b) 拍形搅拌桨　(c) 钩形搅拌桨

图 9-15　打蛋机的搅拌桨

① 筐形搅拌桨。它是由不锈钢丝组成筐形结构，此类桨的强度较低，但易于造成液体湍动，故而主要适用于工作阻力小的低黏度物料的搅拌（如稀蛋白液等）。

② 拍形搅拌桨。它是由整体铸锻成球拍型。此类桨有一定的结构强度，而且作用面积较大，主要适用于中等黏度物料的调和（如糖浆、蛋白液等）。

③ 钩形搅拌桨。它多为整体锻造成与容器侧壁形状相同的钩形。此类桨的结构强度较高，借助于搅拌头或回转容器的运动，钩形桨的各点也能够在容器内形成复杂的运动轨迹，所以它主要用于高黏度物料的调和（如面团等）。

2. 调和容器

立式打蛋机的调和容器通常也称为“锅”。它的结构特征与搅拌机容器相似，即圆柱形筒身下接球形底，两体焊接成型，或整体模压成型。容器普遍为开式结构，近年来根据食品工艺的某些要求也发展有闭式结构。

立式打蛋机容器的突出特点就是适应于调制工艺的需要可随时装卸。通常在容器外壁焊有 L 形带销孔支板，用以同机架连接固定。容器的定位机构一般采用间隙配合的两个圆柱销来实现，容器通常靠斜面压块压紧支板来完成夹紧，如图 9-16 所示。

对于这种结构，由于压块 3 对支板 2 的作用斜面在容器 1 切线方向上，当搅拌桨对物料做行星运动时，支板作用在压块上的搅拌主动力方向不断变化，这样就有可能破坏由斜面构成夹紧机构的自锁状态，引起容器振动，显然这种机构具有一定的不足。当搅拌力很大或设备使用时间较长时，应考虑增加压紧力或摩擦力的措施。比较可靠的夹紧型式是采用增加夹紧点的方案，即在设置上述夹紧机构的基础上，再在容器立柱上固定安装一段限位支杆。当搅拌容器在其丝杆螺母升降机构带动下，升至工作位置时，限位支杆恰好抵压在容器支板上。支板的作用一方面对容器垂直方向的工作位置进行了限制；另一方面通过丝杆螺母的自锁性，将容器支板牢固压紧在机架上。由于以上三个夹紧点的共同作用，即可满足容器夹紧时的工艺要求。

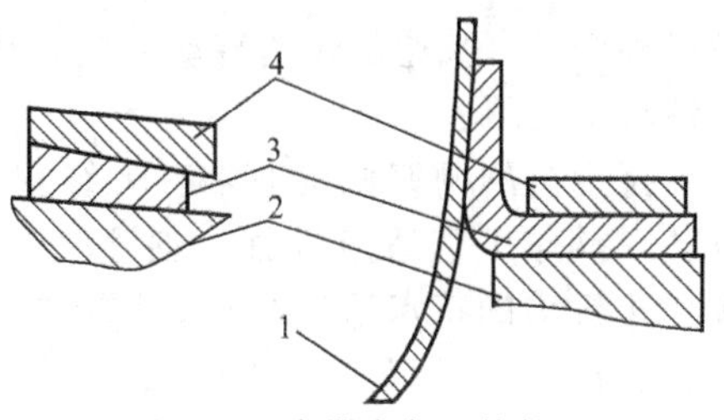

图 9-16 容器夹紧机构简图

1—容器；2—支板；3—斜面压块；4—机架

3. 容器升降机构

立式打蛋机通常设有容器升降机构，它使得固定在机架上的容器可以做少量的升降移动和定位自锁，以适应快速装卸的操作要求。典型的容器升降机构如图 9-17 所示。

通过转动手轮 1 并由同轴凸轮 2 带动连杆 3 及滑块 4，使支架 5 沿机座 6 的燕尾导轨作垂直升降移动，升降距离由凸轮的偏心距而定，一般约为 65mm。当手轮顺时针转到凸轮的突出部分与定位销 8 相碰时，即处在上极限位置，此刻连杆轴线刚好低于凸轮曲柄轴线，这便使容器支架固定并自锁在上极限位置处。平衡块 7 通过滑块销轴产生向上的推力，目的是减缓升降时容器支架的重力作用。

有些立式打蛋机的升降机构采用丝杆-螺母结构。通过转动手轮，带动丝杆旋转，使螺母移动，从而实现容器升降运动。

4. 机座

打蛋机的机座承受搅拌操作的所有负载。由于搅拌器的高速行星运动，使机座受到交变偏心力矩和弯扭作用，并易引起振动。为了保证机器具有足够的刚度和稳定性，故需采用薄壁大断面轮廓的铸造箱体结构。

5. 传动装置

立式打蛋机的传动过程一般是电动机把动力经一级皮带减速传至调速机构，而后再由齿

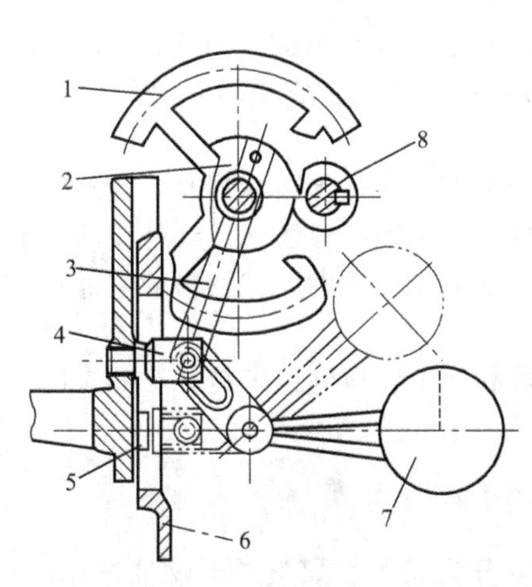

图 9-17 容器升降机构

1—手轮；2—凸轮；3—连杆；4—滑块；5—支架；6—机座；7—平衡块；8—定位销

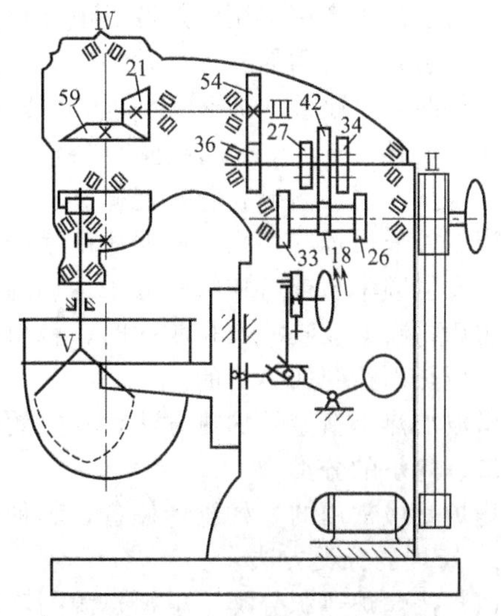

图 9-18 立式打蛋机传动系统

轮机构变速、减速及改变转动方向，使搅拌头获得转矩。如图9-18所示为典型立式打蛋机的传动系统图。

打蛋机的调速机构通常有无级变速和有级变速两种类型。无级变速机构变速范围宽，设备对操作工艺适应性强，通用性广，但结构复杂，制造维护较困难，设备成本高。有级变速机构的特点恰好相反。国产打蛋机绝大部分采用有级变速机构，对作用单一的台式打蛋机则通过双速电机变速或不设变速机构。

立式打蛋机的典型有级变速机构是由两对三联齿轮滑块组成，如图9-18所示。通过手动拨叉，使不同齿数的齿轮啮合，实现传递三种不同的速度。这已能够满足一般性食品搅拌工艺的操作要求。打蛋机在低速段的转速为70r/min，在中速段的转速为125r/min，较高转速为200r/min以上。

国产打蛋机传动装置的布置有两种形式。一种是如图9-18所示，由三根水平传动轴及五对齿轮构成。其结构特点是，齿轮箱较大，构件较多，但制造工艺精度要求低，维修调整方便。另一种是把如图9-18所示中的齿轮箱内的两个轴合为一根水平轴，这样减少了一级传动，即减小了一根轴及一对齿轮，增加了齿轮间的转速比，不过其水平轴较长，刚度易降低，若采用两点支承，则需考虑加粗轴径；若采用三点支承，将给加工装配带来一定的复杂性。它的总成本要比第一种结构低一些。

二、打蛋机的操作与维护

打蛋机作为一种调和机，它的操作与维护和调粉机的操作与维护基本相同，可参照上一节内容来完成对打蛋机的操作与维护。

第四节 焙烤设备

面包、饼干成型后，置于烤炉等焙烤设备中，经烘烤，使坯料由生变熟，成为具有多孔性海绵状态结构的成品，并具有较深的颜色和令人愉快的香味，及优良的保藏和便于携带的特性。

一、加热原理

焙烤食品生产中常用的热源是电加热器。电加热器是一种通过电热元件把电能转变为热能的加热装置，常用的有远红外加热和微波加热两大类。

红外线是电磁波，波长范围为0.72～1000μm，分近红外线（波长0.78～1.4μm）、中红外线（波长1.4～3μm）和远红外线（波长3～1000μm）3类。它与可见光线一样按直线传播并服从反射、透射和吸收定律。

当红外线或远红外线辐射器所产生的电磁波以光速直线传播到达物体时，红外线或远红外线的发射频率与被烤物料中分子运动的固有频率相同，也即红外线或远红外线的发射波长与被烘烤物料的吸收波长相匹配时，就引起物料中的分子强烈振动，在物料的内部发生激烈摩擦产生热而达到加热目的。

微波加热是新型的加热方法，其热效率高，在食品加工中得到越来越广泛的应用。

二、烤炉的分类

烤炉是最常用的一种烘烤设备，其种类很多。

1. 烤炉的分类方法

（1）按烤炉热源分类　根据热源的不同，烤炉可分为煤炉、煤气炉、燃油炉和电炉等。最广泛使用的是电炉。电烤炉具有结构紧凑、占地面积小、操作方便、便于控制、生产效率高，以及焙烤质量好等优点。其中以远红外烤炉最为突出，它利用远红外线的特点，提高了热效率且节约电能，在焙烤行业广泛应用。

（2）按结构形式分类　食品烤炉按结构形式不同，可分为箱式炉和隧道炉两大类。

2. 常用烤炉

（1）箱式炉　箱式炉外形如箱体，按食品在炉内的运动形式不同，分为烤盘固定式箱式炉、风车炉和水平旋转炉等。其中烤盘固定式箱式炉是这类烤炉中结构最简单，使用最普遍，最具有代表性的一种，因此常简称为箱式炉，如图 9-19 所示是几种典型的箱式炉结构。

(a) 箱式烤炉外形

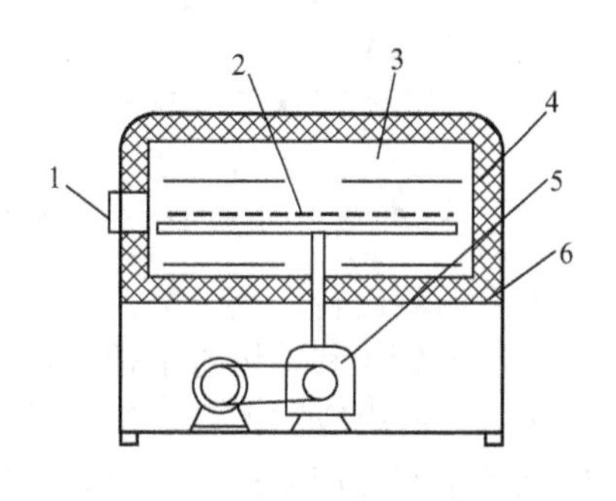

(c) 水平旋转炉结构示意图

1—炉门；2—加热元件；3—烤盘；4—回转支架；5—传动装置；6—保温层

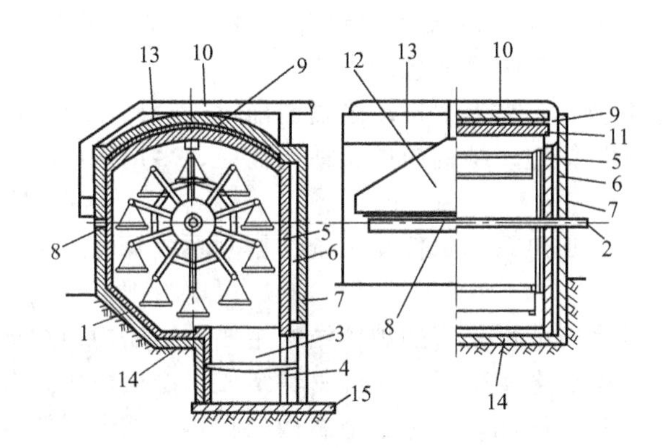

(b) 风车炉结构

1—转篮；2—转轴；3—焦炭燃烧室；4—空气门；5—炉内壁；6—保温层；7—炉外壁；8—炉门；9—烟道；10—烟筒；11—挡板；12—排气罩；13—炉顶；14—底脚；15—燃烧室底脚

图 9-19　几种典型的箱式烤炉

箱式炉炉膛内安装有若干层支架，用以支撑烤盘，辐射元件与烤盘相间布置。烘烤过程中，烤盘中的食品与辐射元件间没有相对运动。适合于中小型食品厂使用。

风车炉因烘室内有一形状类似于风车的转篮装置而得名。这种烤炉多采用无烟煤、焦炭、煤气等为燃料，也可以采用电及远红外加热技术。其热效率高，占地面积小，结构比较简单，产量较大，目前仍用于面包生产。缺点是手工装卸食品，操作紧张，劳动强度较大。

水平旋转炉内设有一水平布置的回转烤盘支架，摆有生坯的烤盘放在回转支架上。烘烤时，由于食品在炉内回转，各面坯间温差很小，所以烘烤均匀，生产能力较大。缺点是劳动强度较大，且炉体较笨重。

（2）隧道炉　隧道炉是指炉体很长，烘室为一狭长的隧道，在烘烤过程中食品沿隧道做直线运动的烤炉，所以称为隧道炉。隧道炉分为钢带隧道炉、网带隧道炉、烤盘链条隧道炉和手推烤盘隧道炉等几种。

钢带隧道炉是指以钢带为载体，沿隧道运动的烤炉，简称钢带炉，如图 9-20 所示。

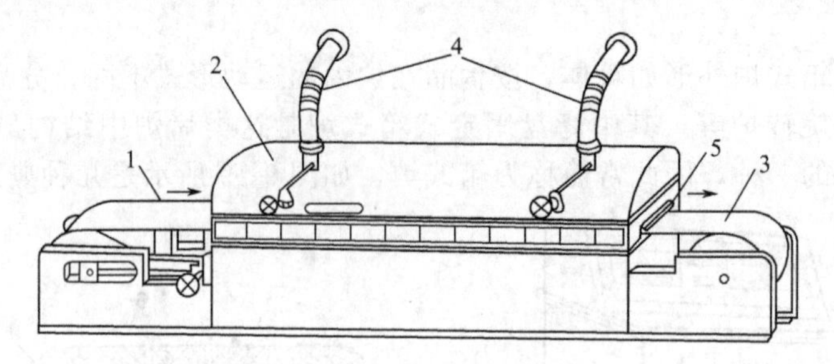

图 9-20 钢带炉外形图

1—入炉端钢带；2—炉顶；3—出炉端钢带；4—排气管；5—炉门

由于钢带只在炉内循环运转，所以热损失少。

网带隧道炉简称网带炉，其结构与钢带炉相似，只是传送面坯的载体采用网带。网带由金属丝编制成。由于网带网眼空隙大，在焙烤过程中制品底部水分容易蒸发，不会产生油滩和凹底。网带运转过程中不易产生打滑，跑偏现象也比钢带易于控制。网带炉焙烤产量大，热损失小，易与食品成型机械配套组成连续的生产线。缺点是不易清理，网带上的污垢易于粘在食品底层。

烤盘链条隧道炉是指食品及其载体在炉内的运动靠链条传功来实现的烤炉，简称链条炉。根据焙烤食品品种不同，链条炉的载体大致有两种，即烤盘和烤篮。烤盘用于承载饼干、糕点及花色面包，而烤篮用于听型面包的烘烤。

另有一种手推烤盘隧道炉，是靠人力推动烤盘向前运动。操作时，进出口各需一位操作者，以完成装炉和出炉。其炉体短、结构简单、适用面广，多用于中小食品厂。

三、烤炉的结构

烤炉的结构主要由炉体、加热系统、传动系统、排潮系统及电控系统等部分组成。

1. 炉体

(1) 炉体结构　目前食品行业可采用的炉体结构主要是金属构架炉体。

金属构架炉体由型钢构架、金属薄板和保温材料组成。型钢构成骨架，金属薄板安装在构架两侧，中间充填保温材料。因此，避免了金属构架吸热，减少了热量损失。这种结构的特点是炉体轻巧、灵活、热惯性小，而且可做成各种形式，以适应各种产品的烘烤要求。其缺点是成本比砖砌炉体高，钢材用量较多。

(2) 炉体尺寸　炉体的主要尺寸包括炉膛截面和炉体的长度等。

① 炉膛截面。炉膛的截面主要有长方形和拱形两种，如图 9-21 所示。长方形的炉顶呈平面形，这样可以减少炉膛高度，降低热量损失，但容易形成死角，这对饼干中水分蒸发不利。拱形顶呈圆弧状，它的截面尺寸比平面尺寸稍大，加热饼干所需的热量将会有所增加。但拱形顶便于水蒸气的排放，避免形成积聚水蒸气的死角，这对提高饼干的质量是有利的。

② 炉体的长度。炉体的长度与生产能力、烘烤时间及运行速度有关。对于同一种食品来说，在一定的加热温度条件下，焙烤时间变化不大，所以生产能力愈大，则要求食品在炉内的运动速度愈快，且炉体愈长，通常炉体长度为 60～100m。

(3) 烤炉内的反射装置　红外线在传播过程中和可见光一样，遵守光的反射定律和折射定律。反射装置就是利用红外线的这一性质，以减少能量损失，提高热的利用率。

(4) 炉体的密封结构　炉体的密封是防止热量散失的措施之一。密封不好，不仅损失热量，而且也影响食品烘烤质量。

① 隧道炉的密封。主要是指每节炉体的结合部分的密封，通常采用石棉垫以防止漏气

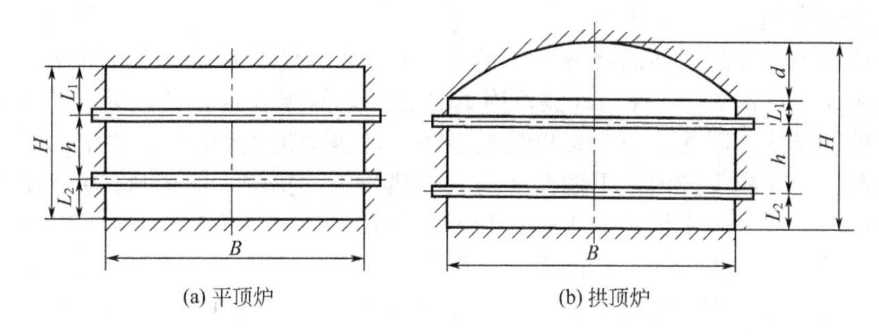

(a) 平顶炉　　(b) 拱顶炉

图 9-21　炉膛截面形状

L_1、L_2—上下加热元件至炉顶（拱底）与炉底的距离；h—上下加热元件之间的距离；d—拱顶高；H—炉膛高度；B—炉膛宽度

现象，确保温度不受影响，同时还对炉体热胀冷缩起缓冲作用。另外还应在电热管孔隙处用石棉绳密封，以防漏烟、漏气，损失热量并污染环境。为防止炉体内外框架连接处将热量引出炉外而导致能量散失，还应采取内外框架隔离措施。

② 箱式炉密封。主要是指炉门的密封。炉门经常开关，密封不好散热量大。这对于在炉内固定不动的食品烘烤质量不利，使得靠近炉门处的食品烘烤出现火轻或不均匀现象。另外如果密封不良，还会使炉门表面温度过高。通常采用石棉绳或硅橡胶制品作为密封材料。

(5) 炉体的保温　炉体保温形式随炉体的结构不同而不同。砖砌和预制构件炉体都是以其本身作为保温层，而型钢构架炉体的保温则是靠保温材料实现的。炉体保温效果的好坏对烤炉的加热效率影响很大。有些烤炉的外壁温度高达 50～60℃以上，这样经外壁散失的热量将占功率的 20%以上。在加热炉正常工作时，炉外壁的温度不应高于 50℃。

(6) 炉门调节装置　为减少烤炉进、出炉口处的热量损失，便于观察和维修，需要有炉门调节装置来调节炉口的大小。目前最常用的炉门调节装置有两种：一种是滑动式炉门调节装置，另一种是旋转式炉门调节装置。

如图 9-22 所示是一种应用较多的滑动式炉门调节装置。分度板 4、支座 8 和炉门导板 10 均固定于炉体机架 1 上。分度板上有一圈分度定位孔。当装在手柄 6 内的弹簧塞销 5 伸入分度板的分度孔内时，炉门处于静止状态。当炉门需要调节时，拔出弹簧塞销，转动手柄，这时回转塞销轴 7 就带动连杆 3 和 2，使嵌在炉门导板 10 内的炉门 9 上下滑动，在炉门达到所要求的开放程度时，使弹簧塞销重新嵌入分度板的分度孔内，这时炉门调节完毕。

旋转式炉门调节装置，只采用滑动式调节装置的上半部，炉门直接固定于回转塞销轴上，依靠炉门的摆动来调节炉口的大小。这种调节装置结构简单，但调节效果不及滑动式调节装置效果好。

2. 加热系统

加热系统是烤炉的关键部分之一。目前，加热元件普遍采用红外线辐射元件，它在烤炉中的布置是否合理，对烤炉的热利用率、食品的烘烤质量有着直接影响。

3. 传动系统

烤炉的传动系统用以输送烘烤制品，并使其在烤炉内有合适的停留时间，以保证制品的烘烤质量。传动系统包括炉带、传动装置、张紧装置、调偏机构等。前面已有讲解，这里不在赘述。

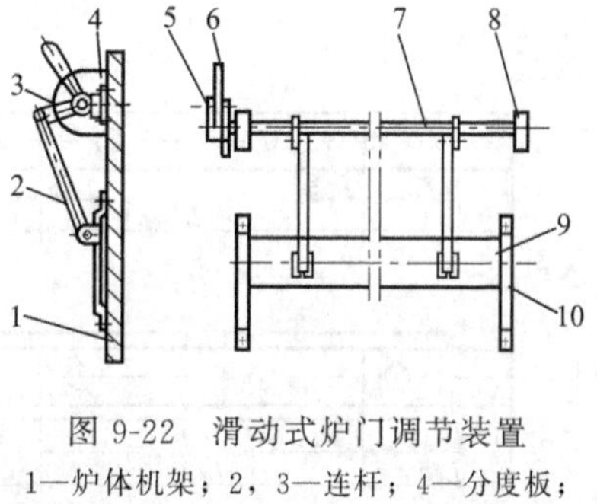

图 9-22　滑动式炉门调节装置

1—炉体机架；2，3—连杆；4—分度板；5—弹簧塞销；6—手柄；7—回转塞销轴；8—支座；9—炉门；10—炉门导板

4. 通风排潮系统

在焙烤过程中，食品面坯的水分大量逸出。水蒸气一方面阻碍面坯表面水分蒸发，另一方面水蒸气在 3～7μm 及 14～16μm 波段附近具有大量的吸收带，使红外线透射衰减，因而加热效率大幅度降低。因此，应当设置排潮系统，适当地加大炉内气体的流动性，以利水分从面坯表面逸出，并减少炉内上下温差。为减少热损失，排潮一般用自然引风系统。

(1) 箱式炉通风排潮系统 由于箱式炉的产量较小，蒸汽排放量也较小，因此对箱式炉的排潮只需设排气孔和通风孔。孔的大小、个数可根据排汽量大小设计。排气孔过小，对排汽不利；排气孔过大，则热量散失过多。由经验可知，排气孔直径以 10～15mm 为宜。气孔个数可按一次烘烤量 1kg 面粉 0.8～1 个孔近似计算，其位置可在顶部或炉后上方。通风孔则可视炉体大小在底部开设，大小与排气孔相同，个数为 2～4 个。

(2) 隧道炉通风排潮系统 由于隧道炉的产量一般都很大，相应的蒸汽排出量也增加，因此蒸汽必须排至车间以外，以免污染工作环境。

通风装置应合理布局，即正确地布置排气管的数量和位置。它与制品要求的烘烤工艺和烤炉的加热温度分区有着非常密切的关系。以饼干烤炉为例，饼干在烘烤过程中通常可分为胀发、定型脱水、上色三个阶段，所以，排气管的数量和位置必须适应这一工艺要求。过大的通风量会造成较大的热损失，故一般在饼干烘烤炉中不采用强制通风，而采用自然通风。这时烟气在排气管中的阻力全靠排气管本身的温差所产生的抽力来克服。为了保持排气管两端原有的温差，提高抽力，可在排气管进口处包封上适当的保温材料。排气管应设置在烘烤炉中有大量烟气挥发的部位。为便于烟气的排放，排气管都装在炉体的顶部。由于选择通风系统的许多参数不可能都是十分准确的，外界环境会经常发生变化，同时，烘烤不同的饼干，所产生的水蒸气量也有较大的差异，所以，设计出的排气管直径有时与实际使用有一定的差距。最好在设计时适当放大排气管的直径，然后在排气管的入口处安装一个调节阀门，通常可自制一个手动蝶阀，以便在操作中有调节排气量的余地。如图 9-23 所示为几种主要形式的排气管布置简图。

上述几种排气管的布置形式是以三个烘烤分区为基础的，对于三个以上的分区，其布置原则与三个分区的相似。

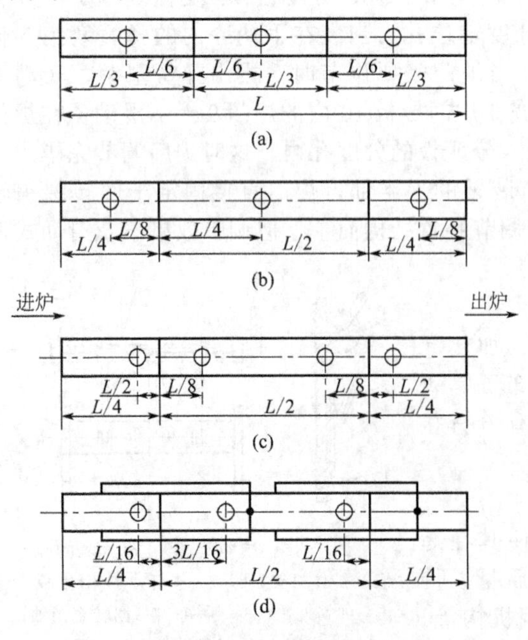

图 9-23 四种排气管的布置简图

综上所述，对于隧道式烤炉来说，应注意其高温区的排潮。而在炉前区（入炉端）则希望含有较多的水蒸气，避免面包、饼干生坯表面过早地结壳，影响体积增大和中心部位的成熟。为此，可建立特殊的蒸汽循环系统。一般说来，烤炉中间区域是物料中水蒸气大量蒸发的区域，因此，可将中间区域的蒸汽引至入炉端，以增加第一温区的湿度。也有些面包厂采用喷水的方法来提高炉前区的湿度，从而对面包的重量、体积、形状和色泽的改善均可以起到良好的作用。

5. 电控系统

烤炉的电控系统主要是用来控制和调节烤炉的温度。食品烤炉的温度应根据具体被烘烤食品的工艺条件而定。为扩大烤炉的使用范围，炉内温度及温区必须具有一定的调节量，以适应不同食品的烘烤操作。

四、烤炉的操作与维护

1. 箱式炉的使用方法及故障排除方法

(1) 使用方法

① 把 380V 线路的 A、B、C 三相及 0 线接到炉体接线柱上。

② 配电箱上装有电门开关及自控、手动选择开关。

③ 按食品烘烤温度，将仪表拨准，再接通电源使其加热，此时绿灯即亮，温度达到后绿灯熄灭，红灯即亮，表示恒温状态，温度低落后又能自动开启。

④ 调节底面火距离。

⑤ 炉体的金属部分必须可靠接地。

⑥ 宜放在通风干燥的固定位置。

⑦ 电热管使用 6 个月后，重涂一次远红外涂料为好，且紧固接头螺帽。

⑧ 维修时，必须切断电源确保安全。

(2) 常见故障及排除方法　箱式炉常见故障及排除方法见表 9-3。

表 9-3　箱式烤炉的常见故障及排除方法

故　障	故　障　原　因	排除方法
温控失灵	1. 温控表失调或电偶断裂； 2. 控制电路断路或松动； 3. 自动开关未打开	1、2. 调换； 3. 打开
箱内温度下均匀或温度达不到给定温度	1. 熔丝断造成二相通电； 2. 部分电热管断丝或一次电路接头松动； 3. 烘盘未推到炉壁； 4. 升降架不平衡； 5. 四周保温材料不够实； 6. 电热管两边保温绳没扎实，造成热量外泄	1. 调换； 2. 重新接线或拧牢； 3. 推到炉壁 4. 调整升降架； 5、6. 加保温材料重扎
开机时有电磁异声	继电器式接触器电磁块有锈铁尘染	砂洗
升降架失灵或开闭门太紧，太松	1. 钢丝绳卡住或断掉； 2. 钢丝绳太长； 3. 门轴承过大或过小； 4. 门壁间隙过大或过小	1. 更新调换； 2. 截短； 3. 修理； 4. 修理

2. 隧道炉的操作与维护

(1) 隧道炉的设计注意事项

① 隧道烤炉的设计步骤。首先应根据设计任务书要求的产品种类、产量计算烤炉的长度，设计机械传动部分，然后设计加热系统、炉体结构、通风装置、调偏机构等其他部件。

② 烤炉中与制品接触的零部件，尽量不要采用铜材，特别是容易形成铜末的零部件，如铜刷等。因为铜能起催化剂作用，加速制品中的油脂酸败，影响产品质量和缩短保存期。

③ 烤炉传动部分的供电系统最好有一路备用电源，以便在供电发生故障时使传动部分继续运转，将停留在炉膛内的制品输送出来。如果不能满足上述条件，也可采用机械装置，在传动轴的一端安装一个活动的手动棘轮机构。当正常运转时，带有棘爪的手柄与装在传动轴上的棘轮脱开。当供电出现故障时，将手柄上的棘爪嵌入棘轮，然后转动手柄，即能使炉带继续运动。另外在传动轴的一端，安装一个脚踏链轮装置也能收到同样效果。当需要时，就能像蹬自行车一样，通过传动轴带动炉带运动。

④ 在隧道烤炉中，应设计一套炉带跑偏的警报装置。炉带的正常运行对生产是至关重要的，当炉带的跑偏量超过极限位置时，炉带会因摩擦炉膛内壁而损坏，造成停产。因此除了自动调偏机构及时调偏外，还需警报装置，便于操作工人采取紧急措施。

⑤ 在烤炉的侧面，每个温度分区应至少设置两个视孔，以便随时观察炉内制品的烘烤情况。结构完善的视孔装置可在炉墙的内壁和外壁各安置一道活动门盖，以减少视孔处热量的散失。

⑥ 在烘烤的后半部，制品中的水分大量蒸发，成熟度增加，在炉带上的附着力逐渐下降，由于炉带两侧的跳动，制品可能被振动而落入炉膛两侧的下部。经过长时期的堆积，食品会将炉带下部的电加热管封住，使它因热量散发不出而烧坏，或将煤气燃烧器的火孔和燃烧空间堵死，使之不能燃烧。所以，有条件的话，应在炉膛两侧设计一个出饼机构。

⑦ 不在楼房底层的烤炉应尽可能的轻。为了减少建筑费用，应使楼板对烤炉的承重量最好不大于 $1tf/m^2$。

⑧ 烤炉的每个温度分区内至少应安装一只自动测温计，用来测定烤炉的温度。根据我国隧道烤炉生产线的现有水平，在烤炉长度方向上，还没有进行连续测温，一般都测定每个温度分布区的平均温度，故自动测温计可安装在每个温度分区的中部位置。自动测温计的测温点应位于烤炉的中心线上。自动测温计一般设置在炉带上方 80～150mm 处。采用电热管加热时，测温计可安置在炉带和电热管的中间。

⑨ 采用电热管加热时，烤炉侧面电源进线的接头处应设置安全保护罩，以保证操作工人的生命安全。

⑩ 在烤炉靠墙的一侧，炉体外壳与车间墙壁之间应留有一定的距离，一般为 1～1.5m，以供操作工人在操作、检修行走时使用。

(2) 隧道炉的安装注意事项　隧道烤炉通常建筑在精度要求不高的水泥地坪上，占地面积较大。但为了保证炉带的正常运行，烤炉的机械传动部分需要有一定的安装精度，这就要求烤炉的安装工人具有较高技术水准。另外，为了保证烤炉的安装精度和便于包装运输，除了进炉机架、出炉机架和传动部件等由机械制造厂组装成部件外，其余的部件都应在现场安装，特别是炉体和保温材料的砌筑大都由用户自行施工安装。其主要安装步骤如下所述。

① 根据烤炉的平面布置图，在地坪上砌筑基础结构，在布置有地脚螺栓的部位，应预先设置预埋孔。

② 按照烤炉的总装尺寸确定安装位置。在基础结构上安装进炉机架和出炉机架部件，校正进出炉机架和滚筒的中心线，确定垂直和水平位置，最后紧固地脚螺栓。

③ 安装烤炉的炉体机架。首先在基础上安装钢结构的横梁机架，即基础导轨。其后，安装垂直机架，再安装各部连接构件和预制构件。对组合式的框架，可直接整体连接安装在横梁机架上。在炉体机架的安装过程中，需随时校正炉体与进、出炉机架部件的中心位置偏差。

④ 砌筑炉墙和保温材料。对采用保温砖砌成的炉墙，应保证有良好的密封性，以减少热量散失。在炉墙的内外表面需粉刷保护层，内壁的保护层应有较高的耐热性能，表面要保持平整光滑，以免损坏炉带。

⑤ 安装托辊和调偏机构。所有托辊的高度要求在同一水平面上，以使炉带与每一个托辊都能保持接触，达到良好的支承效果。在安装炉带之前，必须先调整好托辊之间的平行度和每一个托辊的水平度。

⑥ 安装炉带。在安装炉带之前，炉膛的顶盖不能封起来，这样便于安装时牵引炉带。安装钢带时，应做一个临时的托架，炉带被张紧以后，钢带就能方便地在托架上焊接或铆接。安装网带时，应使网带处于松弛状态，然后用横向铁丝将网带连接起来。炉带连接好以后，需要最后进行空车试运转，检查炉带的运转是否正常，跑偏量是否在规定允许范围之内。

⑦ 安装加热系统。对电加热器，除了安装和调试加热元件之外，还必须完成电气线路和自动控制设备的安装和调试工作。对煤气燃烧器，则应完成燃烧器、供气管道和控制阀门等的安装和调试工作。

⑧ 安装炉顶、排气管、炉体外罩、机械转动部分的防护罩，以及其他附属机构。

⑨ 空车调试。总体安装全部完毕以后，即可进行整体空车试运转。

⑩ 实物试车。选择生产制品的典型品种进行实物试生产，待一切正常以后，就可交付生产使用。

(3) 隧道炉的操作步骤

① 操作者在操作之前应熟悉烤炉的工作原理、各部件结构、作用及其操作方法等。

② 开车前需将各传动部件加好滑润油，空车运转，调整好炉带的跑偏位置。根据烤炉所需的预热时间，预先打开电源，使电热器均匀地升温，或使煤气燃烧器均匀燃烧。有调节阀门可先将火焰调得小些，然后逐步开大。

③ 张紧炉带，使炉带能随滚筒运转而不打滑。

④ 启动电机，让炉带处于低速运行状态。

⑤ 逐步升温。烤炉升温以后，炉带因受热膨胀会进一步伸长，这时需再次张紧炉带，并增大其运行速度。

⑥ 当炉温升到烘烤温度时，制品即可进入，并根据烘烤要求调整炉带的线速度至正常工作状态。

⑦ 烘烤运行时，应按照制品的不同品种掌握炉温，控制含水量，观察制品的烘烤质量，如色泽是否均匀等。若发现烘烤制品有质量问题，应及时采取调整措施。随时观察烤炉的加热和传动部分，如发现异常情况，应立即采取措施，排除故障。

⑧ 停止生产时，应先切断全部电加热器的电源，或关闭燃烧器，然后适量放松炉带，根据实际情况，让炉带继续运行一段时间，使炉带均匀缓慢地冷却到较低的温度，以减少炉带的应力集中。

⑨ 当炉带冷却到100℃时，关闭电动机电源，使炉带停止运动，最后将炉带完全放松至操作前的初始位置。

(4) 隧道炉的维护和保养

① 维护和保养的具体标准

a. 烤炉必须满足生产工艺和产量、质量的要求。

b. 设备的各个零部件必须达到规定的性能指标，转动部件运转正常，性能良好，操作和调节部件动作灵敏可靠。

c. 加热系统结构完备，热量指标符合规定要求，电气线路或煤气管道畅通，自动控制装置动作正确、灵敏。

d. 炉带材质均匀，结构合理，松紧适度，清洁平整，接头处精确光滑。

e. 炉带托辊转动灵活，上下左右方向可以随时调整。

f. 排气装置畅通无阻，冷凝液不得有回滴现象。

g. 炉带的调偏机构和报警装置动作灵敏可靠。

h. 保温材料保温性能良好，炉墙不得有开裂和缺陷存在。

i. 润滑系统装置齐全，油路畅通无堵、无漏油现象。

j. 烤炉内外清洁平整，无黄袍（粘于机器表面的油膜）油垢，无积灰和锈蚀。

k. 安全装置和防护罩等齐全可靠。

② 隧道炉的三级保养。烤炉和其他设备一样，可实行三级维修保养制度，即日常维修保养、一级保养和二级保养。在维护保养过程中，需确保设备经常处于良好的技术状态，延

长设备的使用寿命，保证产品质量的提高，并获得良好的经济效益。

a. 日常维护保养。操作工人班前、班后应认真检查烤炉各部位，根据制品的不同增减辅助装置。检查烤炉加热器的供热情况。擦拭烤炉各部及其外表，使其保持整齐清洁。清除炉带上的制品碎屑。停产时应放松炉带。按规定加注润滑油。认真做好交接班记录。班中发现故障需及时排除。日常维护保养一般利用每天下班前15min进行，周末可略提前。

b. 一级保养。一级保养以操作工为主、维修工配合，一般每月进行一次。也可利用星期休息日轮流对烤炉各部进行一级保养，作业时间在一天之内。

保养内容如下所述。

ⓐ 对烤炉进行局部拆卸，检查和整修各部结构。

ⓑ 调整所有传动部件和轴承的间隙，清除异物，发现零件损坏应及时更换。

ⓒ 检查和调整炉带，去除炉带两旁的卷边和粘在炉带上的碎屑及油污。

ⓓ 检查加热器或煤气燃烧器的性能是否完好，供电或供气路线是否畅通无阻。

ⓔ 检查和清洗所有润滑点，保持润滑正常，消除漏油现象。

ⓕ 紧固各部的螺丝和螺帽，使其牢固可靠。

ⓖ 清扫电动机，检查和调整电气装置，保持其动作灵敏可靠。

ⓗ 清扫炉墙外部和外罩及传动部位的外表，去油污、积灰和黄袍，保持烤炉整体的清洁卫生。

c. 二级保养。二级保养以机修工人为主、操作工人配合，一般6～12个月进行一次，作业时间为1～2星期，目前许多工厂进行的大修即为二级保养。

保养内容如下所述。

ⓐ 二级保养需包括一级保养的全部项目。

ⓑ 对烤炉部分进行解体检查和修理，如拆卸炉体、清扫炉膛和更换保温材料等。

ⓒ 检查所有传动机构，进行清洗换油，修复和更换磨损件。

ⓓ 检查和修复全部的加热器装置和自动控制系统，安装牢固，保证生产安全可靠。

ⓔ 检查和清洗炉带，不得有裂纹和卷边，接头处应平整、光洁。如发现损坏，需更换局部或全部炉带，炉带清洗以后应上油。

ⓕ 清理烤炉的外表及其周围环境。

【本章小结】

焙烤食品加工机械与设备主要包括调粉机、打蛋机、焙烤设备等。调粉机在面类食品的加工中，主要用来调制各种性质不同的面团，所以也被称为和面机。不同的搅拌桨可以调制不同的面团。由于面团的黏度很大，流动极为困难，使得调粉机部件的结构强度较大，工作转速较低，通常在20～80r/min范围以内，所以也常被称为低速调和机。在搅拌机械中，调粉机属于较重型的机械设备，它广泛应用于面包、饼干、糕点及一些饮食行业的面食生产中。打蛋机在食品生产中常被用来搅打各种蛋白液，由此得名为打蛋机或蛋白车。该机搅拌物料的对象主要是黏稠性浆体，如生产软糖、半软糖的糖浆，生产蛋糕、杏元的面浆以及花式糕点上的装饰乳酪等。由于这些物料的黏度一般低于调粉机搅拌的物料，故打蛋机的转速比调粉机高，通常在70～270r/min范围之内，所以也常被称为高速调和机。打蛋机有立式与卧式两种结构，常用的多为立式打蛋机。近年来，随着食品工业的发展特点，又涌现出一些小型轻便的台式打蛋机。面包、饼干成型后，置于烤炉等焙烤设备中，经烘烤，使坯料由生变熟，成为具有多孔性海绵状态结构的成品，并具有较深的颜色和令人愉快的香味，及优良的保藏和便于携带的特性。烤炉是最常用的一种烘烤设备，种类很多，常用的主要有箱式炉和隧道炉两大类。

【思考题】

1. 焙烤食品加工的设备有哪些？
2. 试述调粉机调制面团的基本过程。
3. 卧式调粉机的搅拌器主要有哪几类，各有何特点，主要适合调制什么样的面团。
4. 简述卧式调粉机的操作与维护方法。
5. 为了保证打蛋效果，立式打蛋机的搅拌头做什么运动，如何实现？
6. 立式打蛋机对搅拌头的密封性要求很高，通常可采用哪些措施？
7. 立式打蛋机的搅拌浆主要有哪些型式，各使用在何种场合？
8. 远红外加热的原理是什么，加热元件有哪几类？
9. 如何对烤炉进行操作与维护？

第十章　方便面加工机械与设备

学习目标

1. 了解方便面加工现状及工艺流程；

2. 掌握压面机的结构与工作原理，熟练掌握其操作与维护；

3. 掌握切条、折花、成型机的结构与工作原理，熟练掌握其操作与维护；

4. 掌握蒸面机的结构与工作原理，熟练掌握其操作与维护；

5. 掌握定量切块装置的结构与工作原理，熟练掌握其操作与维护；

6. 掌握热风干燥机的结构与工作原理，熟练掌握其操作与维护。

第一节　概　　述

方便面亦称快熟面、即席面、快餐面，它是在现代食品加工技术基础上，为适应人们的主食社会化需要而生产的一种新型食品。近年来在我国发展较快。

方便面具有加工专业化，生产效率高，食用方便，包装精美，便于携带，营养丰富，安全卫生，花样多等显著特点。

方便面生产的基本原理，是将成型的生面条放在不锈钢网状带上，使其通过内设高温蒸汽（90℃）的连续蒸面机，使生面条充分糊化（或称α-化），然后用油炸或热风干燥的方法，将已糊化的面条迅速脱水干燥，将这种糊化了的淀粉排列结构固定下来。经过这样的处理，面条不容易“回生”，便于保存，复水性能良好。

一、方便面生产流程

方便面按其制作工艺可分为两大类：一类是油炸干燥方便面，另一类是热风干燥方便面。油炸方便面干燥快，一般70s即可，α-化程度高达85%以上，且面条有微孔，复水性好，浸泡3～5min即可食用。但油炸面含油量高，一般在20%左右，故成品成本高，亦易酸败。热风干燥面由于干燥速度慢（约1h），已经α-化的淀粉有回生现象，降低了α-化度，因此复水性差，浸泡时间较长，但省油，加工成本低，不易酸败变质，保存时间长。二者各有利弊，从加工工艺上看只是脱水干燥采用的方法不同，其他均无差异。

方便面生产工艺流程可描述如图10-1所示。

1. 和面

在搅拌机中按比例将精粉、辅料、水加入面粉中，搅拌一定的时间，使面粉中的蛋白质在搅拌过程中均匀吸水形成面筋组织，成为湿润松散的小团块面料。

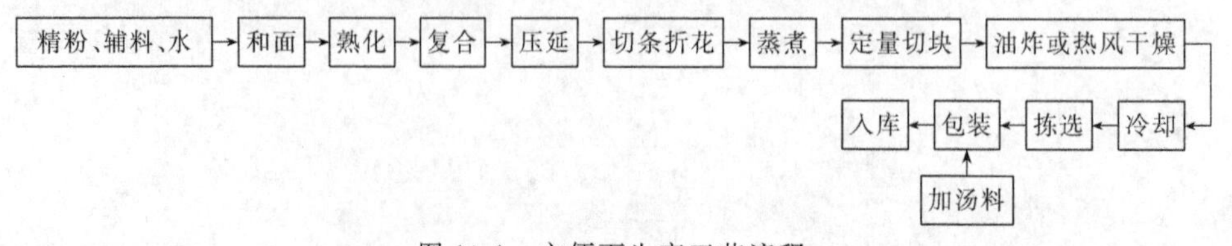

图10-1　方便面生产工艺流程

2. 熟化

将和好的面在轧面之前静置一定时间，使在搅拌机形成的断裂的面筋组织逐渐变成连续的网状组织，达到均匀分布，以改良面的黏弹性和柔软度。

3. 复合压延

其作用有二：一是使面条成型；二是使面条中的网状组织达到均匀分布。熟化后的面料先通过两组轧辊压成两条面带，再经过复合辊合并为一条厚约4mm的面带，其后经5～7组直径逐步减小、转速逐步提高的压延辊顺次压延，达到所需厚度0.8～1.2mm。

4. 切条折花

在切条装置的下方装有一个精密设计的折花成型导向盒，将面条折叠成连续细小有波浪形花纹，折花后的面条形状美观，脱水快，切断时碎面条少。

5. 蒸面

折起波纹的面条，通过连续蒸面机蒸一定时间，使面条的淀粉糊化，蛋白质产生热变性，面条变熟。

6. 定量切断

根据要求重量设定面块的长度，切断并折叠成长度一定的双层面块。

7. 干燥

干燥的目的是除去水分，固定组织和形状。通过快速脱水，固定α-化组织结构，防止回生。回生的面条不易复水。

8. 冷却

冷却的目的是为了便于包装和储藏。

9. 检测与包装

冷却后，单个面块逐一经过金属检测器和重量检测器，剔除不合格产品。再加汤料在自动包装机上封口包装。装箱入库。

二、机械与设备

方便面加工机械与设备如图10-2所示。

1. 和面机

和面机实际上是一种搅拌机，其作用是将水、面粉及其他原辅料倒入搅拌容器内，开动

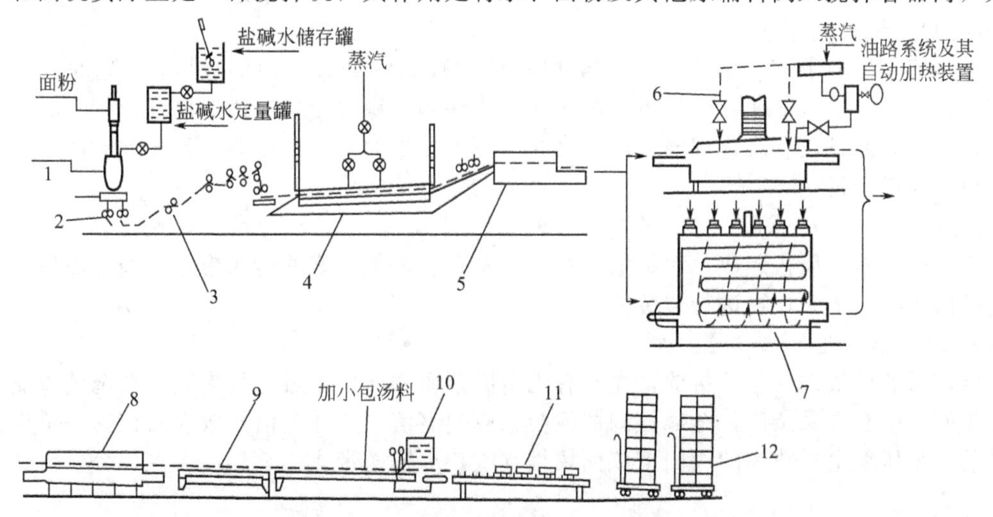

图10-2 方便面生产工艺流程图

1—和面机；2—熟化机、压面机；3—连续压片、折花成型机；4—蒸面机 5—切割分排机；6—油炸机；7—烘干机；8—冷却机；9—检查输送机；10—包装机；11—成品输送机械；12—成品入库

电动机使搅拌桨叶转动，面粉颗粒在桨叶的搅动下均匀地与水结合，首先形成胶体状态的不规则小团粒，进而小团粒相互黏合，逐渐形成一些零散的大团块。随着桨叶的不断推动，团块扩展揉捏成整体面团。由于搅拌桨对面团连续进行的剪切、折叠、压延、拉伸及揉和等一系列作用，调制出表面光滑，具有一定弹性、韧性及延伸性的理想面团。

2. 熟化机

熟化机是一台有一定面料储存量用以“静置熟化”，又能均匀地向下方的面条复合机供应面料的设备。其作用是进一步改善面团的加工性能，提高方便面的质量。

3. 压面机

压面机亦称辊压机、压延机。该机利用一对或多对相对旋转的辊对面类或糖类食品进行辊压操作。其作用主要是排除面团内部气泡，使面团形成厚薄均匀、表面光滑、质地细腻、内聚性和塑性适中的面带。

4. 切条、折花、成型机

切条、折花、成型机是将经过连续的压延，已达到所需厚度的面片切成若干根细面条，再折叠成波浪花纹的机械。

5. 蒸面机

蒸面机是利用钢丝网状输送带把折好波纹的面条通过蒸汽室，使面条中蛋白质变性，淀粉 α-化。在蒸面过程中，要使面条充分吸水，这样有利于淀粉的 α-化，从而提高产品品质。

6. 切割分排机

切割分排机是将蒸好的面，趁其还具有一定的柔韧性时即进行定量切块，并叠成双层的面块。再经分路装置把原来三块分成六路，最后送入油炸机或干燥机。

7. 干燥设备

① 油炸机。油炸的本质是干燥，干燥的目的是除去水分，固定 α-化的形态组织和面块的几何形状。对于方便面的干燥，要求有较快的干燥速度，以防止回生。方便面油炸设备为连续式深层油炸机。主要部件有机体、成型料坯输送带和潜油网带。机体装有油槽和渍槽加热装置。待炸方便面坯由入口处进入油炸机后，落在油槽内的网状输送带上。运行过程中潜油网带与炸坯输送带回转方向相反，但速度一致。同步协助生坯前进，以调控制品停留在油槽的时间来保证其成熟度。

② 烘干机。为防止方便面长期储藏时油的酸败和降低方便面的成本，α-化的组织结构的固定也可采用热风干燥，使其迅速脱水。但该法的干燥温度较油炸温度低，干燥时间较油炸长，干燥后面条没有膨化现象，没有微孔，开水浸泡的复水性较差，且浸泡时间较长。其常用设备为烘干机。

8. 冷却机

冷却机由多台风机组成，它将散布在一多网孔、透气性好的传送带上的经干燥后有较高温度的面块冷却下来，再进行包装。

9. 检查输送机

冷却后的面块进入包装机前，先对有无金属杂质和面块重量进行检查。在金属检测器中如发现面块中有金属杂质，金属检测器就会感应到电信号，并把信号放大后控制一个横向推杆或是一个压缩空气喷嘴的阀门把该面块推（吹）出输送带。

第二节 压 面 机

压面机亦称辊压机、压延机。该机利用一对或多对相对旋转的辊对面类或糖类食品进行辊压操作。辊压操作广泛应用于各种食品成型的前段工序中。如饼干、水饺和馄饨、糖果拉条，挂面和方便面等食品生产中的压片。

一、压面机的工作原理

压面就是将熟化后的面团通过辊压使之形成符合要求的面片，压面亦称压片、轧压或辊轧。我国古老的制面方法是手工擀面，即把手工和好的面团放在案板上，用擀面杖对面团反复滚压，逐步把面团压成一定厚度的面片。机械制面是辊压成型，是把面团通过相对旋转的压辊而得到一定厚度的面片，实际也是根据手擀面的原理发展起来的。也就是通过加压，把分散在面团中的湿面筋连接起来，形成细密的面筋网络来包围淀粉粒子，并使它们在面片中均匀分布，以提高其加工性能和烹调性。复合压延是方便面生产的中心环节，对产品质量影响很大。

二、压面机的结构组成

在生产中常用的压面机有卧式压面机、立式压面机、多层压面机等，下面进行逐一介绍。

1. 卧式压面机

如图 10-3 所示为卧式压面机外形图。它主要由上压辊、下压辊、压辊间隙调整装置、撒粉装置、工作台、机架及传动装置等组成。

上、下压辊安装在机架上，上压辊的一侧设有刮刀，以清除黏在压辊上面的少量面屑。自动撒粉装置可以避免面团与压辊粘连。

如图 10-4 所示为卧式压面机的传动系统示意图。其工作原理是：动力由电动机 1 驱动，经一级皮带轮 2、3 及一级齿轮 4、5 减速后，传至下压辊 6；再经齿轮 7、8 带动上压辊 9 回转，从而实现上、下压辊的转动。

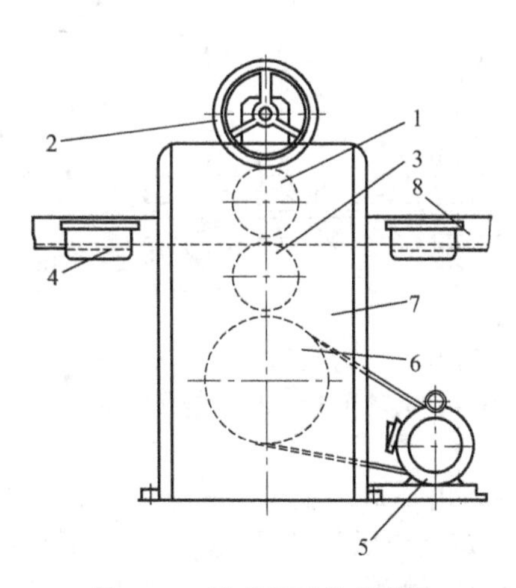

图 10-3 卧式压面机外形图

1,3—压辊；2—调节轮；4—面粉；5—电动机；6—皮带轮；7—机架；8—工作台

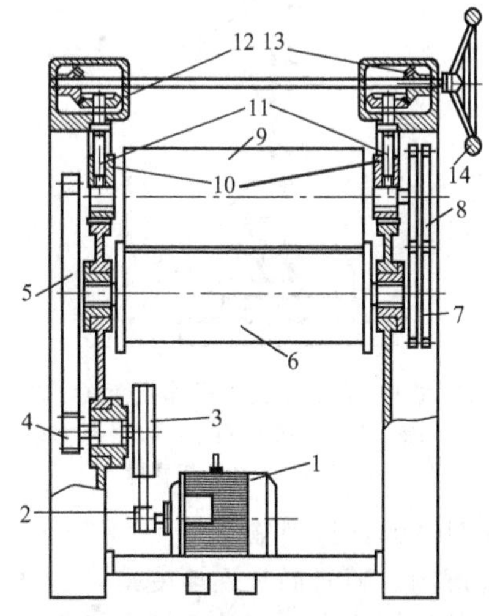

图 10-4 卧式压面机的传动系统示意

1—电动机；2,3—皮带轮；4,5,7,8—齿轮；6—下压辊；9—上压辊；10—上轧辊轴承座螺母；11—升降螺杆；12,13—锥齿轮；14—轧距调节手轮

为满足压制不同厚度面片的工艺需要，可通过手轮调节压辊之间的间隙。调节程序是通过转动手轮 14。经一对圆锥齿轮 12、13 啮合传动，使升降螺杆 11 回转，从而带动上压辊轴承座螺母 10 做升降直线运动，使压辊间隙得以调节。一般调整范围为0～20mm。

由于两压辊之间的传动为齿轮传动，传动比通常为 1∶1。主动辊由另一齿轮带动。因此在调整压辊间隙时，只能调整被动压辊。

间歇式压面机工作时，面片的前后移动、折叠、转向均由人工完成。如果只用以单向压延，则需多台间歇式压面机组合在一起，中间由输送装置连接，这样可以与饼干成型机联合组成自动生产线。

2. 立式压面机

如图 10-5 所示为立式压面机操作示意图。相对于卧式压面机，其具有占地面积小、压制面带的层次分明、厚度均匀、工艺范围较宽以及结构复杂等特点，主要由料斗、压辊、计量辊、折叠器等组成。

立式压面机工作时，面带依靠自身重力垂直供料，因此可以免去中间输送带，简化机器结构，而且辊压的面带层次分明。计量辊的作用是使压延成型后的面带厚度均匀一致，一般由 2～3 对压辊组成，辊的间距可随面带厚度自动调节。

3. 多层压面机

多层压面机是一种新型的高效能压面设备，是饼干起酥生产中的关键设备，它压制的面层可达 120 层以上，且层次分明、外观质量与口感较佳，因而能生产手工所不及的面点。但其结构复杂，设备成本高，操作维修技术要求也较高。

如图 10-6 所示为多层次压面机的结构示意图。主要由环形压辊组 5 及速度不同的三条输送带 1、2、3 组成。输送带速度沿面片流向逐渐加快（$v_1<v_2<v_3$）。上压辊组中各辊既有沿面带流向的公转，又有逆于此向的自转，其公切线上的绝对速度接近输送带的速度。

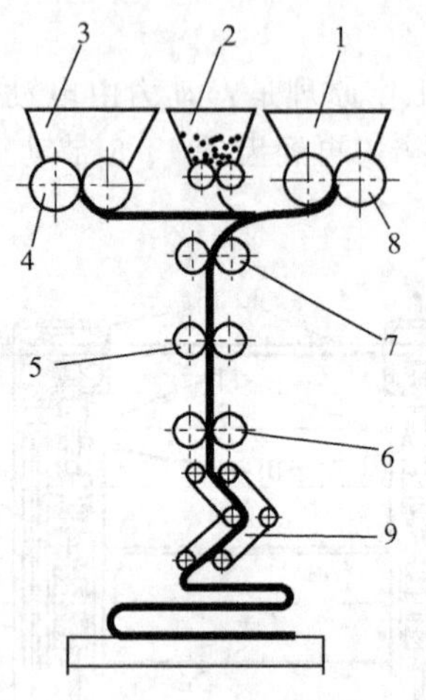

图 10-5 立式压面机操作示意图

1,3—料（面）斗；2—油酥料斗；4,8—喂料辊；5,6,7—计量辊；9—折叠器

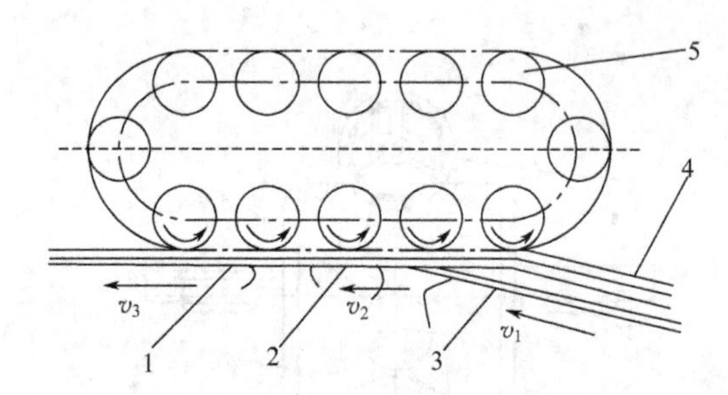

图 10-6 多层压面机结构示意图

1,2,3—输送带；4—多层面片；5—压辊组

工作时，倾斜进料输送带 1、将多层次厚面片 4 导入由环形压辊组与三条带所构成的狭长楔形通道内。随着面片逐渐变薄，输送带速度递增。在整个压延过程中，面片表面与接触件间的相对摩擦很小，面片几乎是在纯拉伸作用下变形。因此面片内部的结构层次未受影响，从而保持了物料原有品质。

三、压面机的操作与维护

1. 操作流程

① 开车前首先检查传动带及传动链条是否在正确位置上，安全保护装置是否牢固，设备上有无遗留工具或其他杂物。

② 每班先进行空车实验，无异常后，从熟化机中将面团排放至压面机料斗，待料斗充满面团后即可开始压片。

③ 当从前两对压辊压轧出的两块面片落入下方传动的网带上时，第一次要用手把前后两片面带重叠起来送入下一道复合压辊中复合成一片面带。当复合的面带出来以后，依次进

入第一、二、三、四、五道压辊，并迅速检查各道压辊的压距是否适当，使面带在各道压辊之间保持一定的张紧度。

④ 每次下班停机后，必须把各道压辊及机座上的面屑清除干净。

2. 维护

① 压面机运转时不能有硬物质进入压辊之内。否则会损坏压辊，影响压辊寿命。

② 按时检查无级变速器的变速情况，有无自动跑车变速现象，检查皮带与链条的张紧状态，经常测定电动机、变速器升温情况。

③ 必须保持每天检查链轮、链条、齿轮、连杆、偏心轮等传动元件的润滑状况，保证定时加足润滑油。每周对链轮、链条、齿轮、偏心轮、滚珠、轴承等传动件进行一次正常检查，清理油污，重新更换或增添润滑油。

④ 每周对每道压辊的通心度进行测试，保证各道压辊压距的一致性。如压辊出现严重磨损时，应卸下来磨光或进行更换。

⑤ 每年至少对减速器内的润滑油更换一次新油。

四、压面机常见故障及分析

① 对面团进行压延时面皮运行不正常，经调整后仍不能正常运转，原因可能为压辊轴或轴承已坏或压辊有大小头，解决办法为更换轴承或符合标准的压辊。

② 压面机在运行过程中突然停止运行，原因可能为压面机的传动齿轮断齿或两辊间有金属异物、主动辊断裂或电器设备故障，解决办法是要进行更换齿轮或取出金属物、压辊或检修电器设备。

③ 面片进入压面机后转速明显减慢，原因可能有：电压低、输送带过松、电机两相运转或两压辊间有异物；解决办法是及时调整电器和调换线路、张紧输送带、检修电路及电机接头，也可停机取出异物。

④ 面片从压面机压出后起规律性的波叠，产生波叠的原因可能为刮刀与压辊吻合不好或刮刀卷、两辊的传动齿轮、轴承磨损严重；解决办法是更换刮刀或拆下进行调整、调平和拆换齿轮和轴承。

⑤ 中间压辊压出的面片纵向撕开，其原因可能是压辊刮刀与压辊吻合不好、压辊轴或轴部位磨损、压辊刮刀上有异物、面筋质含量不足及和面水分不均匀；解决办法是调整（换）刮刀、更换压辊或轴承、清除刮刀上的异物、适当搭配原料以提高面筋的含量并加强和面人员的操作水平。

第三节　切条、折花、成型机

一、工作原理

首先使复合压延后的面带通过相互啮合、具有间距相等的多条凹凸槽的两根圆辊，由于两辊作相对旋转运动，齿辊凹凸槽的两个侧面相互紧密配合而具有剪切作用，从而使面带成为纵向面条。在齿辊下方装有两片对称而紧贴齿辊凹槽的铜梳，以清除被剪切下的面条，不让其黏附在齿辊上，保证切条能连续进行。利用面刀切割出来的面条具有前后往复摆头的特点，使之通过一个截面为扁长方形的成型器，成型器下方装有一条可以无级变速的不锈钢丝编成的细孔网带，网带的线速度小于面条的线速度。由于存在着速度差，使通过成型器的面条受到一定阻力而前后摆动，扭曲堆积成一种波峰竖起、前后波峰相靠的波浪形面层。由于网带速度大于成型器中的速度，因而将面条逐步拉开，形成了一种波纹状的花纹，而后将其输送至蒸面机，通过蒸煮，把波纹状花纹基本固定下来。

切条成型的要求是：面条光滑、无并条、波纹整齐、密度适当、分行相等。

二、设备的结构组成

方便面切条折花成型器有两类，一类为自然成型，一类为强制成型。两种成型器成型原理相似。切条折花成型装置如图10-7所示，从图中可以看出，其主要是由面刀、导箱、压力门和输送带所组成。

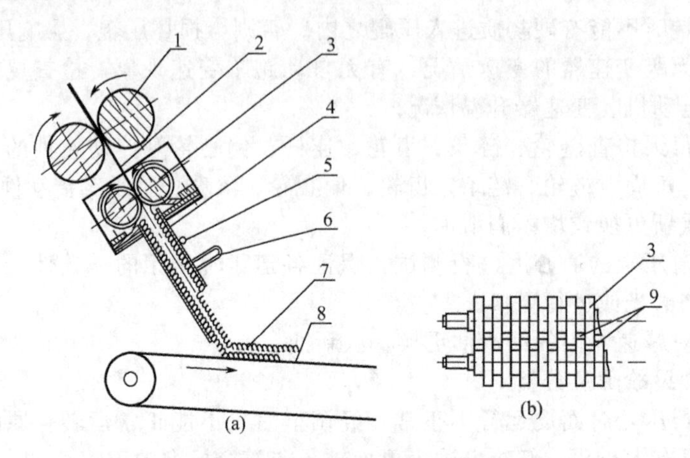

图10-7 切条折花自动形成装置示意图（a）及面刀结构（b）
1—轧辊；2—面片；3—面刀；4—折花成型导向盒；5—铰链；6—压力门重量调整螺栓；
7—折花面块；8—输送带；9—面条

三、设备的操作与维护

1. 操作流程

① 新面刀啮合深度的调节和调试。调节的标准以能切开面带而无并条现象为准。

② 调节铜梳的压紧度。铜梳的压紧度指铜梳的凸齿对面刀的凹槽距离，要把铜梳的压紧度调节到相应的合适度。

③ 机器运行前，先检查面刀与导箱安装是否正确，并清除内部的面屑及其他杂质。而后把面刀及成型导箱装入刀架，拧紧定位压板上的螺栓，在压力门的钩子上挂上重锤。

④ 成型器下方的成型输送网带线速度的大小是调整波纹的关键，在开机时应按工艺要求调整速度比。速度比的大小是通过调整网带下方的调速手轮来实现的。但停机时严禁调整。

⑤ 用两只手的拇指和食指轻轻捏住连续压片机末道压辊前压出的面带，平整地导入末道压辊，并使面片通过滑板自动进入面刀及导箱，即成为具有波纹的面层。

⑥ 检查波纹是否整齐，分流是否均匀，密度是否适当。

⑦ 每当下班时，应清除面刀上及成型槽导箱中的面屑，将其涂上食用油或浸入油中，防止面刀及成型器其他零件生锈，以延长使用寿命。

2. 维护

① 在生产过程中，每隔2～3h向面刀的油孔中加注润滑油，使面刀保持良好的润滑状态（面刀和输送带要用食用油作润滑油）。

② 注意面片中是否夹杂竹扫帚丝、铁屑及其他杂物。必须经常打扫车间卫生，以防止杂质进入面团。在压片机中最好装金属检测器，当面片中夹有金属时，它会自动发出报警信号并自动停车。

第四节 蒸 面 机

蒸面就是使波纹面条在一定温度下适当加热，在一定时间内使生面条中的淀粉糊化，蛋白质产生热变性。它是制造热风干燥方便面和油炸方便面的重要环节。所谓淀粉糊化，就是把β-化状态的淀粉变成α-化状态的淀粉。α-化状态的面条具有较好的复水性，用开水泡一段时间，能够恢复到原来蒸熟时的状态，即可食用。

一、蒸面机的工作原理

蒸面机主体是一条长12～15m的长方形隧道，一般是进口处较低、出口处较高，其工作原理是利用热气向上升的特性，当隧道内的蒸汽喷管向底槽喷入直接蒸汽时，蒸汽将沿着倾斜面从低向高在蒸槽中分布，冷凝水向低处流，这样，必然是低的一端蒸汽量较少，湿度较大。进入槽内的湿面条温度较低，遇蒸汽易使部分蒸汽冷凝结露，结果使面条水分增加，有利于淀粉的糊化（因为淀粉糊化的基本条件是首先充分吸水膨胀，然后在一定温度下加热）。在蒸面机高的一端，蒸汽量大，温度较高，湿度较低，有利于面条吸收热量，进一步提高糊化度。这种倾斜式连续蒸面机不但内部温度从低到高、湿度从高到低，符合淀粉糊化的要求，而且机身倾斜后，蒸槽的有效长度有所增加，蒸面时间相对延长，蒸汽利用率有所提高，有利于淀粉糊化。常用的倾斜式连续蒸面机可以根据需要调节蒸汽压力和蒸面时间，以控制温度、湿度和产品糊化度。

工作时，网带在隧道中运行，面条在网带上面随网带一起运行，由蒸汽喷管喷出的蒸汽通过网带对面条加热从而使面条成熟。

二、蒸面机的结构组成

蒸面机有高压和常压两种，高压蒸面机属间歇式生产机械，不能应用于连续化的工业生产，它是在较高温度下工作，因而蒸面效果好，但由于要求有密封装置，现在已很少采用。常用的连续蒸面机也称为隧道式蒸面机，一般由两到三节组装而成，其基本结构如图10-8所示。

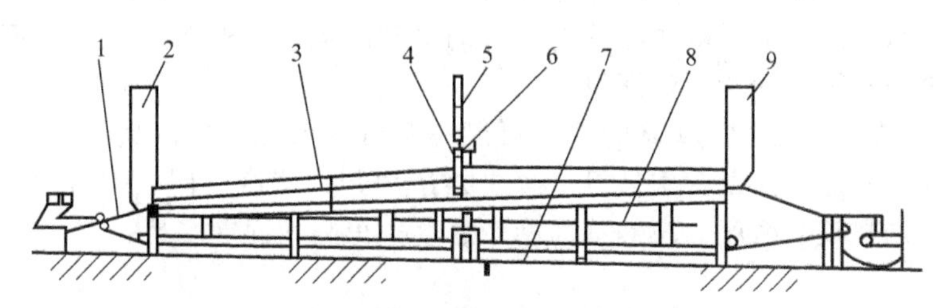

图10-8　连续蒸面机

1—输送带；2，9—排汽管；3—上盖；4—蒸汽流量计；
5—阀门；6—压力表；7—支架；8—进汽管

三、蒸面机的操作与维护

1. 操作流程

连续蒸面机的具体操作如下。

① 每班开机前，先检查输送网带有无障碍物堵塞，蒸汽压力表、温度表以及排汽管的蝶阀是否正常灵活，上罩与底槽是否压紧。开动输送网带的无级变速器，使网带空转5min左右，如无异常情况，证明设备可进行连续生产。

② 蒸面前，提前5～10min打开蒸汽阀门对蒸面机进行预热，并排放蒸汽管中的冷凝水。冷凝水排放干净后，须将放水阀门关闭，冷凝水每班放一次。在此过程中，传动网带是运行的，这样有利于清洗槽内和网带上的脏物。

③ 正常生产时，应注意观察温度表显示的温度（蒸槽进口一端温度达到90～95℃，出口一端的温度达到100～105℃）情况。调节蒸汽阀门，使蒸汽压力（主干管压力表压力为0.12～0.15MPa，靠出口一端的压力表压力为0.07MPa）符合工艺要求。生产过程中，当生面条进入蒸槽时，由于吸收一部分热量会导致温度略有降低，这时，可适当开大进口端的

蒸汽阀门，以增加蒸汽量，提高温度。

④ 蒸面机蒸汽阀门开启后，严禁打开上盖。同时定时检查蒸槽体的保温情况。

⑤ 正常生产过程中，严禁有面条脱离网带进入蒸槽。

⑥ 每班工作完毕，适当放入直接蒸汽，以冲洗网带及蒸槽，然后引入自来水软管进行冲洗，将网带、槽体及内部的碎面冲洗干净。

2. 维护

① 每天上班时要进行网带及蒸锅的清洗、对网带、链条加油润滑、清扫输送网带及蒸槽、检查网带的损坏情况、检查锅盖及密封门的密封情况、检查温度计和压力表的工作情况、检查蒸汽阀的工作情况、链中心爬行情况，对链的松弛、漏汽（密封状态、盖内的开关状态）、润滑油消耗、传送轴联轴器的松弛、变速箱内油量（75# 机油）等情况进行检查，并维护与保养。

② 每周要对各螺栓的松紧状态检查维护。

③ 每三个月要对齿轮箱油（75# 机油）进行更换。

四、蒸面机常见故障及分析

① 生产过程中有大量蒸汽排入车间，其原因可能为蒸箱盖的锁扣未锁紧、密封门关闭不严、密封条破损；排汽蝶阀调节不当；排汽管伸出高度不够，受风向影响蒸汽量过大。解决办法为扣紧锁扣、拧紧锁紧螺丝、更换或修补密封条；开大排汽蝶阀；改变排汽管的长度，在不影响蒸面效果情况下，尽量减小蒸汽量。

② 蒸锅温度、压力与显示温度压力不符的原因可能是温度、压力表不准确；排汽管孔堵塞；蒸汽流量小。解决办法是校正或更换温度、压力表；清理排汽管；增大蒸汽量。

③ 网带不转动或转速慢的原因可能是网链与电动机之间的传动部件有故障；蒸槽内有堵塞；链条及轴承缺乏润滑。解决办法是从电动机到网链逐一检查、排除故障；打开蒸锅上盖清除杂质；链条和轴承加食用油润滑。

④ 方便面成品有“夹生”现象的原因可能是蒸汽压力低，排汽量过大，温度低；面块波纹过密，蒸面时间短；面条含水低等。解决办法为开大蒸汽阀门，把排汽蝶阀关小一些，从而提高温度；调整波纹密度，减慢蒸面网带速度；提高和面加水量。

第五节 定量切块设备

定量切断工艺比较复杂，是方便面生产线上所特有的多功能工序。它的作用有四个方面，首先将从蒸面机出来的波纹面连续切断以便包装；以面块长度定量；然后将面块折叠为两层，最后分排输出。

一、定量切块设备的工作原理

其基本原理是把从蒸面机中出来的熟面带通过一对作相对旋转的切刀和托辊，按一定长度切断，以长度定量。在断面带的中间处插入折叠导辊，把蒸熟切断的面带对折起来，然后由分排输送带分排送往下道干燥工序。定量切块的工艺要求是定量基本准确，折叠整齐，进入热风干燥机或自动油炸机时落盒基本准确。

二、定量切块设备结构组成

定量切块设备由面条输送网带、切断刀、折叠板、托辊等部分组成，其结构原理如图10-9 所示。

三、定量切块设备的操作与维护

1. 操作流程

① 正常生产前，应进行空车运转实验，检查各部件传动有无异常声音，转动是否正常。

② 各部位的变速调整，应根据工艺情况进行现场调整。

③ 面块质量的调节方法。当面块质量偏重或偏轻时，需打开调速器下边小门，调整变速机手轮。调整变速手轮必须在机械运行中进行，停机状态下严禁调整。

④ 定量切块工序应严格控制，尽量保持成型的花纹基本不变。同时必须经常保持折叠板的表面光滑度，以免黏带面块，造成面块不能顺利进入分排网链位置。

2. 维护

① 每班应对各传动齿轮、链条、轴承、减速器等添加润滑油，保证各传动元件的润滑性良好。

② 经常注意切断刀刀刃是否锋利，是否按正常角度很好地配合在托辊顶部，以保持切割效果。切断刀不宜调得过紧，能将面块切断即可。

③ 机器使用一段时间后，每周调整一次网带链、传动链条及张紧链轮的张紧度及从动轴承座。

④ 每六个月或一年进行一次全面维修，把磨损严重的零部件进行修理和更换，并要求把调速箱及其他部件的润滑油全部更换。

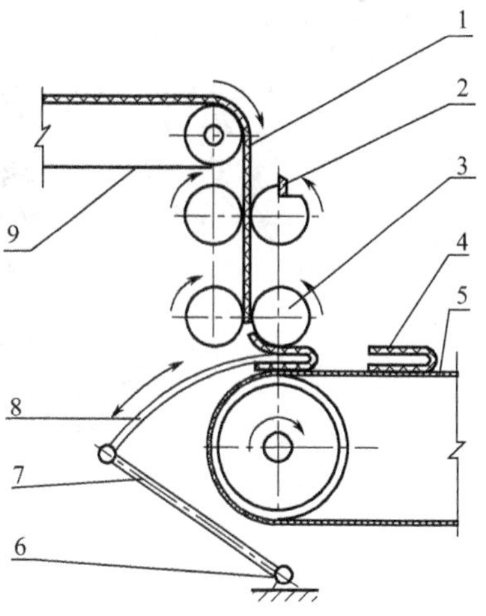

图 10-9　定量切块装置示意图

1—蒸熟的面条；2—回转式切断刀；3—引导定位滚轮；4—成型的面块；5—分路传送带；6—摆杆轴；7—摆杆；8—往复式折叠板；9—蒸面机输送带

四、定量切块设备常见故障及分析

① 定量切断后面块花纹伸展，难以落盒的原因主要是：和面时加水量有大幅度降低；添加添加剂而没有调整加水量；由于落盒不准而人工调整，操作不当破坏花纹。解决办法为将加水量调整至正常水平；根据所加添加剂的化学性质调整加水量；在人工调整设备时注意不破坏面条花纹。

② 折叠后的面块两层长度不一致的原因是摆杆与摆杆轴的安装角有偏差。解决办法为调整导板摆杆与摆杆轴的安装角。

第六节　热风干燥机

一、热风干燥机的工作原理

热风干燥是生产非油炸方便面的干燥方法。由于方便面已经过 95～100℃以上的高温蒸面，其中所含淀粉已大部分糊化，由蛋白质所组成的面筋已变性凝固，组织结构已基本固定，与未经蒸熟的面条的内部结构不同，能够在较高温度、较低湿度下，在较短时间内进行烘干。干燥速度尽量提高，较快地固定 α-化状态。以防止方便面在保存、运输中 α-化的淀粉再回到 β-化的淀粉，保证面条具有良好的复水性。

干燥过程中使用相对湿度低的热空气反复循环通过面块，由于面块表面水蒸气分压大于热空气中的水蒸气分压，面块的水蒸发量大于吸水量，因而面块内部的水分向外逸出。面块中蒸发出来的水分被干燥介质带走，最后达到规定的水分，以便于保存、包装、运输和销售。

二、热风干燥机结构组成

如图 10-10 和图 10-11 所示是链盒式干燥机的外形和工作原理。该机适用于非油炸方便面等块状食品的连续干燥，使用效果很好。

该干燥机由机架及保温层、链条、面盒、鼓风机、散热器、无级变速传动装置等部分组

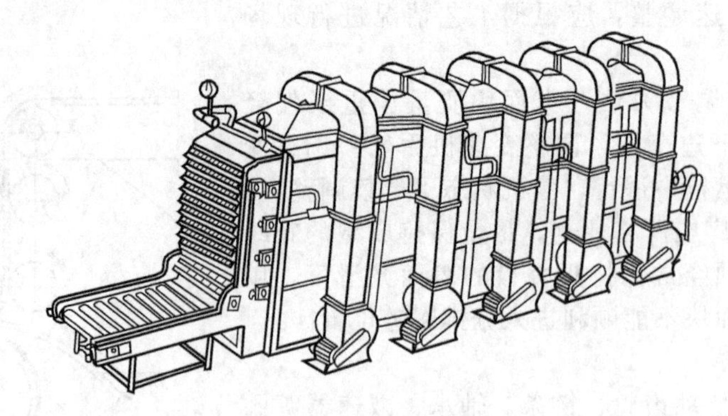

图 10-10 烘干机外形图

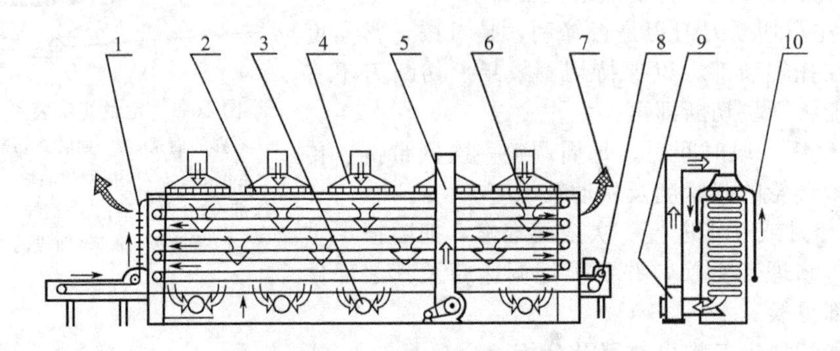

图 10-11 链条式连续烘干机示意图

1—输送带；2—蒸汽加热器；3—回风口；4—风罩；5—风道；6—热风；7—排蒸汽道；8—传动装置；9—风机；10—蒸汽管道

成。其外形尺寸因干燥能力的大小而异，但层数相同，一般为 5 层，往复式为 10 层，链盒式干燥机的主要特点是往返都满载着面块，层与层之间面块始终在盒内，不像网带式干燥机那样干燥时满载面块，返回时是空载的，层与层之间的面块需靠重力落下来。因而链盒式干燥机的碎面很少，产品形状完整。但其传动链盒的制造、安装复杂。其加热装置是用多台鼓风机和多组散热器相配合，分段循环干燥，气流与物料移动方向成垂直交叉流动，所以干燥比较均匀，煤、电耗较少，热效率可达 45%～50%。散热器装在顶部，自上而下进行热风循环，在鼓风机进口处装有蝶阀，可以调节补充新鲜空气流量的大小。链条的线速度可以通过无级变速器调节。面盒用不锈钢板制造。

三、热风干燥机的操作

① 首先排除蒸汽管道中的冷凝水后，再启动鼓风机，开始热风循环，对干燥机进行预热处理。达到要求温度后，启动链盒的传动装置，把从切割分排机输出的面块导入面盒。

② 调节鼓风机循环系统中的进汽阀门与排气阀门，使干燥介质达到比较理想的温度与相对湿度。

③ 要经常检查面块的干燥程度，调节蒸汽压力的大小，使其达到预定的要求。并注意最下层中已干燥的面块在通过面盒倾覆装置脱离面盒及面盒复位的情况是否正常，以防止轧坏面盒。

④ 机器运转部位每班都要加润滑油。每逢停机，都要先关闭进汽阀门及打开回汽阀门，而后切断电源开关。

⑤ 对两端的碎面头 1～2d 清理 1 次。

【本章小结】

方便面加工机械与设备主要包括压面机、切条折花成型机、蒸面机、定量切块装置和热风干燥机等。压面机亦称辊压机、压延机。该机利用一对或多对相对旋转的辊对面类或糖类食品进行辊压操作。辊压操作广泛应用于各种食品成型的前段工序中。如饼干、水饺、馄饨、挂面和方便面等食品生产中的压片。在生产中常用的压面机有卧式压面机、立式压面机和多层压面机等。切条、折花、成型机是将经过连续地压延，面片已达到所需的厚度并切成若干根细面条，按方便面生产工艺要求再折叠成波浪花纹的机械。蒸面就是使波纹面条在一定温度下适当加热，在一定时间内使生面条中的淀粉糊化，蛋白质产生热变性，它是制造热风干燥方便面和油炸方便面的重要环节，常用的蒸面机为隧道式蒸面机。定量切块工艺比较复杂，是方便面生产线上所特有的多功能工序。定量切块装置由面条输送网带、切断刀、折叠板、托辊等部分组成。热风干燥是生产非油炸方便面的干燥方法。链盒式热风干燥机是适用于非油炸方便面等块状食品的干燥的连续干燥机，使用效果很好。

【思考题】

1. 方便面加工的设备有哪些？
2. 压面机主要有哪几类，主要有什么区别？
3. 试述切条、折花、成型机的结构与工作原理。
4. 试述蒸面机的常见故障及排除方法。
5. 定量切块装置的原理是什么，如何实现？
6. 试述热风干燥机的结构与工作原理。

第十一章 膨化食品加工机械与设备

学习目标

1. 了解膨化食品加工现状及工艺流程，了解膨化技术的分类；

2. 了解膨化机的分类，掌握其结构与工作原理，熟练掌握其操作与维护。

第一节 概 述

一、简介

膨化作为一种新型食品加工技术发展很快。早在1856年美国的沃德就申请了关于食品膨化的专利。1936年，挤压法生产膨化玉米获得成功，1946年开始商业化生产。20世纪50年代初，膨化技术开始广泛应用于饼干的生产，以及淀粉的预处理及糊化中。60年代中期，开发出膨化的谷物早餐食品，以及用谷物、油、蛋白质、肉、调味料和半干食品制成的膨化动物饲料。70年代以来，各食品厂积极研制膨化食品，并申请了各种膨化食品专利，至于膨化小食品的生产更是多种多样。

膨化技术是利用相变和气体热效应原理，使被加工物料内部的液体迅速升温汽化、增压膨胀，并依靠气体的膨胀力，带动组分中高分子物质的结构变性，如蛋白组织化，淀粉糊化等，当外界压力突然下降，原料中的过热水分急剧汽化，喷射出来，其物料体积骤然膨胀许多倍，产品形成多孔、疏松的海绵状结构。

根据膨化的加工原理可将膨化方法分为两类：一类是利用高温的膨化，如油炸、热空气、微波膨化等。另一类是利用温度和压力的共同作用的膨化，如挤压膨化、低温真空油炸等。

二、膨化工艺过程

按膨化加工的工艺过程分类，食品的膨化方法有直接膨化法和间接膨化法。直接膨化，亦称一次膨化，即将原料放入膨化加工设备中，通过加热、加压再降温减压而使原料膨化。间接膨化，亦称二次膨化，就是先用一定的工艺方法制成半熟的食品毛坯，再把这种毛坯通过微波、焙烤、油炸、炒制等方法进行第二次加工，从而得到酥脆的膨化食品。

1. 直接膨化法

（1）工艺流程

进料→（挤压）膨化→切断→干燥→包装→膨化食品

（2）工艺过程　物料在挤压膨化机中的膨化工艺过程大致可分为物料输送混合、挤压剪切和挤压膨化三个阶段，如图11-1所示。

① 物料输送混合阶段。物料由料斗进入挤压机后，由旋转的螺杆推进，并进行搅拌混合，螺杆的外形呈棒槌状，物料在推进过程中，密度不断增大，物料间隙中的气体被挤出排走，物料温度也不断升高。有时在物料输送混合阶段需注入热水，这不仅可以加快升温，而且还能使物料纹理化，提高热传导率。在此阶段，物料会受到轻微剪切，但其物理性质和化学性质基本保持不变。

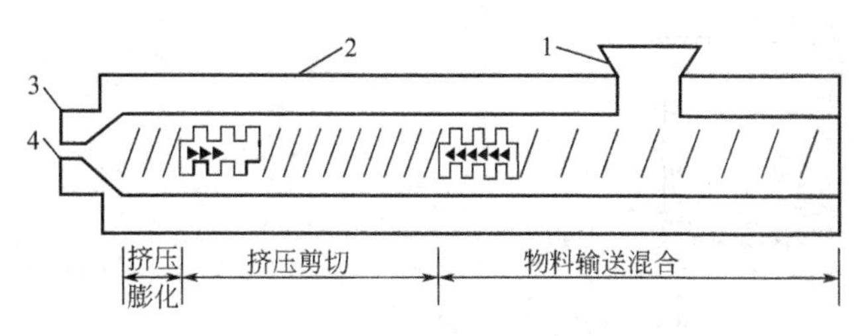

图 11-1　直接膨化法挤压膨化的工艺过程

1—料斗；2—机筒；3—模头；4—筛板

② 挤压剪切阶段。物料进入挤压剪切阶段后，由于螺杆与螺套间的间隙进一步变小，使得物料继续受挤压；当空隙完全被填满之后，物料便受到剪切作用；强大的剪切主应力使物料团块断裂产生回流，回流越大，压力越大，压力可达 1500kPa 左右。相互的摩擦和直接注入的蒸汽也使温度不断提高，温度可达 200℃左右。在此阶段物料的物理性质和化学性质由于强大的剪切作用而发生变化。

③ 挤压膨化阶段。物料经过挤压剪切阶段的升温进入挤压膨化阶段。由于螺杆与螺套间的间隙更进一步地缩小，剪切应力急剧增大，物料的晶体结构遭到破坏，产生纹理组织。由于压力和温度也相应急剧增大，物料成为带有流动性的凝胶状态。在高压下，物料中的水仍能保持液态，水温可达 275℃，远远超过常压下水的沸点。此时物料从模具孔中被排出到正常气压下，物料中的水分在瞬间蒸发膨胀并冷却，使物料中的凝胶化淀粉也随之膨化，形成了无数细微多孔的海绵体。脱水后，胶化淀粉的组织结构发生明显的变化，淀粉被充分糊化（α 化），具有很好的水溶性，便于溶解、吸收与消化，淀粉体积膨大几倍到十几倍。

2. 间接膨化法

(1) 工艺流程

进料→成坯→干燥→膨化→包装→膨化食品

(2) 工艺特点　间接膨化法是要先用一定的工艺方法制成半熟的食品毛坯，工艺方法有挤压法，一般是挤压未膨化的半成品；也可以不用挤压法，而用其他的成型工艺方法制成半熟的食品毛坯。半成品经干燥后的膨化方法主要是挤压膨化法以外的膨化方法，如微波、油炸、焙烤、炒制等方法。

第二节　螺杆挤压膨化机

在所有膨化工艺中，使用最广泛发展也最快的当属挤压膨化工艺技术，其主要设备是螺杆膨化机。螺杆式膨化机根据其所用的螺杆数不同，可以分为单螺杆式挤压膨化机和双螺杆式挤压膨化机。

一、单螺杆挤压膨化机

如图 11-2 所示为单螺杆挤压膨化机系统图，主要由喂料斗、预调质器、传动装置、挤压装置、成型装置以及切割装置、控制装置等几部分组成。

1. 喂料装置

用于将储存于料斗的原料定量、均匀、连续地喂入机器，以确保挤压机稳定的操作。常用的喂料装置有振动喂料器、螺旋喂料器和液体计量泵，喂料量连续可调。包括干料、液料的储存器和输送装置。

(1) 干料储斗　干料储斗常带有振动装置，以防物料结块架桥而中断输送。因为进料不畅或中断，将会降低产品品质或造成焦化阻塞，甚至需停机清洗。因此，进料系统必须十分

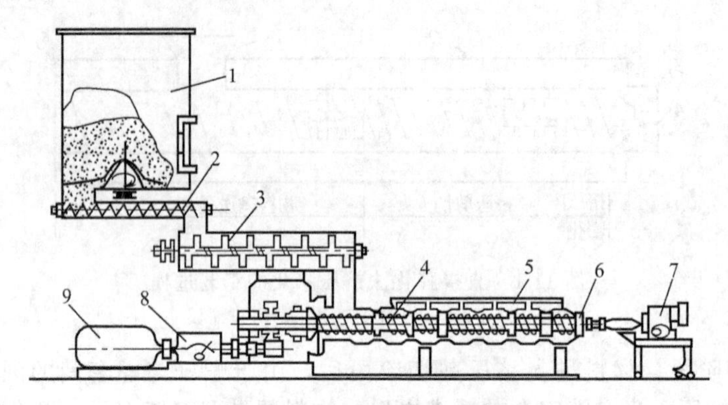

图 11-2　单螺杆挤压机系统

1—料箱；2—螺旋式喂料器；3—预调质器；4—螺杆挤压装置；5—蒸汽注入口；6—挤出模具；7—切割装置；8—减速器；9—电机

安全可靠。输送干物料涉及的装置如下所述。

① 电磁振动送料器。它是利用改变振动频率和摆幅来控制供料速度。

② 螺旋输送器。用直流电机并经减速器调节螺旋转速来控制进料量。

③ 称量皮带。称量皮带既有输送物料作用，又可连续称量，可随机调节送料速度。

(2) 储液槽　一台挤压机通常有 2～3 个储液槽，由定量泵将液体原料泵入挤压机中。一般储液槽带有搅拌器和加热器，以确保液体物料混合均匀和降低其黏度。最常用的液料输送装置是正位移泵，只要调节旋转泵的转速或柱塞泵的行程就可达到定量送液的目的。借调节输液管中的针形阀可以准确地调节进液量，针形阀的位移也是通过隔膜自动调节的。

2. 预调质装置

用于将原料与水、蒸汽或其他液体的连续混合，提高其含水量和温度及其均匀程度，然后再将其输送到挤压装置的进口处。预调质装置为半封闭容腔，内部安装有配螺旋带或搅拌桨的搅拌轴。

3. 传动装置

传动装置由机座、主传动电机、变速器、减速器、止推轴承和联轴器等组成。用于驱动挤压螺杆，保证螺杆在工作中所需的扭矩和转速。可选用可控硅整流的直流电机、变频调速器控制的交流电机、液压马达、机械式变速器等方法来控制螺杆转速。

4. 挤压装置

由螺杆和机筒组成，是直接进行挤压加工的部件，为整个挤压熟化机的核心部件。

(1) 螺杆　挤压机中的螺杆可依其在机筒内的不同位置和作用分为 3 个部分。

① 进料段。通常此段螺旋的螺牙较深，以使足够的原料进入挤压机内并充满机筒。如果机筒内原料不足，则会形成“饥饿喂料”。进料段约占螺杆总长的 10%～25%。

② 挤压段。螺旋的螺距逐渐减小，沟变浅。挤压段的作用是对物料产生挤压和剪切，使颗粒原料转变成不定型塑性面团，通常此阶段占挤压机螺杆总长的 1/2。

③ 定量供送段。此段也称限流量段，靠近模头，螺纹较浅。在此段，物料所受的摩擦剪切力最大，消耗机械能最多，物料处于高温高压状态。

挤压机的螺杆有整体式和组合式两种，整体式螺杆的螺纹直接在轴上车制。通常螺杆被设计成组合式，即螺纹被制成若干个短套筒，它与具有强化、剪切、混炼效果的揉搓元件依照一定的组合方式套在带键的轴上。组合式螺杆的优点是可以针对不同的产品随意调节螺纹结构，对特别易于磨损的定量段螺纹元件，可以及时予以更换。为了更迅速地控制挤压量度，有的螺杆轴被设计成中空状，以通入冷却水或循环水。

螺杆螺纹通常设计成矩形、梯形或三角形的阿基米德螺线，可以是单头或双头。有时为了提高食品的混炼效果，可将螺纹中断或将其做成若干个缺口，成为缺断式螺纹。

（2）机筒 挤压机机筒呈圆筒状，与螺杆仅有少量间隙，多数机筒内壁为光滑面。有时为了强化对食品的剪切效果，防止食物在机筒内打滑，机筒内壁常带有若干个较浅的轴向棱槽或螺旋状槽。机筒具有加热、保温、冷却和摩擦功能。机筒为整体式或分段组合式。整体式机筒的结构简单，机械强度高。分段组合式机筒借螺钉连接，其优点是便于清理，对容易磨损的计量段可随时更换，还可按照所要加工的产品和所需之能量来确定机筒的最佳长度。机筒由硬质材料制造，其内壁应时常进行氮化处理。有的挤压机在其机筒中部有一排气孔，以排除食物中的空气、蒸汽和挥发气体。机筒常被制成夹套形式，可以通入蒸汽、高温加热油、热水或冷水。为增加机筒的传热效果，夹套内带有翅片。有的挤压机用电热元件加热，常用的电热元件有电热环、电热棒和电磁线圈等。机筒上还有感温元件和压力传感器，以控制或显示机内的温度和压力。

5. 成型装置

挤压机的成型装置是赋予食品形状和结构的重要部件，它由模头、切刀和输送器组成。模头借螺钉固定在机筒出料端的法兰上，模头上有若干个不同形状的小孔，以便食物通过成型。模头是一个很精确的零件，其必须有足够的强度来承受挤压机机筒内的高压。模孔由极耐磨的材料组成，常用的材料有铬钢、青铜合金，有时在模孔内镶嵌有聚四氟乙烯材料。

模头的结构对产品结构影响很大，不同模头的设计与产品结构的关系如图 11-3 所示。

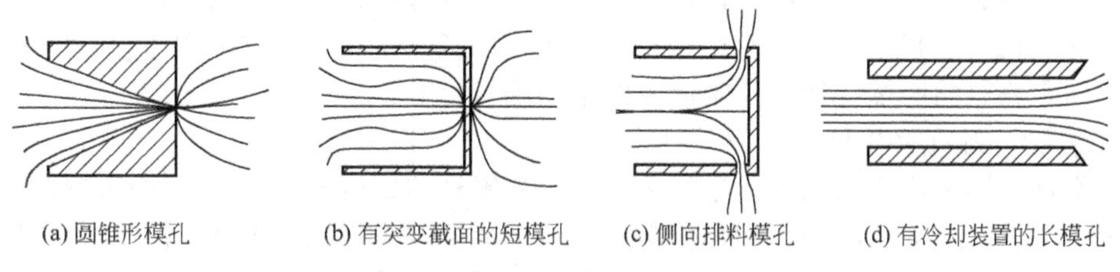

(a) 圆锥形模孔　(b) 有突变截面的短模孔　(c) 侧向排料模孔　(d) 有冷却装置的长模孔

图 11-3 模头设计与产品结构的关系

① 作为圆锥形模孔，它将降低螺腔内的压力要求，模孔内压力无突变，使生产出来的产品获得光滑的表面。同时，无死角，不易产生模孔堵塞现象。

② 具有突变截面、模孔长度短的模头，有利于进一步提高混炼、混合效果，但它也会使食品造成较大的机械损伤并导致产品组织细粒化、柔软化和产生髓化结构，用于获得小球丸状食品，易产生堵塞现象。

③ 作为侧向排料的模头，它可以增加产品的外形层次感和纤维化结构。

④ 作为带有较长冷却通道的模头，它可减少产品的膨化度，提高组织化程度。

6. 切割装置

挤压熟化机中常用的切割装置为盘刀式切割器，其刀具刃口旋转平面与模板端面平行。通过调整切割刀具的旋转速度和产品挤出速度间的关系来获得所需挤压产品的长度。根据切割器驱动电机位置和割刀长度的不同又分为偏心和中心两种结构形式。偏心切割器的电机装在模板中心轴线外面，割刀臂较长，可以很高的线速度旋转。中心切割器的刀片较短，并绕模板装置的中心轴线旋转。

7. 控制装置

挤压熟化机控制装置主要由微电脑、电器、传感器、显示器、仪表等组成，其主要作用是控制各电机转速并保证各部分运转协调，控制操作温度与压力以保证产品质量。

二、双螺杆挤压膨化机

与单螺杆挤压机相比，双螺杆挤压机的物料输送能力强，操作更为稳定，同时结构更为

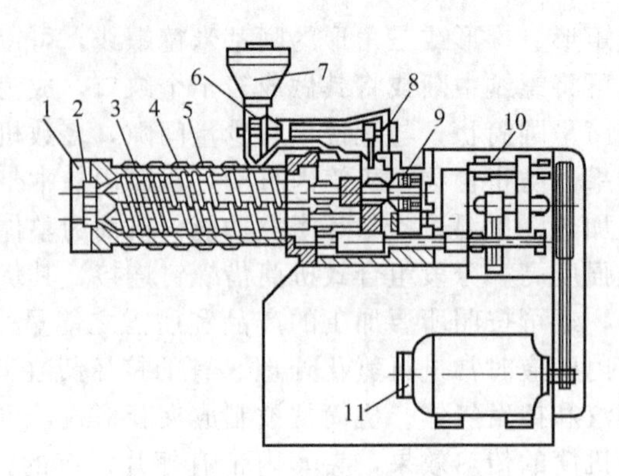

图 11-4 双螺杆挤压机构

1—机头连接器；2—模板；3—机筒；4—预热器；5—螺杆；6—下料管；7—料斗；8—进料传动装置；9—止推轴承；10—减速箱；11—电动机

复杂。其基本结构仍然由料斗、机筒、两根螺杆、预热器、模板、传动装置等构成，如图11-4 所示。

根据两螺杆间的配合关系可分为全啮合型、部分啮合型和非啮合型；根据螺杆转动方向，双螺杆挤压机可分为同向旋转型和异向旋转型两大类。

1. 非啮合型双螺杆挤压机

非啮合型双螺杆挤压机又称外径接触式或相切式双螺杆挤压机，两螺杆距至少等于两螺杆外径之和。在一定程度上可视为相互影响的两台单螺杆挤压机，其工作原理与单螺杆挤压机基本相同，物料的摩擦特性是控制输入的主要因素。

2. 啮合型双螺杆挤压机

两根螺杆的轴距小于两螺杆外半径之和，一根螺杆的螺棱伸入另一根螺杆的螺槽。根据啮合程度不同，又分为全啮合型和部分啮合型。全啮合型是指在一根螺杆的螺棱顶部与另一根螺杆的螺槽根部不设计任何间隙。部分啮合型是指在一根螺杆的螺棱顶部与另一根螺杆的螺槽根部设计留有间隙，作为物料的流动通道，如图 11-5 所示。

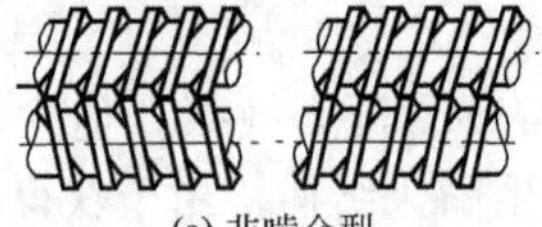

(a) 非啮合型

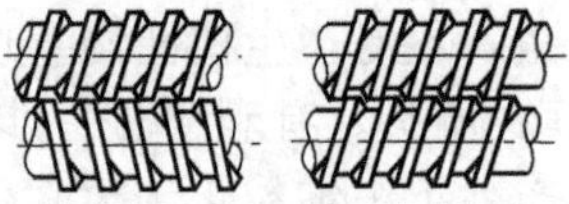

(b) 部分啮合型

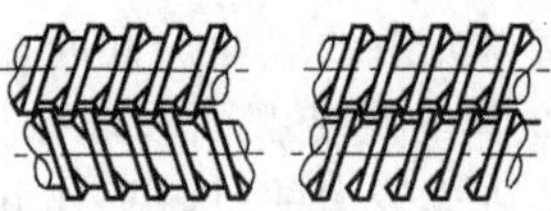

(c) 全啮合型

图 11-5 双螺杆啮合形式

3. 同向与异向旋转双螺杆挤压机

(1) 同向旋转 两根螺杆旋转方向相同 [图 11-6(c)]。

(2) 异向旋转 两根螺杆旋转方向相反，包括向内旋转和向外旋转两种情况，如图 11-6(a)、(b) 所示，其中，向内异向旋转时，进料口处物料易在啮合区上方形成堆积，加料性能差，影响输送效率，甚至出现起拱架空现象。向外异向旋转时，物料可在两根螺杆的带动下，很快向两边分开，充满螺槽，并迅速与机筒接触吸收热量，有利于物料的加热与熔融。

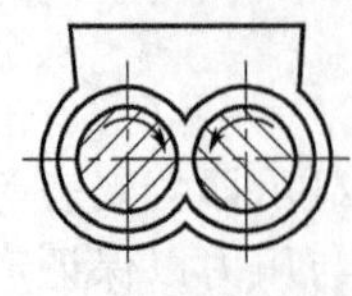

(a) 向内异向旋转

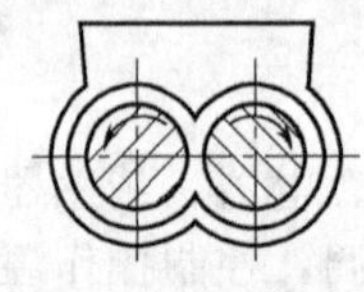

(b) 向外异向旋转

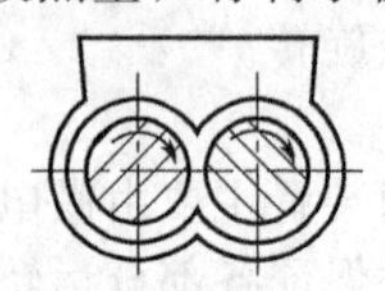

(c) 同向旋转

图 11-6 双螺杆旋转方向

三、膨化机的操作

1. 挤压膨化机生产前的检查和准备

新机和使用后的挤压机运转结束后均需拆下模头等对零件内部进行清理。开机前要按生产产品的要求配以相应的螺杆、筒体和模头，检查机器的各部分是否正常。

2. 挤压膨化机的启动

挤压膨化机与一般设备不同，不是一开机即能进入正常运行状态，而是需要大约20min～1h的启动调整过程，一个非常熟练的优秀操作工也需要10～20min才能使挤压膨化机生产进入正常状态。在调试阶段的产品是不符合要求的废料，有的废料可以粉碎回用，所以挤压膨化机的启动时间应尽可能短些。但根据实际经验，启动时间不能过短，过短时不容易掌握，很容易使机器在未达到正常状态就发生异常，以致被迫停机。目前挤压膨化机的启动和停机都需要依赖操作者的经验。有外加热的机器在启动前应先加热，使筒体温度达到正常的工作状态值。自热式挤压膨化机有时用喷灯对筒体和模头进行预热以减少启动时间。

主机启动后应立即把物料送入挤压机中去，以避免螺杆与筒体发生长时间的直接摩擦，等到螺杆把物料向前推进充满筒体，并从模孔中挤出之后，喂料才能逐渐增加。喂料量以每隔1～2min少量缓慢地增加，同时相应调节加水量，逐步达到最终产品要求的正常状态。由于要达到热平衡需要一个较长的时间，操作工在调节温度、喂料量、转速等参数时要缓慢进行，切不可操之过急，因为它们的变化有一个滞后的过程。在达到预定要求时还要观察产品的组织结构、口感等是否符合要求，进行检查并及时进行微调。

3. 稳定运行

由于挤压膨化机启动时间长，所以在稳定运行后连续生产的时间尽量长些为好，以提高其实际生产量。当生产进入稳定运行状态后，并非达到绝对平衡状态，只是相对平稳，各种变化相对比较缓慢，但操作工仍要经常注意观察各参数的变化。如发现参数变化需及时调整有关自变量，调整时切记不能进行大幅度的调整，防止挤压膨化机出现工作状态的失控，造成运行困难和被迫停机。

4. 故障处理

挤压膨化机操作工应该通过培训，掌握挤压膨化机的结构以及生产理论知识，并具有一定的实际操作经验。但即使操作熟练，故障也还是时有发生。通常的工作故障是由自变量的变化引起的，如喂料量、加水量、加热量等的变化，或者是尚未达到正常的工作状态及热平衡状态，例如，如果喂料斗中结拱，就会造成喂料减少或者断料，导致挤压膨化机工作波动。再如，物料组分在输送过程中离析或粒度发生变化也会影响机器的正常工作和产品质量。当发现传动功率迅速增加时，可采取将喂料量稍微减少或加水量稍微增加的方法。当发现膨化率下降、膨化质量差时，可增加挤压温度或适当降低物料的含水量。当发现膨化过度时，可降低挤压温度或增加物料的含水量。产品形状不规则大多是由于物料与水分混合不均匀或模孔设计布置不合理，造成各模孔处的压力不等，导致通过模孔的流速不同所致。要消除这种现象，模孔各处的压力和流速必须相同，以及原料加水混合均匀，否则就很难避免。

对于“蒸汽反喷”的处理，一般在正常工作状态时，高温挤压过程产生的蒸汽不会从喂料口逸出。一旦蒸汽沿螺杆由进料口逸出，这种现象就叫“蒸汽反喷”。这种蒸汽流动干扰了螺旋槽内被挤压物料的前进，会造成短时间内出料减少或不出料。处理方法是冷却筒体，特别是降低出料端筒体的温度或增加喂料量，这种现象可能就会停止下来，使机器逐渐回复到正常运行状态。有时挤压机加工条件发生急剧变化，为了避免机械损坏和造成难以清理的局面，需要采取果断而强烈的措施，最有效的方法是加大原料水分。因为原料过干会引起阻塞或机电过载，在这种情况下操作人员宁可迅速加水也不要让机器阻塞。

5. 停机和清理

挤压膨化机停机与一般机器也不同，也是一个复杂的过程。停机时先向物料中加进过量的水，或者用特配的高水分物料更换原来的物料，停止外加热的热源，降低出料温度到100℃以下再终止喂料，但挤压机仍需继续低速运转直到模孔不出料为止。挤压机停转后必须拆下模头（操作者需戴隔热手套，并注意机体温度和机内压力，以免烫伤或伤人），然后再低速启动螺杆，在敞开出料端情况下把机筒内剩余物料全部排出为止。对于单螺杆挤压机，由于其本身没有自洁能力，物料不可能自己排净，还必须拆下筒体与螺杆进行清洗。

四、膨化机的维护保养

根据不同型号和不同产品，维修的内容和时间也不一样，应注意以下几点。

① 定期检查传动系统、润滑冷却系统的油位和密封情况，以保证传动箱的润滑和冷却效果，同时保证润滑油和物料两者的隔离，决不允许相互污染。

② 螺杆与筒体在工作中随时都要发生磨损，这是不可避免的，当零件磨损后，挤压量减少，生产能力下降，并会引起各参数的波动，影响挤压机的使用。磨损后，可采用堆焊的方法修补后再加工到要求尺寸，这种修复方法至多可用3～5次。

③ 模头的磨损表现在模孔尺寸变大，也会出现各模孔磨损程度不同的情况，磨损严重的模头无法修理，只能更换新模头。

④ 切割器的切刀磨损后会变钝，维修方法是换上新刀片，磨钝的刀片可以磨锐备用。

⑤ 挤压膨化机要有足够的备件，特别是生产多种产品的挤压膨化机，备件数量更多，以保证挤压膨化机在生产不同产品时不会因为配件不足而无法生产。

【本章小结】

膨化技术是使物料在一定温度、压力条件下，其组分发生一系列的变化，如蛋白质变性、淀粉糊化等，而其体积显著膨大的一个过程。膨化方法分为两类：一类是利用高温，如油炸、热空气、微波膨化等。另一类是利用温度和压力的共同作用，如挤压膨化、低温真空油炸等。在所有膨化工艺中，使用最广泛且发展最快的当属挤压膨化工艺技术，其主要设备是螺杆式膨化机。螺杆式膨化机根据其所用的螺杆数不同，可以分为单螺杆式挤压膨化机和双螺杆挤压膨化机。单螺杆挤压膨化机主要由喂料斗、预调质、传动、挤压、成型、切割、控制等几部分组成。与单螺杆挤压机相比，双螺杆挤压机的物料输送能力强，操作更为稳定，同时结构更为复杂，其基本结构仍然由料斗、机筒、两根螺杆、预热器、模板、传动装置等构成。

【思考题】

1. 膨化食品加工技术主要分哪几类？
2. 膨化机主要分哪几类，其结构、原理、操作与维护各有哪些区别？
3. 对膨化机如何进行操作与维护。

第十二章 速冻食品加工机械与设备

学习目标

1. 了解速冻食品特点、分类及速冻食品加工现状与工艺流程；
2. 掌握饺子成型机的结构与工作原理，熟练掌握其操作与维护；
3. 掌握汤圆成型机的结构与工作原理；
4. 了解速冻机的分类，掌握其结构与工作原理，熟练掌握其操作与维护。

第一节 概 述

一、速冻食品简介

速冻食品起源于美国，始于1928年，但在以后很长时间内，由于人们对速冻食品缺乏必要的认识，没有赢得更多的消费者，其生产发展缓慢。直到第二次世界大战，速冻食品才迅速发展起来，1948～1953年美国系统地研究了速冻食品，位于加利福尼亚州阿尔贝尼美国农业部西部地区研究所提出了著名的T-T-T（time-temperature-tolereance）概念，并制定了《冷冻食品制造法规》。从此之后，速冻食品实现工业化生产并进入超级市场，深受消费者青睐。特别是果蔬单体快速冻结技术的开发，开创了速冻食品的新局面，此技术很快风靡世界。最近几年，世界速冻食品的生成和消费方兴未艾，其年增长速度高达20%～30%，超过了任何一种食品，品种达3000多个。美、日、欧等一些国家已形成从原料产地加工、销售及家庭食用的完整的冷藏链，保证了速冻食品的工业化和社会化。

二、速冻食品的特点

1. 概念

食品速冻一般是运用现代冻结技术，在尽可能短的时间内，将食品温度降低到其冻结点以下的某一温度，使其所含的全部或大部分水分随食品内部热量的外散而形成合理的微小冰晶体，最大限度地减少食品中微生物生命活动和食品营养成分发生生化变化所需要的液态水分，从而达到最大限度地保留食品原有的天然品质，为食品低温冻藏提供一个良好的基础。

由于速冻食品包括种类很多，每种食品对速冻工艺都有一定的特殊要求。因此目前世界上对速冻食品尚无一个绝对统一、确定的概念，但专家认为一般的速冻食品应具备下述5个要素。

① 一般要求冻结在－30～－18℃的温度下进行，并在20min左右完成冻结过程。

② 完成速冻后的食品中心温度要达到－18～－15℃。

③ 速冻食品内的水分形成无数均匀针状小冰晶，其直径应小于100μm。

④ 冰晶的分布与原料中液态水的分布相近，对食品细胞组织损伤很小。

⑤ 当食品解冻时，冰晶融化的水分几乎能迅速被细胞组织吸收而不产生汁液流失。

显然满足上述条件的速冻食品能够最大限度地保持天然食品原有的新鲜度、色泽、风味和营养成分。也就是说，在解冻过程中必须尽可能保证使食品所发生的物理变化（体积、干耗变化等）、化学变化（蛋白质变性、色泽变化等）、细胞组织变化以及生物生理变化等达到最大的可逆性。

2. 速冻食品的优缺点

一般来说，符合速冻食品五要素的速冻食品应具有如下优点。

① 避免了细胞之间生成大的冰晶体。

② 减少了细胞内水分的外析，食品解冻时汁液流失少。

③ 冻藏过程中，浓缩残留水的危害性下降。

④ 将食品温度迅速降低到微生物生长、活动温度之下，有利于抑制微生物的繁殖及其生化反应。

⑤ 食品在冻结设备中停留的时间短，有利于提高设备的利用率及连续性生产。

三、速冻食品分类

由于速冻食品优良的保质性、耐储藏性及食用的方便性，速冻食品的发展十分迅猛，根据其原料和生产流程的特点，可将速冻食品分为下列几大类。

1. 果蔬速冻食品

速冻蔬菜和水果是速冻食品的一个大类。它是将新鲜水果、蔬菜经过预处理加工（如烫漂、糖渍等）处理后，快速冻结制成的小包装食品，与其他冻结食品一样，可作长期的储藏。较大程度地保持了新鲜水果、蔬菜原有的色泽、风味和维生素，食用方便。

2. 水产品速冻食品

水产品营养丰富、产量高，但由于水产品组织脆弱，含水分较多，在一般条件下容易引起酶和微生物的作用而造成肉体腐败变质。所以速冻是保持水产品品质的一种较好的方法。由于不同种类水产品的化学组成不同，其对应的物理性质也不一样，根据不同种类的水产品需具体来确定其适合的速冻工艺参数。大部分的水产品进行速冻加工时都要进行原料选择、预处理、预冷却、冻结及包装等工艺过程。

3. 肉、禽、蛋速冻食品

速冻肉、禽主要目的是使其保持在低温下以防止其内部发生微生物的、化学的、酶的以及一些物理的变化，以防止其品质下降。速冻肉、禽都是首先进行严格的卫生管理，然后预冷却及进行速冻加工，禽产品有时还需要进行小包装处理。蛋液的速冻加工可依次采取捡蛋、洗蛋、去壳、搅拌过滤、加热杀菌、速冻的工序来进行。

4. 速冻方便食品

现代方便食品亦称速食食品或调理食品，是特指近20年来国际上迅速发展起来的由工业化生产的各种大众化食品，对其有一定的配方要求和工程程序的工业化生产，具有加工、保存、运输、销售和食用等环节省事、省时、省原料、省燃料、体积小等优点。从原料的类别及加工出发，适合速冻的方便食品可分为点心类、调味配菜类等。点心类食品一般用面粉、稻米、杂粮、豆类等原料制作，需要速冻加工的常常为带馅点心。常见的有饺子、汤圆、春卷、包子、粽子、八宝饭、烧卖、窝窝头、馄饨、速冻花卷等一系列特色品种。

四、机械与设备

速冻食品加工工序中，速冻是关键的一道工序，速冻加工的方法和机械设备随食品的形状、大小与性质的不同而不同。冻结过程中要防止过大冰晶形成，因此要求冻结时间必须短，同时还要求操作方便，可以同时实现机械化、连续化的生产。一般常用的速冻机械设备有隧道式冻结装置、平板式冻结装置、螺旋式速冻机、喷淋式液氮速冻机、流态化速冻机等。

第二节 饺子成型机

饺子是我国人民喜爱的传统食品。它的制法是先用面粉做成薄而软的饺子皮，再以鲜肉、蔬菜等切碎，拌以佐料为馅，包成后下锅煮至饺子浮上水面即可。其特点是皮薄馅嫩，味道鲜美，形状独特，百食不厌。由于人们生活水平的不断提高，饺子已不再是节日食品的代名词，工业化生产的速冻饺子可方便地满足人们日常生活所需。我国从20世纪50年代由哈尔滨商业大学研制出来第一台饺子机到现在，饺子机得到了长足的发展，饺子机的生产能力从当初的两三千个到现在的两万个左右，适合于各种市场需求。智能化饺子机也伴随着人们生活水平的提高而随之诞生了，智能饺子机不但能大范围地改变生产率，而且能随时改变饺子的不同口味和类型。这样不仅避免了浪费，即可按需生产；而且极大地满足了人们的不同口味爱好。

目前，国内的机制饺子大都为灌肠辊切成型，输面形式为螺旋输送，输馅机构的形式有齿轮泵、滑片泵等。绝大部分饺子成型机构都具有多功能，更换成型部件后可以加工春卷、锅贴、馄饨、面条等产品。

一、饺子成型机的主要结构

以灌肠辊切式饺子成型机为例，其主要由传动机构、输馅机构、输面机构、辊切成型机构等辅助机构组成。其外形如图12-1所示。

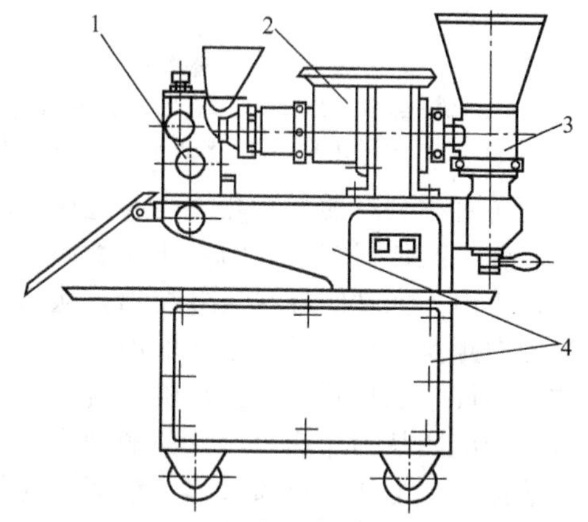

图12-1　饺子成型机
1—成型机构；2—输面机构；
3—输馅机构；4—机架

1. 输馅机构

通常输馅机构有两种形式，一种是由绞龙-齿轮泵-输馅管组成，另一种是由绞龙-滑片泵-输馅管组成。实践表明，滑片泵比齿轮泵更有利于保持馅料原有的色、香、味。所以目前国内饺子机大部分都采用后一种，其结构如图12-2所示。

滑片泵具有压力大、流量稳定、定量准确的特点，所以广泛应用于食品工业的各个环节。滑片泵主要由转子、定子、叶片、泵体及调节手柄组成。此外，为了扩大泵的使用范围，便于输送黏度低、颗粒大的松散物料，通常在泵的入口处还设有输送绞龙。这样可以将物料强制压向入口，使物料充满吸入腔。采用这种结构，可以补偿由于泵吸力不足和松散物料流动性不好而造成的充填能力低等缺陷。

如图12-2所示的滑片泵，当物料在输送绞龙的输送压力下通过入料口进入且充满吸入腔，随着转子的转动，叶片既被带动回转，同时在定子侧壁的推动下又沿自身导槽滑动，吸

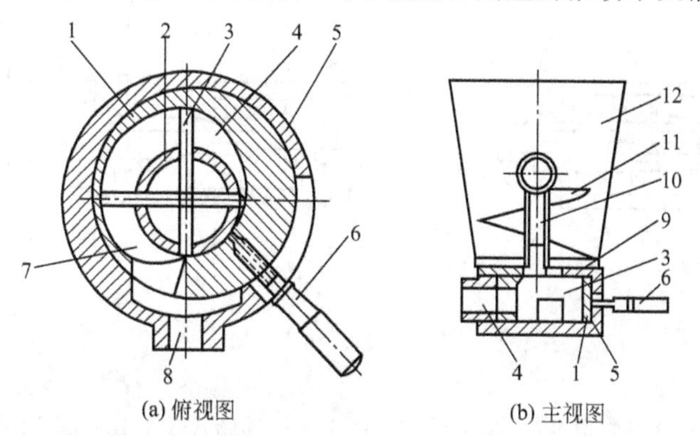

图12-2　输馅滑片泵工作原理
1—定子；2—转子；3—叶片；4—吸入腔；5—泵体；6—手柄；7—排压腔；
8—出口；9—泵入口；10—轴；11—绞龙；12—进料斗

入腔不断增大；当吸入腔达最大时，叶片做纯转动，将物料通过封闭区带入排压腔，在排压腔内，定子内壁迫使叶片做随转子的转动与自身相对转子的滑动，使得排压腔逐渐减小，物料被压向出料口，离开泵体。流量调节可通过调节手柄改变定子与馅管通道的截面积来实现。调节手柄通过泵体上的长孔装在定子上，扳动手柄即可达到流量调节的目的。输馅机构一般都由不锈钢材料制成。

2. 输面机构

输面机构如图 12-3 所示，它主要由输面绞龙、面套、固定螺母、内面嘴、外面嘴、面嘴套及调节螺母等组成。

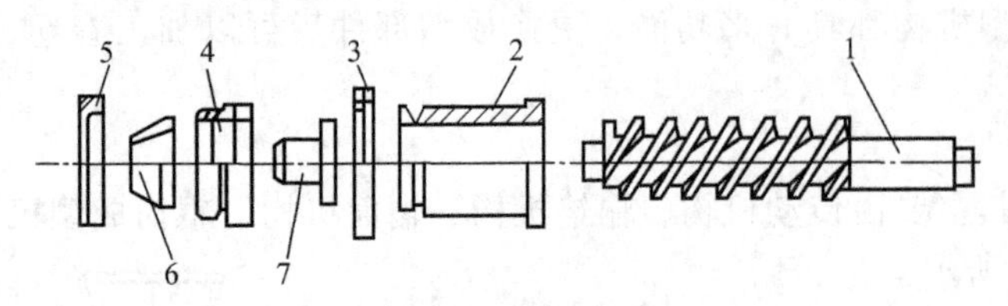

图 12-3 输面机构

1—输面绞龙；2—面套；3—固定螺母；4—面嘴套；5—调节螺母；6—外面嘴；7—内面嘴

输面绞龙 1 为前部带有一定锥度的单导程卧式螺旋输送器，锥度为 1/10，其作用在于逐步改变螺旋槽内的工作容积，使被送面团的输送压力逐渐增大，以满足形成连续均匀面管的工艺要求。在靠近输面绞龙的输出端设置内面嘴，它的大端输面盘上开有里外两层各三个沿圆周均匀对称分布的腰形孔。当绞龙输出的旋转面块分散通过内面嘴时，腰形孔既可阻止面块的旋转，又使得穿过孔的六条面块均匀交错达接，汇集成环状面管。面管在后续面料的推动下，由内外面嘴的环状狭缝挤出，从而形成所需要的面管。由内面嘴的输面盘至外面盘挤出的轴向距离不宜过长，否则输面时会引起机器发热，面管温度升高，甚至产生糊化变性，影响成品饺子的口感质量。在输面机构上，还设有与绞龙相对旋转的副辊，其作用是阻止入料口处的面团从面斗逸出，从而顺利完成输面操作。

输面流量的调节可通过移动输面绞龙的轴向位置，即改变输面绞龙与面套上的间隙来实现。这一操作，可通过旋转调节螺母来完成。另外，输面管壁厚的调整可通过调节螺母改变内面嘴与外面嘴的间隙来实现。输面机构零部件的材料大多为不锈钢，副辊的材料为无毒的工程塑料。

二、饺子成型机的工作原理

目前，我国生产的饺子机广泛采用灌肠辊切成型。灌肠原指是在香肠生产过程中，将调制好的肉泥灌入圆筒状肠衣，以得到圆柱状半成品的操作过程。灌肠式饺子成型机主要由动

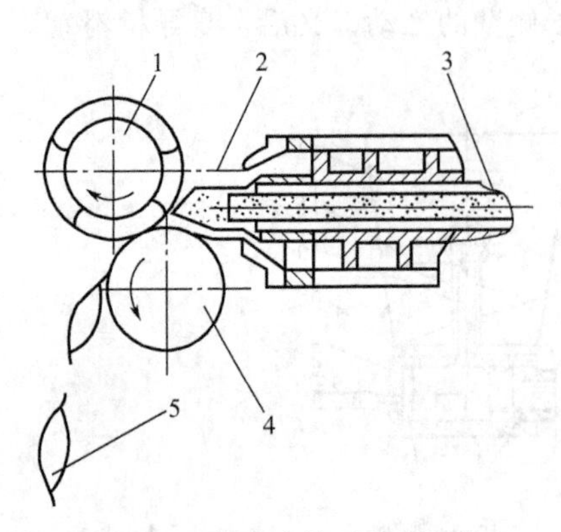

图 12-4 灌肠式饺子成型机构

1—成型棍；2—面嘴；3—馅料；4—成型底辊；5—饺子

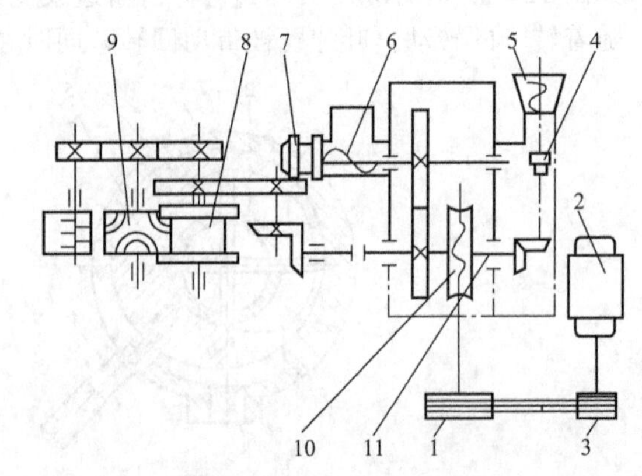

图 12-5 灌肠式饺子成型机工作原理图及传动原理

1—三角带轮；2—电动机；3—电动机三角带轮；4—输馅滑片泵；5—馅筒；6—输面螺旋绞龙；7—面嘴组件；8—成型副轮；9—成型辊；10—蜗轮副；11—主轴

力传动分配部分、精面部分、精馅部分、成型部分组成，其工作原理如图 12-4 所示。

饺子成型机工作时，面团经输面绞龙输送由外面嘴挤出成型面管。馅料经输馅绞龙、滑片泵作用，沿馅管进入面管内孔中从而实现灌肠成型操作。含馅面柱进入辊切成型机构。辊切成型机构主要由成型辊与底辊组成。成型辊上设有若干个饺子凹模，其饺子捏合边刃口与底辊相切。当含馅柱面从旋转辊切模与底辊中间通过时，面柱中间的馅料先是在饺子凹模感应作用下，逐步被推挤到饺子坯中心位置，然后在回转中被成型辊圆周刃口与底辊的辊切作用下成型为生坯。另外，还设有撒粉装置，以防止面与成型器的粘连。其具体工作过程如图 12-5 所示。电动机 2 经减速后传到一根主轴 11 上，主轴 11 的中段传到输面部分，输面螺旋绞龙 6 将湿面团推向内、外面嘴组件 7，挤制出一根空心面管。主轴 11 的后端传到输馅部分。滑片泵 4 将馅筒 5 中的饺子馅经过馅管注入到空心面管中，共同传到成型副轮 8 的工作面上。主轴 11 的前端传到成型部分，将已注入馅的面管经成型辊 9 和成型副轮 8 辊压成饺子形状。

三、饺子成型机的操作与维护

① 要求操作人员衣帽整齐，衣袖不得过长，戴好套袖，熟练掌握操作规程。

② 开机前首先检查各部位机件、安装是否齐全，开空机运转看其是否正常。

③ 饺子面软硬合适，饺子馅不能太稀，添面时要均匀，不要用力过猛或用其他工具往下按，以防伤人及损坏机器。

④ 在运行过程中，不得用手接触饺子机的转动部位，身体站在开关一面，便于随时遇情况停机断电。

⑤ 操作过程中如发现异常，应及时断开电源开关，找专门修理人员进行修理或向机修部门报告，他人切勿乱动电器部分。

⑥ 使用完毕，应及时清理各部位机头，面嘴、饺笼馅桶应用水泡洗干净，其他部位应用湿布擦净，定时给各孔加油，以防生锈。

第三节　汤圆成型机

汤圆是我国的传统小吃之一，用花生、芝麻、豆沙等各种果饵做馅，外面用糯米粉作皮搓成球状。传统的加工方式为手工包馅撮圆，汤圆成型机则采用灌肠式包馅和回转成型盘式撮圆，具有自动化程度高、工作平稳、定量准确、包馅均匀等特点。目前国内外生产的汤圆成型机种类较多，典型的是日本雷昂夹馅机。

一、汤圆成型的工作原理

1. 棒状成型

夹馅机成型原理如图 12-6 所示，面料在双面绞龙 5 的推动下，进入竖绞龙 8 的螺旋空间，并被继续推进，移向面馅复合嘴 11 的出口，在这里面料被挤压成筒状面管。馅料经输馅双绞龙输送至双叶片泵 3。泵的叶片旋转，使馅料转向 90°并向下运动，进入输馅管 6。输馅管装在输面竖绞龙的内腔，当馅料离开输馅管、在复合嘴 11（图 12-7）出口处与面管汇合时，便形成里面是馅、外面是面的棒状半成品。棒状半成品经压扁、印花及切断可制成两端露馅的带馅食品。根据不同的品种要求，复合嘴 11 及转嘴 10 可以更换。复合嘴断面形状、尺寸不同，挤出的棒状产品规格也不同。

2. 球状成型

球状成型是由成型盘 16（图 12-8）的动作来完成的。由棒状成型后得到的半成品经过一对转向相同的回转成型盘加工后，成为球状夹馅食品。成型盘表面呈螺旋状，其除半径、螺旋状曲线的径向与轴向变化外，螺旋的倾角也是变化的。这就使得成型盘的螺旋面随棒状产品的下降而下降，同时逐渐向中心收口。而且由于螺旋面倾角的变化，使得与螺旋面接触的面料逐渐向中心推移，从而在切断的同时把切口封闭并搓圆，最后制成球状带馅食品生坯。

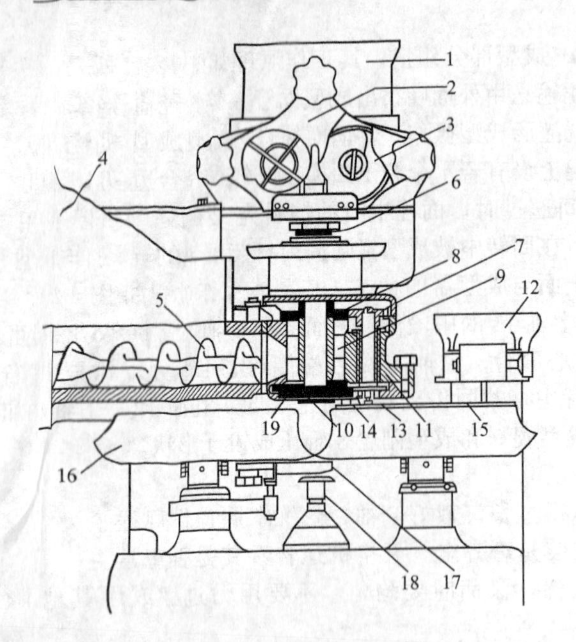

图 12-6　夹馅机成型原理图

1—料斗；2—输馅控制；3—叶片泵；4—面团斗；5—输面绞龙；6—输馅管；7—复合嘴齿轮；8—竖绞龙；9—出面嘴；10—转嘴；11—复合嘴；12—面粉斗；13—粉刷；14—粉针；15—布粉盘；16—成型盘；17—拨杆；18—托盘；19—止推垫圈

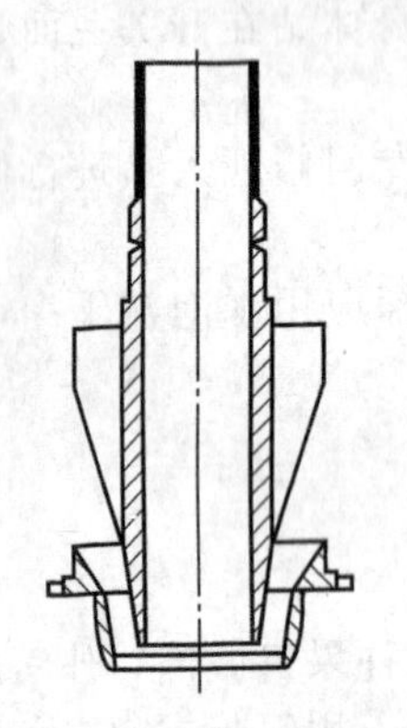

图 12-7　夹心复合

图 12-8　搓圆成型盘

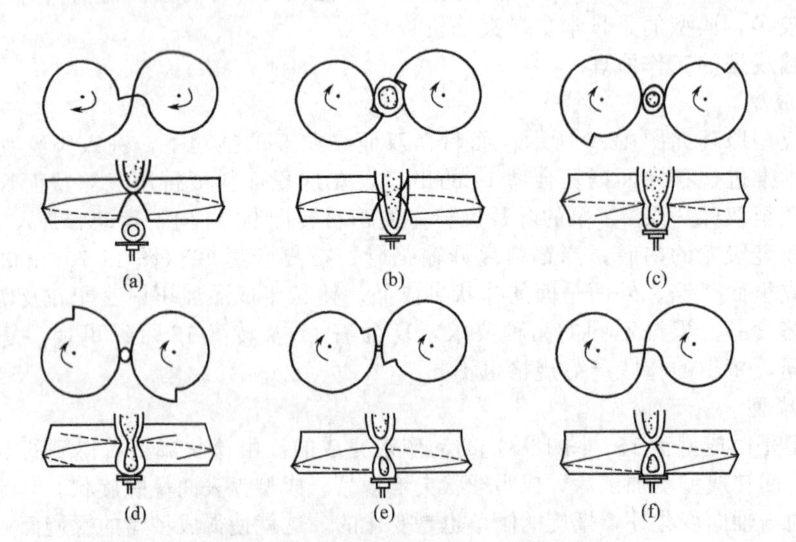

图 12-9　夹馅机成型盘操作过程示意图

(a) 开始接料；(b) 开始成型；(c)、(d) 滚圆切断；(e) 切断结束；(f) 成型结束如图 12-9 所示为夹馅机成型盘操作过程示意图。成型盘上的螺旋线有一条、两条与三条之分。螺旋线的条数不同，制品的球状半成品大小也不相同。一般来说，螺旋线的条数越多，制出的球状半成品体积越小，单位时间生产的产品个数也越多。

二、汤圆成型机的结构组成

夹馅机主要由输面机构、输馅机构、成型机构、撒粉机构、传动系统、操作控制系统及机身等组成。

输面部分包括面斗、两只水平输面绞龙及一只垂直输面绞龙（竖绞龙），输馅部分包括馅斗、两只水平输馅绞龙及叶片泵，输面、输馅部分结构示意如图 12-10 和图 12-11 所示。撒粉装置由面粉斗、粉刷、粉针及布粉盘组成。成型装置的主要部分是两只回转成型盘、托盘及复合嘴。传动系统包括一台 2.2kW 的电动机以及皮带无级变速器、双蜗轮箱及各种齿轮变速箱等。

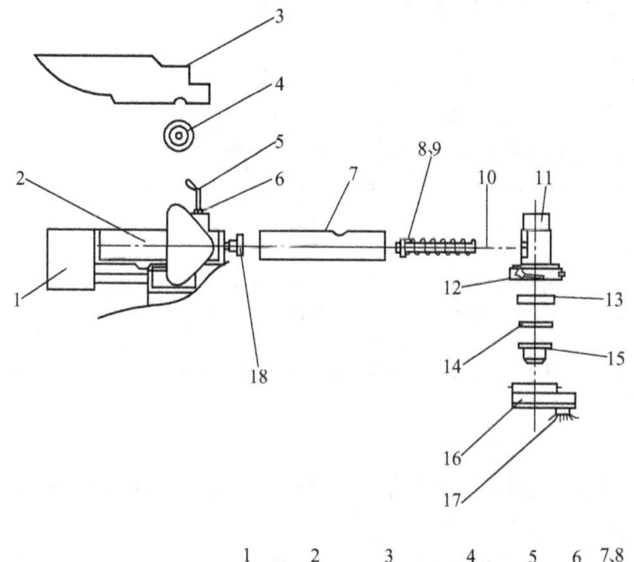

图 12-10 输面部分结构示意图

1—输面马达；2—面缸座；3—面斗；4—压轮；5—紧定螺杆；6—紧定压杆；7—面缸；8—右面绞龙；9—左面绞龙；10—支撑杆；11—面泵体；12—紧定螺钉；13—塑料垫圈；14—橡胶垫；15—出面嘴；16—出面嘴座；17—粉刷；18—紧定螺母

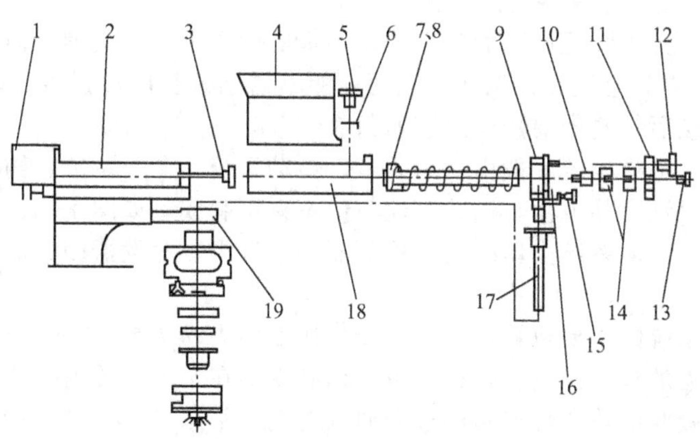

图 12-11 输馅部分结构示意图

1—输馅马达；2—馅缸座；3—紧定螺栓；4—馅料斗；5—紧定螺母；6—紧定压板；7—左馅绞龙；8—右馅绞龙；9—馅泵体；10—转子；11—压板；12—紧定螺母；13—通气孔螺栓；14—叶片；15—紧定螺钉；16—不锈钢压板；17—馅管；18—馅缸，19—支撑架

第四节 速 冻 机

冻结装置是用来完成食品冻结加工的机器与设备的总称。用于食品的冻结装置多种多样，分类方式不尽相同。按照冷却介质与食品接触的状况可以分为空气冻结法、间接接触冻

结法和直接接触冻结法 3 种。按照冻结装置的结构形式可以分为隧道式冻结装置、螺旋式冻结装置、平板式冻结装置、流态化冻结装置及搁架式冻结装置等。在实际生产中使用较多的是隧道式冻结装置和螺旋式速冻装置。

一、隧道式速冻装置

1. 原理与特点

隧道式速冻装置的冻结空间为一狭长隧道，也称围护装置、隔热隧道或库体，隧道中装有用于输送食品的输送带和制冷系统的蒸发器、风机等。工作时，食品放在输送带上，通过隧道时与蒸发器及风机产生的强制冷风进行热交换，因而被快速冻结。

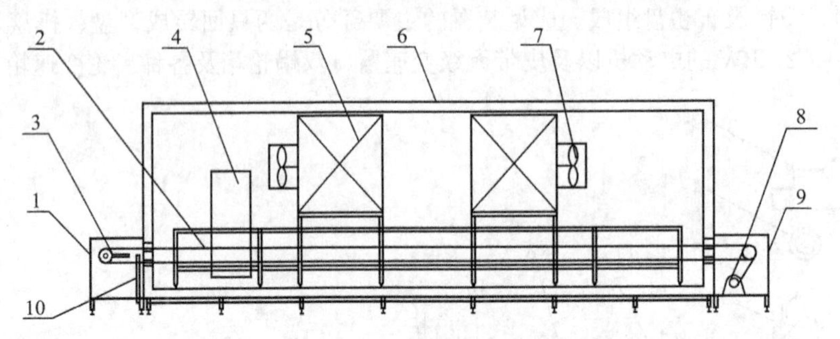

图 12-12 隧道式速冻装置结构示意图

1—进货栏；2—输送带；3—张紧装置；4—库门；5—蒸发器；6—库体；
7—轴流风机；8—驱动装置；9—出货栏；10—清洗装置

隧道式速冻装置的特点是连续操作，冷空气在隧道中循环节省冷量，设备紧凑，空间利用率充分等。

2. 结构组成

隧道式速冻装置主要由围护装置（隔热隧道）、输送系统、制冷系统及控制系统组成。如图 12-12 所示为隧道式速冻装置的具体结构简图。

（1）围护装置　围护装置由两面带有不锈钢板的硬质聚氨酯板加工而成。聚氨酯板的厚度一般为 120mm 左右，起隔热保温作用。两面的不锈钢板起增加强度、防潮隔气及美观的作用。现场组装拼接后接缝处要用密封胶密封。

（2）输送系统　输送系统一般由动力装置、传动系统、调节装置、网状钢丝带及主架体总成等组成。为了保证食品卫生，网状钢丝带由不锈钢制成，如图 12-13 所示。

（3）制冷系统　制冷系统由压缩机、冷凝器、节流阀、蒸发器四大部件及其他辅助部件组成。

压缩机是制冷系统的主要机器，它的主要作用是吸取蒸发器中的低压低温制冷剂蒸气，将其压缩成高压高温的过热蒸气。这样便可推动制冷剂在制冷系统内循环流动，并能在冷凝器内把从蒸发器中吸收的热量传递给环境介质（空气或水），以达到制冷的目的。

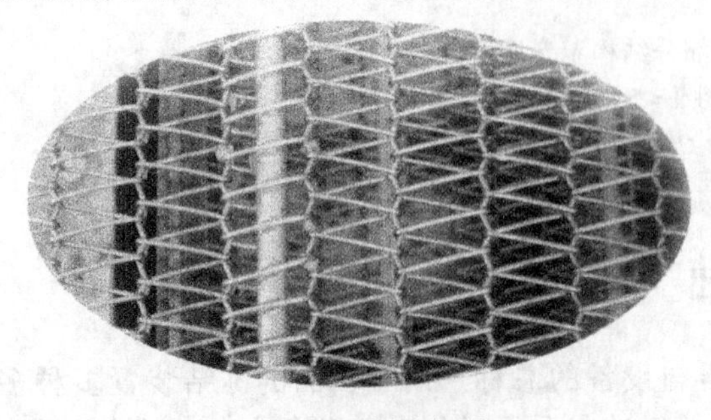

图 12-13 网状钢丝

目前制冷工业上应用的压缩机大多为活塞式压缩机。活塞式压缩机又可分为两种，即往复式压缩机（其活塞在气缸里做来回的直线运动）和回转式压缩机（一个与气缸中心线成不同轴心的偏心活塞，在气缸里做旋转运动）。我国制冷压缩机厂生产的多为活塞式（往复式）压缩机。这是因为其结构简单，制造容易，产冷量大，操作稳定，及维护方便。

冷凝器是制冷机的热交换器。冷凝器的作用是使高压高温的过热蒸气冷却，冷凝成高压液态并将热量传递给周围介质（水或空气）。常用的有壳管式冷凝器（列管式热交换器）和淋水式冷凝器。

节流阀又称膨胀阀，它是制冷机的重要机件之一，在管路系统中起着降压和控制流量的作用。高压液体通过膨胀阀时，经节流而降压，使制冷剂的压力由冷凝压力降低到所要求的蒸发压力。在压力降低的同时，制冷剂因沸腾蒸发而吸热，使其本身的温度降低到需要的低温，然后将低压低温制冷剂送入蒸发器。膨胀阀还可以控制送入蒸发器的制冷剂量，调节蒸发器的工况。如图 12-14 和图 12-15 所示分别为手动膨胀阀和热力膨胀阀结构图。

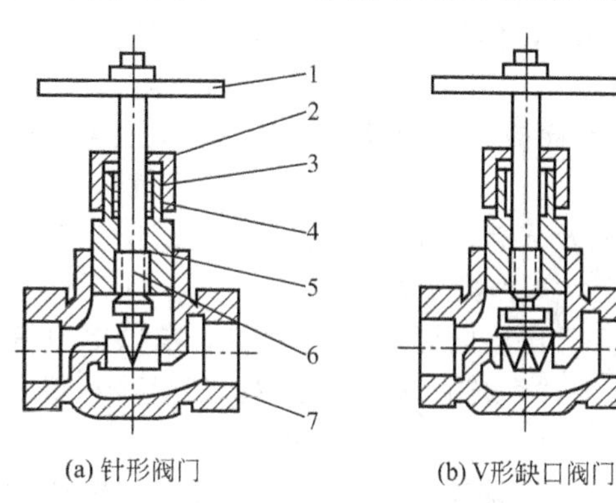

图 12-14 手动膨胀阀

1—手轮；2—螺母；3—钢套筒；4—填料；5—铁盖；6—钢阀杆；7—外壳

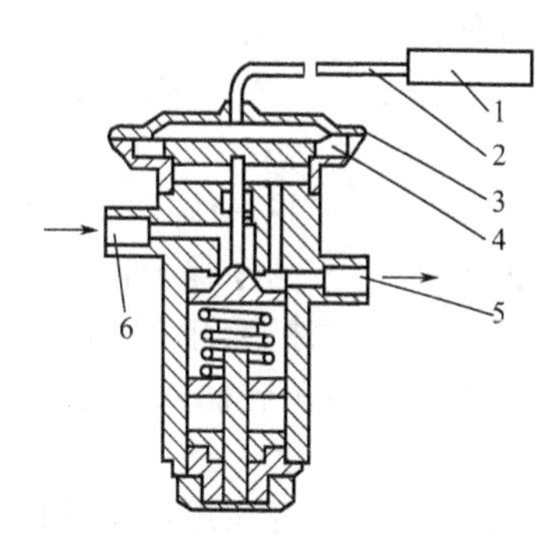

图 12-15 热力膨胀阀

1—感温包；2—毛细管；3—气箱盖；4—薄膜；5—制冷剂出口；6—制冷剂入口

蒸发器是用以将被冷却介质的热量传递给制冷剂的热交换器。低压低温液体制冷剂进入蒸发器后，因吸热蒸发而变为蒸气。通常把冷却液体载冷剂的热交换器称为蒸发器，常用的蒸发器有立管式及卧式两种。立管式蒸发器的优点是传热效率高，结构简单，检修与清理方便；缺点是蒸发管组腐蚀快。卧式蒸发器的优点是传热效果较好，结构简单，占地面积小，因载冷剂循环系统密封，对设备腐蚀性小；缺点是当盐水泵因故障停止运转时，可能发生冻结，造成管簇破裂。如图 12-16 所示为卧式蒸发器。

制造蒸发器的材质有铜管、钢管和铝质管，其中全铝高效变片距蒸发器传热效果好，使设备的冻结速度快，冻结干耗少，冻品外表更匀称美观，色泽更鲜亮，并提高了冻结品的成品率。

3. 操作与维护

以郑州亨利 FLA 系列为例。

（1）开机前的准备

① 检查与电机相连的传动链条的冗余程度，即是否松弛、是否干涉，必要时进行适当地张紧调整。

② 检查输送网带链条的松紧程度，以在距链轮 1m 处用 200N 的力提起输送链高 100～150mm 为宜，且输送链平直。输送链的张紧是保证设备正常运转的重要检查项目，维修人员巡检时应随时予以关注；操作及维修人员还应注意网带上不允许积聚厚厚的冰层，否则易导致网带隆起

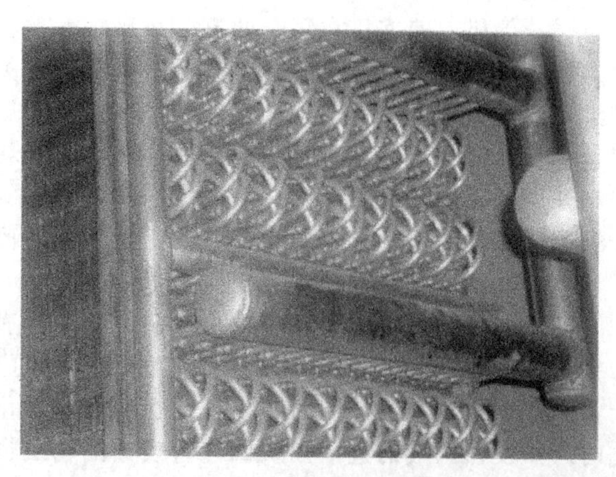

图 12-16 卧式蒸发器

或与滑道条冻结，影响到平网的正常进行；必要时可打开库门，抖动网带，以防止冻结，保证正常启动。

③ 检查网带穿杆在驱动链轮上相位角正确（穿杆与轴平行）。

④ 检查变频器频率显示是否是设定值，应指定专人负责电控柜操作，电缆不得浸泡在水中或严重潮湿的地方，电控柜应放在清洁的环境，冲洗速冻机时切不可将水喷到电控柜上。

⑤ 检查蒸发器上的霜层是否有积存，如果长时间运行而每次融霜时间不充分，日积月累，蒸发器回风面的铝片上可能会积聚较多的霜和冰，这样不但影响回风风量，更影响换热效率，最终降低产量。建议每次使用完，打开门观察蒸发器的表面，并用水融去其表面的霜。

(2) 开机次序　开机时首先开启网带运行 2min，然后开启风机 3min，再输送制冷剂，降温；以保证网带不被冻结。

操作面板上各功能按钮均有铭牌指示，操作程序应按下列顺序执行，以免发生不必要的事故。

① 开机前检查并确认速冻装置内无异常结冰及异常积水后，方可开机。在合上主电源开关 QF1 时，观察相序保护器是否工作正常（正常工作指示灯亮）。

② 在供电电源指示灯不亮时，要打开电控柜门合上电源断路器 QF1，在供电电源指示灯亮时将系统启停钥匙插入钥匙钮，顺时针旋转至“系统启动”的位置，然后显示仪表开始工作。

③ 检查电压是否在规定范围内（361～399V），若偏差太大需将系统启停钥匙逆时针旋转至“停止系统”断开主电源查明原因后再运行。通电后在中间位置拔出钥匙并保管好。

④ 按下输送带启动按钮，参照产品说明书调整电控柜门上变频器输出频率电位器，使输送带运行速度满足生产工艺要求。

⑤ 依次间隔 5s 按下风机启动按钮，通过风机电流表指示能够判断风机是否运转。

⑥ 变频调速器为恒转矩输出特性，最高频率为 60Hz，非必要情况下，不可任意改变设定状态。若需要改变，操作者应认真阅读操作手册中的有关章节并与生产商联系。

⑦ 进入库体前，应让库门加热丝保持通电至少 15min，以防库门冻结，损坏附件。当不使用机内照明时，请停止机内照明。

⑧ 在设备运转时应经常注意观察运行参数，发现异常情况应立即停车检查，防止故障范围扩大。

⑨ 停机时间超过 24h，应断开主电源开关 QF1。

⑩ 每月应在断电的情况下检查一次电气控制柜，紧固各紧固点，除去柜内的灰尘，确保各电气元件动作灵敏且可靠。

(3) 停机　速冻机在每天两班，每班 10h 的情况下，建议进行停机操作。

在每班工作结束，冻品即将全部出尽时，应关掉速冻机的供液阀，让室外机和风机、网带继续运行，至压缩机负压停车。风机选择单开形式，使库内的冷气快速散向库外，这样持续运行 10min，停止风机，打开融霜水阀门，如果水压达不到设计要求，可选择两台蒸发器交替开启的办法，务必使两台蒸发器都保证足够的水压，这是最重要的（否则蒸发器中的离干管较远的融霜水管中水压力很小，延长融霜时间）。如果水质和水温均符合要求，那么只需 40～60min 即可融完一班生产形成的霜层。

冲霜时，如果时间紧，可以从库门向蒸发器表面冲水，以加速霜层的融化。

在生产过程中，每班库内会产生相当容积的空气冷凝水，其结冰附在机件及库体底板上，因此每次融霜时，同时应该把地板上的冰融化并清除掉，否则会影响设备安全运行。融霜时，蒸发器两端的进液以及回汽管表面的霜层也会融化，排水速度相应较慢，因此，应保证适当的排水时间。

保持排水口处的清洁很重要，不要让冰块、包装袋、泡沫及其他异物堵住排水口而影响排水通畅。

(4) 维护清洗网带后，会有水珠附在网带上，如果要马上生产，使用时应先启动风机和网带，注意不要开启冷源，单独运行 10min，等到水珠被风吹净后再进行生产，否则水珠会冻结在网带表面，影响网带的正常运行，严重时会破坏网带，后果较严重。

待速冻机内部的霜、水和冰清除干净后，等待 5～10min，将风机打开运行 10～15min，让风机和蒸发器以及网带上的水吹尽，为下一次开机作好准备。

二、螺旋式速冻装置

1. 原理与特点

螺旋式速冻装置按螺旋结构有单螺旋和双螺旋之分，相对于单螺旋结构，双螺旋结构能够实现低位进料、低位出料、方便用户的布局，排除了单螺旋速冻结构出料在高位、冻品易跌落的危险。

如图 12-17 所示，双螺旋式速冻装置的主体部分为一螺旋塔，被冻结的食品可直接放在传送带上，也可采用冻结盘。食品随传送带进入冻结装置后，通过第一个转鼓呈螺旋状上升，再通过第二个转鼓呈现螺旋状下降，在输送过程中食品与冷风进行热交换，从而实现快速冻结。

图 12-17　螺旋式速冻装置

螺旋式速冻装置具有以下特点。

① 紧凑性好。由于采用螺旋式传送，整个冻结装置的占地面积较小，其占地面积仅为一般水平输送带面积的 25%。

② 在整个冻结过程中，产品与传送带相对位置保持不变。冻结易碎食品所保持的完整程度较其他型式的冻结装置好，因此也可同时冻结不会混合的产品。

③ 可以通过调整传送带的速度来改变食品的冻结时间，用以冻结不同种类或品质的食品。

④ 进料、冻结等在一条生产线上连续作业，自动化程度高。

⑤ 冻结速度快，干耗小，冻结质量高。

⑥ 该装置的缺点是，在小批量、间歇式生产时，耗电量大，成本较高。

2. 结构组成

螺旋式速冻装置与隧道式速冻装置相似，也是由围护装置（库体、隔热隧道）、输送系

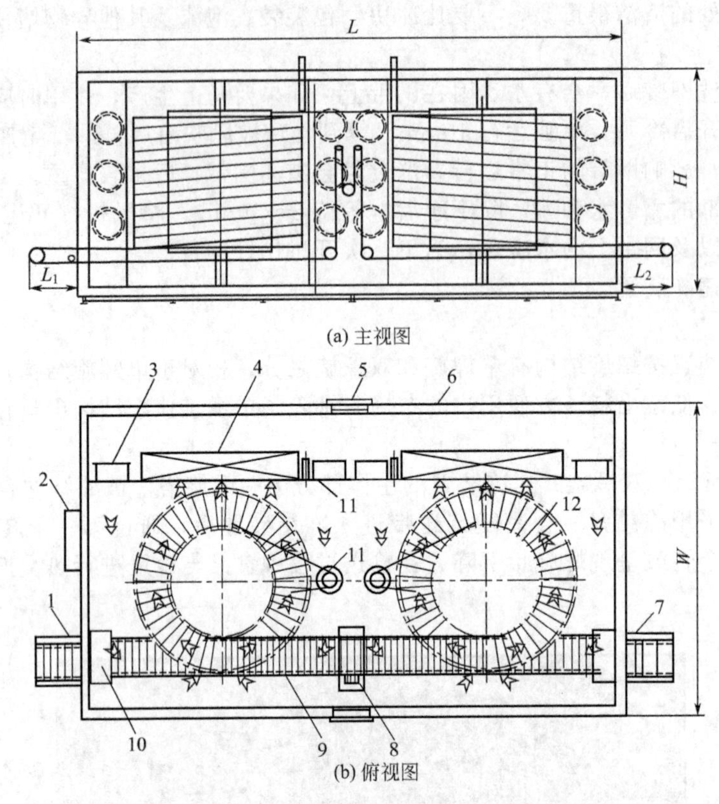

(a) 主视图

(b) 俯视图

图 12-18 双螺旋式速冻装置结构示意图

1—进料装置；2—电控箱；3—轴流风机；4—蒸发器；5—库门；6—围护结构；7—出料装置；8—张紧装置；9—传送带；10—压力平衡装置；11—驱动装置；12—转鼓

统、制冷系统、控制系统及转鼓、底架等组成。不同之处主要是在输送系统中网状输送带绕转鼓螺旋运动。如图 12-18 所示为双螺旋式速冻装置的结构简图。

其主体部分为一转筒，传送带由不锈钢扣环组成，按宽度方向成对接合，在横、竖方向上都具有挠性。当运行时，拉伸带子的一端就压缩另一边，从而形成一个围绕着转筒的曲面。借助摩擦力及传动机构的动力，传送带随着转筒一起运动，由于传送带上的张力很小，故驱动功率不大，传送带的寿命也很长。传送带的螺旋升角约 2°，由于转筒的直径较大，所以传送带近于水平，食品不会下滑。传送带缠绕的圈数由冻结时间和产量确定。

3. 操作顺序

以郑州亨利 MSG 系列为例。

(1) 开机操作顺序

① 在供电电源指示灯不亮时需打开电控柜门合上电源断路器。在供电电源指示灯亮时需将控制电源钥匙插入钥匙钮，顺时针旋转至开的位置。同时控制电源指示灯亮，系统报警指示灯声光指示，智能控制器通电后先发出“滴”的一声 2s 后，电控柜门上系统运行状态示意图的指示灯全亮 2s 后只运行指示灯亮，系统报警指示灯熄灭。

② 观察电源电压是否在规定范围内（361～399V），若电压偏差太大需逆时针旋转控制电源钥匙至关的位置，查明原因后再通电。

③ 按动输送带启动按钮，调节电控柜柜门上调速旋钮，使输送带运行速度满足生产工艺要求。输送带运行 2min 后依次间隔 5s 按动风机启动按钮，每启动一个风机，电流表读数增加 5A 左右。若电流表读数未相应增加，需检查相应风机。开启风机 3min 后再输送制冷

剂降温，以保证网带不被冻结。

（2）停机操作顺序

① 在冻品将出尽时提前30min关闭制冷系统供液阀，在冻品出尽后依次按动风机停止按钮，调节输送带以低速16Hz运转，开始水融霜。

② 水融霜时进行输送带清洗。打开进口清洗水管球阀，按动输送带清洗启动按钮（水位正常时，水箱内加热管开始加热，水箱温度达到设定温度后清洗水泵启动。若水位过低，水位开关保护自动断开输送带清洗回路）；清洗结束后按动输送带清洗停止按钮，关闭进口清洗水管截止阀。启动输送带吹干风机，吹干输送带后依次停止吹干风机及输送带。

③ 逆时针旋转控制电源钥匙至关的位置后拔出钥匙，保管好控制电源钥匙。停机时间超过24h以上需断开电源断路器，锁好电控柜门，保管好电控柜钥匙。

4. 维护与保养

该设备必须设专人负责操作和维护保养，做好设备运行记录，要经常性地检查，使设备保持最佳运行状态。

① 库板要防止硬物划伤、碰撞，开关库门动作要轻。拉手、门钩位置不正时要及时调整，若损坏要及时更换。

② 要经常检查输送带链片是否脱焊、芯轴是否弯曲、网丝是否断裂或翘起，若损坏要及时焊补或更换。

③ 传动部分有三台电机。注意工作时是否有异常响声，链条传动是否有轧齿现象。轴承位要三个月加注一次低温润滑脂，减速器内一年更换一次低温润滑油。

④ 转鼓链轮和链条要经常涂敷低温润滑脂，以保护大链轮。

⑤ 风机在启动和运转中注意有无异常响声。风机上的电机可按电机的一般规定更换低温润滑脂，蒸发器的外露蒸发管部分要防止硬物碰伤或划伤。

⑥ 张紧装置中的输送带张紧轮应保持上下活动自如。发现位置过低，即输送带过长，影响设备正常运行时，要进行处理，截去一部分输送带。反之，输送带过短，经常上限报警，影响正常运行，应增加一部分带。

⑦ 电气部分要防止受潮，变频电源的维护要按变频电源说明书的要求进行。各部分报警装置要随时检查，保证完好，如损坏要及时排除或更换。

【本章小结】

速冻食品加工机械与设备主要包括饺子成型机、汤圆成型机和速冻机等。目前，国内的机制饺子大都为灌肠辊切成型，设备主要由传动机构、输馅机构、输面机构、辊切成型机构等辅助机构组成。输面型式为螺旋输送，输馅机构的形式有齿轮泵、滑片泵等。绝大部分饺子成型机构都具有多功能，更换成型部件后可以加工春卷、锅贴、馄饨、面条等产品。汤圆成型机主要采用灌肠式包馅和回转成型盘式撮圆，具有自动化程度高、工作平稳、定量准确以及包馅均匀等特点。目前国内外生产的汤圆成型机种类较多，典型的是日本雷昂夹馅机。速冻机是用来完成速冻食品冻结加工的机器与设备的总称，在实际生产中使用较多的是隧道式速冻机和螺旋式速冻机。

【思考题】

1. 速冻食品有哪些特点和种类？
2. 饺子成型机的成型原理是什么，试述其结构、操作与维护方法。
3. 汤圆成型机的成型原理是什么，分析其结构组成。
4. 速冻机有哪几类，如何进行操作与维护？

第十三章　方便食品包装机械与设备

学习目标

1. 了解方便食品包装的特点、形式及裹包机械种类；
2. 掌握接缝式裹包机的结构与工作原理，熟练掌握其操作与维护。

第一节　概　　述

随着社会的发展和科学技术的进步，食品的方便化、工程化、功能化、专业化和国际化将成为食品工业今后发展的趋势，方便食品也将越来越多地摆上了人们的餐桌。

方便食品一般是指以米、面等粮食为主要原料经过加工制成，可以直接食用或只需简单烹制即可食用的食品，方便食品一般都具有食用简便、携带方便、易于储藏等特点。目前，方便食品的品种很多，常见的包括方便面、方便米饭、方便米粉、方便饮料、挂面、馒头、馄饨、饺子、汤圆、春卷、面包、饼干、糕点、膨化食品、罐头等在内的几百个品种。

各种方便食品的原料不同、加工方式不同、成品的性状不同，以及在储藏、携带和食用方面的特殊要求，对包装材料和包装方式的要求也不相同。比如，在包装材料的选择上，首先应能够防止食品受到污染。同时，一些产品在水分含量的控制上要求较高，其包装材料就要有一定的防潮功能；一些产品含有较多的油脂，包装材料则要具有一定的阻氧性和避光性，防止油脂的氧化；一些产品需要在低温下储藏，其包装材料应具有较好的耐低温性能等。除罐头外，多数方便食品具有易碎、易变形及易黏结的特点，因此不能使用真空包装的方法。可以根据食品的不同特点选用充气包装、保鲜包装、普通袋装等其他方式，方便面还可以采用碗装或杯装等。

就形态而言，方便食品有块状、颗粒状、粉状和液（酱）态，又以块状和颗粒状较多。一些粉状和散粒状食品经过浅盘、盒等预包装后，亦可看作是块状。

裹包是块状类食品包装的基本方式。它以挠性材料对被包装食品进行全部或局部的包封。这种方式不但能够对被包装食品直接作单体裹包，如糖果、巧克力、雪糕、饼干、糕点、面包、方便面等；而且能够对包装食品作排列组合后的集积式裹包，如旅行饼干小包装、薄荷糖的内包装、香烟条包装等；另外还能够对已作包装的物品再作外表装饰性裹包，如香烟盒包透明纸、盒装茶叶透明纸包装、盒装食品的透明 BOPP、PET 薄膜包装等，以增加其防潮性和商品展示性。

裹包所用的包装材料品种多样，包括各种包装纸、涂蜡纸、涂塑纸以及玻璃纸、塑料薄膜、铝箔和各种复合材料等。

由于块状方便食品的物理化学特性各异，其尺寸和形状差别较大，加之其他各种因素的影响，有不同的裹包方式。按照封口形式分为扭结式裹包、折叠式裹包和热融缝合式裹包三大类；按裹包方式的不同又可分为半裹包、全裹包（扭结式、折叠式、接缝式、覆盖式）、缠绕裹包、贴体裹包、收缩裹包、拉伸裹包等。如图 13-1 所示。

用挠性包装材料对被包装食品进行全部或局部包封的包装设备统称为裹包机械。裹包机

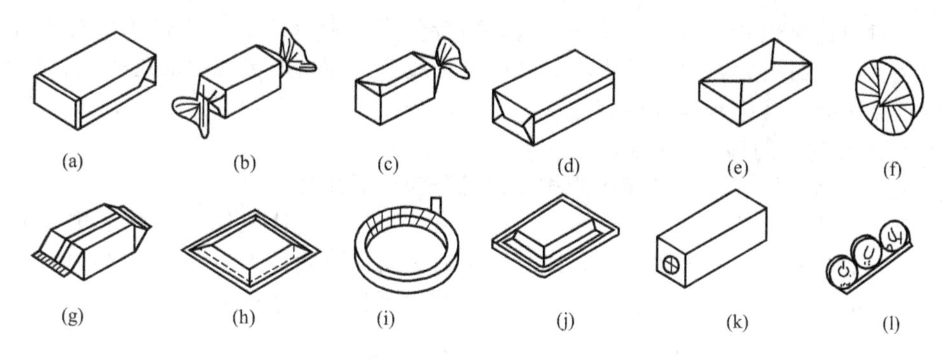

图 13-1 常见裹包形式

(a) 半裹包式；(b) 双端扭结式；(c) 单端扭结式；(d) 端部折叠式；(e) 底部折叠式或信封式；(f) 褶形折叠式；(g) 接缝式；(h) 覆盖式；(i) 缠绕式；(j) 贴体式；(k) 收缩式；(l) 拉伸式

械的共同特点是用薄型挠性包装材料，将一个或多个固态食品进行裹包。裹包所用包装材料较少，操作简单，包装成本低，流通、销售和消费都很方便，应用范围十分广泛。裹包机械的结构较为复杂，其调整及维修需要一定的技术水平。

裹包机械种类繁多，功能结构各异，按包装成品的形态可分为全裹包机和半裹包机；按裹包方式的不同则可分为折叠式裹包机、扭结式裹包机、接缝式裹包机、覆盖式裹包机、缠绕式裹包机、拉伸式裹包机、贴体包装机、收缩包装机等。

本章将主要介绍接缝式裹包机械。

第二节 接缝式裹包机

接缝式裹包是用挠性包装材料裹包产品，将末端伸出的裹包材料按同面黏结的方式进行加热加压封闭、分切，并能够自动完成制袋、填充、封口、切断、成品排出等工序的包装方式。完成接缝式裹包的设备为接缝式裹包机，又称卧式枕形包装机。

接缝式裹包机是裹包机械中应用最广泛、自动化程度最高、系列品种最齐全的一类包装机械，具有适用范围广、工作平稳可靠、噪声低、生产率高的特点。根据不同的包装要求，可以进行普通包装、带托盘包装、无托盘集合包装等，与相应衍生机种、辅助机种配合，能实现食品、日用化工、医药等各行各业自动化生产线的流水包装。如食品行业中的方便面、面包、月饼、各类饼干、巧克力、糖果、规则膨化食品、瓶装乳酸饮料集合等。所用的包装材料可以是各类复合膜，也可以是 PE、PVC 等热收缩单膜等。

一、接缝式裹包机的工作原理与特点

1. 接缝式裹包的种类与特点

按照包装成品的外观不同接缝式裹包可以分为普通枕形包装、折角枕形包装、无封边枕形包装几种形式。

(1) 普通枕形包装　它是一种最常用的三面封口枕形包装，用片膜裹包产品之后直接三面封口切断，自然成型。如袋装方便面、枕形糖果等的包装。这类包装使用的包装材料一般为彩印复合膜材料，包装厚度以不超过 40mm、厚宽比值小于 0.5 为宜，长度尺寸可根据实物长度或包装材料上印刷色标距离来确定，在一定范围内任意选取。

(2) 折角枕形包装　这种的包装形式与普通枕形相似，其包装机增加了专门的折角及其他相应装置，使包装成品的两端横封效果美观。这类包装适合包装物的厚度在 30mm 以上，但物品的长度尺寸有一定限制，不可任意选取。折角枕形包装多采用复合包装薄膜进行包装。

(3) 无封边枕形包装　包装成品的三边封口皆为直线形（或纵封仍带压痕封边），多用于贴体包装。由于封口无封边，薄膜收缩之后呈细线形，能增加包装后的透明度。常见的如碗式方便食品包装、钙奶瓶集合包装等。

2. 接缝式裹包机的种类与特点

按照包装机结构的不同可以将接缝式裹包机分为如下几种。

(1) 上送膜枕形自动包装机　如图 13-2 所示，包装薄膜从机器上方向下进入成型器，同时自上而下对包装物进行裹包封口，成品输出时纵向封边朝下。包装物从输送链进入成型器需设计不同的过桥，确保成型时纵向封口前包装物顺利精确地进入包装位。

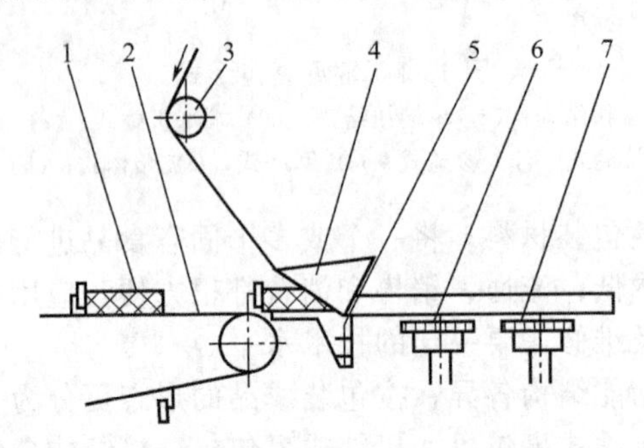

图 13-2　上送膜结构示意

1—包装物；2—送料机构；3—入膜角度调节辊；4—成型器；5—过桥；6—牵引轮；7—热封轮

此类包装机通常配有可调成型器，包装宽度尺寸调节范围大，纵向封口与横向封口之间无输送动力，适合体积小、重量轻的规则物品包装。其包装速度较高，一般能达到 150 件/min。较先进的小型糖果包装机，由于采用多刀座结构，稳定生产能力为 1000～1500 件/min。

(2) 下送膜枕形自动包装机　如图 13-3 所示，包装薄膜从机器下方向上送入成型器，同时对包装物至下而上进行裹包封口，成品输出时纵向封口朝上。包装物能直接进入成型器，无需专门的过桥连接，成型器通常为固定式，对包装物宽度尺寸变化适应性差，需配备多种规格的成型器以满足不同的需求。

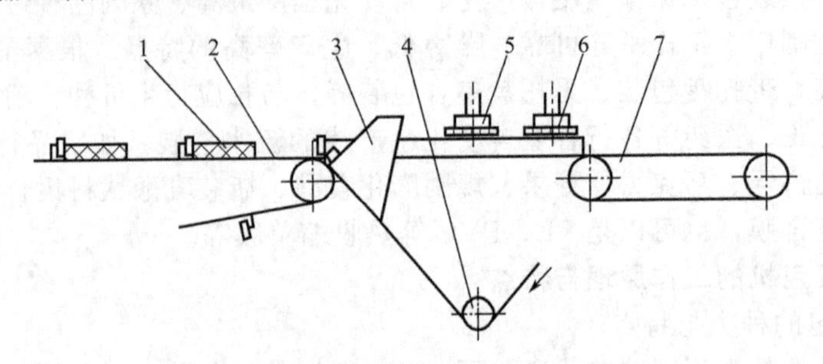

图 13-3　下送膜结构示意

1—包装物；2—送料机构；3—成型器；4—入膜角度调节辊；5—牵引轮；6—热封轮；7—中间输送带

此类包装机的机器纵向封口机构与横向封口机构的间距较大，由输送带或链相连。所以适合于包装形状不规则，且体积、重量较大的物品。对散件规则物的集合包装、方便面的多包汤料包装等也有较好的效果。

(3) 横封回转式枕形自动包装机　枕形包装的横向封口质量好坏完全取决于包装机的横向封口机构。如图 13-4 所示为小型枕形包装机横封装置的典型结构，其包装速度快、热合冲击小、结构简单，包装物体的最大高度一般不超过 80mm。

根据包装机应用尺寸范围的不同，包装机横封机构在结构上有单刀座机构、双刀座机

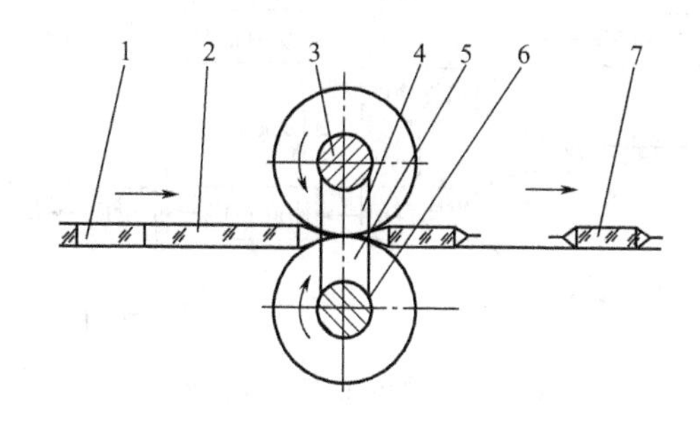

图 13-4　回转式横封机构

1—包装物；2—包装材料；3—上刀轴；4—上热封体；5—下刀轴；6—下热封体；7—包装成品

构、多刀座机构等形式。一般情况下，被包装物越小，横封刀座数越多，包装机的生产能力则越大。横封机构的刀座数与包装机制袋长度、包装速度有直接的关系，见表 13-1。据经验统计，当接缝式裹包机纵封机构轧花封口盘的转速与横封刀轴的转速比为 1 ：(2～3) 时，包装机运行状态最佳。

表 13-1　横封机构参数表

机构＼参数	制袋长度/mm	生产速度/(件/min)
单刀座	150 以上	150 左右
双刀座	80～200	200 左右
多刀座	30～90	600～1500

(4) 横封往复式枕形自动包装机　往复式横封机构的运动相比回转式横封机构较复杂，一般由三个以上的运动合成，产品主体结构常采用下送膜形式，如图 13-5 所示。由于横封机构为往复式间歇周期运动，其封合冲击比回转式横封机构要严重得多，包装速度也较慢，通常生产能力不超过 100 件/min，适合尺寸较大、厚度较高物品的包装。常用于折角枕形包装、热收缩薄膜枕形包装不规则物品等。

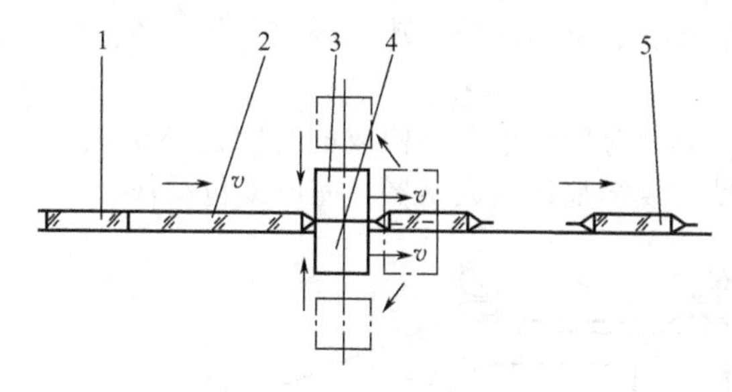

图 13-5　往复式横封机构

1—包装物；2—包装材料；3—上热封体；4—下热封体；5—包装成品

3. 接缝式裹包机的工作原理

(1) 接缝式裹包的工序流程　虽然接缝式裹包机的系列品种多，外观造型千差万别，结构性能存在差异，但包装工序流程基本相同，如图 13-6 所示为接缝式包装的基本工序流程图。

(2) 接缝式裹包机的工作原理　如图 13-7 所示为平张薄膜热封接缝式裹包机的工作原理。包装材料 6 在成对牵引辊 5、主传送滚轮 8 和中缝热封滚轮 10 联合牵引下匀速前进，

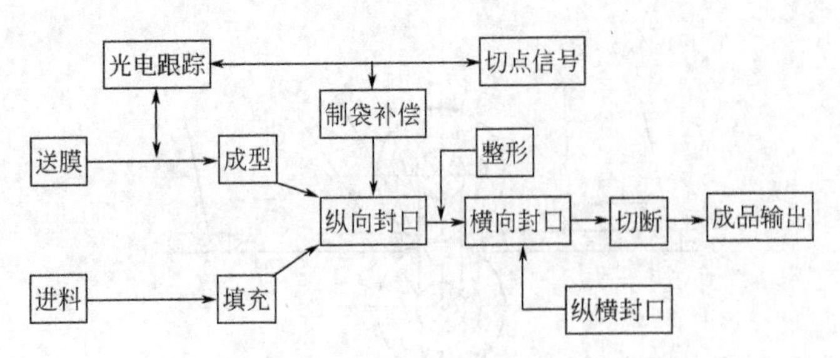

图 13-6 包装工序流程框图

在通过成型器 7 时被折成筒状；供送链推头 1 将被包装物品 2 推入成型器中的筒状材料带内，包装物品随材料带一起前移；经过中缝热封滚轮 10 完成中缝热封；端封切断器 11 在完成热封时即在封缝中间切断分开，形成前袋的底封和后袋的顶封；包装成品用毛刷推送至输出带输出。

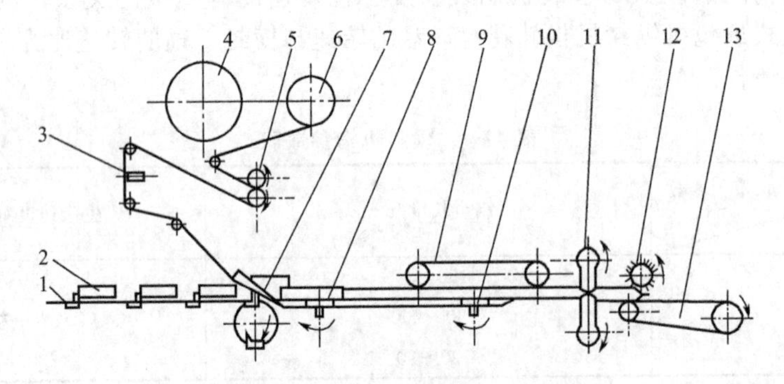

图 13-7 接缝式裹包机工作原理

1—供送链推头；2—被包装物品；3—光电传感器；4—备用包装材料；5—牵引辊；6—包装材料；7—成型器；8—主传送滚轮；9—主传送带；10—中缝热封滚轮；11—端封切断器；12—输出毛刷；13—输出皮带

二、典型接缝式裹包机的结构组成

各种接缝式裹包机除了包装的尺寸范围不同、结构存在一定差异外，最主要的区别就是其电器控制系统功能强弱的不同。如图 13-8 所示为典型接缝式裹包机外观图，全机主要由进料充填部分、供膜成型部分、机架部分、动力传动部分、动作执行部分、成品输出部分和电气控制部分等组成。

(1) 进料填充部分 其由等间距推料器构成的封闭链环组成，工作时做匀速直线运动，将被包装物品按包装周期，规律地送入成型器，完成裹包动作。

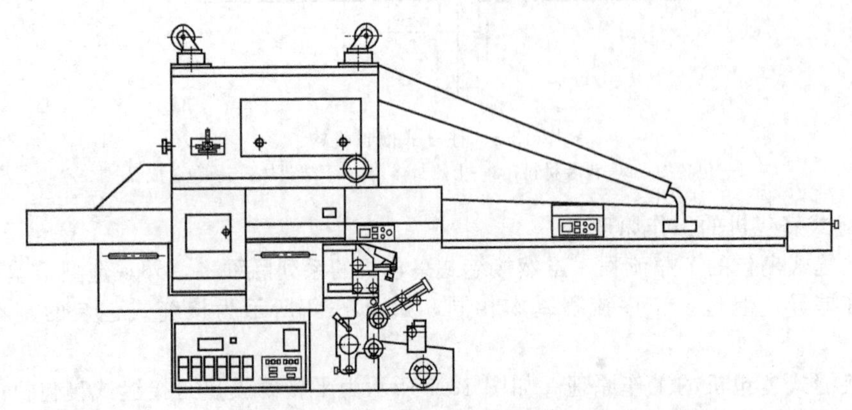

图 13-8 典型接缝式包装机外形图

(2) 供膜成型部分 由薄膜安装架、输送辊筒组、日期打印系统、成型器组成。片状包装薄膜随主机下膜辊筒、牵引轮作匀速运动，通过输送辊筒组，完成定点日期打印，同时自动调节包装材料在分切卷筒时产生内应力所造成的张力不均，进入成型器后对物品进行裹包。

(3) 机架部分 根据不同规格、型号包装机的具体要求而设计不同的框架。主机各部分通过机架组合成完整的机械设备，同时也是主机动力传动系统的支承基体。

(4) 动力传动系统 接缝式裹包机的动力传动系统分为四个运动：进料填充运动；下膜、纵封运动；横封运动和成品输出运动。

(5) 动作执行部分 包括纵向封口机构和横向封口机构，该部分是包装机的核心，其工作质量的好坏是衡量接缝式裹包机性能质量最主要的依据。

(6) 成品输出部分 包括输出皮带和排包毛刷，输出皮带的线速度一般为主机包装线速度的1.5～2倍。

(7) 电气控制部分 包括控制面板（或控制屏幕）、主电机控制系统、纵横向封口温度控制系统、光电跟踪控制系统及各种显示、保护控制系统。其中，由光电跟踪控制系统和补偿执行机构组成的光电跟踪补偿系统，可以做到：①及时消除机械传动误差，确保每一包装成品印刷图案的完整性；②监测不规则包装物的长短，随机确定制袋长度；③检测添加物的有无等。目前接缝式裹包机电气控制系统大多采用可编程控制器（PLC）或工业单片机为核心的电气控制系统。

三、典型接缝式裹包机的操作

1. 包装膜的安装与调试

(1) 包装膜的安装 将成卷的包装膜安装在安装架上，安装时应使膜能以顺时针方向拉出，调整对中手轮使膜卷处于中间位置。将膜绕过无膜停机辊筒、印字机转向辊筒、印字机辊筒、过渡辊筒，从电眼反射板上表面进入送纸辊，再绕过两个摆杆辊筒进入成型器。

(2) 调节包装膜张力 包装膜经过成型器时，如果张力不均，就会造成走纸不顺。可通过调节手轮来调节，而使其张力均匀。

(3) 纵封部分调节．用两张白纸中间夹着一张复写纸从两个纵封压轮中经过，打开看其痕迹是否清晰、均匀，否则需调整。一般是调整被动轮的位置，直至痕迹清晰、均匀。

(4) 包装膜长度调整 根据需要，在触摸屏上进入参数设置画面进行设置。

(5) 光电跟踪系统调整 包装膜设置调整完成后，把包装膜装好并运行几包后停下，使包装膜处于拉紧状态，打开色标跟踪系统，通过调整按钮前后移动包装膜，对好切刀位，此时开动机器，系统就会自动跟踪色标位置。

(6) 料位调节 先在供料尾架上放一包被包产品，调整两活动面板的距离，使被包产品能在推料块的推动下顺畅移动，然后根据包装膜的宽度和要求松紧程度调节成型器，点动开机，使被包产品进入包装膜内。

(7) 成型器的调整内容 成型器的调整内容包括成型器纵向中心调整、高低调整、制袋宽度调整、制袋高度调整和纵向位置调整。

(8) 端封刀速的调整 对于不同长度的包装，端封刀速度要做相应调整。调整原则是以端封刀的线速度与包装膜的线速度相同。

(9) 切刀的调整 一般采用在切刀与刀座之间垫铜片的方法进行调整，要达到刚好切断包装膜且上、下切刀无撞击声响为好。

2. 正常开机步骤

通过以上步骤的调整，该机可以进行正常生产，但在正常生产之前，要进行一些检查和试运行。

(1) 安全检查 检查输送带上、工作面板上、端封刀座上等没有杂物，也没有其他人在操作机器。

(2) 打开电源总开关和加热器开关 打开电源总开关，再打开控制面板上温控表的开关，检查各温控表的显示温度，加热温度因包装材料、包装速度、室内环境的变化而变化。

(3) 设定包装膜长、调整包装膜实际长度 根据包装膜的情况设定包装膜长度，不装膜空运行机器，让实际膜长与设定膜长相符合。

(4) 装包装膜、调端封刀座高低及其线速度、调电眼 装上包装膜，并按顺序穿好，包装速度调至最低，开机进行调整，调整成型器的高低，左右位置及宽度（此时要考虑被包装产品的宽度和高度，推料杆在通过成型器时不能接触包装膜，如果被包装产品高于推料杆，则要求被包装产品进入成型器时不能接触包装膜），调整端封刀座啮合中心水平高度与被包产品水平高度中心对齐，调整端封刀座线速度（简称“刀速”）与包装膜的线速度大致相同，既不积膜，也不拉膜，使包装膜空走比较顺畅，然后调整并对好电眼。

(5) 料位的调整 放入被包装产品，进行料位调整，使其有正确的位置。

(6) 进行试运行 开机后，适当加快包装速度，观察以上几步调整结果是否正常，若不正常，对前几步继续调整：如果正常，则把包装速度设定为合适数值，检查包装外观及封口是否满足要求，（速度加快后，加热器温度要相应升高）。

(7) 进入正常生产 上述一切调整合适后，即可进入正常生产。

四、接缝式裹包机的保养和检查

1. 每天或每班对机器的保养和清洁

① 每天（班）完成包装后，都要清洁机器。

② 在清洁机器之前，关闭电源，确保加热部件冷却。

③ 清洁时，不要直接把水或蒸汽喷在机器上。

2. 每月对机器的保养和检查

① 给端封部件轴承加润滑脂。

② 给传动部件中的齿轮和链条（轮）加润滑脂。

③ 检查传动部件的链条和皮带是否张紧，若有松动，将其调紧。

④ 检查各部件的紧定螺钉或螺母是否有松动，若有松动，将其压紧。

3. 每半年对机器做相关检查

① 检查传动部分的皮带是否有磨损，若其磨损比较严重，则需要更换新的；

② 检查橡胶辊筒是否磨损，如果影响送膜效果则需要更换新的。

③ 调节托膜筒的刹车装置，使其合适。

④ 检查各种易损件，注意及时更换。

⑤ 检查电器接线板上的接线是否牢固，若有松动，将其紧固好，检查变频器、线路板等是否有灰尘或脏物，用干净的干燥压缩空气吹干净。

五、接缝式裹包机的选用原则

1. 生产能力

通常包装机的生产能力应达到生产线产量的 1.2～2 倍。由于短暂的停机造成了流水线中产品的堆积，需通过待包装机恢复工作后临时加速运行来维持生产线的平衡。在几台包装机匹配一条生产线的情况下，一旦出现故障停机，其他包装机同样可以通过提高包装速度来维持生产的平衡。

2. 尺寸规格

根据包装材料展开最大宽度尺寸、包装物长宽高尺寸来选择主机外形尺寸、包装物通道高度等。正确选择尺寸参数是设备能否合理安装、正常使用的保障。值得注意的是应尽量避免选用极限参数，尽可能地选用中间参数可降低包装机的停机率。

3．性能价格比

性能稳定、功能强的包装机械，其价格与普通设备比较有很大的差别。通常停机率低、自动化程度高、生产能力大、专业性强、操作简单、外观造型精美都是导致包装机价格昂贵的因素。包装机选用厂家应切实从实际情况出发，以追求经济利益为宗旨，选用合理档次的包装设备。

六、接缝式裹包机常见故障及分析

接缝式裹包机常见故障及分析见表13-2。

表13-2　接缝式裹包机常见故障及分析

故障现象	产生原因	排除方法
主机不能启动	1．电源未接通； 2．主电机保险丝熔断； 3．各类保护开关未合上	1．接通； 2．更换保险管； 3．合上
裹包成型不稳定、送膜跑偏	1．进料通道有异物，引起堵塞卡滞； 2．包装膜输送张力不均匀； 3．成型器安装位置不理想； 4．送膜速度不匹配	1．清除异物； 2．调节输送辊筒张力； 3．调整合适； 4．调节包装薄膜张力
纵、横向封口不理想	1．封口温度的影响； 2．封口压力的影响； 3．包装薄膜质量太差； 4．封口速度不匹配	1．依包装材料选择温度； 2．定期清理热封器； 3．选择标准的包装材料； 4．调整合适
横封刀座压切物料	1．进料机构与横向封口不同步； 2．推进器链条振动过大； 3．物料输送； 4．色标距离太短	1．调整距离； 2．链条太紧或太松； 3．调整上送膜位置角度； 4．调整包装材料印刷色标的距离
制袋长度尺寸超长或短缺	1．无级变速器锁定不稳定； 2．光电跟踪补偿系统不协调； 3．包装膜筒的惯性大； 4．制袋长度与印刷色标不符	1．调整稳定； 2．调节； 3．制动； 4．调整合适
包装膜缠绕热封器	封口温度过高 加热元件或温控热电偶损坏	调整合适 更换
横向切断不正常	封切压力不对或刀具与刀垫的咬合不良	调整或更换新刀具

【本章小结】

接缝式裹包是用挠性包装材料裹包产品，将末端伸出的裹包材料按同面黏结的方式进行加热加压封闭、分切，并能够自动完成制袋、填充、封口、切断、成品排除等工序的包装方式。接缝式裹包机是裹包机械中应用最广泛、自动化程度最高、系列品种最齐全的一类包装机械，具有适用范围广、工作平稳可靠、噪声低以及生产率高的特点。根据不同的包装要求，可以进行普通包装、带托盘包装、无托盘集合包装等，与相应衍生机种、辅助机种配合，能实现食品、日用化工、医药等各行各业自动化生产线的流水包装。如在食品行业中，方便面、面包、月饼、各类饼干、巧克力、糖果、规则膨化食品、瓶装乳酸饮料集合等。

【思考题】

1．块状方便食品包装形式有哪些特点和种类？

2．接缝式裹包机的原理是什么？试述其结构、操作与维护方法。

3．接缝式裹包机的常见故障有哪些？如何排除？

参 考 文 献

[1] 张国治．软饮料加工机械．北京：化学工业出版社，2006.
[2] 唐伟强，周宇英．旋盖机旋盖头磁耦合离合器的设计探讨．粮油加工与食品机械，2001 (1)：21-22.
[3] 梅顺齐，杜雄星．旋盖机磁力旋盖头的分析与设计．磁性材料及器件，1999，30 (3)：32-39.
[4] 张伟安，王建军勤．全自动回转式旋盖机．轻工业机械，2002 (2)：42-43.
[5] 周始荣．旋盖机的几种恒扭矩结构的分析．包装与食品机械，2007，25 (3)：41-43.
[6] 廖世荣．食品工程原理．北京：科学出版社，2004.
[7] 徐清华．生物工程设备．北京：科学出版社，2004.
[8] 李书国．食品加工机械与设备手册．北京：科学技术文献出版社，2006.
[9] 李诚铭．最新软饮料材料制备、生产工艺、设备选型及品质检验与 HACCP 管理实用手册（第四篇）．北京：知识出版社，2006.
[10] 余经海．工业水处理技术．北京：化学工业出版社，2003.
[11] 殷涌光．食品机械与设备．北京：化学工业出版社，2007.
[12] 石一兵主编．食品机械与设备．北京：中国商业出版社，1992.
[13] 宫相印主编．食品机械与设备．北京：中国商业出版社，1993.
[14] 涂国材主编．食品工厂设备．北京：中国轻工业出版社，1995.
[15] 朱维军主编．食品加工学：下册．郑州：中原农民出版社，1996.
[16] 崔建云主编．食品加工机械与设备．北京：中国轻工业出版社，2004.
[17] 胡继强主编．食品工程技术装备．北京：科学出版社，2004.
[18] 张国治主编．方便主食加工机械．北京：化学工业出版社，2006.
[19] 刘一主编．食品加工机械．北京：中国农业出版社，2006.
[20] 无锡轻工业学院，天津轻工业学院编．食品工厂机械与设备．北京：中国轻工业出版社，1985.
[21] 胡继强．食品机械与设备．北京：中国轻工业出版社，1999.
[22] 陈斌．食品加工机械与设备．北京：机械工业出版社，2004.
[23] 蒋迪清，唐伟强．食品通用机械与设备．广州：华南工业大学出版社，2001.
[24] 谢继志等．液态乳制品科学与技术．北京：中国轻工业出版社，1999.
[25] 利乐（中国）有限公司．乳品加工手册，2002.
[26] 郭成宇．现代乳品工程技术．北京：化学工业出版社，2004.
[27] 刘筱霞．包装机械．北京：化学工业出版社，2007.
[28] 马海乐．食品机械与设备．北京：中国农业出版社，2004.
[29] 李满林主编．肉类加工机械．北京：化学工业出版社，2006.
[30] 杨祖孝主编．机械维护修理与安装．北京：冶金工业出版社，1990.
[31] 徐成海等．真空低温技术与设备．北京：机械工业出版社，1987.
[32] 岛村荣一．振动干燥机的性能及应用．食品机械装置，1976.
[33] 华泽钊等．食品冷冻冷藏原理与设备．北京：机械工业出版社，1999.
[34] 童景山．流态化干燥工艺与设备．北京：科学出版社，1996.
[35] 崔建云主编．食品机械．北京：化学工业出版社，2007.
[36] 胡继强主编．食品工程技术装备．北京：科学出版社，2004.
[37] 武杰，何宏编．膨化食品加工工艺与配方．北京：科学技术文献出版社，2001.
[38] 刘晓杰主编．食品加工机械与设备．北京：高等教育出版社，2004.
[39] 张国治主编．焙烤食品加工机械．北京：化学工业出版社，2006.
[40] 程凌敏等编著．食品加工机械．北京：中国食品出版社，1988.
[41] 赵淮主编．包装机械选用手册．北京：化学工业出版社，2001.
[42] 孙凤兰，马喜川主编．包装机械概论．北京：印刷工业出版社，1998.
[43] 尹章伟，毛中彦编著．包装机械．北京：化学工业出版社，2006.
[44] 马桃林编著．包装技术．武昌：武汉大学出版社，1999.
[45] 雷伏元主编．包装工程机械概论．长沙：湖南大学出版社，1989.